U0294449

"十二五"普通高等教育本科国家级规划教材

高校建筑环境与能源应用工程学科专业指导委员会规划推荐教材

建 筑 环 境 学

（第四版）

朱颖心　主编

朱颖心　张寅平　李先庭　秦佑国　詹庆旋　林波荣　编著

中国建筑工业出版社

图书在版编目（CIP）数据

建筑环境学/朱颖心主编．—4 版．—北京：中国建筑工业
出版社，2015.12
"十二五"普通高等教育本科国家级规划教材．高校建筑
环境与能源应用工程学科专业指导委员会规划推荐教材
ISBN 978-7-112-18759-1

Ⅰ.①建…　Ⅱ.①朱…　Ⅲ.①建筑学-环境理论-高等学校-
教材　Ⅳ.①TU-023

中国版本图书馆 CIP 数据核字（2015）第 278459 号

"建筑环境学"是高等学校建筑环境与能源应用工程专业的基础课。本
教材在介绍了建筑外环境、室内热湿环境、空气质量环境、空气流动、声
光环境的同时，还从人的生理和心理角度出发，分析介绍了人的健康舒适
要求与室内、外环境质量的关系，为创造适宜的建筑室内环境与室外微环
境提供了理论依据。本教材共九章，包括：绪论、建筑外环境、建筑热湿
环境、人体对热湿环境的反应、室内空气质量、室内空气环境营造的理论
基础、建筑声环境、建筑光环境、工业建筑的室内环境要求。每部分均相
对独立，各章都提供了思考题、符号说明、主要术语中英对照和参考文献。

本书除可作为建筑环境与能源应用工程专业的教材外，还可供土建类
其他专业的师生参考。

* * *

责任编辑：齐庆梅
责任校对：赵　颖　党　蕾

"十二五"普通高等教育本科国家级规划教材
高校建筑环境与能源应用工程学科专业指导委员会规划推荐教材

建 筑 环 境 学
（第四版）

朱颖心　主编
朱颖心　张寅平　李先庭　秦佑国　詹庆旋　林波荣　编著

*

中国建筑工业出版社出版、发行（北京海淀三里河路9号）
各地新华书店、建筑书店经销
北京红光制版公司制版
北京京华铭诚工贸有限公司印刷

*

开本：787×1092 毫米　1/16　印张：22½　字数：560 千字
2016 年 8 月第四版　　2018 年 8 月第三十五次印刷
定价：**43.00** 元
ISBN 978-7-112-18759-1
（27987）

第 四 版 前 言

"建筑环境学"是建筑环境与能源应用工程专业一门重要的专业基础课,内容涉及热学、流体力学、物理学、心理学、生理学、劳动卫生学、城市气象学、房屋建筑学、建筑物理等学科知识,是一门跨学科的边缘科学。它是建筑环境与能源应用工程专业的研究对象由单纯的机械设备系统向综合的建筑环境系统转化的产物。

本教材在介绍了建筑外环境、室内热湿环境、空气质量环境、空气流动、声环境、光环境的同时,还从人的生理和心理角度出发,分析了人的健康舒适要求与室内外环境质量的关系,为创造适宜的建筑室内环境提供了理论依据。本教材由八大部分组成:建筑外环境、建筑热湿环境、人体对建筑热湿环境的反应、室内空气质量、室内空气环境营造的理论基础、建筑声环境、建筑光环境、典型工艺过程对室内环境的要求。每部分均相对独立,各章都提供了思考题、符号表、主要术语中英对照和参考文献,书后有附录。各章公式中所用的符号只在本章中统一。

本教材第四版由朱颖心编写第一章、第二章、第三章和第四章,张寅平编写第五章,李先庭编写第六章,秦佑国和朱颖心编写的第七章由林波荣修改,詹庆旋和朱颖心编写的第八章由林波荣修改。第九章仍然采用了第一版 金招芬 编写的第八章内容。

《建筑环境学》第一版是在 2001 年出版的,由 金招芬 、朱颖心、亢燕铭和刁乃仁编著, 彦启森 教授主审,是本教材迈出的重要的第一步。经过四年的教材应用实践,在对课程内容的认识和对教学方法的体验进一步深化的基础上,编写组于 2005 年在第一版的基础上进行了调整改进,各章内容的深度与广度都有不同程度的扩展,一些概念和术语也得到进一步的明确,从而形成了第二版教材,并被纳入"十五"国家级规划教材。由于原第一版主编 金招芬 博士英年早逝,第二版教材由朱颖心担任主编,邀请张寅平教授、李先庭教授、秦佑国教授和詹庆旋教授加入了教材编写组。尤其是秦佑国教授和詹庆旋教授两位被我国建筑声学界和建筑光学界公认为造诣深厚的大师的加盟,使得本教材的品质又得到了进一步的提升。两位国家杰出青年基金获得者张寅平教授和李先庭教授也将多年来自己在室内空气质量和室内气流环境方面的科研心得融入了本教材的撰写,保证了本教材与学科前沿的紧密联系。

第三版修编教材是作为国家级"十一五"规划教材在 2010 年 10 月出版的。在第二版教材的基础上,从第二章至第六章都进行了修订。第三、五、六章的内容有了较大的变化:第三章对非透光围护结构显热传热过程的介绍做了较多的调整;第五章比第二版增加了室内化学污染对人体影响的生理基础、室内空气污染暴露水平和健康风险评价,以及室内空气净化器性能及评价,简化了建材污染源散发特性方面的内容;第六章的标题做了改变,内容改为介绍室内空气环境营造的基础理论,包括稀释通风、置换通风和局域保障法的原理,以及室内空气环境的评价指标与测量方法,删除了计算流体力学模拟室内空气环境的内容。第二章增加了大气压力对人体的影响；第四章增加了适应性人体热舒适以及热环境与劳动效率之间的关系。一些文字和术语也进行了修订。

第四版教材的修改量与第三版相比相对较小。主要是对第二、三、四、五、七、八章进行了修改，第一、六、九章维持不变。修改的重点是更新标准、术语与参考文献；引入最新的权威研究结论；修订文字使其更加严谨；对一些较难理解的内容给予进一步的解释等。由于第三版没有对第七、八章进行修订，因此本版特邀请林波荣教授加盟，对第七、八章进行了较多的修订。书中加星号的为选学内容。

为方便任课教师制作电子课件，我们制作了包括书中公式、图表等内容的素材库，可发送邮件至 jiangongshe@163.com 免费索取。

本版教材被列为"十二五"国家级规划教材，并得到"清华建筑 70 周年教师专著与教材出版计划"的资助。由于所涉及学科内容广泛，很多相关的基础理论研究仍处于不断发展的过程中，因此可能存在不成熟之处，敬请各位读者提出宝贵意见，使本教材在使用过程中不断得到完善。

在此，特向为本课程及教材打下良好基础的第一版教材作者致以衷心的感谢和崇高的敬意！

第 三 版 前 言

"建筑环境学"是建筑环境与设备工程专业一门重要的专业基础课,内容涉及热学、流体力学、物理学、心理学、生理学、劳动卫生学、城市气象学、房屋建筑学、建筑物理等学科知识,是一门跨学科的边缘科学。它是建筑环境与设备工程专业的研究对象由单纯的机械设备系统向综合的建筑环境系统转化的产物。

本教材在介绍了建筑外环境、室内热湿环境、空气质量环境、空气流动、声环境、光环境的同时,还从人的生理和心理角度出发,分析了人的健康舒适要求与室内外环境质量的关系,为创造适宜的建筑室内环境提供了理论依据。本教材由八大部分组成:建筑外环境、建筑热湿环境、人体对建筑热湿环境的反应、室内空气质量、室内空气环境营造的理论基础、建筑声环境、建筑光环境、典型工艺过程对室内环境的要求。每部分均相对独立,各章都提供了思考题、符号表、主要术语中英对照和参考文献,书后有附录。各章公式中所用的符号只在本章中统一。

本教材由朱颖心编写第一章、第二章、第三章和第四章,张寅平编写第五章,李先庭编写第六章,秦佑国和朱颖心编写第七章,詹庆旋和朱颖心编写第八章,第九章仍然采用了第一版 金招芬 编写的第八章内容。

《建筑环境学》第一版是在 2001 年出版的,由 金招芬 、朱颖心、亢燕铭和刁乃仁编著, 彦启森 教授主审,是本教材迈出的重要的第一步。经过四年的教材应用实践,在对课程内容的认识和对教学方法的体验进一步深化的基础上,编写组于 2005 年在第一版的基础上进行了调整改进,各章内容的深度与广度都有不同程度的扩展,一些概念和术语也得到进一步的明确,从而形成了第二版教材,并被列入"十五"国家级规划教材。由于原第一版主编 金招芬 博士英年早逝,第二版教材由朱颖心担任主编,张寅平教授、李先庭教授、秦佑国教授和詹庆旋教授加入了教材编写组。尤其是秦佑国教授和詹庆旋教授两位被我国建筑声学界和建筑光学界公认为造诣深厚的大师的加盟,使得本教材的品质又得到了进一步的提升。而张寅平教授和李先庭教授也将多年来自己在室内空气质量和室内气流环境方面的科研心得融入了本教材的撰写,保证了本教材与前沿的紧密联系。

通过又一个五年的教学实践,大家对建筑环境学这门课程的认识又有了新的心得,因此修编后的第三版于 2010 年作为国家级"十一五"规划教材出版。第三版教材的第二章至第六章都有了改动,特别是第三章、第五章和第六章的结构上有了较大的变化,而第二章和第四章均增加了一些新的内容。

第二章增加的内容是大气压力对人体的影响,第四章增加的内容包括自然通风环境中的人体热舒适以及热环境与劳动效率之间的关系,一些文字和术语也进行了修订。

第三章对非透光围护结构的显热传热过程的介绍做了较多的调整。本版首先清晰地介绍了非透光围护结构显热传热过程的基本原理,尤其是导热与长波辐射的综合影响,然后引出冷负荷与热负荷的概念，最后再介绍简化手工算法中"通过非透光围护结构的显热得热"概念的来源以及与通过墙体实际传入室内热量之间的差别。这一顺序改动的目的是要在前面重点突出需要学生深入掌握的基本概念，而把仅需要学生了解的内容放在后面，以免干扰初学者入门时对基本概念的理解。在本章的最后部分增加了对部分现代建筑热模拟工具的进一步的介绍。

第五章比上一版增加了室内化学污染对人体影响的生理基础、室内空气污染暴露水平和健康风险评价，以及室内空气净化器性能及评价的内容，减少了初学者感到数学公式多且难度较大的建材污染源散发特性方面的内容。这样做的考虑是：在了解室内化学污染对人体影响的生理基础、暴露水平和健康风险后，再谈室内空气化学污染控制原理会更体现室内空气质量控制中以人为本的思想，更有针对性，避免盲目性；此外，目前空气净化器使用中存在大量问题，很多是由于大家对其原理不了解所致。所以，了解空气净化器的原理、性能和评价方法，对今后正确开发、选用合适的空气净化方法至关重要。只有充分认识世界，才能与世界和谐相处，让学生充分认识世界是本次修编的重点。

第六章的重点是介绍室内空气环境营造的基础理论。在简要介绍自然通风原理后，重点介绍了稀释通风、置换通风和局域保障法的原理，以及室内空气环境的评价指标与测量方法。与第二版相比，删除了初学者难于理解的计算流体力学模拟室内空气环境的内容以及气流组织示例，而将内容专注于如何营造和评价所需要的室内空气环境。这样的安排，可以使本科生更宏观地掌握室内空气环境的营造方法，有利于在后期专业课中学习各种气流组织的运用方法。

本版第一章、第七章、第八章和第九章仍然采用了第二版的内容，没有改变。

为方便任课教师制作电子课件，我们制作了包括书中公式、图表等内容的素材库，可发送邮件至 jiangongshe@163.com 免费索取。

由于所涉及学科内容的广泛性，可能存在的不当之处请各位读者提出宝贵意见，使本教材在使用过程中不断得到完善。

在此，特向为本课程及教材打下良好基础的第一版教材作者致以衷心的感谢和崇高的敬意！

编者
2010 年 10 月

第 二 版 前 言

"建筑环境学"是建筑环境与设备工程专业一门重要的专业基础课，内容涉及热学、流体力学、物理学、心理学、生理学、劳动卫生学、城市气象学、房屋建筑学、建筑物理等学科知识。事实上，是一门跨学科的边缘科学。它是建筑环境与设备工程专业的研究对象由单纯的机械设备系统向综合的建筑环境系统转化的产物。

《建筑环境学》第一版是在 2001 年出版的，由 金招芬 、朱颖心、亢燕铭和刁乃仁编著，是本教材迈出的重要的第一步。经过四年的教材应用实践，广大任课教师对"建筑环境学"课程内容的认识和教学方法的体验又有了进一步提高。因此，编写组在第一版的基础上进行了调整改进，各章内容的深度与广度都有不同程度的扩展，一些概念和术语也得到进一步的明确，从而形成了目前的第二版教材。

本教材在介绍了建筑外环境、室内热湿环境、空气质量环境、空气流动、声光环境的同时，还从人的生理和心理角度出发，分析介绍了人的健康舒适要求与室内外环境质量的关系，为创造适宜的建筑环境提供了理论依据。本教材由八部分组成：建筑外环境、建筑热湿环境、人体对热湿环境的反应、室内空气质量、通风与气流组织、建筑声环境、建筑光环境、典型工艺过程对室内环境的要求。每部分均相对独立，各章都提供了思考题、符号说明、主要术语中英对照和参考文献，书后有附录。各章公式中所用的符号只在本章中统一。

为了保证理论体系的完整性，一些章节有不同程度的较深入的理论公式和数学模型介绍（用星号标注），以备教师和有研究兴趣的同学学习参考。教师可根据各校的培养目标予以取舍。

本版教材的编著者均为清华大学建筑学院的教授。朱颖心主编并编写了第一章、第二章、第三章、第四章，张寅平编写了第五章，李先庭编写了第六章，秦佑国和朱颖心编写了第七章，詹庆旋和朱颖心编写了第八章，第九章仍然采用了第一版 金招芬 编写的第八章内容。本书由清华大学建筑学院的彦启森教授担任主审。

本版教材被列为国家级"十五"规划教材。由于所涉及学科内容的广泛性，可能存在的不当之处敬请读者提出宝贵意见，使本教材在使用过程中不断得到完善。

在此，特向为本课程及教材打下良好基础的第一版教材作者致以衷心的感谢和崇高的敬意！

编者
2005 年 7 月

目　　录

第一章 绪 论

一、建筑与环境的关系

建筑是人类发展到了一定阶段后才出现的。人类的一切建筑活动都是为了满足生产和生活的需要。从最早为了躲避自然环境对自身的伤害，用树枝、石头等天然材料建造的原始小屋，到现代化的高楼大厦，人类几千年的建筑活动无不受到环境条件和科学技术发展的影响，同时，随着人们对人与自然、建筑与人、建筑与环境之间关系的认识不断调整与深化，人们对建筑在人类社会中的地位以及建筑发展模式的认识也在不断提高。

人类自身的进化与最近 1000 万年全球气候形态的巨变有着密切的关系，建筑是人类适应相对寒冷气候的产物。人类在从低纬度的热带雨林地区向寒带高纬度地区逐渐迁徙的过程中，利用建筑来适应不同气候，是人类适应与抗衡自然环境的最初体现。

考古学家发现，人类活动的发展是从低纬度地区向高纬度地区扩展的。越是高纬度地区，人类遗址的时间就越晚。因为人类发源于热带雨林，在这个区域，人类不需要建筑就可以生存。随着建筑的出现，人类的活动逐渐向两极移动，直到科技高度发达的今天，人类活动的足迹几乎遍布全球。

人类最早的居住方式是树居和岩洞居。在热带雨林、热带草原等湿热地区的人类主要栖息在树上，以避免外界的侵害，这是人类祖先南方古猿生活方式的延续。随着人类向温带迁移，人类住所过渡到了冬暖夏凉的岩洞居，以适应该地区年温差和日温差都较大的特点。随着历史的发展，树居和岩洞居发展成为巢居和穴居，成为人类建筑的雏形。巢居（图 1-1）增加了"构木为巢"的人类创造过程，反映了人类改造自然的努力。穴居方式（图 1-2）可获得相对稳定的室内热环境，顶部的天窗既可采光又可排烟，适应气候的能力更强。而巢居和穴居又在漫长的历史过程中逐渐发展，演变为不同的建筑类型，见图 1-3。

图 1-1　巢居[1]

剖面缩尺
0 ____ 1m

图 1-2　河南偃师汤泉沟穴居遗址[1]

1

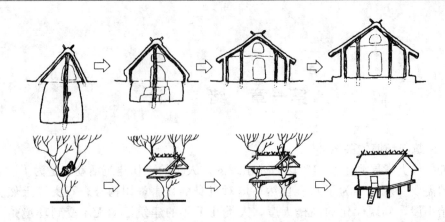

图 1-3 从巢居和穴居发展为真正意义上的建筑[1]

建筑是人类与大自然（特别是恶劣的气候条件）不断抗争的产物。在功能上，建筑是人类作为生物体适应气候而生存的生理需要；在形式上，是人类启蒙文化的反映[1]。因此，世界上比较古老的文明，如古埃及、古巴比伦、古印度和古代中国，都位于南北纬20°~40°之间，即所谓中低纬度文明带，如图1-4所示。

图 1-4 世界上比较古老的文明都位于南北纬 20°~40°之间[1]

建筑的功能是在自然环境不能保证令人满意的条件下，创造一个微环境来满足居住者的安全与健康以及生活生产过程的需要，因此从建筑出现开始，"建筑"和"环境"这两个概念就是不可分割的。从躲避自然环境对人身的侵袭开始，随着人类文明的进步，人们对建筑的要求不断提高，至今人们希望建筑物能满足的要求包括：

安全性：能够抵御飓风、暴雨、地震等各种自然灾害所引起的危害或人为的侵害；

功能性：满足居住、办公、营业、生产等不同类型建筑的使用功能；

舒适性：保证居住者在建筑内的健康和舒适；

美观性：要有亲和感，反映当时人们的文化追求。

所以说建筑物应满足安全、健康、舒适、工作快捷的要求。而不同类型的建筑有着不同的主要要求，比如住宅、影剧院、商场、办公楼等建筑对健康、舒适的要求比较高，生物实验室、制药厂、集成电路车间、演播室等则有严格保证工艺过程的环境要求；还有一些建筑是既要保证工艺要求，又要保证舒适性要求，例如舞台、体育赛场、手术室等，以及各种有人员的生产场所。

人们在长期的建筑活动中，结合各自生活所在地的资源、自然地理和气候条件，就地取材、因地制宜，积累了很多设计经验。例如生活在北极圈的爱斯基摩人利用当地的冰块和雪盖起了圆顶雪屋，将兽皮衬在雪屋内表面，通过鲸油灯采暖，使室内温度达到15℃，从而能够满足人们的生活需要。而在日较差很大的干热地区，例如巴格达地区，传统建筑的墙厚达 340～450mm，屋面厚度达 460mm。利用土坯热惯性，在室外日夜温差达到24℃（16～40℃）时，仍然能够维持室内温度的波动不到6℃（22～28℃）。

在我国北方寒冷的华北地区，由于冬季干冷，夏季湿热，为了能在冬季保暖防寒，夏季遮阳防热、防雨以及春季防风沙，就出现了大屋顶的"四合院"。而在我国的西北、华北黄土高原地区，由于土质坚实、干燥、壁立不倒、地下水位低等特殊的地理条件，人们创造出了"窑洞"来适应当地的冬季寒冷干燥、夏季有暴雨、春季多风沙、秋高气爽、气温年较差较大的特点。生活在西双版纳的傣族人，为了防雨、防湿和防热以取得较干爽阴凉的居住条件，创造出了颇具特色的架竹木楼"干栏"建筑。云南布依族的石屋以石块砌墙，以石瓦盖顶，就地取材，造价低廉，冬暖夏凉，不怕火灾，隔声性能好。这些都是人们在生活实践中逐渐摸索出来的利用建筑控制环境的有效手段。

综上所述，在现代人工环境技术尚未出现的时代，在现今还未能采用现代技术的地区，地区之间巨大的气候差异是造成世界各地建筑形态差异的重要原因。

二、人类对建筑与环境关系的认识过程

建筑与环境之间的关系实际上是非常复杂、难以认识和预测的，因为建筑涉及室外环境和人。室外气候具有随机变化的特点，而人对环境的感觉与反应又存在显著的个体差异，而且还会随很多外部环境和主观因素的变化而变化。因此，人类对建筑环境规律的探索从来没有停止过。

中国的风水说，实际上是人们对建筑环境规律认识的总结。风水说以八卦五行、河图洛书等易学文化为基础，在建筑选址方面认为"背山、面水、向阳"为最佳方位，在建筑布局方面注意空间分割、方位调整、色彩运用，认为宅院地势应适当前低后高，要重视"水口"、"气口"方位等等；认为不好的住宅物理环境对人的心理有影响，导致影响人的命运。其合理的部分是认为环境因素影响人的身体与心理健康，内容涉及环境心理学、地理学、气象学、生态学、规划学、建筑学等。风水的理论更多的是前人实践经验的总结，缺乏理性的分析与提炼。由于过去科学技术水平的限制，缺乏科学的认识和分析手段，人们对有关建筑环境的很多问题无法作出合理解释，但公众又对于建筑环境分析如建筑选址、建筑布局等有着迫切的要求，因此风水术士把神秘主义引入了风水说，使对自然现象解释不清的地方陷入巫术。例如，消除不利因素的"符镇法"，把光、电、磁等波动均称之为"气"，且无所不在，无所不包。这样就把风水理论变成了一种把合理的前人经验与神秘主义糅合在一起的玄学，陷入了迷信的歧途。

现代科学的发展已经为研究分析建筑环境提供了手段。借助现代技术我们可以解释、分析、探讨有关建筑与人、建筑与自然环境的诸多问题，从而可以在建筑环境的研究上摆脱玄学的误导。

三、建筑与环境关系的发展中存在的问题

除了使用前人这些设计经验来创造和改善自己的居住环境以外，随着科学技术的不断进步，人们开始主动地创造可以受控的室内环境。20世纪初，能够实现全年运行的空调系统首次在美国的一家印刷厂内建成，这标志着人们可以不受室外气候的影响，在室内自由地创造出能够满足人类生活和工作所需要的物理环境。空调技术的发展使得各种不同于常规建筑物的人造空间如车、船、飞机、航天器内的环境都能够得到控制，从而也促进了这些相关产业的飞速发展。

工业革命带来技术发展的突飞猛进给人们造成了错觉，以为随着技术的进步，人类有能力无限制地改变自然环境，而不再会受到自然条件的制约。反映在建筑设计上，人们不再像先祖那样去尽心尽力地研究当地的自然地理和气象条件，去建造符合当地自然条件的建筑物，而是把精力都放到了文化和美观的层面了。现代人工环境技术的发展在很大程度上造成了世界建筑趋同化的消极影响，空调采暖的普及使人们不必再关心建筑本身的性能，因为只要消耗大量的能源就可以随心所欲地获得所要求的室内环境，从而导致的不仅是能源的紧缺和资源的枯竭，而且还导致了大量污染物排放而造成的地球环境的污染和生态环境的破坏。

"人定胜天"还是"天人合一"？这是在如何对待大自然方面的哲学思想上的对立。事实证明，工业技术的滥用导致了自然界对人类的报复。因此我们应该认识到，无论工业技术发展到多么高的水平，人们仍然需要了解、爱护我们的自然界，合理地利用自然界的资源。科学的进步应该为我们更好地了解神秘的大自然和保护自然环境提供更为有效的手段。

目前，世界上发达国家的建筑能耗已经达到社会总能耗的 1/3，而我国作为世界第一人口大国，随着经济的飞速发展，城乡建筑业的发展速度已居世界首位。而我国的能源资源特点决定了我国今后的能源构成中，煤仍然要占总能源的 60% 以上。因此在二氧化碳、NO_x、SO_x、粉尘排放的控制方面我们面临着艰巨的任务。

在强调可持续发展的今天，建筑环境控制也面临不少亟待解决的问题。比如，如何调解满足建筑环境舒适性要求与节能环保之间的矛盾。目前建筑物的年耗能量中，为满足室内温湿度要求的空调系统能耗所占的比例约为 50%，照明所占比例约为 33%。而在我国，所消耗的电能或热能大多来自热电厂或独立的工业锅炉，其燃烧过程的排放物是造成大气温室效应和环境污染的根源。所以研究和制订合理的室内环境标准，优化建筑物本身的环境性能，尽量减少建筑能耗，同时也能够合理、有效地利用能源，是我们艰巨而紧迫的一个任务。再比如，在室内的空气质量方面，由于大量使用合成材料作为建筑内部的装修和保温，并一味地为了节能而降低新风量出现了所谓的病态建筑。在这些建筑内长期停留和工作的人，会产生气闷、黏膜刺激、头疼及嗜睡等症状。流行病学的研究也使我们认识到在这种低水平环境污染下的潜在危险，以及在这种环境下对人体健康可能产生的有害影响。研究和掌握形成病态建筑的起因，分析各因素之间的相互影响，为创造一个健康的环境提供科学依据也是我们面临的一个很重要的任务。

四、"建筑环境学"的主要内容与地位

"建筑环境学"与"传热学"、"工程热力学"以及"流体力学"共同组成了建筑环境与设备工程学科的专业基础平台。不过，在这些专业基础平台课程中，"建筑环境学"才是本学科区别于其他学科的核心基础课程。建筑环境与设备工程学科的目标是创造和控制

人工因素形成的物理环境，包括建筑室内环境、建筑群内的室外微环境，以及各种设施、交通工具内部的微环境，即用各种人工外壳围合和半围合起来的微环境。这个微环境用英文 Built Environment 来描述更加准确，意思是通过人为因素形成的微环境，或者说是人工环境。在我们学习如何创造和控制这个人工环境之前，我们首先应该了解我们需要什么样的微环境，这个要创造并控制的微环境有什么特点，和哪些因素有最重要的关联。也就是说，我们为了改造世界，必须要认识世界。

综上所述，"建筑环境学"，即 "Built Environment"，就是反映这个 Built Environment 的内在特征与理论的课程，能够帮助我们更清楚地认识这个研究对象，为我们采用各种方法来改造、控制这个研究对象创造条件。它涉及建筑与外部环境、建筑与室内环境、建筑与人之间的关系，因为建筑是特性最为复杂的微环境外壳。了解了建筑在内外因素影响下的特性，再了解其他类型的微环境外壳的特性就要容易得多。

通过学习"建筑环境学"，我们要完成这样的任务：（1）了解人类生活和生产过程需要什么样的室内、外环境；（2）了解各种内外部因素是如何影响人工微环境的；（3）掌握改变或控制人工微环境的基本方法和原理。

针对第一个任务，我们需要从人类在自然界长期进化过程中形成的生理特点出发，了解热、声、光、空气质量等物理环境因素（即不包括美学、文化等主观因素在内的环境因素）对人的健康、舒适的影响，了解人到底需要什么样的微环境。此外还要了解特定的工艺过程需要何种人工微环境。

针对第二个任务，我们要了解外部自然环境的特点和气象参数的变化规律，掌握这些外部因素对建筑环境各种参数的影响；掌握人类生活与生产过程中热量、湿量、空气污染物等产生的规律以及对建筑环境形成的作用。

针对第三个任务，我们要了解建筑环境中热、空气质量、声、光等环境因素控制的基本原理、基本方法和手段。根据使用功能的不同，从使用者的角度出发，研究微环境中温度、湿度、气流组织的分布、空气品质、采光性能、照明、噪声和音响效果等及其相互组合后产生的效果，并对此作出科学的评价，为营造一个满足要求的人工微环境提供理论依据。

"建筑环境学"的课程内容主要由建筑外环境、建筑热湿环境、人体对热湿环境的反应、室内空气质量、气流环境、声环境和光环境七个主要部分组成。

为了研究建筑规划、单体建筑设计、建筑围护结构设计和室内装修设计等建筑设计元素对室内、外环境的影响，需要涉及从材料的物理性能着手，对材料的热物性、光学性能、声学性能进行研究的建筑物理学。

从研究人体的功能出发，用热生理学来研究人体对热和冷的反应机理，从中去认识包括像血管收缩和出汗等一系列的反应机理。

为了了解人在某些给定的热、声、光环境下的感觉，即在一定的刺激下，如何来定量地描述这种感觉，必须借助心理学的研究手段，通过观察受试者的反应得出结论。由于感觉是不能测量出来的，需要通过某些间接的途径来实现，所以需要通过不同的测试手段来研究反应与感觉的关系。

劳动卫生学则从室内的一些令人不太舒服的环境出发，例如在过冷或过热的环境、空气组分比例不符合卫生健康要求的场合、有强噪声的车间、采光条件太差或者亮度对比度过强的操作空间等诸如此类的环境，研究这些环境可能对人体健康和安全带来的危害及由此造成的工作效率下降的问题。

综上所述，我们可以知道，由于"建筑环境学"内容的多样性，内容涉及热学、流体力学、物理学、心理学、生理学、劳动卫生学、城市气象学、房屋建筑学、建筑物理等学科知识。事实上，它是一门跨学科的边缘科学，因此对建筑环境或者人工微环境的认识需要综合以上各类学科的研究成果，这样才能完整和准确地描述建筑环境，合理地调节控制建筑环境，并给出评价的标准。

参 考 文 献

[1]　王鹏．建筑适应气候——兼论乡土建筑及其气候策略．清华大学博士论文，2001.

第二章　建　筑　外　环　境

建筑物所在地的气候条件和外部环境，会通过围护结构直接影响室内的环境。如果为了控制室内环境而要利用当地的室外空气、太阳能、地层蓄能、地下水蓄能、风能等，均需依赖于当地的外部环境与气候条件。因此为了得到良好的室内气候条件以满足人们生活和生产的需要，必须了解当地各主要气候要素的变化规律及其特征。

一个地区的气候与建筑的外部环境是在许多因素的综合作用下形成的。与建筑环境密切相关的外部环境要素有太阳辐射、气温、湿度、风、降水、天空辐射、土壤温度等等。而这些外部环境要素的形成又主要取决于太阳对地球的辐射，同时又受人类城乡建设和生活、生产的影响。

太阳辐射不仅对地球的宏观气候以及微观气候有决定性的影响，而且对建筑物的热环境和光环境有着直接的作用。而太阳在天空中的位置因时、因地时刻都在变化，因此正确掌握太阳对地球运动的规律，以及对地球环境作用的机理，是处理建筑环境问题的基础。

本章涉及的建筑外环境的内容包括宏观气候与微观气候两部分：

（1）太阳辐射对地球环境的作用以及地球气候的特点；

（2）人类营造的建筑物与生活、生产活动对局部微气候的影响。

第一节　地球绕日运动的规律

一、地球绕日的运动

地球上任何一点的位置都可以用地理经度和纬度来表示。

一切通过地轴的平面同地球表面相交而成的圆叫经度圈，经度圈都通过地球两极，因而都在南北极相交。这样每个经圈都被南北两极等分成两个180°的半圆，这样的半圆叫经线，或子午线。全球分为180个经圈，360条经线。1884年经国际会议商定，以英国伦敦的格林尼治天文台所在的子午线为全世界通用的本初子午线，如图2-1所示。

一切垂直于地轴的平面同地球表面相割而成的圆，都是纬线，它们彼此平行。其中通过地心的纬线叫赤道。赤道所在的赤道面将地球分成南半球和北半球，如图2-2所示。

图 2-1　地球经度圈

图 2-2　地球纬度圈

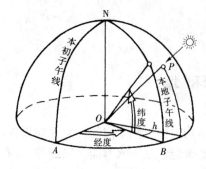

图 2-3　本初子午线与本地子午线

不同的经线和纬线分别以不同的经度和纬度来区分。所谓经度，就是本初子午线所在的平面与某地子午线所在平面的夹角。因此，经度以本初子午线为零度线，自零度线向东分为 180 °，叫东经，向西分 180°，称为西经。纬度（φ）是地球表面某地的本地法线（地平面的垂线）与赤道平面的夹角，是在本地子午线上度量的。赤道面是纬度度量起点，赤道上的纬度为 0°。自赤道向北极方向分为 90°，称为北纬，向南极方向分为 90°，称为南纬，如图 2-3 所示。

1. 关于四季

四季是因地球公转而形成的。地球绕太阳逆时针旋转称为公转，其运行轨道的平面称为黄道平面。地球绕太阳的运行轨道接近椭圆形，而太阳所处位置稍有偏心，因此太阳与地球之间的距离逐日变化。地球除公转外，还绕其极轴（地轴）自转，地轴的倾斜角即地轴与黄道平面的法线的交角始终保持 23°27′ 或 23.45°，亦常被近似表述为 23.5°，见图 2-4。

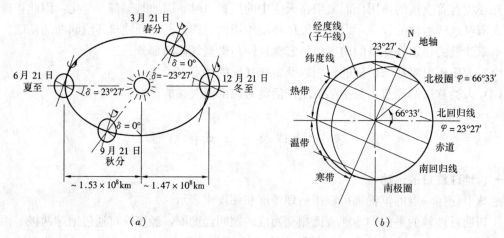

图 2-4　地球的公转和自转

地球中心和太阳中心的连线与地球赤道平面的夹角称为赤纬 δ（或赤纬角），由于地轴的倾斜角永远保持不变，致使赤纬随地球在公转轨道上的位置即日期的不同而变化，全年赤纬在 +23.45°～-23.45° 之间变化。从而形成了一年中春、夏、秋、冬四季的更替。赤纬随时都在变化。赤纬 δ 可用以下简化公式计算：

$$\delta = 23.45 \times \sin\left(360\,\frac{284+n}{365}\right) \tag{2-1}$$

式中　n——计算日在一年中的日期序号。

赤纬从赤道平面算起，向北为正，向南为负。春分时，太阳光线与地球赤道面平行赤纬为 0°，阳光直射赤道，并且正好切过两极，南北半球的昼夜相等。春分以后，赤纬逐渐增加，到夏至达到最大 +23.45°，此时太阳光线直射地球北纬 23.45°，即北回归线上。以后赤纬一天天地变小，秋分日时的赤纬又变回到 0°。在北半球，从夏至到秋分为夏季，北极圈处在太阳一侧，北半球昼长夜短，南半球夜长昼短，到秋分时又是日夜等长。当阳光又继续向南半球移动时，到冬至日，赤纬达到 $-23.45°$，阳光直射南纬 $23.45°$，即南回归线。这情况恰与夏至相反。冬至以后，阳光又向北移动返回赤道，至春分太阳光线与赤道平行。如此周而复始。地球在绕太阳公转的行程中，春分、夏至、秋分、冬至是四个典型的季节日，分别为春夏秋冬四季中间的日期。从天球上看，这四个季节把黄道等分成四个区段，若将每一个区段再等分成六小段，则全年可分为 24 小段，每小段太阳运行大约为 15 天左右，这就是我国传统的历法——二十四节气。

2. 关于昼夜

昼夜是因地球自转而形成的。一天时间的测定，是以地球自转为依据的，昼夜循环的现象给了我们测量时间的一种尺度。钟表指示的时间是均匀的，均以地方平均太阳时为准。

所谓地方平均太阳时，是以太阳通过当地的子午线时为正午 12 点来计算一天的时间。这样经度不同的地方，正午时间均不同，使用起来不方便。因此，规定在一定经度范围内统一使用一种标准时间，在该范围内同一时刻的钟点均相同。经国际协议，以本初子午线处的平均太阳时为世界时间的标准时，称"世界时"。把全世界按地理经度划为 24 个时区，每个时区包含地理经度 $15°$。以本初子午线东西各 $7.5°$ 为零时区，向东分 12 个时区，向西也分 12 个时区。每个时区都按它的中央子午线的平均太阳时为计时标准，作为该时区的标准时。相邻两个时区的时间差为 1 小时。

真太阳时是以当地太阳位于正南间的瞬时为正午 12 时，地球自转 $15°$ 为 1 小时。但是由于太阳与地球之间的距离和相对位置随时间在变化，以及地球赤道与黄道平面的不一致，致使当地子午线与正南方向有一定的差异，所以真太阳时比当地的平均太阳时（钟表时间）有时快一些，有时慢一些。真太阳时与当地平均太阳时之间的差值称为时差。某地的真太阳时 T 可按下式计算：

$$T = T_m \pm \frac{L - L_m}{15} + \frac{e}{60} \tag{2-2}$$

式中　T——当地的真太阳时，h；

T_m——该时区的平均太阳时（该时区的标准时），h；

L——当地子午线的经度，deg；

L_m——该时区中央子午线的经度，deg；

e——时差，min；

$\pm$——对于东半球取正值，对于西半球取负值。

如果式（2-2）不考虑时差 e，则求得的就是当地的地方平均太阳时，即钟表时间 T_0。

$$T_0 = T_m \pm \frac{L - L_m}{15} \quad (h) \tag{2-3}$$

我国地域广阔，从东 5 时区到东 9 时区，横跨 5 个时区。为计算方便，我国统一采用东 8 时区的时间，即以东经 $120°$ 的平均太阳时为中国的标准，称为"北京时间"。北京时间与世界时相差 8 小时，即北京时间等于世界时加上 8 小时。

由于我国 5 个时区统一采用东 8 时区的时间作为标准时间，因此在用式（2-2）求取某地的真太阳时，T_m 和 L_m 均应采用东 8 时区的标准时和中央子午线的经度。

若将真太阳时用角度表示时，则称太阳时角，简称时角 h，如图 2-3 所示，是指当时太阳入射的日地中心连线 OP 线在地球赤道平面上的投影与当地真太阳时 12 点时，日、地中心连线在赤道平面上的投影之间的夹角。其计算公式为

$$h = \left(T_{\mathrm{m}} \pm \frac{L - L_{\mathrm{m}}}{15} + \frac{e}{60} - 12\right) \times 15 \quad (\mathrm{deg}) \tag{2-4}$$

真太阳时为12点时的时角为零，前后每隔一小时，增加$360°/24＝15°$，如10点和14点均为$30°$。

二、太阳在空间的位置

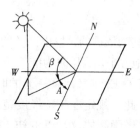

图 2-5 太阳高
度角与方位角

地球上某一点所看到的太阳方向，称为太阳位置。太阳位置常用两个角度来表示，即太阳高度角β和太阳方位角A。太阳高度角β是指太阳光线与水平面间的夹角。太阳方位角A为太阳至地面上某给定点连线在地面上的投影与当地子午线（南向）的夹角。太阳偏东时为负，太阳偏西时为正，如图2-5所示。图2-6为夏至到冬至这一段时间太阳在中午照射时的太阳高度角β与纬度φ之间的关系。O点表示地心，QQ'表示赤道，NS表示地球轴线。

确定太阳高度角和方位角在建筑环境控制领域具有非常重要的作用。确定不同季节设计代表日或者代表时刻的太阳位置，可以进行建筑朝向确定、建筑间距以及周围阴影区范围计算等建筑的日照设计，可以进行建筑的日射得热量与空调负荷的计算、进行建筑自然采光设计。

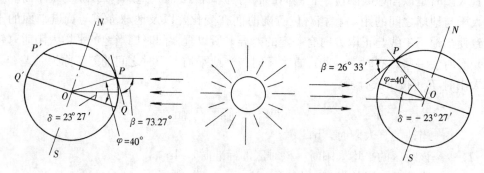

图 2-6 夏至和冬至时太阳高度角与纬度之间的关系（北纬 40°）

影响太阳高度角和方位角的因素有三：赤纬(δ)，它表明季节（日期）的变化；时角(h)，它表明时间的变化；地理纬度(φ)，它表明观察点所在的位置。在一天之中，真太阳时12点时太阳高度角达到最大值。太阳高度角β和方位角A可用下式来表示

$$\sin\beta = \cos\varphi\cos h\cos\delta + \sin\varphi\sin\delta \tag{2-5}$$

$$\sin A = \frac{\cos\delta\sin h}{\cos\beta} \tag{2-6}$$

第二节 太 阳 辐 射

太阳辐射能是地球上热量的基本来源，是决定气候的主要因素，也是建筑物外部最主要的气候条件之一。

一、太阳常数与太阳辐射的电磁波

太阳是一个直径相当于地球110倍的高温气团，其表面温度约为6000K左右，内部

温度则高达 $2\times10^7\mathrm{K}$。太阳表面不断以电磁辐射形式向宇宙空间发射出巨大的能量，其辐射波长范围为从波长为 $0.1\mu\mathrm{m}$ 的 X 射线到波长达 100m 的无线电波。地球接受的太阳辐射能约为 $1.7\times10^{14}\mathrm{kW}$，仅占其辐射总能量的二十亿分之一左右。

太阳辐射热量的大小用辐射照度来表示。它是指 $1\mathrm{m}^2$ 黑体表面在太阳辐射下所获得的辐射能通量，单位为 $\mathrm{W/m}^2$。地球大气层外与太阳光线垂直的表面上的太阳辐射照度几乎是定值。在地球大气层外，太阳与地球的年平均距离处，与太阳光线垂直的表面上的太阳辐射照度为 $I_0=1353\mathrm{W/m}^2$，被称为太阳常数。

由于太阳与地球之间的距离在逐日变化，地球大气层上边界处与太阳光线垂直的表面上的太阳辐射照度也会随之变化，1 月 1 日最大，为 $1405\mathrm{W/m}^2$，7 月 1 日最小，为 $1308\mathrm{W/m}^2$，相差约 7%。计算太阳辐射时，如果按月份取不同的数值，可达到比较高的精度。表 2-1 给出了各月大气层外边界太阳辐射照度。

各月大气层外边界太阳辐射照度[12] 表 2-1

月　份	1	2	3	4	5	6	7	8	9	10	11	12
辐射照度（$\mathrm{W/m}^2$）	1405	1394	1378	1353	1334	1316	1308	1315	1330	1350	1372	1392

太阳辐射的波谱见图 2-7，在各种波长的辐射中能转化为热能的主要是可见光和红外线。可见光的波长在 $0.38\sim0.76\mu\mathrm{m}$ 的范围内，是我们眼睛所能感知的光线，在照明学上具有重要的意义。波长在 $0.76\sim0.63\mu\mathrm{m}$ 范围的是红色，在 $0.63\sim0.59\mu\mathrm{m}$ 的为橙色，在 $0.59\sim0.56\mu\mathrm{m}$ 的为黄色，在 $0.56\sim0.49\mu\mathrm{m}$ 的为绿色，在 $0.49\sim0.45\mu\mathrm{m}$ 的为蓝色，在 $0.45\sim0.38\mu\mathrm{m}$ 的为紫色。

太阳的总辐射能中约有 7% 来自于波长 $0.38\mu\mathrm{m}$ 以下的紫外线，45.6% 来自于波长为 $0.38\sim0.76\mu\mathrm{m}$ 的可见光，

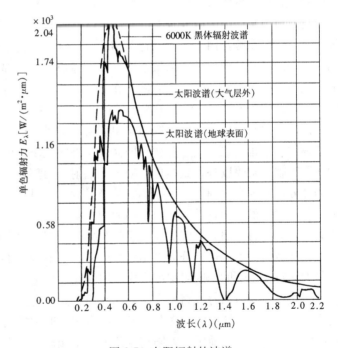

图 2-7 太阳辐射的波谱

45.2% 来自于波长在 $0.76\sim3.0\mu\mathrm{m}$ 的近红外线，2.2% 来自于波长在 $3.0\mu\mathrm{m}$ 以上的长波红外线（或称做远红外线）[1]。当太阳辐射透过大气层时，由于大气对不同波长的射线具有选择性的反射和吸收作用，到达地球表面的光谱成分发生了一些变化，而且在不同的太阳高度角下，太阳光的路径长度不同，导致光谱的成分变化也不相同。例如紫外线和长波红外线所占的比例都明显下降。再例如，当太阳高度角为 41.8°、大气层质量 $m=1.5$（见后文）的时候，在晴天条件下到达海平面的太阳辐射中紫外线占不到 3%，可见光约

占 47%，红外线占 50%。太阳高度角越高，紫外线及可见光成分越多；红外线则相反，它的成分随太阳高度角的增加而减少。

太阳常数与太阳辐射光谱之间的关系可表述为：

$$I_0 = \int_0^\infty E(\lambda)\mathrm{d}\lambda \tag{2-7}$$

式中　I_0——太阳常数，W/m^2；

λ——辐射波长，μm；

$E(\lambda)$——太阳辐射频谱强度，$W/(m^2 \cdot \mu m)$。

二、大气层对太阳辐射的吸收

太阳辐射通过大气层时，其中一部分辐射能被云层反射到宇宙空间，一部分短波辐射受到天空中的各种气体分子、尘埃、微小水珠等质点的散射，使得天空呈现蓝色。太阳光谱中的 X 射线和其他一些超短波射线在通过电离层时，会被氧、氮及其他大气成分强烈吸收，大部分紫外线被大气中的臭氧所吸收，大部分的长波红外线则被大气层中的二氧化碳和水蒸气等温室气体所吸收，因此到达地面的太阳辐射能主要是可见光和近红外线部分，即波长为 $0.32\sim2.5\mu m$ 部分的射线。

臭氧在地球的大气层中最高浓度是在距地面大约 30000m 处的平流层，也被称为臭氧层或臭氧带。臭氧层吸收波长在 $0.32\mu m$ 以下的高密度紫外线，对地球的生态环境和大气环流有重要的影响，由于氯氟碳化合物（CFCs）的光解破坏和氯原子在平流层中间释放，消耗大量的臭氧从而导致臭氧层浓度降低，造成紫外线辐射增强。过度的紫外线照射，会危及人类的身体健康。研究表明波长在 $0.23\sim0.32\mu m$ 的紫外线（又称 UV-B 短波）是一种黑瘤的致病因素之一，而目前黑瘤的死亡率大约在 45%。

因此，由于反射、散射和吸收的共同影响，使到达地球表面的太阳辐射照度大大削弱，辐射光谱也随之发生了变化。即大气层外的太阳辐射在通过大气层时，除了一部分被大气层吸收与阻隔以外，到达地面的太阳辐射由两部分组成，一部分是太阳直接照射到地面的部分，称为直射辐射；另一部分是经过大气散射后到达地面的，称为散射辐射。直射辐射与散射辐射之和就是到达地面的太阳辐射能的总和，称为总辐射。但实际上到达地面的太阳辐射还有一部分，即被大气层吸收掉的太阳辐射会以长波辐射的形式将其中一部分能量送到地面。不过这部分能量相对于太阳总辐射能量来说要小得多。

大气对太阳辐射的削弱程度取决于射线在大气中行程的长短及大气层质量。而行程长短又与太阳高度角和海拔高度有关。水平面上太阳直接辐射照度与太阳高度角、大气透明度成正比。在低纬度地区，太阳高度角高，阳光通过的大气层厚度较薄，因而太阳直射辐射照度较大。高纬度地区，太阳高度角低，阳光通过的大气层厚度较厚，因此太阳直接辐射照度较小。又如，在中午，太阳高度角大，太阳射线穿过大气层的射程短，直射辐射照度就大；早晨和傍晚的太阳高度角小，行程长，直射辐射照度就小。

距大气层上边界 x 处（图 2-8）与太阳光线垂直的表面上（即太阳法向）的太阳直射辐射照度 I_x 的梯度与其本身强度成正比：

$$\frac{\mathrm{d}I_x}{\mathrm{d}x} = -kI_x \tag{2-8}$$

式中　I_x——距大气层上边界 x 处的法向表面太阳直射辐射照度，W/m^2；

k——比例常数，m^{-1}；

x——太阳光线的行程，m。

对式（2-8）积分求解得：

$$I_x = I_0 \exp(-kx) \qquad (2-9)$$

从上式可以看到，k 值越大，辐射照度衰减越大，因此 $a=kL$ 值又称为大气层消光系数，L 是当太阳位于天顶时（日射垂直于地面）到达地面的太阳辐射行程，而 k 相当于单位厚度大气层的消光系数（specific extinction）。大气层消光系数 a 的大小与大气成分、云量等有关。云量的意思是将天空分为 10 份，被云遮盖的份数。例如，云量为 4 是指天空有 4/10 被云遮蔽。太阳光线的行进路程 x，即太阳光线透过大气层的距离，可由太阳位置来计算。

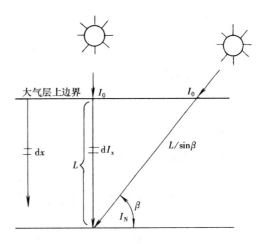

图 2-8 太阳光的路程长度

当太阳位于天顶时（日射垂直于地面），到达地面的太阳辐射行程为 L，有：

$$I_L = I_0 \exp(-a) \qquad (2-10)$$

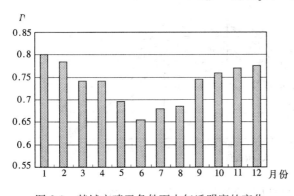

图 2-9 某城市晴天条件下大气透明度的变化

令 $P = I_L/I_0 = \exp(-a)$，称做大气透明度，它是衡量大气透明度的标志，P 越接近 1，大气越清澈。P 值一般为 $0.65 \sim 0.75$。即使在晴天，大气透明度也是逐月不同的，这是因为大气中水蒸气含量不同的缘故。但在同一个月的晴天中，大气透明度可以近似认为是常数。我国将大气透明度作了 6 个等级的分区，1 级最透明，见附录 2-1[9]。图 2-9 给出了某城市晴天条件下大气透明度的逐月变化值。

当太阳不在天顶，太阳高度角为 β 时，太阳光线到达地面的路程长度为 $L'=L/\sin\beta$。地球表面处的法向太阳直射辐射照度为：

$$I_N = I_0 \exp(-am) = I_0 P^m \qquad (2-11)$$

式中 $m=L'/L=1/\sin\beta$，称为大气层质量，反映了太阳光在大气层中通过距离的长短，取决于太阳高度角的大小。

因此，到达地面的太阳辐射照度大小取决于地球对太阳的相对位置（太阳高度角和路径）以及大气透明度。

根据太阳直射辐射照度可以分别算出水平面上的直射辐射照度和垂直面上的直射辐射照度。

某坡度为 θ 的平面上的直射辐射照度

$$I_{Di} = I_N \cos i = I_N \sin(\beta+\theta)\cos(A+\alpha) \qquad (2-12)$$

水平面上的直射辐射照度

$$I_{DH} = I_N \sin\beta \qquad (2-13)$$

垂直面上的直射辐射照度

$$I_{DV} = I_N \cos\beta \cos(A + \alpha) \qquad (2-14)$$

式中　i——太阳辐射线与被照射面法线的夹角，deg；

　　　A——太阳方位角，太阳偏东为负，偏西为正，deg；

　　　α——被照射面方位角，被照射面的法线在水平面上的投影偏离当地子午线（南向）
的角度，偏西为负，偏东为正，deg。

图 2-10 表示了各种大气透明度下的直射辐射照度。图中表明在法线方向和水平面上

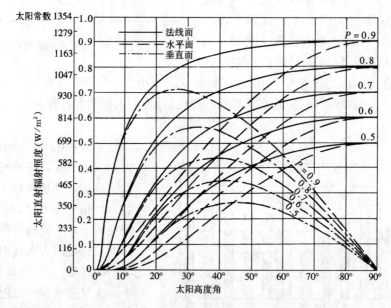

图 2-10　不同太阳高度角和大气透明度下的太阳直射辐射强度

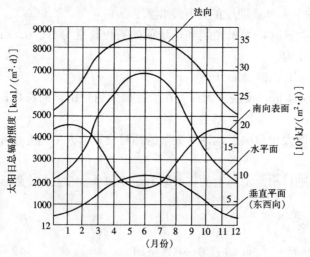

图 2-11　北纬 40°的太阳日总辐射照度

的直射辐射照度随着太阳高度角的增大而增强，而垂直面上的直射辐射照度开始随着太阳高度角的增大而增强，到达最大值后，又随着太阳高度角的增大而减弱。

图 2-11 给出了北纬 40°全年各月水平面、南向表面和东西向表面每天获得的太阳总辐射照度。从图中可以看出，对于水平面来说，夏季总辐射照度达到最大；而南向垂直表面，在冬季所接受的总辐射照度为最大。

第三节 室 外 气 候

地球上气候的形成，是由太阳辐射对地球的作用决定的。落到地球上的太阳辐射热主要由地球表面与大气层吸收，而地球表面与大气层向太空的长波辐射是地球向外界散热的主要方式。太阳辐射中有51%左右被地球表面吸收，有19%被大气层和云吸收，另外还有30%左右被地面、大气层和云层直接反射回去，而被地球表面和大气层吸收的太阳辐射热主要是通过长波辐射的形式发射回太空。也就是通过这种地球表面对太阳辐射的吸收和地球表面向太空的长波辐射才能维持地球表面的热平衡，保持地球特有的长期稳定的适宜人类生存的气候条件。

太阳辐射落到赤道附近的能量要远远多于两极，尽管赤道地区和地球的两极都会向太空进行长波辐射，但赤道附近地区获得的太阳辐射要多于对外的长波辐射，而极地则相反，因此赤道附近的低纬度地区要比两极附近的高纬度地区热得多，参见图2-15。

赤道与两极存在的地面温差会引起地球表面大气层的自然对流，即赤道附近的高温地表面加热空气形成上升气流，而极地的冷地表面会冷却空气形成下沉气流，从而形成大气环流。大气环流会将赤道附近的热量带到两极，减少赤道与两极获得的能量差异。

本节涉及的建筑环境的室外气候因素，包括大气压力、风、空气温湿度、地温、有效天空温度、降水等，都是由太阳辐射以及地球本身的物理性质决定的。

一、大气压力

1. 大气压力的定义与分布特点

空气分子不断地做无规则的热运动，不断地与物体表面相碰撞，宏观上，物体表面就受到一个持续的、恒定的压力。物体表面单位面积所受的大气分子的压力称为大气压强或气压。

空气可看成是混合理想气体，压强 p 可写成：

$$p = \frac{2}{3} \sum n_i \cdot \overline{w} \tag{2-15}$$

式中　n_i——气体的分子数密度，单位体积内的分子数，个/m^3；

　　　$\overline{w}$——分子的平均动能，J，$\overline{w} = \frac{3}{2}KT$，$K$ 为波尔兹曼常量，$K = 1.3806 \times 10^{-23}$ J/K；

　　　T——热力学温度，K。

因此，在重力场中，空气的分子数随高度的增加而呈指数减少，所以气压大体上也是随高度按指数降低的。

地面气压恒在 98~104kPa 之间变动，平均约为 101.3kPa。随着海拔高度的增加，气压值按指数减少，离地面10km处的气压值只有海平面的25%。海平面大气压力称做标准大气压，为 101325Pa 或 760mmHg。图 2-12 为我国不同海拔城市（地区）多年平均大气压力分布，北京海拔为31m，大气压力为101kPa；珠穆朗玛峰海拔为8848m，大气压力为31kPa，数值相差3倍以上。

由于空气的密度与温度成反比，因此在陆地上的同一位置，冬季的大气压力要比夏季的高，但变化范围仅在5%以内。

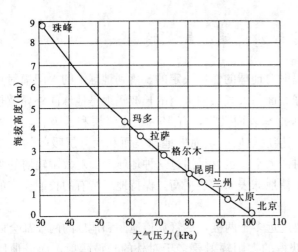

图 2-12　我国城市（地区）大气
压力随海拔高度变化规律

为了给飞行器的设计和计算、压力高度计校准和气象制图提供基准，根据探测数据和理论计算所制定出的一种比较接近实际大气平均状况垂直分布特性的大气，称为标准大气，又称参照（考）大气。附表 2-5 给出的是简要的标准大气表，从中可以查出不同海拔高度的气压和空气温度。1976 美国标准大气规定了中等太阳活动期间，1000km 以下中纬度地区的平均大气结构。据我国有关部门测试统计表明，1976 美国标准大气 30km 以下部分与我国北纬 45°附近 30km 以下的实际大气平均状态比较接近，取该大气的 30km 以下部分作为我们国家的标准大气。根据标准大气压高公式和状态方程可获得气压、密度数据。相应的压高公式为[4]：

11km 以下：

$$P = 101.325 \times (1 - 2.26 \times 10^{-5} H)^{5.26} \tag{2-16}$$

11～20km：

$$P = 22.699 e^{-1.58 \times 10^{-4}(H - 11 \times 10^{3})} \tag{2-17}$$

20～30km：

$$P = 5.529 \times [1 + 4.616 \times 10^{-6}(H - 20 \times 10^{3})]^{-34} \tag{2-18}$$

式中，P 的单位为 kPa；H 为海拔高度，m。

图 2-13（a）是高度与气压的关系。气压的多年平均值随纬度分布如图 2-13（b）所

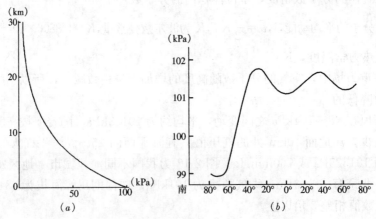

图 2-13　气压与在地球上位置的关系
（a）气压随高度的分布[3]；（b）平均气压随纬度的分布[2]

示。赤道带为低压带，由赤道带往南或往北气压增高，于 30°～50°附近达到最高值，称为副热带高压带。再往高纬度区则气压又下降，于 60°～70°处气压最低，南半球的气压下降尤为显著，极地区域的气压又有所增加。

气压有周期性的日变化和年变化，还有非周期性的变化。气压的非周期性变化常和大气环流及天气系统有关系，而且变化幅度大。气压的日变化在热带表现得很明显（图2-14），一昼夜有两个最高值（9～10 时及 21～22 时）和两个最低值（3～4 时及 15～16时）。温带地区气压的日变化平缓一些。

气压的年变化由地理状况决定。赤道区年变化不大，高纬度区年变化较大。大陆和海洋也有显著

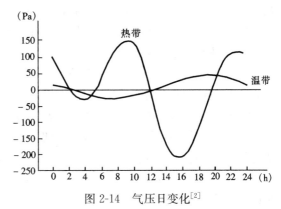

图 2-14　气压日变化[2]

的差别，大陆冬季气压高，夏季最低，而海洋恰好相反。

2. 大气压力与人体健康

由于人类是长期在海平面高度的大气压力下繁衍进化的生物，因此适合的大气压力对人体健康与生命安全有着至关重要的作用。但现代的技术使得人类可以进入非传统的人类生存空间，如进入 10000m 以上高空的飞行器、进入太空的航天运载工具、进入水下的潜艇等。在这些人工环境中必须营造能够维持人体生存并保证健康的大气压力。因此，了解大气压力对人体健康的影响是非常重要的。

人体对气压的变化有较强的适应能力。一般来说，人体可以忍受的大气压力范围包括从 0.303 个大气压的低压到 15 个大气压的高压，但短时间内气压变化太大，人体便很难适应。低气压环境和高气压环境对人体有着不同的影响。

（1）低气压环境

只要离开海平面向上升高，大气压力就要降低。低压环境对人体的影响主要包括两个方面：一是空气压力过低引起的物理性影响，二是空气中含氧量过少引起的缺氧效应[20]。两种影响往往同时产生作用，而缺氧是主要的威胁。尽管在人工环境中可以通过供氧设备来维持氧气的吸入量，但人体如果暴露在低压环境中仍然有可能影响人体的正常功能，甚至危及生命安全。

低气压或气压快速降低对人体的物理影响有：

1）如果人体空腔器官（如肠胃、肺、中耳腔、鼻窦等）内气体不能及时排出，会导致器官腔内相对压力升高而发生体积膨胀，从而造成器官损伤，尤其是肺部最容易受损。

2）溶解在组织和体液中的氮气会离析出来，在血管和各种组织内形成气泡，可能堵塞血管或者与血液成分发生反应，或者压迫、刺激局部组织，导致高空减压病。症状有肢体关节痛（屈肢症），有时会出现皮肤刺痛以及咳嗽、胸痛等症状，严重时还会出现视觉、感觉、运动、前庭及意识等方面的障碍等中枢神经系统症状。但只要控制减压不到 50%，一般是不会出现高空减压病的[21]。

3）环境压力如果等于或者低于体温下的饱和水蒸气分压力，体液中的水分会发生沸

腾，形成蒸汽，出现皮下组织气肿现象。

低气压导致的缺氧的症状是更为重要的威胁。缺氧对人体的影响分为急性缺氧、亚急性缺氧和慢性缺氧三种类型。急性缺氧环境的例子之一就是高空飞行的飞机机舱突然出现泄漏，导致舱内压力急速下降接近环境大气压。人对急性缺氧只能坚持数秒至数分钟，否则会出现意识丧失甚至危及生命。而亚急性缺氧是指暴露在低压缺氧环境数分钟至数小时，人出现头痛、头昏、恶心呕吐、视力模糊、肌肉运动不协调、气促、心悸等症状。缺氧耐力低的个体在突然进入海拔 3000m（70kPa）左右的高度就会出现缺氧反应，而耐力强的个体在突然进入 4700m（57kPa）高度的时候也会发生缺氧反应。如果立即供给充足的氧气，很快就可以恢复正常。

慢性缺氧是长期暴露在轻度或中度缺氧环境下引起的症状。在海拔 2400～3700m 条件下暴露 8～24h 后，几乎所有的人都会出现气促、头痛、失眠、恶心呕吐、不能集中注意力等急性高山病症状，但在暴露 2～5 日后，大多数人的症状都会有所减轻或者消失，但劳动效率会在较长时期内都低于在平原时的水平[3]。只有长期在高原地区生活才会使机体产生改变以适应高原缺氧环境。

为了保证乘客舒适和活动方便，不使用供氧装备而不至于产生明显的疲劳感觉，同时要保证呼吸、循环系统条件不是很好的乘客的健康，现代大型喷气式客机的客舱内空气压力，一般控制在相当于海拔高度 1524～2440m 的大气压力，即约为 0.8atm（75～85kPa）；当飞机飞行的最高海拔达到 13000m 左右，飞机座舱内压力的海拔高度控制为 2440m 以下，换算成大气压力约为 75kPa[22]。这也是为了避免缺氧耐力低的个体在飞机座舱内产生高原反应而设定的阈值。

（2）高气压环境

超过一个大气压的压力谓之高压。在高压环境中，由于人全身均匀受压，人并不会觉得身上承受了重压，也不会发生病理变化。但高气压作用下，由于血液中的含氧量增加，因此体内的红细胞和血红蛋白含量均会减少，而白细胞数会增加。另外，心率、呼吸频率都会减慢，呼吸加深，呼吸的阻力也加大。这些影响是暂时性的、可逆的。但若高压作用持久，程度严重或恢复不当，也可能导致不可逆的持久性病理改变。

在快速加压过程中，由于咽鼓管不能自行开放，耳膜会被压迫向内凹陷，产生耳痛、耳聋，甚至鼓室内液体渗出，造成气压性损伤；鼻窦腔也会因外部压力过高而形成内部负压，产生黏膜充血、肿胀、出血等变化。

人在地面常压条件下长期生活过程中，环境气体中各气体成分（主要是氮气）均已呈"饱和"状态溶解于组织和体液中。在高压环境中，机体各组织中的氮气溶解量会继续增加，逐渐被氮饱和。一般在高压下工作 5～6h 后，人体就被氮饱和。当重新回到标准大气压环境时，体内过剩的氮便从各组织血液由肺泡随呼气排出，但这个过程进行慢、时间长，所以人体有很长时间处于氮过饱和的状态。如果从高压环境很快回到标准气压环境，则脂肪中蓄积的氮有部分就会停留在机体内，并膨胀形成小的气泡，阻滞血液、液体和组织，形成气栓而引起与上述高空减压病相同的症状，甚至危及人的生命。

二、风与大气边界层

风是指由于大气压差所引起的大气水平方向的运动。地表增温不同是引起大气压力差的主要原因，也是风形成的主要成因。风可分为大气环流与地方风两大类。由于照射在地球上的太阳辐射不均匀，造成赤道和两极间的温差，由此引发大气从赤道到两极和从两极到赤道的经常性活动，叫做大气环流。它是造成各地气候差异的主要原因之一，见图2-15。地球的自转和公转也影响了大气环流的走向。

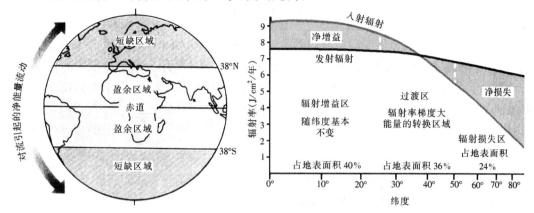

图2-15　风的形成和对地球热平衡的影响

地方风是由于地表水陆分布、地势起伏、表面覆盖等地方性条件不同所引起的，如海陆风、季风、山谷风、庭院风及巷道风等。海陆风与山谷风是由于局部地方昼夜受热不均匀而引起的，所以其变化以一昼夜为周期，风向产生日夜交替的变化。季风是因为海陆间季节温差而引起的：冬季大陆被强烈冷却，气压增高，季风从大陆吹向海洋；夏季大陆强烈增温，气压降低，季风由海洋吹向大陆。因此，季风的变化是以年为周期的。我国的东部地区，夏季湿润多雨而冬季干燥，就是因为受强大季风的影响。我国的季风大部分来自热带海洋，影响区域基本是东南和东北的大部分区域，夏季多为南风和东南风，冬季多为北风和西北风。

从地球表面到500～1000m高的这层空气叫做大气边界层，其厚度主要取决于地表的粗糙度。在平原地区边界层薄，在城市和山区边界层厚，见图2-16。边界层内风速沿垂直方向存在梯度，其形成的原因是下垫面对气流有摩擦作用。在摩擦力的作用下，贴近地面处的风速为零，沿高度风速递增，因为地面摩擦力的影响越往上越小。到达一定高度

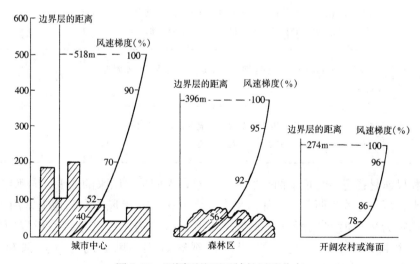

图2-16　不同下垫面区域的风速分布

19

以后，风速不再增大，人们往往把这个高度称为边界层高度。

对于风速梯度，达芬堡（Davenport）提出了一个按幂函数规律分布的计算公式：

$$V_h = V_g \left(\frac{h}{h_g} \right)^a \tag{2-19}$$

其中，h_g 和 V_g 是当地边界层厚度与边界层处的风速，据此可以求出高度为 h 的某点风速 V_h。由于气象站所记录的风速都是当地 10m 高处的风速，使用上式不方便，所以又有研究者提出了可利用气象站风速测量点高度 h_{met} 和测量点处的风速 V_{met} 来求出高度为 h 的某点风速 V_h 的公式，该公式被引入了 ASHRAE 手册[10]：

$$V_h = V_{met} \left(\frac{\delta_{met}}{h_{met}} \right)^{a_{met}} \left(\frac{h}{\delta} \right)^a \tag{2-20}$$

式中 h_{met}——气象站风速测量点的高度，m；

      V_{met}——气象站风速测量点处的风速，m/s；

      δ_{met}——气象站当地的大气边界层厚度，m，见表 2-2；

      a_{met}——对应气象站当地的大气层厚度的指数，见表 2-2；

       δ——需要求风速地点的大气边界层厚度，m，见表 2-2；

       a——对应需要求风速地点大气边界层厚度的指数，见表 2-2。

如果要求取城市中心的风速，而气象站位于开阔的乡村，则 δ_{met}、a_{met} 的取值为 270 和 0.14，δ、a 的取值为 460 和 0.33。

大气边界层的参数[10]   表 2-2

序号	地形类型描述	指数 a	边界层厚度 δ（m）
1	大城市中心，至少有 50% 的建筑物高度超过 21m；建筑物范围至少有 2km，或者达到迎风方向上的建筑物高度的 10 倍以上，二者取高值	0.33	460
2	市区、近郊、绿化区，稠密的低层住宅区；建筑物范围至少有 2km，或者达到迎风方向上的建筑物高度的 10 倍以上，二者取高值	0.22	370
3	平坦开阔地区，有稀疏的 10m 以下高度的建筑物，包括气象站附近的开阔乡村	0.14	270
4	面向 1.6km 以上水面来流风的开阔无障碍物地带；范围至少有 500m，或者在陆上构筑物高度的 10 倍以上，二者取高值	0.1	210

风向和风速是描述风特征的两个要素。通常，人们把风吹来的地平方向确定为风的方向，如风来自西北方称为西北风，如风来自东南方称为东南风，在陆地上常用 16 个方位表示。风速则为单位时间风所行进的距离，用 m/s 来表示。气象台一般以距平坦地面 10m 高处所测得的风向和风速作为当地的观察数据。风力的等级用蒲福（Francis Beaufort）风力等级来描述，见表 2-3。

蒲福风力等级表[1]　　　　　　　　　　　　　　　　　表 2-3

风力等级	自由海面状况（浪高）		陆地地面征象	距地 10m 高处的相当风速（m/s）
	一般（m）	最高（m）		
0	—	—	静，烟直上	0～0.2
1	0.1	0.1	烟能表示方向，但风向标不能转动	0.3～1.5
2	0.2	0.3	人面感觉有风，树叶微响，风向标能转动	1.6～3.3
3	0.6	1.0	树叶及微枝摇动不息，旌旗展开	3.4～5.4
4	1.0	1.5	能吹起地面灰尘和纸张，树的小枝摇动	5.5～7.9
5	2.0	2.5	有叶的小树摇摆，内陆的水面有小波	8.0～10.7
6	3.0	4.0	大树枝摇动，举伞困难	10.8～13.8
7	4.0	5.5	全树摇动，迎风步行感觉不便	13.9～17.1
8	5.5	7.5	树枝折毁，人向前行，感觉阻力甚大	17.2～20.7
9	7.0	10.0	建筑物有小损，烟囱顶部及平屋摇动	20.8～24.4
10	9.0	12.5	可使树木拔起或使建筑物损坏较重，陆上少见	24.5～28.4
11	11.5	16.0	陆上很少见，有则必有广泛破坏	28.5～32.6
12	14.0	—	陆上绝少见，摧毁力极大	32.7～36.9

为了直观地反映出一个地方的风向和风速，通常用当地的风玫瑰图来表示，见图 2-17。风玫瑰图包括风向频率分布图和风速频率分布图，因图形与玫瑰花相似，故名。风向频率是按照逐时所实测的各个方向风所出现的次数，分别计算出每个方向风出现的次数占总次数的百分比，并按一定比例在各方位线上标出，最后连接各点而成。风向频率图可按年或按月统计，分为年风向频率图或月风向频率图。图 2-17（a）表示了某地全年（实线部分）及 7 月份（虚线部分）的风向频率，其中，除圆心以外每个圆环间隔代表频率为

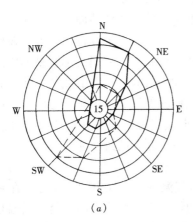

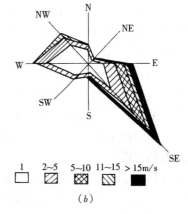

| | 1 | 2～5 | 5～10 | 11～15 | >15m/s |

（a）　　　　　　　　　　　　　　　　（b）

图 2-17　某地的风玫瑰图

（a）风向频率分布图；（b）风速频率分布图

5％。从图中可以看出，该地区全年以北风为主，出现频率为23％；7月份以西南风为最盛，频率为19％。在城市工业区布局及建筑物个体设计中，都要考虑风向频率的影响。风速频率分布图的绘制方法也类似。图2-17（b）给出了某地各方位的风速频率分布。从图中可以看出，该地一年中以东南风为主，风速也较大，西北风所发生的频率虽较小，但高风速的次数有一定的比例。

根据我国各地1月、7月和全年的风向频率图，按其相似形状进行分类，可分为季节变化、主导风向、双主导风向、无主导风向和准静止风等五大类。

局部的主导风可能偏离地区的主导风，风速也会变。这主要是局部地方受冷或受热不均匀而产生的气流所致，如海陆风或山谷风。建筑物周围的环境对其附近的风向和风速也有很大的影响，也有由于风在遇到障碍物而绕行时所产生方向和速度的变化，如街巷风和高楼风。

山谷风多发生在较大的山谷地区或者山与平原相连的地带。由于山坡在谷地造成阴影，使得日间山坡获得的太阳辐射量多于谷地，而夜间对天空的长波辐射量也多于谷地，导致日间山坡表面比谷地表面温度高，而夜间山坡表面比谷地表面温度低。因此，在温差造成的自然对流的诱导作用下，白天风从谷地吹向温度较高的山坡，夜间风又从降低了温度的山坡吹向谷地。这样就形成了日夜交替风向的山谷风。

海陆风的形成机理和山谷风一样，都是由日夜变化的温差产生的自然对流诱发的。不同的是，由于海水的蓄热与自然对流作用，日间陆地的表面温度高于海面的温度，而夜间海面的温度高于陆地的表面温度。因此，日间陆地表面的热空气上升，海面的冷空气流向陆地予以补充，形成海风，夜间陆地表面附近的冷空气流向海面形成陆风。

在接近地面的大气层中，正常情况下，日间空气温度随高度的增加而降低，即由于日间太阳辐射的作用，靠近地面的空气温度高，而远离地面空气温度低。在这种条件下，由于自然对流的作用，热空气上升，冷空气下降，空气很容易产生垂直和水平的流动，因此这个空气层处于不稳定状态。这种不稳定状态有利于地面附近的污染物向外部空间扩散。但有时在某个高度范围内，空气的温度随高度的增加而增加，因为它对自然对流有很强的抑制作用，这时空气层就处于相对稳定的状态。这种空气层也称为"逆温层"。逆温层极不利于地面附近空气层中的污染物扩散，对城市的大气污染有加剧作用。

逆温层形成的机理有多种。例如，由于夜间长波辐射的作用使地面冷却，从而使得接近地面的空气被地面所冷却，温度低于远离地面的空气层，就会形成辐射逆温。在白天晴朗无风的情况下，大气层被接收太阳辐射的地面加热升温越多，夜间就越容易形成自地面向上的逆温层；如果城市排热量大，状况就更严重。如果有大量人为散热的工业大城市坐落在海滨，其上空的空气层被大量的城市排热加热，而较低温的海风贴近地面吹入城市使得地面附近的空气层温度低于上部的空气层，也会形成逆温层。另外，低层空气湍流混合，也会在距地面上方的一定高度形成一个悬浮的、一定厚度的过渡逆温层。

三、室外气温

室外气温一般是指距地面1.5m高、背阴处的空气温度。大气中的气体分子在吸收和放射辐射能时具有选择性。它对太阳辐射几乎是透明体，直接接受太阳辐射的增温是非常微弱的，只能吸收地面的长波辐射（波长在$3\sim120\mu m$范围）。因此，地面与空气的热量交换是气温升降的直接原因。与地表直接接触的空气层，由于与地面的对流换热作用而被加热，此热量又靠对流作用而转移到上层空气。因此，气流或者风带着空气团不断地与地表接触而被加热或冷却。在冬季和夜间，有效天空温度低（见后文），由于地面向外太空的长波辐射作用，地表较空气要冷，这样与地表所接触的空气就会被冷却。

因此，影响地面附近气温的因素主要有：第一，入射到地面上的太阳辐射热量，它起着决定性的作用；例如气温有四季的变化、日变化以及随着地理纬度的变化，都是由于太阳辐射热量的变化而引起的。第二，地面的覆盖面，例如草原、森林、沙漠和河流等以及地形对气温的影响；不同的地形及地表覆盖面对太阳辐射的吸收和反射的性质均不同，所以地面的增温也不同。第三，大气的对流作用以最强的方式影响气温；无论是水平方向或垂直方向的空气流动，都会使两地的空气进行混合，减少两地的气温差异。

气温有年变化和日变化。一般在晴朗天气下，气温一昼夜的变化是有规律的，图 2-18 是将一天 24 小时所测得的温度值，经谐量分析后所得出的曲线。从图中可以看出，气温日变化中有一个最高值和一个最低值。最高值通常出现在下午 14 时左右，而不是正午太阳高度角最大的时刻；最低气温一般出现在日出前后，而不是在午夜。这是由于空气与地面间因辐射换热而增温或降温，都需要经历一段时间。一日内气温的最

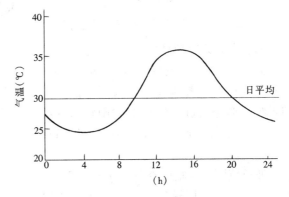

图 2-18　室外空气温度变化

高值和最低值之差称为气温的日较差，通常用来表示气温的日变化。由于海陆分布与地形起伏的影响，我国各地气温的日较差一般从东南向西北递增。例如，青海省的玉树，夏季计算日较差达到 12.7℃；而山东省的青岛市，夏季计算日较差只有 3.5℃。我国多数地区的夏季计算日较差在 5～10℃ 的范围内。

另外，如前所述，气温的年变化及日变化均取决于地表温度的变化，在这一方面，陆地和水面会产生很大的差异。在同样的太阳辐射条件下，大的水体较地块所受的影响要慢，所以，在同一纬度下，陆地表面与海面比较，夏季热些，冬季冷些。在这些表面上所形成的气团也随之变化，陆地上的平均气温在夏季较海面上的高些，冬季则低些。

一年中各月平均气温也有最高值和最低值。对处于北半球的我国来说，年最高气温出现在 7 月（内陆地区）或 8 月（沿海或岛屿），而年最低气温出现在 1 月或 2 月。一年内最热月与最冷月的平均气温差叫做气温的年较差。我国各地气温的年较差自南到北、自沿海到内陆逐渐增大。华南和云贵高原约为 10～20℃，长江流域增加到 20～30℃，华北和东北南部约为 30～40℃，东北的北部与西北部则超出了 40℃。

在微气候范围内的空气层温度随着空间和时间的改变会有很大变化。该区域的温度受到土壤反射率、夜间辐射、气流形式以及土壤受建筑物或植物遮挡情况的影响较大。图 2-19 给出了草地与混凝土地面上典型的温度变化以及靠近墙面处的温度所受的影响。从图中可以看出，在同一高度，离建筑物越远，温度越低；草地地面的温度明显低于混凝土地面的温度，最大温差可达 7℃，微气候区两者间的温差也可达 5℃ 左右。

在某个范围内，温度变化出现局地倒置现象，其极端形式称为"霜洞"。当空气流入

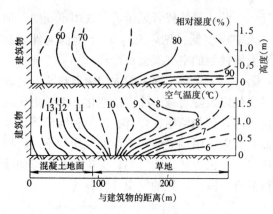

图 2-19 不同下垫面上空气温湿度变化

四、有效天空温度

大气层的辐射主要是由 CO_2、H_2O、臭氧等气体分子与尘埃、水汽所造成，它们吸收一部分透过大气层的太阳辐射（约占 10%）和来自地面的反射辐射，从而具有一定的温度，因此会向地面进行长波辐射，波长范围主要集中在 $5\sim8\mu m$ 及 $13\mu m$ 以上。虽然大气层辐射并不具备黑体辐射性质，但经验表明，可以采用所谓的"有效天空温度" T_{sky} 来计算大气层对地球表面的投入辐射 Q_{sky}（气象学称为"大气逆辐射"）。如果将天空看做黑体，根据斯蒂芬—波尔兹曼定律，地面与大气层之间的辐射换热量 Q_R，就是地面向大气层的辐射能量 Q_g 与大气层向地面的逆辐射 Q_{sky} 之差额，即：

山谷、洼地、沟底时，只要没有风力扰动，空气就会如池水一样积聚在一起。最可能出现这种现象的条件是寒冷、晴朗的夜晚，此时天空的低温将加速地表的冷却过程，因此使靠近地表的空气被冷却。但是这种现象通常是缓慢地进行的，因此不会形成风。在这种凹地里的建筑或住宅，冬季温度比其周围平地面上的温度低得多，特别是在夜间更为明显。同样，在建筑物底层或位于普通地面以下而室外有凹坑的半地下室，情况也与此类似，参见图 2-20。

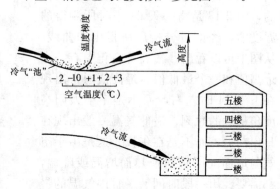

图 2-20 室外气温霜洞效应

$$Q_R = Q_g - Q_{sky} = \sigma(\varepsilon T_g^4 - T_{sky}^4) \qquad (2\text{-}21)$$

式中　ε——地面的长波发射率，平均为 0.9；

$\quad\quad\ \sigma$——斯蒂芬-波尔兹曼常数，$5.67\times10^{-8}\,\text{W}/(\text{m}^2\cdot\text{K}^4)$；

$\quad\quad\ T_g$——地表温度，K。

根据式（2-21），可得：

$$T_{sky} = \sqrt[4]{\left(\varepsilon T_g^4 - \frac{Q_R}{\sigma}\right)} \qquad (2\text{-}22)$$

地面与大气层之间的辐射换热量 Q_R，在气象学上称为地表"有效辐射"，即地表面因辐射而损失的能量，可以用地面辐射平衡表测出。根据气象站地面辐射平衡的观测资料，可以计算得出 T_{sky} 的值。

有效天空温度不仅与气温有关，而且与大气中的水汽含量、云量以及地表温度等因素有关，大致在 230K（冬天晴朗的夜里）到 285K（夏天、多云条件）之间。

在夜里，云层仿佛是防止地面因辐射而损失热量的幕，厚而低的层状云（层云、雨层云和层积云）使有效辐射 Q_R 减小得特别显著，这些云有时使夜间的有效辐射几乎减小到零。而在某些情况下，例如有高温气层存在时（即有逆温时），夜间大气逆辐射能量还有可能超过地面向大气层的辐射能量，从式（2-22）可看出，此时 T_{sky} 将较高。同样，雾也能使有效天空温度升高。

在无云的时候，大气逆辐射与空气中的水汽量有关。水汽量多，大气逆辐射就增大，有效辐射也就减小。在沙漠中由于天气晴朗以及空气中的水汽量稀少，所以有效天空温度很低。利用这种地区夜间较低的有效天空温度为建筑物进行夜间降温，是控制夏季室内热环境的节能方法。但冬季较低的有效天空温度会造成建筑物额外的夜间采暖能耗。

有效天空温度也与地方的海拔高度有关。因为在高空，水汽和灰尘较少，所以大气逆辐射随着高度的增大而减小，有效天空温度随之降低。

大气逆辐射对于地面热量平衡具有很大的意义。透过大气的太阳能大部分是短波，地球表面因吸收了到达其表面上的太阳辐射能而温度升高，从而向大气和天空以长波辐射方式传递热量；但大气层吸收了地面的长波辐射能量，将其逆辐射到地面上，阻碍其返回太空，对地球保存热量起着巨大的作用[5]。

一种估算有效天空温度的方法，是根据地面附近空气与大气层的辐射热平衡关系式得到的[7]：

$$\sigma T_{sky}^4 = Q_{sky} = Q_{air} = \varepsilon_{air} \sigma T_a^4 \tag{2-23}$$

$$T_{sky} = \sqrt[4]{\varepsilon_{air}} T_a$$

式中　T_a——距地面 1.5～2.0m 处的空气温度，K；

　　　ε_{air}——地面附近空气的发射率，可用 $\varepsilon_{air} = 0.741 + 0.0062 t_{dp}$ 计算；

　　　t_{dp}——地面附近的空气露点温度，℃。

在对我国 82 个气象台站长年的观测数据进行了统计分析，有学者给出了一个与实测数据符合较好的有效天空温度表达式[6]：

$$T_{sky} = \left[0.9 T_g^4 - (0.32 - 0.026 \sqrt{P_a})(0.30 + 0.70S) T_a^4 \right]^{1/4} \tag{2-24}$$

式中　T_g——地表温度，K；

　　　T_a——距地面 1.5～2.0m 处的气温，K；

　　　P_a——地面附近空气的水蒸气分压力，mbar；

　　　S——日照率，即全天实际日照时数与可能日照时数之比。

根据上述公式可以看到，即便是在晴朗天气的夏季夜间，有效天空温度也有可能达到 0℃ 以下。天气越晴朗，夜间有效天空温度就越低。因此，夜间室外物体朝向天空的表面会向天空辐射散热，这就是为什么清晨室外一些朝上的表面，如地面、植物叶片等会结霜、结露的原因。

五、地温

地层表面温度对地面上的建筑围护结构的热过程有着显著影响，而地层深部的温度变化又对地下建筑的热过程起着决定性的作用。此外，地下水的温度往往取决于地下含水层的地层温度。因此在建筑环境控制中，对地层温度的了解也是十分重要的。

平原地区的地层表面温度的变化取决于太阳辐射和地面对天空的长波辐射，可看做是周期性的温度波动。按照能量平衡原理，在地面上，白昼因为受到太阳辐射而获得热量，使地表温度高于下层土壤，于是除部分热量与空气对流热交换和部分热量消耗于蒸发外，其余一部分热量从地表向下层传输；到了夜间，地面因对天空的长波辐射而冷却，地表温度低于下层土壤，于是下层的热量就向上输送，通过这种方式地层表面的温度波动向土壤深处传递。

由于地层的蓄热作用，温度波在向地层深处传递时，会造成温度波的衰减，还有时间的延迟。随着深度的增加，温度变化的幅度越来越小。这种以 24 小时为周期的日温度波动影响深度只有 1.5m 左右，当深度大于 1.5m 时，日温度波动由于衰减可以忽略不计[8]。除日温度波动外，土壤表层温度还随着年气温变化而波动，年温度波动波幅大、周期长，影响深度比日温度波动大得多。通过实际测量可以看出，当达到一定深度，年温度波幅数值已经衰减到接近于零，在一般工程计算中可以忽略不计。也就是说，地层温度达到了一个近似的恒定值，此处称为恒温层。恒温层的深度因地层构成材质的不同而变化，未受人为影响的地层温度称为地层原始温度，其值与土壤表面年平均温度基本相等。我国主要城市地层温度（即恒温层温度）及地面温度波幅见附录 2-2[9]。

为了计算及叙述方便，一般以 15m 作为恒温层的分界线，深度小于 15m 的地层称为浅层，大于 15m 的称为深层。在浅层地层中，不同深度的地层原始温度随时间而变化；而深层地层的原始温度则认为不随时间变化，但这个温度一般要比地面气温的全年平均值高 1～3℃（见附录 2-2），这是由于地球深处存在恒定热源造成的。受地热的影响，深度每增加 30m，地层平均温度一般就会增加 1℃左右。这个数值是一个估算的值，实际上它跟地层的结构和地热源的条件有很大关系。在浅地层原始温度的计算中，常忽略日温度波动以及地热的影响，可以使计算简化。

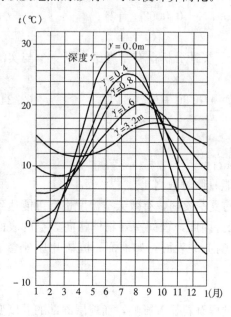

图 2-21 某市不同深度地层
的实测温度变化[9]

由于地层的蓄热作用，温度波在向地层深处传递时，不仅有温度波的衰减，而且相对于地面温度波而言，还有时间上的延迟。影响地层温度波衰减和延迟的主要因素是地层材料的导温系数、深度和波动周期。同一地层深度处导温系数越大（如岩石），温度波波幅衰减程度越小，延迟时间越短；导温系数越小（如干燥土壤），温度波波幅衰减程度越大，延迟时间越长；深度越大，温度波波幅衰减程度越大，延迟时间越长；波动周期越大，同一地层深度温度波波幅衰减程度越小，延迟时间越长。

图 2-21 为某市不同深度地层原始温度全年变化曲线，由图中可以看出，不仅随着地层深度的增加，温度波的波幅衰减增大（即波幅减小），而且温度波的峰值也随着地层深度的增加而延迟出现。地层表面（$y=0$）的温度波动幅度基本等于室外气温全年波动的幅度。例如，北京全年最大月平均温差 30.8℃，由此得北京室外气温全年波幅为 15.4℃，地层表面温度全年波幅也为 15.4℃。

在地下建筑的空调负荷计算中，需要对不同深度处的地层温度进行预测。可以采用傅立叶导热微分方程求解地层在周期温度作用下的温度场。假定地壳是一个半无限大的物体，不考虑地热的影响，则有：

$$\frac{\partial \theta}{\partial \tau} = a \frac{\partial^2 \theta}{\partial y^2} \qquad (2\text{-}25)$$

式中 a——地层材质的导温系数，m^2/h；

y——深度，m；

τ——时间，h；

θ——过余温度，℃，即地层内任意点的瞬间温度与全年地层表面平均温度的差值。

如任意瞬间地层内任意点的温度为 $t_{(y,\tau)}$，$\theta_{(y,\tau)}$ 为地层某一深度在某一瞬间的过余温度值，而全年地面平均温度为 t_g，相当于最冷月地面温度和最热月地面温度的平均值，则有：

$$\theta_{(y,\tau)} = t_{(y,\tau)} - t_g$$

由于地表温度是与大气温度同步变化，也是作余弦函数波动。因此，第一类边界条件为：

$$\theta_{(0,\tau)} = A_g \cos \frac{2\pi}{Z}\tau \qquad (2\text{-}26)$$

式中 $\theta_{(0,\tau)}$——初始的地表过余温度，℃；

A_g——地面温度波动振幅，℃；

Z——温度波的波动周期，h。

因此，对公式（2-25）进行积分求解，最后可得地层在周期性热作用下的温度场，按下式表述：

$$\theta_{(y,\tau)} = A_g e^{-y\sqrt{\frac{\pi}{aZ}}} \cos\left(\frac{2\pi}{Z}\tau - y\sqrt{\frac{\pi}{aZ}}\right) \qquad (2\text{-}27)$$

公式（2-27）可以改写为地层内任一深度 y、任一 τ 时刻的原始温度 $t_{(y,\tau)}$ 的统一表达式，这就是我们计算地层原始温度所用的计算公式。

$$t_{(y,\tau)} = t_g + A_g e^{-y\sqrt{\frac{\pi}{aZ}}} \cos\left(\frac{2\pi}{Z}\tau - y\sqrt{\frac{\pi}{aZ}}\right) \quad (℃) \qquad (2\text{-}28)$$

从地层原始温度随深度变化的示意图（图 2-22）中可以看到，在深度达到某一个部位，最热月时此处的温度反而低于该点的全年平均温度，而在最冷月时，该点的温度要高于全年平均温度。在地面温度波动出现最高值时，地下构筑物如地下室、坑道周围的地层温度，却因地面温度波的时间延迟，并不处于这一深度温度波的最高值，可能会随着深度的不同而处于最低值或较低数值。这对利用地下构筑物通风来改善室内环境是非常有利的。

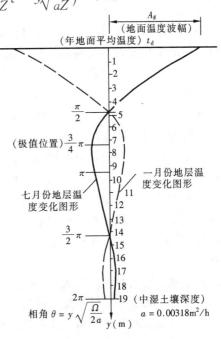

图 2-22 地层原始温度变化，但未考虑地热的影响[9]

【例 2-1】 已知北京气象条件为：土壤表面年平均温度 $t_g = 13.1℃$，地面温度波幅 $A_g = 15.4℃$，假设土质为中湿土壤土质，地层导温系数 $a_1 = 0.00318 m^2/h$，七月份地面温度达到最大值。

若不考虑地热的影响，求地层深度 4m

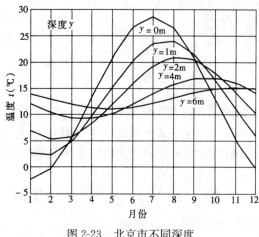

图 2-23　北京市不同深度
地层原始温度变化曲线

处的地层计算温度。

【解】　因为七月份地面温度达到最大值，在余弦函数中相位角 $\theta = 0°$；地层埋深 $y = 4\text{m}$。

根据式（2-28）利用以下 matlab 程序可求得在不考虑地热影响的条件下，地层深度 4m 处 7 月份的计算温度为 $t = 14℃$。根据程序计算可作出北京市不同深度地层原始温度全年变化曲线，如图 2-23 所示。

$t_g = 13.1$；$A_g = 15.4$；

month $= 0$；$y = 4$；

$a_1 = 0.00318$；

$t = t_g + A_g \times \exp\ (-y \times \text{sqrt}\ (2 \times 3.14159 / 8760 / 2 / a_1))\ \times \cos\ (3.14159 / 6 \times \text{month} - y \times \text{sqrt}\ (2 \times 3.14159 / 8760 / 2 / a_1))$

六、湿度

空气湿度是指空气中水蒸气的含量。这些水蒸气来源于江河湖海的水面、植物及其他水体的水面蒸发，一般以绝对湿度和相对湿度来表示。

一天中绝对湿度比较稳定，而相对湿度有较大的变化。有时即使绝对湿度接近于基本不变，相对湿度的变化范围也可以很大，这是由于气温的日变化引起的。相对湿度的日变化受地面性质、水陆分布、季节寒暑、天气阴晴等因素的影响，一般是大陆低于海面，夏季高于冬季，晴天低于阴天。相对湿度日变化趋势与气温日变化趋势相反（图 2-24a），晴天时的最高值出现在黎明前后，此时虽然空气中的水蒸气含量少，但温度最低，所以相对湿度最大；最低值出现在午后，此时空气中的水蒸气含量虽然较大，但由于温度已达最高，所以相对湿度最低。显著的相对湿度日变化主要发生在气温日较差较大的大陆上。在这类地区，中午以后不久当气温达到最高值时，相对湿度会变得很低，而到夜间，气温很低时，相对湿度又变得很高。

在一年中，最热月的绝对湿度最大，最冷月的绝对湿度最小。这是因为蒸发量随温度的变化而变化的缘故。我国因受海洋气候的影响，大部分地区的相对湿度在一年中以夏季为最大，秋季最小。华南地区和东南沿海一带，因春季海洋气团的侵入，由于此时的温度还不高，所以形成了较高的相对湿度，大约在 3～5 月为最大，秋季最小，所以在南方地区的春夏交接的时候，气候较为潮湿，室内地面产生泛潮现象，见图 2-24 (b)。

七、降水

从大地蒸发出来的水进入大气层，经过凝结后又降到地面上的液态或固态水分，称为降水。雨、雪、冰雹等都属于降水现象。降水性质包括降水量、降水时间和降水强度。降水量是指降落到地面的雨、雪、冰雹等融化后，未经蒸发或渗透流失而积累在水平面上的水层厚度，以毫米为单位。降水时间是指一次降水过程从开始到结束的持续时间，用小时或分来表示。降水强度是指单位时间内的降水量。降水强度的等级以 24 小时的总量

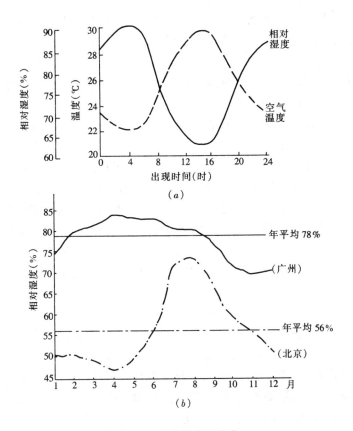

图 2-24　室外湿度的变化

(a) 相对湿度的日变化；(b) 相对湿度的年变化

(mm) 来划分：小于 10mm 的为小雨；中雨为 10～25mm；大雨为 25～50mm；暴雨为 50～100mm。

　　影响降水分布的因素很复杂。首先是气温。在寒冷地区水的蒸发量不大，而且由于冷空气的饱和水蒸气分压力较低，不能包容很多的水气，因此寒冷地区不可能有大量的降水；在炎热地区，由于蒸发强烈，而且饱和水蒸气分压力也较高，所以水气凝结时会产生较大的降水。此外，大气环流、地形、海陆分布的性质及洋流也会影响降水性质，而且它们往往互相作用。我国的降水量大体是由东南往西北递减。因受季风的影响，雨量都集中在夏季，变化率大，强度也可观。华南地区季风降水从 5 月到 10 月，长江流域为 6 月到 9 月间。梅雨是长江流域夏初气候的一个特殊现象，其特征是雨量缓而范围广，延续时间长，雨期为 20～25 天左右。珠江口和台湾南部由于西南季风和台风的共同影响，在 7、8 月间多暴雨，特征是单位时间内雨量很大，但一般出现范围小，持续时间短。

　　我国的降雪量在不同地区有很大的差别，在北纬 35°以北到 45°地段为降雪或多雪地区。

第四节　城市微气候

　　在城市建筑物的表面及周围，气候条件都有较大的变化。这种变化的影响会大大地改变建筑物的能耗及热反应。再加上城市是一个人口高度聚集、具有高强度的生活和经济活动的区域，其影响就更为严重，可造成与农村腹地气候迥然不同的城区气候。

城市气候主要有以下特点：

（1）城市风场与远郊不同。除风向改变以外，平均风速低于远郊的来流风速。

（2）气温较高，形成热岛现象。

（3）城市中的云量，特别是低云量比郊区多，大气透明度低，太阳总辐射照度也比郊区弱。由于大气污染，城市的太阳辐射比郊区减少15%左右。虽然广州地区与中山市所处纬度相差不大，且都具有湿度大、雨水多的共同气候特点，据测定，在碧空条件下，广州地区比中山市的直接太阳辐射减小约13%。这是由于广州属于城市工业区，而中山市属于非城市工业区，前者空气污染比后者严重，因而太阳直射辐射照度大大降低。

在建筑设计中涉及的室外气候通常在"微气候"的范畴内。微气候是指在建筑物周围地面上及屋面、墙面、窗台等特定地点的气温、湿度、压力、风速、阳光、辐射等。建筑物本身以其高大墙面而成为的一种风障，以及在地面与其他建筑物上投下的阴影，都会改变该处的微气候。

一、风场

风场是指风向、风速的分布状况。研究表明，建筑群增多、增密、增高，导致下垫面粗糙度增大，消耗了空气水平运动的动能，使城区的平均风速减小，边界层高度加大。由前面的图 2-16 可看出，在建筑密集地区、城市边缘的树林地区和开阔区域的风速变化不同。不仅城市内的风速与远郊来流风速相比有很大的不同，由于大量建筑物的存在，气流遇到障碍物会绕行，产生方向和速度的变化，使得市区内的一些区域的主导风向与来流主导风向也不同。

城市和建筑群内的风场对城市气候和建筑群局部小气候有显著的影响，但两种影响的主要作用不太一样。城市风环境更多的是影响城市的污染状况，因此在进行城市规划的时候，需要考虑城市的主导风向，对污染程度不同的企业、建筑进行布局，把大量产生污染物的企业或建筑布置在城市主导风向的下游位置。而建筑群内的风场主要影响的是热环境，包括小区室外环境的热舒适性、夏季建筑通风以及由于冬季建筑的渗透风附加的采暖负荷。建筑群内风场的形成取决于建筑的布局，不当的规划设计产生的风场问题有：

（1）冬季住区内高速风场增加建筑物的冷风渗透，导致采暖负荷增加；

（2）由于建筑物的遮挡作用，造成夏季建筑的自然通风不良；

（3）室外局部的高风速影响行人的活动，并影响热舒适；

（4）建筑群内的风速太低，导致建筑群内散发的气体污染物无法有效排除而在小区内聚集；

（5）建筑群内出现旋风区域，容易积聚落叶、废纸、塑料袋等废弃物。

对于室外的热舒适和行人活动来说，距地面 2m 以下高度空间的风速分布是最需要关心的。尽管与郊区比，市区和建筑群内的风速较低，但会在建筑群特别是高层建筑群内产生局部高速流动，即人们俗称的"风洞效应"。一些高层建筑群中，与冬季主导风向一致的"峡谷"或者过街楼均有在冬季变成"风洞"的危险。图 2-25 给出了在北方某城市的一个高层小区距地 1.5m 高处的数值模拟风场图。在冬季北风来流为 7.6m/s 时，小区内部绝大部分区域的局部风速均低于 3m/s，但在偏西侧的南北主要干道上出现了 10m/s

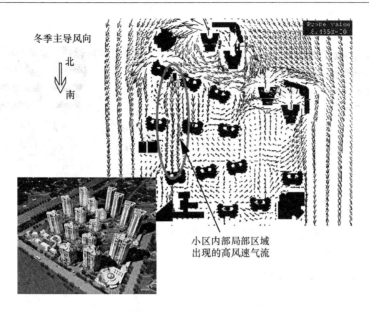

图 2-25 高层建筑群内产生的局部高速气流

的高风速，直接影响该处行人的行走，并造成极度寒冷的不舒适感。

当风吹至高层建筑的墙面向下偏转时，将与水平方向的气流一起在建筑物侧面形成高速风和涡旋，在迎风面上形成下行气流，而在背风面上，气流上升。街道常成为风漏斗，把靠近两边墙面的风汇集在一起，造成近地面处的高速风。这种风常掀起灰尘，在背风侧的下部聚集垃圾，并在低温时还会形成极不舒适的局部冷风，见图 2-26。

从上述例子可以看到，建筑的布局对小区风环境有重要的影响，因此在建筑群的规划设计阶段就应该对这些问题进行认真的考虑，调整设计或者采取其他措施避免这种现象的出现。研究城市和建筑群风场的方法有利用风洞的物理模型实验方法和利用计算流体力学（CFD）的数值模拟方法。由于城市中心或者建筑群的气流场受建筑的影响太大，所以在计算城市中心或者建筑群的风场时，往往需要采用远郊开阔地来流风的风速分布作为输入边界条件，首先采用较大网格计算较大尺度的区域的风场，然后再计算较

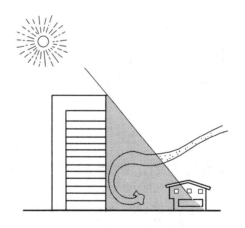

图 2-26 高低层建筑群中的涡旋气流

小尺度范围内的建筑小区风场。气象站一般用在远郊开阔地面 10m 高处测量的风向和风速作为观测数据，利用式（2-20）可求得当地来流风的垂直风速梯度。

图 2-27 给出的是利用 CFD 辅助建筑布局设计的实例（上方是北向）。在冬季以北风为主导风向、夏季以南风为主导风向的北方内陆城市设计一个多层建筑的住宅小区，要求达到冬季有效抑制小区内的风速，而夏季又能够保证不影响小区内建筑的自然通风。通过不断的调整，得到了图中的建筑布局。可以看到，北侧的连排小高层建筑有效地阻碍了冬季北风的侵入，抑制了小区内的风速；而在夏季，非连续的低层建筑为南风的通过留了空

图 2-27 CFD辅助建筑布局设计实例：风速场（箭头长短代表风速的高低）

（a）冬季：有效地抑制了区内的风速；（b）夏季：保证了区内的气流通畅

间，尽可能地保证了后排建筑的自然通风。

二、城市热岛

由于城市地面覆盖物多，发热体多，加上密集的城市人口的生活和生产中产生大量的人为热，造成市中心的温度高于郊区温度，且市内各区的温度分布也不一样。如果绘制出等温曲线，就会看到与岛屿的等高线极为相似，人们把这种气温分布的现象称为"热岛现象"。图 2-28 给出了 20 世纪 80 年代初以北京天安门为中心的气温实测结果。7 月份天安门附近的平均气温为 27℃，随着向市区外的扩展，温度也依次向外递减，至郊区海淀附近气温已经为 25.5℃，下降了 1.5℃。

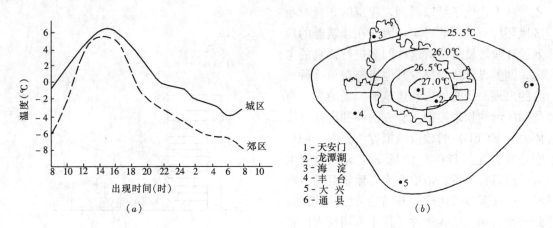

图 2-28 20 世纪 80 年代初北京地区的热岛效应

（a）1983 年 1 月 26～27 日的城市气温；（b）1982 年 7 月的城市气温分布

由于城市的发展，城市下垫面原有的自然环境如农田、牧场等发生了根本的变化，人工建筑物高度集中，以水泥、沥青、砖石、陶瓦和金属板等坚硬密实、干燥不透水的建筑材料，替代了原来疏松和植物覆盖的土壤；人工铺砌的道路纵横交错，建筑物参差不齐，使得城市的轮廓忽升忽降。下垫面是气候形成的重要因素，它对局地气候的影响非常大。城市人为的立体下垫面，对太阳辐射的反射率和地面的长波净辐射都比郊区小，其热容量和蓄热能力都比郊区大。但因为植被面积小，不透水面积大，储藏水分的能力却比郊区低，蒸发量比郊区小，通过以潜热形式带走的太阳辐射热量也比郊区少得多。表 2-4 给出了某地各种不同性质的下垫面上的表面温度。

表面实测温度（当时气温 29～30℃）　　　　　　　　　　　表 2-4

下垫面性质	湖　泊	森　林	农　田	住宅区	停车场及商业中心
表面温度（℃）	27.3	27.5	30.8	32.2	36.0

粗糙的城市下垫面对空气的温度、湿度、风速和风向等都有很大的影响，平均风速低于远郊的来流风速，不利于热量向外扩散。另外，由于城市的大气透明度低，云量较高，夜间对天空的长波辐射散热也受到严重的影响，这也是夜间市区与郊区的温差比白天更大的主要原因之一。

由于城市下垫面特殊的热物理性质、城市内的低风速、城市内较大的人为热等原因，造成城市的空气温度要高于郊区的温度，是城市热岛产生的原因（如图 2-29 所示）。

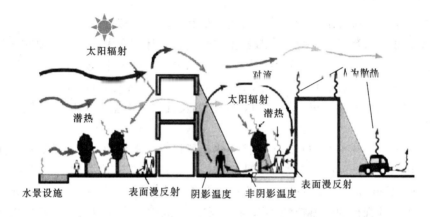

图 2-29　城市热岛形成的原理

奥克（Oke）根据他在加拿大多次观测城市热岛的实例，概括成一幅城市热岛的气温剖面图，如图 2-30 所示。依照奥克所提的定义，城市热岛效应的强弱以热岛强度 ΔT 来定量描

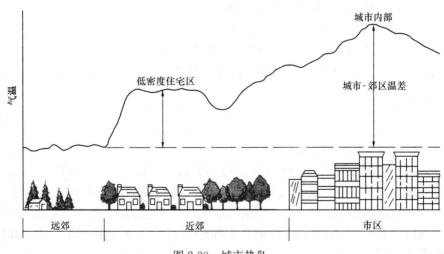

图 2-30　城市热岛

述，即以热岛中心气温减去同时间同高度（距地 1.5m 高处）附近郊区的气温差值。利用热岛强度的概念，可以看到图 2-28 的北京市 1982 年夏季的城市热岛强度最大达到 1.5℃。

研究表明，热岛强度随着气象条件和人为因素不同出现明显的非周期变化。在气象条件中，以风速、云量、太阳直射辐射等最为重要；而人为因素中则以空调采暖散热量和车流量两者的影响最大。此外，城市的区域气候条件和城市的布局形状对热岛强度都有影响。例如在高纬度寒冷地区城市人工取暖消耗能量多，人为热排放量大，热岛强度增大；而常年湿热多云多雨或多大风的地区热岛强度偏弱。城市呈团块状紧凑布置，则城中心增温效应强；而城市呈条形状或呈星形分散结构，则城市中心增温效应弱。

根据逆温层形成的机理，热岛效应对逆温层的出现有很大的促进作用。热岛影响所及的高度叫做混合高度，在小城市约为 50m，在大城市可达 500m 以上。混合高度内的空气易于对流混合，但在其上部逆温层的大气则呈稳定状态而不扩散，就像热的盖子一样，使得发生在热岛范围内的各种污染物都被封闭在热岛中。因此，热岛现象对大范围内的大气污染也有很大的影响。

目前城市的热岛强度的评价方法有现场测试和计算机模拟方法。计算机模拟方法有分布参数模型和集总参数模型。分布参数模型比较复杂，计算量大，往往需要和计算流体力学 CFD 方法结合，目前有一批较为成熟的软件已经投入了应用，如清华大学的室外微气候模拟平台 SPOTE、德国鲁尔大学的 ENVI-met、日本九州大学的 AUSSSM 等。而在集总参数模型中，以色列学者提出的 CTTC 模型[13]及其改进模型[14]是应用比较广泛的集总参数模型。

CTTC 模型是在热平衡的基础上，使用建筑群热时间常数的方法来计算局部建筑环境的空气温度随外界热量扰动变化的一种方法。CTTC 是"建筑群热时间常数（Cluster Thermal Time Constant）"的缩写。CTTC 集总参数模型对建筑采取了二维简化，将建筑群简化成为周期性起伏的"城市峡谷"，把特定地点的空气温度 $T_a(t)$ 视为几个独立过程温度效应的叠加，用公式表示如下[13]：

$$T_a(t) = T_b + \Delta T_{sol}(t) - \Delta T_{lw}(t) \tag{2-29}$$

式中　　　T_b——局部空气温度变化的基准（背景）温度，它并不是一个实际的温度，但能反映当地当日的基本温度状况，K；

$\Delta T_{sol}(t)$——太阳辐射造成的空气温升，K；

$\Delta T_{lw}(t)$——夜间对天空长波辐射造成的空气温降，K。

应用改进的 CTTC 模型[14]，可对城市建筑群空气温度 $T_a(t)_{urb}$ 和气象站温度 $T_a(t)_{met}$ 分别列出方程：

$$T_a(t)_{urb} = T_b + \Delta T_{sol}(t)_{urb} - \Delta T_{lw}(t)_{urb} \tag{2-30}$$

$$T_a(t)_{met} = T_b + \Delta T_{sol}(t)_{met} - \Delta T_{lw}(t)_{met} \tag{2-31}$$

根据（2-30）、（2-31）两式可导出：

$$T_a(t)_{urb} = T_a(t)_{met} + (\Delta T_{sol}(t)_{urb} - \Delta T_{sol}(t)_{met}) - (\Delta T_{lw}(t)_{urb} - \Delta T_{lw}(t)_{met}) \tag{2-32}$$

这样，城市建筑群空气温度 $T_a(t)_{urb}$ 就可以用气象站温度加上气象站和建筑群两地因太阳辐射和长波辐射造成温差的差值来表示。由于气象站处的空气温度是经过逐时精确测量的，所以就避免了因基准温度选取不准而导致的误差。在此基础上，又有研究者开发了三维的改进 CTTC 模型。

在 CTTC 及其改进模型中，可以通过调整区域平均绿化覆盖率等参数来研究绿化对调节气候的作用。这种模型强调建筑几何位置、建筑材料对近地层热环境的影响，而忽略了气流组织对环境的影响，网格尺寸一般较大，计算比较简单。缺点是结果比较粗略，难以刻画并评价不同绿化方式对小区热环境改善的差别。

三、日照与建筑物的配置

1. 日照的作用与效果

日照是指物体表面被太阳光直接照射的现象。建筑对日照的要求主要根据它的使用性质和当地气候情况而定。寒冷地区的建筑特别是病房、幼儿活动室等一般都需要争取较好的日照，而在炎热地区的夏季一般建筑都需要避免过量的直射阳光进入室内，尤其是展览室、绘图室、化工车间和药品库都要限制阳光直射到工作面或物体上，以免发生危害。

对于住宅室内的日照标准一般是由日照时间和日照质量来衡量。保证足够或最低的日照时间是对日照要求的最低标准。中国地处北半球的温带地区，居住建筑一般总是希望夏季避免日晒，而冬季又能获得充分的阳光照射。居住建筑多为行列式或组团式布置，为了保持最低限度的日照时间，考虑到前排住宅对后排住宅的遮挡，总是首先着眼于底层住户。北半球的太阳高度角在全年中的最小值是在冬至日，因此，冬至日底层住宅得到的日照时间，作为最低的日照标准。在我国一般民用住宅设计规范中，要求冬至日的满窗日照时间不低于 1 小时。住宅中的日照质量是通过日照时间的积累和每小时的日照面积两方面组成的。只有日照时间和日照面积都得到保证，才能充分发挥阳光中紫外线的杀菌作用。

波长范围为 $0.2\sim0.38\mu m$ 的紫外线具有强大的杀菌作用，尤其是波长在 $0.25\sim0.295\mu m$ 范围内杀菌作用更为明显；波长在 $0.29\sim0.32\mu m$ 的紫外线还能帮助人体合成维生素 D，由于维生素 D 能帮助人们的骨骼生长，对婴幼儿进行必要和适当的日光浴，则可预防和治疗由于骨骼组织发育不良形成佝偻病。当人体的皮肤被这一段波长照射后，会产生红斑，继而色素沉淀，也就是人们所说的晒黑。

太阳光中的可见光照射对建筑的自然采光和居住者的心理影响具有重要意义。冬日居室内的大片光斑会给人带来温暖愉悦的感觉，改善室内的热舒适感。

波长在 $0.76\sim4.0\mu m$ 左右的红外线是造成热效果的主要因素。冬季保证有足够的日照，充分利用太阳能采暖，能够减少建筑的采暖负荷，达到建筑节能的目的。

日照强度大小和时间长短会对人类的行为产生影响。研究表明，在一些纬度较高的地区，每当到了日照时间变少的冬季，有些人会变得非常胆小、疲劳而又忧郁。随着春夏的来临，日照时间变长，这些症状会逐渐消失，人又恢复正常。这是因为在无光照的黑暗环境中，人的机体内会分泌一种褪黑激素，由于冬季日短，褪黑激素分泌增多，使得一些人的精神受到压抑。在这种情况下，如果患者连续数次接受光照治疗，包括红外线、紫外线等模拟阳光，忧郁症即可明显缓解。

2. 建筑物的配置和外形与日照的关系

由于建筑物的配置、间距或者形状造成的日影形状是不同的，对于行列式或组团式的建筑，为了得到充分的日照，南北方向相邻建筑楼间距不得低于一定限制，这个限制距离就是日照间距。根据我国《城市居住区规划设计规范》GB 50180[15] 的规定，在我国一般民用住宅中，部分地区要求大寒日的满窗日照时间不低于 2h，部分地区要求冬至日的满窗日照时间不低于 1 小时。有的国家则要求得更高。最低限度日照要求的不同，建筑所在地理位置即纬度的不同，使得各地对建筑物日照间距的要求也不同。图 2-31 给出了冬至日日照时间、南北方向相邻建筑间距和纬度之间的关系。建筑间距与前面遮挡的楼高比值 d/h 称做日照间距系数。从图中可以看出，对于需要同一日照时间的建筑，由于其所在纬度不同，南北方向的相邻建筑间距是不同的，纬度越高，需要的日照间距也越大。以长春（北纬 $43°52'$）、北京（北纬 $39°57'$）和上海（北纬 $31°12'$）为例，如果要求日照时间为 2 小时，在上海地区的日照间距系数为 1.42，北京地区日照间距系数约为 2，而最北的长春则需要 2.5 左右。

被其他建筑物遮挡而得不到日照的情况称为互遮挡，而由于本幢建筑物的某部分的遮挡造成没有日照的现象叫做自遮挡。由于建筑的互遮挡和自遮挡，有的地方在一天中都没有日照，这种现象称为终日日影，同样在一年中都没有日照的现象称为永久日影。为了居住者的健康，也为了建筑物的寿命起见，终日日影和永久日影都应避免。

为了避免终日日影和永久日影，上述的日照间距判别方法仅适用于南北行列式排列的板式建筑，而对于错落式排布的高层点式建筑或者平面形状较复杂的建筑就不适用了。高层点式住宅可以在充分保证采光和日照的条件下大大缩小建筑物之间的日照间距，达到减少建设用地的目的。在这种情况下，应该对建筑的布局进行计算机日照模拟分析，以判断是否满足设计规范的要求。图 2-32 给出一个高层点式布局冬至日的全天日照模拟中的上午 10 时的遮挡情况。全天模拟分析的结果证明，该布局有终日阴影区存在，不满足设计规范的要求，需要进行调整。

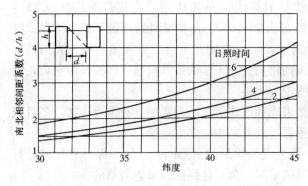

图 2-31　不同纬度下日照间距与日照时间的关系

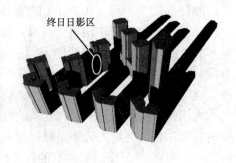

图 2-32　点式布局与终日日影区
（冬至日）

建筑物周围的阴影和建筑物自身阴影在墙面上的遮蔽情况，与建筑物平面体形、建筑物高度和建筑朝向有关。常见的建筑平面体形有正方形、长方形、L 形及凹形等种类，它们在周围各朝向场地产生的冬季终日阴影、永久阴影和自身阴影遮蔽的示意图见图2-33。

从日照角度来考虑建筑的体形，期望冬季建筑阴影范围小，使建筑周围的场地能接受比较充足的阳光，至少没有大片的永久阴影区。在夏季最好有较大的建筑阴影范围，以便对周围场地起一定的遮阳作用。

正方形和长方形是最常用的较简单的平面体形，其最大的优点都是没有永久阴影和自身阴影遮蔽情况。正方形体形由于体积小，在各朝向上冬季的阴影区范围都不大，能保证周围场地有良好日照。正方形和长方形体形，如果朝向为东南和西南时，不仅场地上无永

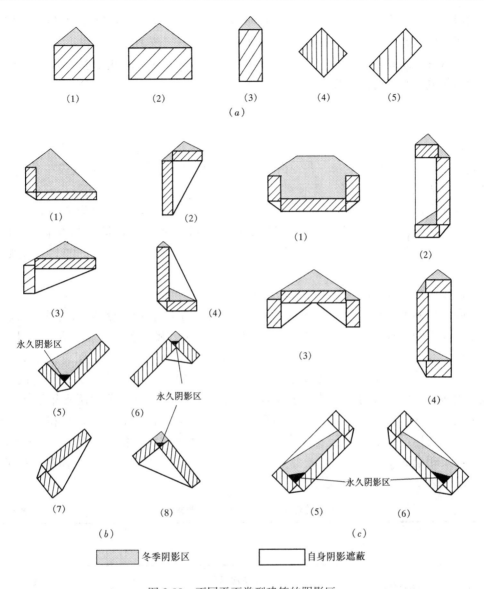

图 2-33 不同平面类型建筑的阴影区

(a) 正方形和长方形建筑物的阴影区；(b) L形建筑阴影区示意图；(c) 凹形建筑阴影区示意图

久阴影区，而且全年无终日阴影区和自身阴影遮蔽情况。单从日照的角度来考虑时，是最好的朝向和体形。

L形体形的建筑会出现终日阴影和建筑自身阴影遮蔽情况。同时，由于L形平面是不对称的，在同一朝向，因转角部分连接在不同方向上的端部，其阴影遮蔽情况也有很大的变化，也会出现局部永久阴影区。

建筑体形较大，并受场地宽度的限制或其他原因，会采用凹形建筑。这种体形虽然南北方向和东西场地没有无永久阴影区，但在各朝向因转角部分的连接方向不同，都有不同程度的自身阴影遮蔽情况。

长方形、L形和凹形这三种体形，处于南北朝向时，冬季阴影区范围较大，在建筑物北边有较大面积的终日阴影区；夏季阴影区范围较小，建筑物南边终年无阴影区。处于东西朝向时，冬季阴影区范围较小，场地日照良好；夏季阴影区都很大，上午阴影区在西边，下午阴影区在东边。处于东南或西北朝向时，阴影区范围在冬季较小，在夏季较大；上午阴影区在建筑物的西北边，下午在东南边。处于西南或东北朝向时，阴影变化情况与东南朝向相同，只是方向相反。

第五节　我国气候分区特点

我国幅员辽阔，地形复杂。各地由于纬度、地势和地理条件不同，气候差异悬殊。根据气象资料表明，我国东部从漠河到三亚，最冷月（一月份）平均气温相差 50℃ 左右，相对湿度从东南到西北逐渐降低，一月份海南岛中部为 87%，拉萨仅为 29%，七月份上海为 83%，吐鲁番为 31%。年降水量从东南向西北递减，台湾地区年降水量多达 3000mm，而塔里木盆地仅为 10mm。北部最大积雪深度可达 700mm，而南岭以南则为无雪区。

一、我国的气候分区法

不同的气候条件对房屋建筑提出了不同的要求。为了满足炎热地区的通风、遮阳、隔热，寒冷地区的采暖、防冻和保温的需要，明确建筑和气候两者的科学联系，我国的《民用建筑热工设计规范》GB 50176[16] 从建筑热工设计的角度出发，将全国建筑热工设计分为五个分区，其目的就在于使民用建筑（包括住宅、学校、医院、旅馆）的热工设计与地区气候相适应，保证室内基本热环境要求，符合国家节能方针。因此用累年最冷月（一月）和最热月（七月）平均气温作为分区主要指标，累年日平均温度≤5℃和≥25℃的天数作为辅助指标，将全国划分成五个区，即严寒、寒冷、夏热冬冷、夏热冬暖和温和地区，并提出相应的设计要求。这五个气候区的分区指标、气候特征的定性描述、对建筑的基本要求见表 2-5，分区范围见附录 2-3[16]。

建筑热工设计分区及设计要求[16]　　　　　　　　　　表 2-5

分区名称	分区指标		设计要求
	主要指标	辅助指标	
严寒地区	最冷月平均温度≤-10℃	日平均温度≤5℃的天数≥145天	必须充分满足冬季保温要求，一般可不考虑夏季防热
寒冷地区	最冷月平均温度-10～0℃	日平均温度≤5℃的天数为90～145天	应满足冬季保温要求，部分地区兼顾夏季防热
夏热冬冷地区	最冷月平均温度0～10℃，最热月平均温度25～30℃	日平均温度≤5℃的天数为0～90天，日平均温度≥25℃的天数为49～110天	必须满足夏季防热要求，适当兼顾冬季保温
夏热冬暖地区	最冷月平均温度>10℃，最热月平均温度25～29℃	日平均温度≥25℃的天数为100～200天	必须充分满足夏季防热要求，一般可不考虑冬季保温
温和地区	最冷月平均温度0～13℃，最热月平均温度18～25℃	日平均温度≤5℃的天数为0～90天	部分地区应考虑冬季保温，一般可不考虑夏季防热

同时，在《建筑气候区划标准》GB 50178[17]中提出了建筑气候区划，它适用的范围为一般工业建筑与民用建筑，适用范围更广，涉及的气候参数更多。该标准以累年一月和七月的平均气温、七月平均相对湿度等作为主要指标，以年降水量、年日平均气温≤5℃和≥25℃的天数等作为辅助指标，将全国划为七个一级区，即Ⅰ、Ⅱ、Ⅲ、Ⅳ、Ⅴ、Ⅵ、Ⅶ区，在一级区内，又以一月、七月平均气温、冻土性质、最大风速、年降水量等指标，划分成若干二级区，并提出相应的建筑基本要求。由于建筑热工设计分区和建筑气候区划（一级区划）的划分主要指标是一致的，因此两者的区划是互相兼容、基本一致的。建筑热工设计分区中的严寒地区，包含建筑气候区划图中全部Ⅰ区，以及Ⅵ区中的ⅥA、ⅥB，Ⅶ区中的ⅦA、ⅦB、ⅦC；建筑热工设计分区中的寒冷地区，包含建筑气候区划图中全部Ⅱ区，以及Ⅵ区中的ⅥC，Ⅶ区中的ⅦD；建筑热工设计分区中的夏热冬冷、夏热冬暖、温和地区，与建筑气候区划图中Ⅲ、Ⅳ、Ⅴ区完全一致，见附录2-4[17]。

建筑气候区划中的各个区气候特征的定性描述如下：

一级区中的Ⅰ区：冬季漫长严寒，夏季短促凉爽，气温年较差较大，冻土期长，冻土深，积雪厚，日照较丰富，冬季多大风，西部偏于干燥，东部偏于湿润。

Ⅱ区：冬季较长且寒冷干燥，夏季炎热湿润，降水量相对集中。春秋季短促，气温变化剧烈。春季雨雪稀少，多大风风沙天气，夏季多冰雹和雷暴。气温年较差大，日照丰富。

Ⅲ区：夏季闷热，冬季湿冷，气温日较差小。年降水量大，日照偏少。春末夏初为长江中下游地区的梅雨期，多阴雨天气，常有大雨和暴雨天气出现。沿海及长江中下游地区夏秋常受热带风暴及台风袭击，易有暴雨天气。

Ⅳ区：夏季炎热，冬季温暖，湿度大，气温年较差和日较差均小，降雨量大，大陆沿海及台湾、海南诸岛多热带风暴及台风袭击，常伴有狂风暴雨。太阳辐射强，日照丰富。

Ⅴ区：立体气候特征明显，大部分地区冬湿夏凉，干湿季节分明，常年有雷暴雨，多雾，气温年较差小，日较差偏大，日照较强烈，部分地区冬季气温偏低。

Ⅵ区：常年气温偏低，气候寒冷干燥，气温年较差小而日较差大，空气稀薄，透明度高，日照丰富强烈。冬季多西南大风，冻土深，积雪厚，雨量多集中在夏季。

Ⅶ区：大部分地区冬季长而严寒，南疆盆地冬季寒冷。大部分地区夏季干热，吐鲁番盆地酷热。气温年较差和日较差均大。雨量稀少，气候干燥，冻土较深，积雪较厚。日照丰富，强烈，风沙大。

二、外国学者的气候分区法

西方学者柯本（W. P. Koppen）提出的全球气候分区法以气温和降水两个气候要素为基础，并参照自然植被的分布，把全球气候分为六个气候区：赤道潮湿性气候区（A）、干燥性气候区（B）、湿润性温和型气候区（C）、湿润性冷温型气候区（D）和极地气候区（E），其中A、C、D、E为湿润气候，B为干旱气候。此外，由于山地气候（H）变化非常复杂，将其单独归为一类，见表2-6。

根据柯本的理论和气候分区图，我国被分为：C、D、B、H四个气候区，和我国的热工设计分区有部分是重叠一致的。

柯本的全球气候分区法[18]　　　　　表 2-6

气候区	气候特征	气候型	气候特征
A 赤道潮湿性 气候区	全年炎热 最冷月平均气温≥18℃	热带雨林气候 Af	全年多雨 最干月降水量≥60mm
		热带季风气候 Am	雨季特别多雨 最干月降水量<60mm
		热带草原气候 Aw	有干湿季之分 最干月降水量<60mm
B 干燥性气候区	全年降水稀少 根据降水的季节分配， 分冬雨区、夏雨区、 年雨区	沙漠气候 Bwh，Bwk	干旱 降水量<250mm
		稀树草原气候 Bsh，Bsk	半干旱 250mm<降水量<750mm
C 湿润性温和 型气候区	最热月平均气温>10℃ 0℃<最冷月平均 温度<18℃	地中海气候 Csa，Csb	夏季干旱　最干月降水量<40mm， 不足冬季最多月的1/3
		亚热带湿润性气候 Cfa，Cwa	
		海洋性西海岸气候 Cfb，Cfc	
D 湿润性冷温 型气候区	最热月平均气温>10℃ 最冷月平均气温<0℃	湿润性大陆性气候 Dfa，Dfb，Dwa，Dwb	
		针叶林气候 Dfc，Dfd，Dwc，Dwd	
E 极地气候区	全年寒冷 最热月平均气温<10℃	苔原气候 ET	0℃<最热月平均气温<10℃ 生长有苔藓、地衣类植物
		冰原气候 EF	最热月平均气温<0℃ 终年覆盖冰雪
H 山地气候区		山地气候 H	海拔在 2500m 以上

注：表中细分区的字母意义是：a—夏热，b—夏凉，c—短夏凉，d—冬极冷，s—夏旱，f—无旱季，w—冬旱，
　　h—热，k—冷。

英国人斯欧克来（Szokolay）根据空气温度、湿度、太阳辐射等项因素，将世界各地划分成为 4 个气候区：湿热气候区、干热气候区、温和气候区和寒冷气候区，见表 2-7。西方学者在研究建筑与气候关系的时候，最常用的就是这种分类法。但其缺点是比较感性和主观，也比较粗略。

斯欧克来的全球气候分区法[18] 表 2-7

	气候区	气候特征及气候因素	建筑气候策略
1	湿热气候区	温度高，年均气温在 18℃左右或更高，年较差小 年降水量≥750mm 潮湿闷热，相对湿度≥80% 阳光暴晒，眩光	遮阳 自然通风降温 低热容的围护结构
2	干热气候区	阳光暴晒、眩光、温度高 年较差、日较差大 降水稀少、空气干燥、湿度低 多风沙	最大限度地遮阳 厚重的蓄热墙体增强热稳定性 利用水体调节微气候 内向型院落式格局
3	温和气候区	有较寒冷的冬季和较炎热的夏季 月平均气温的波动范围大 最冷月可低至 −15℃ 最热月可高达 25℃。 气温的年变幅 −30～37℃	夏季：遮阳、通风 冬季：保温
4	寒冷气候区	大部分时间月平均温度低于 15℃ 风，严寒，雪荷载	最大限度地保温

本 章 符 号 说 明

A——太阳方位角，太阳偏东为负，偏西为正，deg

A_g——地面温度波动振幅，℃

h——时角，deg

i——太阳辐射线与被照射面法线的夹角，deg

I——太阳辐射照度，W/m^2

I_0——太阳常数，W/m^2

I_{DH}——水平面上的太阳直射辐射照度，W/m^2

I_{DV}——垂直面上的太阳直射辐射照度，W/m^2

I_{Di}——坡度为 θ 的平面上的直射辐射照度，W/m^2

I_N——地面上的法向太阳直射辐射照度，W/m^2

a——大气层消光系数，无量纲

K——波尔兹曼常量，1.3806×10^{-23} J/K

L_0——标准时间子午线的经度，deg

L_m——当地时间子午线所在处的经度，deg

P——大气透明度，无量纲

P_a——地面附近的水蒸气分压力，mbar

p——大气压力，kPa

S——日照率，即全天实际日照时数与可能日照时数之比，无量纲

T_g——地表温度，K

T_a——地面附近的空气温度，K

T_b——局部空气温度变化的基准（背景）温度，K

T_0——标准时间，min

T_m——地方平均太阳时，min

T_{sky}——有效天空温度，K

t_{dp}——地面附近的空气露点温度，℃

α——被照射面方位角，被照射面的法线在水平面上的投影偏离当地子午线（南向）的角度，偏西为负，偏东为正，deg

β——太阳高度角，deg

δ——赤纬，deg

τ——时间，s

φ——纬度，deg

ε——地面的长波发射率，无量纲

ε_{air}——地面附近空气的发射率，无量纲

σ——斯蒂芬-波尔兹曼常数，5.67×10^{-8} W/（m² · K⁴）

$\Delta T_{sol}(t)$——太阳辐射造成的空气温升，K

$\Delta T_{lw}(t)$——夜间对天空长波辐射造成的空气温降，K

下标

a——空气

met——气象站

urb——市区

思　考　题

1. 为什么我国北方住宅严格遵守坐北朝南的原则，而南方（尤其是华南地区）住宅并不严格遵守此原则？

2. 是空气温度的改变导致地面温度改变，还是地面温度的改变导致空气温度改变？

3. 晴朗的夏夜，气温 25℃，有效天空温度能达到多少？如果没有大气层，有效天空温度应该是多少？

4. 为什么晴朗天气的凌晨树叶表面容易结露或结霜？

5. 采用低反射率的下垫面对城市热岛有不好的影响。如果住宅小区采用高反射率的地面铺装是否能够改善住区微气候？为什么？

6. 水体和植被对热岛现象起什么作用？机理是什么？

术 语 中 英 对 照

海拔	altitude
大气层质量	aerosphere mass
大气层消光系数	atmospheric extinction coefficient
大气压力	atmospheric pressure，barometric pressure
蒲福风力等级	Beaufort scale
云量	cloudage，cloud cover
日较差	daily range
有效天空温度	effective sky temperature
赤道	equator
远红外线	far infrared ray，far infrared radiation
风向频率	frequency of wind direction
寒带	frigid zone
热岛	heat island，thermal island
热岛强度	heat island intensity
红外线	infrared radiation
逆温层	inversion layer
长波辐射	long wave radiation
海陆风	land and sea breeze
纬度	latitude
经度	longitude
气象学	meteorology
气象数据	meteorological data，weather data
气象参数	meteorological parameter
气象站	meteorological station
子午线	meridian
微气候	micro climate
季风	monsoon
近红外线	near infrared ray，near infrared radiation
日照率	percentage of possible sunshine
海平面	sea level
亚热带的	semitropical
太阳高度角	solar altitude
太阳方位角	solar azimuth
太阳常数	solar constant

太阳赤纬	solar declination
太阳辐射照度	solar irradiance
太阳辐射	solar radiation
太阳时	solar time
消光系数	specific extinction
日照	sunshine
逆温	temperature inversion
温带	temperate zone
热带	tropic，torrid zone
北回归线	tropic of cancer
南回归线	tropic of carpricorn
紫外线	ultraviolet radiation
植被	vegetation
可见光	visible light
风向	wind direction
风玫瑰图	wind rose
风速	wind speed
年较差	yearly range

参 考 文 献

[1] 木村建一 著，单寄平 译. 空气调节的科学基础. 北京：中国建筑工业出版社，1981.

[2] 王永生. 大气物理学. 北京：气象出版社，1987.

[3] 潘树荣 等. 自然地理学（第二版）. 北京：高等教育出版社，1985.

[4] 许绍祖. 大气物理学基础. 北京：气象出版社，1993.

[5] С. И. 柯斯晋 Т. В. 坡克诺夫斯卡娅. 气候学（上）. 北京：高等教育出版社，1958.

[6] 刘森元，黄远峰. 天空有效温度的探讨. 太阳能学报. Vol. 4，No. 1，pp. 63～68，1983.

[7] Fernando M. A. Henriques, The effects of differential thermal insulation of walls, XXX IAHS, World Congress on Housing, House Construction-An Interdisciplinary Task, September 9～13, 2002，Coimbra，Portugal.

[8] 陆渝蓉，高国栋. 物理气候学. 北京：气象出版社，1987.

[9] 牟灵泉. 地道风降温计算与应用. 北京：中国建筑工业出版社，1982.

[10] ASHRAE Handbook（SI），Fundamental，1997，American Society of Heating，Refrigerating and Air-conditioning，Engineers，Inc. ，1791 Tullie Circle，N. E. ，Atalanta，GA 30329.

[11] 气象学词典. 上海：上海辞书出版社，1985.

[12] 刘加平. 城市环境物理. 西安：西安交通大学出版社，1993.

[13] Hanna Swaid and Milo E. Hoffman. Prediction of urban temperature variations using the analytical CTTC model，Energy and Building，14（4）：313-324，1990.

[14] M. M Elnahas，T. J. Williamson. An improvement of the CTTC model for predicting urban air temperature，Energy and Building，25（1）：41-49，1997.

[15] 城市居住区规划设计规范 GB 50180—93. 2002 版. 北京：中国建筑工业出版社，2002.

[16] 民用建筑热工设计规范 GB 50176—93. 北京：中国计划出版社，1993.

［17］　建筑气候区划标准 GB 50178—93. 北京：中国计划出版社，1994.

［18］　王鹏. 建筑适应气候——兼论乡土建筑及其气候策略. 清华大学博士论文，2001.

［19］　工业建筑供暖通风与空气调节设计规范 GB 50019—2015. 北京：中国建筑工业出版社，2015.

［20］　贾司光等. 航空航天缺氧与供氧——生理学与防护装备. 北京：人民军医出版社，1989.

［21］　马瑞山主编. 航空航天生理学. 西安：陕西科学技术出版社，1999.

［22］　2015 ASHRAE Handbook，HVAC Applications. Chapter12：Aircraft. American Society of Heating，Refrigerating and Air-conditioning，Engineers，Inc.，1791 Tullie Circle，N. E.，Atalanta，GA30329.

第三章 建筑热湿环境

热湿环境是建筑环境中最主要的内容，主要反映在空气环境的热湿特性中。建筑室内热湿环境形成的最主要原因是各种外扰和内扰的影响。外扰主要包括室外气候参数如室外空气温湿度、太阳辐射、风速、风向变化，以及邻室的空气温湿度，均可通过围护结构的传热、传湿、空气渗透使热量和湿量进入到室内，对室内热湿环境产生影响。内扰主要包括室内设备、照明、人员等室内热湿源。见图 3-1。

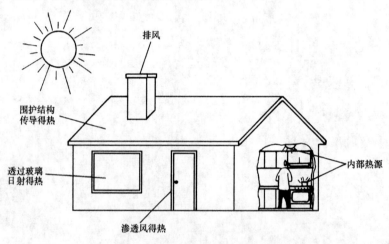

图 3-1 建筑物获得的热量

无论是通过围护结构的传热传湿还是室内产热产湿，其作用形式基本为对流换热（对流质交换）、导热（水蒸气渗透）和辐射三种形式。某时刻在内外扰作用下进入房间的热量叫做该时刻的得热（Heat Gain，HG）[1]，包括显热和潜热两部分。得热量的显热部分包括对流得热（例如室内热源的对流散热，通过围护结构导热形成的围护结构内表面与室内空气之间的对流换热）和辐射得热（例如透过窗玻璃进入到室内的太阳辐射、照明器具的辐射散热等）两部分。如果得热量为负，则意味着房间失去显热或潜热量。

由于围护结构本身存在热惯性，使得其热湿过程的变化规律变得相当复杂，通过围护结构的得热量与外扰之间存在着衰减和延迟的关系。本章的任务就是阐述建筑室内热湿环境的形成原理以及室内热湿环境与各种内、外扰之间的响应关系。

第一节 太阳辐射对建筑物的热作用

一、围护结构外表面所吸收的太阳辐射热

如第二章所述，太阳的光谱主要是由 $0.2\sim3.0\mu m$ 的波长区域所组成的。太阳光谱的

峰值位于 $0.5\mu m$ 附近，到达地面的太阳辐射能量在紫外线区（波长为 $0.2\sim0.38\mu m$）占的比例很小，约为 1%。波长范围为 $0.38\sim0.76\mu m$ 的可见光和 $0.76\sim3.0\mu m$ 的近红外线占了主要部分，两部分能量约各占一半。而一般工业热源的辐射均为长波辐射，波长为 $5\mu m$ 以上。因此建筑环境所涉及的表面温度范围决定了其发射的辐射均为长波辐射，只有发射可见光的灯具和高温热源才有可能发射可见光和近红外线。

当太阳照射到非透光的围护结构外表面时，一部分会被反射，一部分会被吸收，二者的比例取决于围护结构表面的吸收率（或反射率）。不同类型的表面对辐射的波长是有选择性的，特别是对占太阳辐射绝大部分的可见光与近红外线波段区有着显著的选择性，图 3-2 给出了不同类型表面对不同波长辐射的反射率。由图 3-2 可以看到，黑色表面对各种波长的辐射几乎都是全部吸收，而白色表面对不同波长的辐射反射率不同，可以反射几乎 90% 的可见光。

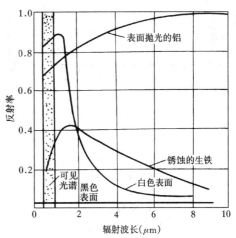

图 3-2　各种表面在不同辐射波长下的反射率[3]

因此，对于太阳辐射，围护结构的表面越粗糙、颜色越深，吸收率就越高，反射率越低。表 3-1 是各种材料的围护结构外表面对太阳辐射的吸收率 a。把外围护结构表面涂成白色或在玻璃窗上挂白色窗帘可以有效地减少进入室内的太阳辐射热。但应该注意到，绝大多数材料的表面对长波辐射的吸收率和反射率随波长的变化并不大，可以近似认为是常数。而且不同颜色的材料表面对长波辐射的吸收率和反射率差别也不大。除抛光的表面以外，一般建筑材料的表面对长波辐射的吸收率都比较高，基本都在 0.9 上下。

各种材料的围护结构外表面对太阳辐射的吸收率 a 　　　　　　表 3-1

材　料　类　别	颜　色	吸收率 a	材　料　类　别	颜　色	吸收率 a
石棉水泥板	浅	$0.72\sim0.87$	红砖墙	红	$0.7\sim0.77$
镀锌薄钢板	灰黑	0.87	硅酸盐砖墙	青灰	0.45
拉毛水泥面墙	米黄	0.65	混凝土砌块	灰	0.65
水磨石	浅灰	0.68	混凝土墙	暗灰	0.73
外粉刷	浅	0.4	红褐陶瓦屋面	红褐	$0.65\sim0.74$
灰瓦屋面	浅灰	0.52	小豆石保护屋面层	浅黑	0.65
水泥屋面	素灰	0.74	白石子屋面		0.62
水泥瓦屋面	暗灰	0.69	油毛毡屋面		0.86

玻璃对不同波长的辐射有选择性，其透射率与入射波长的关系见图 3-3（a），即普通玻璃对于可见光和波长为 $3\mu m$ 以下的近红外线来说几乎是透明的，但却能够有效地阻隔长波红外线辐射。因此，当太阳直射到普通玻璃窗上时，绝大部分的可见光和短波红外线将会透过玻璃，只有长波红外线（也称做长波辐射）会被玻璃反射和吸收，但这部分能量在太阳辐射中所占的比例很少。从另一方面说，玻璃能够有效地阻隔室内向室外发射的长

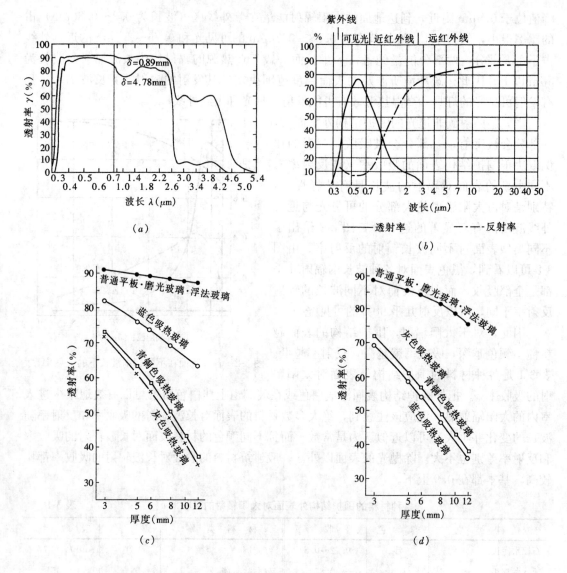

图 3-3　不同类型玻璃的太阳辐射透射性质

(a) 普通玻璃的光谱透射率[4]；(b) 一层普通玻璃和一层 low-e 玻璃的光谱透射率[5]；

(c) 其他类型平板玻璃的可见光透射率[5]；(d) 其他类型平板玻璃的太阳辐射透射率[5]

波辐射，因此具有温室效应。

随着技术的发展，将具有低红外发射率、高红外反射率的金属（铝、铜、银、锡等）采用真空沉积技术，在普通玻璃表面沉积一层极薄的金属涂层，这样就制成了低辐射玻璃，也称做 low-e（low-emissivity）玻璃。这种玻璃外表面看上去是无色的，有良好的透光性能，可见光透过率可以保持在 70%～80%。但是，它具有较低的长波红外线发射率和吸收率，反射率很高。普通玻璃的长波红外线发射率和吸收率为 0.84，而 low-e 玻璃可低达 0.1。尽管 low-e 玻璃和普通玻璃对长波辐射的透射率都很低，但与普通玻璃不同的是 low-e 玻璃对波长为 0.76～3μm 的近红外线辐射的透射率比普通玻璃低得多，见图 3-3 (a)、(b)。依据对太阳辐射的透射率不同，可分为高透和低透两种不同性能的 low-e 玻璃。高透 low-e 玻璃的近红外线的透射率比较高；低透 low-e 玻璃的近红外线透射率比较低，对可见光也有一定的影响。

　　由于玻璃对辐射有一定的阻隔作用，因此不是完全的透明体。当阳光照到两侧均为空气的半透明薄层时，例如单层玻璃窗，射线要通过两个分界面才能从一侧透射到另一侧，如图 3-4 所示。阳光首先从空气入射进入玻璃薄层，即通过第一个分界面。此时，如果用 r 代表空气—半透明薄层界面的反射百分比，a_0 代表射线单程通过半透明薄层的吸收百分比，由于分界面的反射作用，只有 $(1-r)$ 的辐射能进入半透明薄层。经半透明薄层的吸收作用，有 $(1-r)(1-a_0)$ 的辐射能可以达到第二个分界面。由于第二个分界面的反射作用，只有 $(1-r)^2(1-a_0)$ 的辐射能可以进入另一侧的空气，其余 $(1-r)(1-a_0)r$ 的辐射能又被反射回去，再经过玻璃吸收以后，抵达第一分界面……，如此反复。

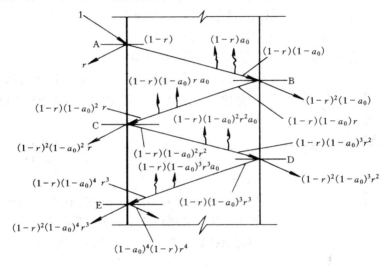

图 3-4　单层半透明薄层中光的行程

　　因此，阳光照射到半透明薄层时，半透明薄层对于太阳辐射的总反射率、吸收率和透射率是阳光在半透明薄层内进行反射、吸收和透射的无穷次反复之后的无穷多项之和。

　　半透明薄层的总吸收率为：

$$a = a_0(1-r)\sum_{N=0}^{\infty} r^n(1-a_0)^n = \frac{a_0(1-r)}{1-r(1-a_0)} \tag{3-1}$$

　　半透明薄层的总反射率为：

$$\rho = r + r(1-a_0)^2(1-r)^2\sum_{N=0}^{\infty} r^{2n}(1-a_0)^{2n} = r\left[1 + \frac{(1-a_0)^2(1-r)^2}{1-r^2(1-a_0)^2}\right] \tag{3-2}$$

　　半透明薄层的总透射率为：

$$\tau_{\text{galss}} = (1-a_0)(1-r)^2\sum_{N=0}^{\infty} r^{2n}(1-a_0)^{2n} = \frac{(1-a_0)(1-r)^2}{1-r^2(1-a_0)^2} \tag{3-3}$$

　　同理，当阳光照射到两层半透明薄层时，其总反射率、总透射率和各层的吸收率也可以用类似方法求得。

　　总透射率为：

$$\tau_{glass} = \tau_1 \tau_2 \sum_{n=0}^{\infty} (\rho_1 \rho_2)^n = \frac{\tau_1 \tau_2}{1 - \rho_1 \rho_2} \tag{3-4}$$

总反射率为：

$$\rho = \rho_1 + \tau_1^2 \rho_2 \sum_{n=1}^{\infty} (\rho_1 \rho_2)^n = \rho_1 + \frac{\tau_1^2 \rho_2}{1 - \rho_1 \rho_2} \tag{3-5}$$

第一层半透明薄层的总吸收率为：

$$a_{c1} = a_1 \left(1 + \frac{\tau_1 \rho_2}{1 - \rho_1 \rho_2} \right) \tag{3-6}$$

第二层半透明薄层的总吸收率为：

$$a_{c2} = \frac{\tau_1 a_2}{1 - \rho_1 \rho_2} \tag{3-7}$$

式中　τ_1、τ_2——分别为第一、第二层半透明薄层的透射率；

$\quad\quad\;\rho_1$、ρ_2——分别为第一、第二层半透明薄层的反射率；

$\quad\quad\;a_1$、a_2——分别为第一、第二层半透明薄层的吸收率。

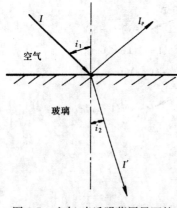

图 3-5　空气-半透明薄层界面的
反射和折射

以上各式中所用到的空气-半透明薄层界面的反射百分比 r 与射线的入射角和波长有关，可用以下公式计算：

$$r = \frac{I_\rho}{I} = \frac{1}{2} \left[\frac{\sin^2(i_2 - i_1)}{\sin^2(i_2 + i_1)} + \frac{\tan^2(i_2 - i_1)}{\tan^2(i_2 + i_1)} \right] \tag{3-8}$$

其中 i_1 和 i_2 分别为入射角和折射角，见图 3-5。入射角和折射角的关系取决于两种介质的性质，即与两种介质的折射指数 n 有关，可以用以下关系式表示：

$$\frac{\sin i_2}{\sin i_1} = \frac{n_1}{n_2} \tag{3-9}$$

空气的平均折射指数为 1.0；在太阳光谱的范围内，玻璃的平均折射指数为 1.526。

此外射线单程通过半透明薄层的吸收百分比 a_0 取决于对应其波长的材料的消光系数 K_λ 以及射线在半透明薄层中的行程 L。而行程 L 又与入射角和折射指数有关，消光系数

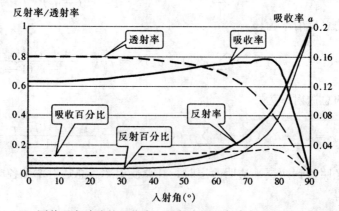

图 3-6　3mm 厚普通窗玻璃的吸收率、反射率和透射率与入射角之间的关系曲线

K_λ 与射线波长有关。在太阳光谱主要范围内，普通窗玻璃的消光系数 $K_{sol} \approx 0.045$，水白玻璃的消光系数 $K_{sol} \leqslant 0.015$。射线单程通过半透明薄层的吸收百分比 a_0 可以通过以下公式进行计算：

$$a_0 = 1 - \exp(-K_{sol}L) \tag{3-10}$$

因为随着入射角的不同，空气-半透明薄层界面的反射百分比 r 不同，射线单程通过半透明薄层的吸收率 a_0 也不同，从而导致半透明薄层的吸收率、反射率和透射率都随着入射角改变。图 3-6 是 3mm 厚普通窗玻璃对阳光的吸收率、反射率和透射率与入射角之间的关系曲线。由图可见，当阳光入射角大于 60° 时，透射率会急剧减少。

二、室外空气综合温度

图 3-7 表示围护结构外表面的热平衡。其中太阳直射辐射、天空散射辐射和地面反射辐射均含有可见光和红外线，与太阳辐射的组成相类似；而大气长波辐射、地面长波辐射和环境表面长波辐射则只含有长波红外线辐射部分。壁体得热等于太阳辐射热量、长波辐射换热量和对流换热量之和。建筑物外表面单位面积上得到的热量为：

$$q = \alpha_{out}(t_{air} - t_w) + aI - Q_{lw}$$

$$= \alpha_{out}\left[\left(t_{air} + \frac{aI}{\alpha_{out}} - \frac{Q_{lw}}{\alpha_{out}}\right) - t_w\right] = \alpha_{out}(t_z - t_w) \tag{3-11}$$

式中　α_{out}——围护结构外表面的对流换热系数，W/（m² · ℃）；

t_{air}——室外空气温度，℃；

t_w——围护结构外表面温度，℃；

a——围护结构外表面对太阳辐射的吸收率；

I——太阳辐射照度，W/m²；

Q_{lw}——围护结构外表面与环境的长波辐射换热量，W/m²。

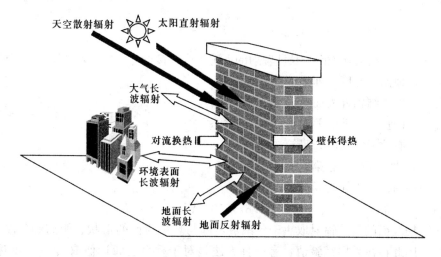

图 3-7　围护结构外表面的热平衡

太阳辐射落在围护结构外表面上的形式包括太阳直射辐射、天空散射辐射和地面反射辐射三种，后两种是以散射辐射的形式出现的。由于入射角不同，围护结构外表面对直射辐射和散射辐射有着不同的吸收率，而地面反射辐射的途径就更为复杂，其强度与地面的表面特性有关。因此式（3-11）中的吸收率 a 只是一个考虑了上述不同因素并进行综合的当量值。

式（3-11）中的 t_z 称为室外空气综合温度（Solar-air temperature）。所谓室外空气综合温度是相当于室外气温由原来的 t_{air} 增加了一个太阳辐射的等效温度值，显然这只是为了计算方便推出的一个当量的室外温度，并非实际的室外空气温度。因此室外空气综合温度的表达式为：

$$t_z = t_{air} + \frac{aI}{\alpha_{out}} - \frac{Q_{lw}}{\alpha_{out}} \tag{3-12}$$

式（3-11）、（3-12）不仅考虑了来自太阳对围护结构的短波辐射，而且反映了围护结构外表面与天空和周围物体之间的长波辐射。有时这部分长波辐射是可以忽略的，这样式（3-12）就可简化为：

$$t_z = t_{air} + \frac{aI}{\alpha_{out}} \tag{3-13}$$

三、夜间辐射

在计算白天的室外空气综合温度时，由于太阳辐射的强度远远大于长波辐射，所以忽略长波辐射的作用是可以接受的。夜间没有太阳辐射的作用，而天空的背景温度远远低于空气温度，因此建筑物向天空的辐射放热量是不可以忽略的，尤其是在建筑物与天空之间的角系数比较大的情况下。特别是在冬季夜间忽略掉天空辐射作用可能会导致对热负荷的估计偏低。因此，式（3-11）、（3-12）中的长波辐射 Q_{lw} 也被称为夜间辐射或有效辐射。

围护结构外表面与环境的长波辐射换热包括大气长波辐射以及来自地面和周围建筑及其他物体外表面的长波辐射。如果仅考虑对天空的大气长波辐射和对地面的长波辐射，则有：

$$Q_{lw} = \sigma \varepsilon_w \left[(x_{sky} + x_g \varepsilon_g) T_{wall}^4 - x_{sky} T_{sky}^4 - x_g \varepsilon_g T_g^4 \right] \tag{3-14}$$

式中　ε_w——围护结构外表面对长波辐射的系统黑度，接近壁面黑度，即壁面的吸收率 a；

ε_g——地面的黑度，即地面的吸收率；

x_{sky}——围护结构外表面对天空的角系数；

x_g——围护结构外表面对地面的角系数；

T_{sky}——有效天空温度，见第二章，K；

T_g——地表温度，见第二章，K；

T_{wall}——围护结构外表面温度，K；

σ——斯蒂芬-玻尔兹曼常数，5.67×10^{-8} W/（$m^2 \cdot K^4$）。

由于环境表面的长波辐射取决于角系数，即与环境表面的形状、距离和角度都有关，很难求得，因此往往采用经验值。有一种方法是对于垂直表面近似取 $Q_{lw} = 0$，对于水平面取 $\frac{Q_{lw}}{\alpha_{out}} = 3.5 \sim 4.0℃$。很显然这种做法的前提是认为垂直表面与外界长波辐射换热之差值很小，可以忽略不计。

第二节 建筑围护结构的热湿传递

本节的任务是介绍围护结构在内外扰作用下的热过程及特点,以及各种得热的数学表述方法。根据本章开始对得热的定义,可得知某时刻在内外扰作用下进入房间的热量叫做该时刻的得热。而在这里"房间"的范围是指围护结构的内表面包络的范围之内,包括室内空气、室内家具以及围护结构的内表面。即所谓的得热,就是在外部气象参数作用下,由室外传到外围护结构内表面以内的热量,或者是室内热源散发在室内的全部热量,包括通过对流进入室内空气以及通过辐射落在围护结构内表面和室内家具上的热量。

建筑物的得热包括显热得热和潜热得热两部分。本章的得热表达式基本是指显热得热,而潜热得热则是以进入到室内的湿量的形式来表述的。

室内热源形成的总得热量是比较容易求得的,基本取决于热源的发热量,与室内空气参数和室内表面状态无关。但通过围护结构的总得热量却与很多条件有关,不仅受室外气象参数和室内空气参数的影响,而且与室内其他表面的状态有显著的关系。因此通过外围护结构的得热的求解方法要复杂得多,需要做一定的假定条件来简化得热的求解过程。

通过外围护结构的显热传热过程也有两种不同类型,即通过非透光围护结构的热传导以及通过透光围护结构的日射得热。这两种热传递有着不同的原理,但又相互关联。而通过围护结构形成的潜热得热主要来自于非透光围护结构的湿传递。

一、通过非透光围护结构的显热传递过程

1. 非透光围护结构的热平衡表达式

通过墙体、屋顶等非透光围护结构传入室内的热量来源于两部分:室外空气与围护结构外表面之间的对流换热和太阳辐射通过墙体导热传入的热量。

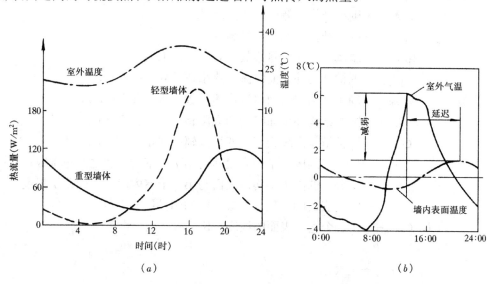

图 3-8 墙体的传热量与温度对外扰的响应

(a) 墙体得热与外扰之间的关系;(b) 墙内表面温度与外温的关系

由于围护结构存在热惯性，因此通过围护结构的传热量和温度的波动幅度与外扰波动幅度之间存在衰减和延迟的关系，见图 3-8。衰减和滞后的程度取决于围护结构的蓄热能力。围护结构的热容量愈大，蓄热能力就愈大，滞后的时间就愈长，波幅的衰减就愈大。图 3-8（a）给出了传热系数相同但蓄热能力不同的两种墙体的传热量变化与室外气温之间关系。由于重型墙体的蓄热能力比轻型墙体的蓄热能力大得多，因此其得热量的峰值就比较小，延迟时间也长得多。

墙体、屋顶等建筑构件的传热过程均可看做非均质板壁的一维不稳定导热过程，x 为板壁厚度方向坐标。描述其热平衡的微分方程为：

$$\frac{\partial t}{\partial \tau} = a(x)\frac{\partial^2 t}{\partial x^2} + \frac{\partial a(x)}{\partial x}\frac{\partial t}{\partial x} \tag{3-15}$$

如果定义 $x=0$ 为围护结构外侧，$x=\delta$ 为围护结构内侧，考虑太阳辐射、长波辐射和围护结构内外侧空气温差的作用，可给出边界条件：

$$\alpha_{\text{out}}[t_{a,\text{out}}(\tau) - t(0,\tau)] + Q_{\text{sol}} + Q_{\text{lw,out}} = -\lambda(x)\frac{\partial t}{\partial x}\bigg|_{x=0} \tag{3-16}$$

$$\alpha_{\text{in}}[t(\delta,\tau) - t_{a,\text{in}}(\tau)] + \sigma\sum_{j=1}^{m} x_j \varepsilon_j [T^4(\delta,\tau) - T_j^4(\tau)] - Q_{\text{shw}} = -\lambda(x)\frac{\partial t}{\partial x}\bigg|_{x=\delta}$$

$$\tag{3-17}$$

初始条件为：

$$t(x,0) = f(x) \tag{3-18}$$

式中　　　$a(x)$——墙体材料的导温系数，m^2/s；

τ——时间，s；

δ——墙体厚度，m；

$t(x,\tau)$，$T(x,\tau)$——墙体中各点的温度，℃，K；

$t_{a,\text{in}}(\tau)$——围护结构内侧的空气温度，℃；

$t_{a,\text{out}}(\tau)$——围护结构外侧的空气温度，℃；

$\lambda(x)$——墙体材料的导热系数，W/（m·K）；

α_{out}——围护结构外表面对流换热系数，W/（m^2·℃）；

α_{in}——围护结构内表面对流换热系数，W/（m^2·℃）；

Q_{sol}——围护结构外表面接受的太阳辐射热量，W/m^2；

Q_{shw}——围护结构内表面接受的短波辐射热量，W/m^2；

x_j——所分析的围护结构内表面与第 j 个室内表面之间角系数；

ε_j——所分析的围护结构内表面与第 j 个室内表面之间系统黑度；

m——室内表面的个数（除被考察的围护结构以外）；

$T_j(\tau)$——第 j 个室内表面的温度，K。

下标：

a——空气；

in——室内侧；

out——室外侧；

lw——长波辐射；

shw——短波辐射；

sol——太阳辐射。

太阳辐射的作用是使墙体外表面温度升高，然后通过板壁向室内传热，如图3-9所示。由于太阳辐射作用的求解很复杂，因此可以利用前面介绍的室外空气综合温度 $t_z(\tau)$ 来代替式（3-16）中的围护结构外侧空气温度。即有：

$$\alpha_{\text{out}}\left[t_z(\tau)-t(0,\tau)\right]=-\lambda(x)\frac{\partial t}{\partial x}\Big|_{x=0}$$

$$(3\text{-}19)$$

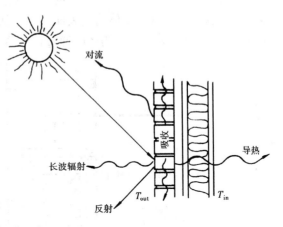

图 3-9　太阳辐射在墙体上形成的传热过程

式（3-17）所描述的其实就是通过非透光围护结构的导热实际传入室内的热量，这些热量到达围护结构内表面后，通过对流与辐射的形式传给室内空气与室内其他内表面。如果对式（3-17）的长波辐射项进行线性化，即：

$$\sigma\sum_{j=1}^{m}x_j\,\varepsilon_j\left[T^4(\delta,\tau)-T_j^4(\tau)\right]=\sum_{j=1}^{m}\alpha_{r,j}\left[T(\delta,\tau)-T_j(\tau)\right]=\sum_{j=1}^{m}\alpha_{r,j}\left[t(\delta,\tau)-t_j(\tau)\right]$$

$$(3\text{-}20)$$

其中 $\alpha_{r,j}$ 为被考察的围护结构内表面与第 j 个围护结构内表面的当量辐射换热系数 $[\text{W}/(\text{m}^2\cdot\text{℃})]$。此时，由式(3-17)获得的通过非透光围护结构导热而实际传入室内的热量 $Q_{\text{wall,cond}}$ 可表为：

$$Q_{\text{wall,cond}}=-\lambda(x)\frac{\partial t}{\partial x}\Big|_{x=\delta}=\alpha_{\text{in}}\left[t(\delta,\tau)-t_{\text{a,in}}(\tau)\right]+\sum_{j=1}^{m}\alpha_{r,j}\left[t(\delta,\tau)-t_j(\tau)\right]-Q_{\text{shw}}$$

$$(3\text{-}21)$$

在一定的温度范围内，线性化所求得的当量辐射换热系数 $\alpha_{r,j}$ 接近常数，它综合了两个表面的面积比、角系数以及表面温度等因素。因此式（3-21）可看做是常系数的线性方程。

由上式（3-21）可见，如果各时刻各围护结构内表面和室内空气温度已知，就可以求出通过围护结构的传热量。但各围护结构内表面温度和室内空气温度之间存在着显著的耦合关系，因此需要联立求解一组形如式（3-15）～（3-18）的方程组和房间的空气热平衡方程才能获得其解，求解过程相当复杂。

2. 通过非透光围护结构进入室内的显热量

通过式（3-21）的确可以求出通过某一面墙体从室外环境进入室内的显热量，但又可发现，这部分得热并非仅取决于室内外参数以及本面墙体的热工性能，而是还要受到其他室内长波辐射热源以及短波辐射热源的影响。也就是说，室内其他墙体内表面的温度，室内设备、家具、人体的温度，以及照明灯具的辐射热等都会影响到这面墙体传热量的大小。图3-10给出了室内辐射源对墙体得热影响作用的示意。图中墙体内的实线表示的是该墙体在没有室内照明灯具辐射时墙体内部的温度分布曲线，可以看做是在室外空气综合温度 t_z、室内空气温度 t_{in} 以及墙体本身热工性能共同作用下形成的，而 $Q_{wall,cond}$ 可以看做是此时通过该墙体的得热量。但一旦有一个辐射热源如一个射灯的辐射能落在这面墙体的内表面上，就会提高这面墙体的内表面温度，从而把整个墙体的温度分布曲线提高，如图 3-10 中的虚线，而 $Q'_{wall,cond}$ 成为此时通过该墙体的得热量。

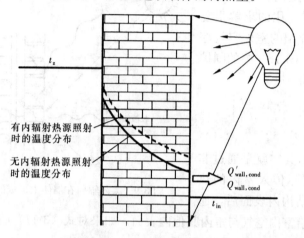

图 3-10　外围护结构受到内辐射源的照射后，通过围护结构导热量的变化

从图 3-10 中的曲线与 t_z 之间的距离或者从墙体内侧的温度梯度就可以判断，受到室内辐射热源影响后，从室外传入室内的热量变小了，即 $Q'_{wall,cond}$ 小于 $Q_{wall,cond}$，虽然室内外温度和墙体的热工参数都没有变，但这面墙体的内表面与室内空气的对流换热量却增加了，原因是该内表面吸收的部分灯具辐射热量又通过对流换热的形式释放了出来。

如果用长波辐射热源替代图 3-10 中的短波辐射热源（照明灯具），原理和结果也是一样的。

通过上述分析可以看到，即便室外参数和室内空气温度是维持不变的，通过非透光围护结构从室外进入室内的热量却可能不是一个确定的值，因为这个传热量不仅取决于室内外参数和围护结构的热工参数，而且还取决于室内其他长短波辐射热源的强度。非透光围护结构的这个特点，就导致了求解通过非透光围护结构的传热量是一个非常复杂的问题，与室内热源设备、室内人员、通过玻璃窗的太阳辐射等进入到室内的热量有很大的不同，因为后者基本不受室内其他表面或者其他热源状况的影响，只取决于这些热源自身的特点。

二、通过透光围护结构的显热传递过程

透光围护结构主要包括玻璃门窗和玻璃幕墙等，是由玻璃与其他透光材料如热镜膜、遮光膜等以及框架组成的。

玻璃窗由窗框和玻璃组成，见图 3-11。窗框型材有木框、铝合金框、铝合金断热框、塑

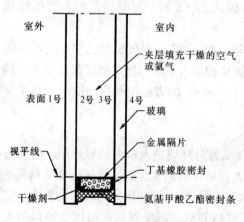

图 3-11　双层中空窗的构造

室外　　　室内

夹层填充干燥的空气或氩气

表面1号　2号 3号　4号

玻璃

金属隔片

视平线

丁基橡胶密封

干燥剂

氨基甲酸乙酯密封条

钢框、断热塑钢框等；窗框数目可有单框（单层窗）、多框（多层窗）；单框上镶嵌的玻璃层数有单层、双层、三层，称做单玻、双玻或三玻窗；玻璃层之间可充气体如空气（称做中空玻璃）、氮、氩、氪等，或有真空夹层，密封的夹层内往往放置了干燥剂以保持气体干燥；玻璃类别有普通透明玻璃、有色玻璃、吸热玻璃、反射玻璃、低辐射（low-e）玻璃、可由电信号控制透射率的电致变色玻璃等；玻璃表面可以有各种辐射阻隔性能的镀膜或贴膜，如反射膜、low-e 膜、有色遮光膜等，有的在两层玻璃之间的中空夹层中架 1～2 层 low-e 热镜膜。有的透光围护结构中还含有如磨砂玻璃、乳白玻璃等半透明材料或者太阳能光电板。玻璃幕墙除了面积比玻璃窗大，没有窗框而有隐式的或明式的框架支撑以外，其热物性特点和玻璃窗基本一样。

透光围护结构的热阻往往低于实体墙，例如实体墙传热系数很容易达到 $0.8W/(m^2 \cdot ℃)$ 以下，但普通单层玻璃窗的传热系数高于 $5W/(m^2 \cdot ℃)$，双层中空玻璃窗也只能达到 $3W/(m^2 \cdot ℃)$ 左右。所以透光围护结构往往是建筑保温中最薄弱的一环。玻璃窗或玻璃幕墙采用不同种类的玻璃层数和特殊的夹层气体，目的主要是尽量增加玻璃的传热热阻，避免冷桥。例如如果单框窗的热阻仍然达不到要求，可以安装双层窗；采用不同类型的玻璃和镀膜，则可以解决采光与遮阳隔热的矛盾。

通过透光围护结构的热传递过程与非透光围护结构有很大的不同。透光围护结构可以透过太阳辐射，这部分热量在建筑物热环境的形成过程中发挥了非常重要的作用，往往比通过热传导传递的热量对热环境的影响还要大。所以通过透光围护结构传入室内的显热主要包括两部分：通过玻璃板壁的热传导和透过玻璃的日射辐射得热。这两部分的传热量与透光围护结构的种类及其热工性能有重要的关系。但与非透光围护结构不同的是，这两部分的热量传递之间不存在强耦合关系。尽管太阳辐射对玻璃表面的温度多少有一定影响，从而对通过玻璃板壁的热传导量也有一定的影响，但由于玻璃本身对太阳辐射的吸收率远远低于非透光围护结构对太阳辐射的吸收率，导致这种影响非常有限，因而在工程应用中往往可以忽略。所以，通过透光围护结构传入室内的显热量的求解方法跟前面介绍的通过非透光围护结构的传热量求解方法有很大不同：通过玻璃板壁的热传导和透过玻璃的日射辐射得热是分别独立求解的。

1. 通过透光外围护结构的传热量

由于有室内外温差存在，必然会通过透光外围护结构以热传导方式与室内空气进行热交换。玻璃和玻璃间的气体夹层本身有热容，因此与墙体一样有衰减延迟作用。但由于玻璃和气体夹层的热容很小，所以这部分热惰性往往被忽略。将透光外围护结构的传热近似按稳态传热考虑，由此可得出通过透光外围护结构的传热得热量为：

$$HG_{wind,cond} = K_{wind} F_{wind} (t_{a,out} - t_{a,in}) \tag{3-22}$$

式中　$HG_{wind,cond}$——通过透光外围护结构的传热得热量，W；

K_{wind}——透光外围护结构的总传热系数，包括了框架的影响，$W/(m^2 \cdot ℃)$；

F_{wind}——透光外围护结构的总传热面积，m^2；

下标：　$wind$——玻璃窗或透光外围护结构。

尽管式（3-22）右侧的温差给出的是室内外空气的温差，但室外空气通过玻璃板导热进入到室内的热量并不全以对流换热的形式传给室内空气，而是其中有一部分以长波辐射的形式传给了室内其他表面。室外侧与环境之间同样有长波辐射热交换，因此式（3-22）的传热系数 K_{wind} 的室内、外侧换热系数除对流换热部分外，还应该包含长波辐射的折算部分。

不同类型的透光外围护结构的传热系数有很大差别。即便是类型相同的透光外围护结构，工艺水平不同对传热系数也有很大影响。表 3-2 给出了部分类型玻璃窗的传热系数。图 3-12 给出了不同玻璃层数、不同填充气体、不同气体层厚度和不同发射率的透光外围护结构的传热系数。

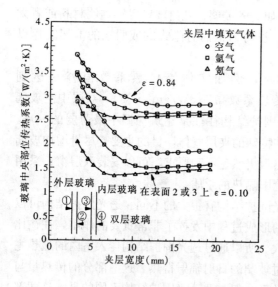
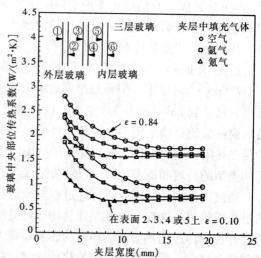

图 3-12　垂直双层和三层透光围护结构中央部位的传热系数[1]

注：普通玻璃发射率 $\varepsilon=0.84$，low-e 膜发射率 $\varepsilon=0.1$

几种主要类型玻璃窗的传热系数[1]　　　　表 3-2

窗 户 构 造	传热系数 [W/(m²·℃)]	窗 户 构 造	传热系数 [W/(m²·℃)]
3mm 单玻窗（中国数据）注	5.8	双玻铝塑窗，氩气层 12.7mm，一层镀 low-e 膜，$\varepsilon=0.1$	2.22
3.2mm 单玻塑钢窗	5.14	三玻铝塑窗，空气层 12.7mm	2.25
3.2mm 单玻带保温的铝合金框	6.12	三玻塑钢窗，空气层 12.7mm，两层镀 low-e 膜，$\varepsilon=0.1$	1.76
双玻铝塑窗，空气层 12.7mm	3.0	三玻铝塑窗，氩气层 12.7mm，两层镀 low-e 膜，$\varepsilon=0.1$	1.61
双玻铝塑窗，空气层 12.7mm，一层镀 low-e 膜，$\varepsilon=0.4$	2.7	四玻铝塑窗，氩气层 12.7mm 或氪气层 6.4mm，两层镀膜，$\varepsilon=0.1$	1.54
双玻铝塑窗，氩气层 12.7mm，一层镀 low-e 膜，$\varepsilon=0.4$	2.55	四玻窗，保温玻璃纤维塑框，氩气层 12.7mm 或氪气层 6.4mm，两层镀膜，$\varepsilon=0.1$	1.23
双玻铝塑窗，空气层 12.7mm，一层镀 low-e 膜，$\varepsilon=0.1$	2.41	四玻不可开启窗，保温玻璃纤维塑框，氩气层 12.7mm 或氪气层 6.4mm，两层镀膜，$\varepsilon=0.1$	1.05

注：1. 未注明玻璃厚度的均为 3mm 厚玻璃，导热系数为 0.917 W/(m·K)；
　　2. 未注明不可开启的为可开启窗，含有推拉和平开，尺寸为 900×1500，日字框；
　　3. 不可开启窗尺寸为 1200×1200，口字框。

从图 3-12 可以看到，由于自然对流的出现对增加的导热热阻的抵消作用，玻璃间层的厚度在大于 13mm 后对传热系数几乎没有什么影响，因此不应企图单纯依靠增加玻璃间层的厚度来增加热阻。窗框对整个玻璃窗的传热系数有着显著的影响，例如双玻铝塑窗，氩气层 12.7mm，一层镀膜 $\varepsilon = 0.1$，玻璃中央部位的传热系数只有 $1.53\mathrm{W}/(\mathrm{m}^2 \cdot ℃)$，但整窗的传热系数却达到 $2.22\ \mathrm{W}/(\mathrm{m}^2 \cdot ℃)$。如果采用没有保温的铝合金窗框，则整窗传热系数上升到 $3.7\ \mathrm{W}/(\mathrm{m}^2 \cdot ℃)$，因为玻璃的边缘部分和窗框的传热系数比较大。

从表 3-2 和图 3-12 还可以看到，low-e 膜或者 low-e 玻璃可以明显有效地降低透光外围护结构的传热系数，其原理在于 low-e 膜或 low-e 玻璃具有对长波辐射的低发射率和高反射率。尽管普通玻璃对长波辐射的透射率也很低，但对长波辐射的吸收率和发射率都比较高。在冬夜，普通玻璃一方面吸收了室内表面的长波辐射热，另一方面又被室内空气加热使其具有较高的表面温度，因此会向室外低温环境以及低温天空以长波辐射的方式散热。如果玻璃窗有多层玻璃，那么内层玻璃被加热后会向外层玻璃以长波辐射的形式传热，而外层玻璃又会以长波辐射的形式向室外散热。而 low-e 膜或 low-e 玻璃由于具有对长波辐射的低发射率、低吸收率和高反射率，能够有效地把长波辐射反射回室内，降低玻璃的温升，同时其低长波发射率保证其对室外环境的长波辐射散热量也大大减小。即便是在炎热的夏季，low-e 玻璃被室外空气和太阳辐射加热后向室内进行长波辐射的散热量也会显著减少。由于这种长波辐射的传热量可以折合到玻璃的总传热量中，长波辐射换热系数也可以折合在总传热系数中，这就是为什么 low-e 膜或者 low-e 玻璃可以有效地低降低玻璃窗的总传热系数的原因。

2. 透过标准玻璃的太阳辐射得热 SSG

阳光照射到玻璃或透光材料表面后，一部分被反射掉，全都不会成为房间的得热；一部分直接透过透光外围护结构进入室内，全部成为房间得热量；还有一部分被玻璃或透光材料吸收，见图 3-13。被玻璃或透光材料吸收的热量使玻璃或透光材料的温度升高，其中一部分将以对流和辐射的形式传入室内，而另一部分同样以对流和辐射的形式散到室外，不会成为房间的得热。

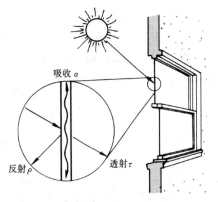

图 3-13　照射到窗玻璃上的太阳辐射

关于被玻璃或透光材料吸收后又传入室内的热量有两种计算的方法。一种方法是以室外空气综合温度的形式考虑到玻璃板壁的传热中，另一种办法是作为透过的太阳辐射中的一部分，计入太阳透射得热中。如果按后一种算法，透过玻璃窗的太阳辐射得热应包括透过的全部和吸收中的一部分。

透过单位面积玻璃或透光材料的太阳辐射得热量的计算方法为：

$$HG_{\mathrm{glass},\tau} = I_{\mathrm{Di}}\tau_{\mathrm{glass,Di}} + I_{\mathrm{dif}}\tau_{\mathrm{glass,dif}} \quad (\mathrm{W}/\mathrm{m}^2) \tag{3-23}$$

假定玻璃或透光材料吸热后同时向两侧空气放热，且两侧玻璃表面与空气的温差相等，则由于玻璃吸收太阳辐射所造成的房间得热为：

$$HG_{glass,a} = \frac{R_{out}}{R_{out} + R_{in}}(I_{Di}a_{Di} + I_{dif}a_{dif}) \quad (W/m^2) \tag{3-24}$$

式中 I——太阳辐射照度，W/m^2；

$\quad \tau_{glass}$——玻璃或透光材料的透射率；

$\quad a$——玻璃或透光材料的吸收率；

$\quad R$——玻璃或透光材料的表面换热热阻，$m^2 \cdot \text{℃}/W$；

下标：a——吸收；

$\quad Di$——入射角为 i 的直射辐射；

$\quad dif$——散射辐射；

$\quad glass$——玻璃或透光材料；

$\quad \tau$——透过。

由于玻璃或透光材料本身的种类繁多，而且厚度不同，颜色也不同，所以通过同样大小玻璃或透光材料的太阳得热量也不同。因此为了简化计算，常以某种类型和厚度的玻璃作为标准透光材料，取其在无遮挡条件下的太阳得热量作为标准太阳得热量，用符号 SSG（Standard Solar heat Gain）来表示，单位为 W/m^2。当采用其他类型和厚度的玻璃或透光材料，或透光材料内外有某种遮阳设施时，只对标准玻璃的太阳得热量进行不同修正即可。

目前我国、美国和日本均采用 3mm 厚普通玻璃作为标准透光材料，英国以 5mm 厚普通玻璃作为标准透光材料。虽然各国都采用的是普通玻璃，但由于玻璃材质成分有所不同，故性能上有一定的出入。我国目前生产的普通玻璃含铁较多，断面呈墨绿色。法向入射时透射率为 0.8，反射率为 0.074，吸收率为 0.126。而美国的普通玻璃法向入射时透射率为 0.86，反射率为 0.08，吸收率为 0.06。

根据式（3-23）和（3-24），可得出入射角为 i 时标准玻璃的太阳得热量 SSG（W/m^2）为：

$$
\begin{aligned}
SSG &= (I_{Di}\tau_{glass,Di} + I_{dif}\tau_{glass,dif}) + \frac{R_{out}}{R_{out} + R_{in}}(I_{Di}a_{Di} + I_{dif}a_{dif}) \\
&= I_{Di}(\tau_{Di} + \frac{R_{out}}{R_{out} + R_{in}}a_{Di}) + I_{dif}(\tau_{dif} + \frac{R_{out}}{R_{out} + R_{in}}a_{dif}) \\
&= I_{Di}g_{Di} + I_{dif}g_{dif} = SSG_{Di} + SSG_{dif} \tag{3-25}
\end{aligned}
$$

式中 g 为标准太阳得热率，下标意义同式（3-23）和（3-24）。

3. 遮阳设施对透过透光外围护结构太阳辐射得热的影响

为了有效遮挡太阳辐射，减少夏季空调负荷，采用遮阳设施是常用的手段。遮阳设施可安置在透光围护结构的外侧、内侧，也有安置在两层玻璃中间的。常见的外遮阳设施包括作为固定建筑构件的挑檐、遮阳板或其他形式的有遮阳作用的建筑构件，也有可调节的遮阳篷、活动百叶挑檐、外百叶帘、外卷帘等。内遮阳设施一般采用窗帘和百叶。两层玻璃中间的遮阳设施一般包括固定的和可调节的百叶。

遮阳设施设置在透光外围护结构的内侧和外侧，对透光外围护结构的遮阳作用是不同的。尽管无论外遮阳还是内遮阳设施，都可以反射部分阳光，吸收部分阳光，透过部分阳光。但对于外遮阳设施来说，只有透过的部分阳光才会达到玻璃外表面，其中有部分透过玻璃进入室内形成冷负荷。被外遮阳设施吸收了的太阳辐射热,一般都会通过对流换热和长波辐射散到室外环境中而不会对室内造成任何影响。除非外卷帘全关闭,其所吸收太阳辐射热量会有一部分通过卷帘内表面的对流换热再通过玻璃窗传到室内。但这部分热量所占比例也是很小的。

尽管内遮阳设施同样可以反射掉部分太阳辐射,但向外反射的一部分又会被玻璃反射回来,使反射作用减弱。更重要的是内遮阳设施吸收的辐射热会慢慢在室内释放全部成为得热。内遮阳设施只是对得热的峰值有所延迟和衰减而已,对太阳辐射得热的削减效果比外遮阳设施要差得多。

但外遮阳设施的缺点是比较容易损坏,容易污染而降低其反射能力,特别是可调百叶更是不易清洗、固定和维护。因此,把百叶安置在两层玻璃之间是一种折中的办法,例如双层皮幕墙(Double-skin facade,Double-skin curtain wall)中间常常安装有百叶。两层玻璃中间安装的遮阳设施尽管消除了外遮阳设施的缺点,但由于遮阳设施吸热后升温会加热玻璃间层的空气,甚至使得玻璃间层的空气温度高于室外温度,其中部分热量会向室内传导而降低了其隔热能力。目前解决此问题的方法之一是在玻璃间层采取通风措施,通过自然通风或者机械通风把玻璃间层里的热量排到室外,这样就可以保证两层玻璃中间安装的遮阳设施的遮阳隔热作用更接近于外遮阳设施。

遮阳设施的遮阳作用用遮阳系数 C_n 来描述。其物理意义是设置了遮阳设施后的透光外围护结构太阳辐射得热量与未设置遮阳设施时的太阳辐射得热量之比,包含了通过包括遮阳设施在内的整个外围护结构的透射部分和通过吸收散热进入室内的两部分热量之和。

玻璃或透光材料本身对太阳辐射也具有一定的遮挡作用,用遮挡系数 C_s 来表示。其定义是太阳辐射通过某种玻璃或透光材料的实际太阳得热量与通过厚度为 3mm 厚标准玻璃的太阳得热量 SSG 的比值,同样包含了通过玻璃或透光材料直接透射进入室内和被玻璃或透光材料吸收后又散到室内的两部分热量总和。不同种类的玻璃或透光材料具有不同的遮挡系数。

表 3-3 和表 3-4 分别给出了不同种类玻璃和透光材料本身的遮挡系数 C_s 和一些常见内遮阳设施的遮阳系数 C_n。

窗玻璃的遮挡系数 C_s　　　　　　　　　　　　　　　　　表 3-3

玻　璃　类　型	C_s	玻　璃　类　型	C_s
标准玻璃	1.00	双层 5mm 厚普通玻璃	0.78
5mm 厚普通玻璃	0.93	双层 6mm 厚普通玻璃	0.74
6mm 厚普通玻璃	0.89	双层 3mm 玻璃,一层贴 low-e 膜	0.66~0.76
3mm 厚吸热玻璃	0.96	银色镀膜热反射玻璃	0.26~0.37
5mm 厚吸热玻璃	0.88	茶(棕)色镀膜热反射玻璃	0.26~0.58
6mm 厚吸热玻璃	0.83	蓝色镀膜热反射玻璃	0.38~0.56
双层 3mm 厚普通玻璃	0.86	单层 low-e 玻璃	0.46~0.77

内遮阳设施的遮阳系数 C_n　　表 3-4

内遮阳类型	颜色	C_n
白布帘	浅色	0.5
浅蓝布帘	中间色	0.6
深黄、紫红、深绿布帘	深色	0.65
活动百叶	中间色	0.6

4. 通过透光外围护结构的太阳辐射得热量

为求解通过透光外围护结构的实际太阳得热量，对标准玻璃的太阳得热量进行修正的方法包括玻璃或透光材料本身的遮挡系数 C_s 和遮阳设施的遮阳系数 C_n。因此通过透光外围护结构的太阳辐射得热量 $HG_{wind,sol}$ 可表为：

$$HG_{wind,sol} = (SSG_{Di}X_s + SSG_{dif})C_s C_n X_{wind} F_{wind} \tag{3-26}$$

式中　$HG_{wind,sol}$——通过透光外围护结构的太阳辐射得热量，W；

　　　　X_{wind}——透光外围护结构有效面积系数（一般取单层木窗 0.7，双层木窗 0.6，单层钢窗 0.85，双层钢窗 0.75）；

　　　　F_{wind}——透光外围护结构面积，m^2；

　　　　C_n——遮阳设施的遮阳系数；

　　　　C_s——玻璃或其他透光外围护结构材料对太阳辐射的遮挡系数；

　　　　X_s——阳光实际照射面积比，即透明外围护结构上的光斑面积与透光外围护结构面积之比，可以通过几何方法计算求得。

外遮阳的作用往往可以反映在阳光实际照射面积比 X_s 上。由于挑檐、遮阳篷或者部分打开的外百叶、外卷帘等外遮阳设施并不会把吸收的辐射热又放到室内，所以它的作用本质上是减小透光外围护结构上的光斑面积，因此往往不用遮阳系数来表示，而用阳光实际照射面积比 X_s 来表示。

5. 通过透光外围护结构的得热量 HG_{wind}

综上所述，通过透光外围护结构的瞬态总得热量等于通过透光外围护结构的传热得热量与通过透光外围护结构的太阳辐射得热量之和，即可通过以下公式来求得：

$$HG_{wind}(\tau) = HG_{wind,cond}(\tau) + HG_{wind,sol}(\tau)$$

$$= \{K_{wind}[t_{a,out}(\tau) - t_{in}(\tau)] +$$

$$[SSG_{Di}(\tau)X_s + SSG_{dif}(\tau)]C_s C_n X_{wind}\}F_{wind} \tag{3-27}$$

式中　　HG_{wind}——通过透光外围护结构的得热量，W/m^2；

　　　$HG_{wind,cond}$——通过透光外围护结构的传热得热量，W/m^2；

　　　$HG_{wind,sol}$——通过透光外围护结构的太阳辐射得热量，W/m^2。

通过透光外围护结构传热进入室内的部分热量有一部分是以玻璃表面的对流换热形式进入室内的，另一部分是以长波辐射的形式进入室内的。或者说，K_{wind} 的室内侧换热系数只包含对流换热部分是不够的，还应该包含长波辐射部分，尽管这部分与其他室内表面状态有关，比较难确定。

通过透光外围护结构的太阳辐射得热量也分为两部分，一部分是直接透射进入室内，另一部分则被玻璃吸收，然后再通过长波辐射和对流换热进入到室内。

实际上式（3-27）给出的得热也是一种在一定假定条件下通过透光围护结构进入到室

内的显热量。与前文所述的通过非透光围护结构传热实际进入室内的热量与得热之间存在的差别相类似，上述方法求得的得热量与通过透光围护结构实际进入室内的热量之间是有一些差别的。其原因有：

（1）采用标准玻璃的太阳得热量 SSG 求得的 $HG_{wind, sol}$ 部分（式（3-26））与实际情况存在偏差，偏差的原因有二。其一，因为实际上室内外温度不同的情况居多，与前述的 SSG 定义中两侧玻璃表面与空气之间的温差相等的假定不一致。比如，当玻璃温度处于室内外空气温度之间时，即比一侧高，又比另一侧低，则玻璃只会向单侧对流散热，而不会向两侧对流散热。其二，玻璃吸收太阳辐射后，并不仅是通过对流换热散热，而且还会通过长波辐射来散热。

（2）玻璃和透光材料吸收部分太阳辐射热后，其内部温度分布与内表面温度会有显著的改变，见图3-14。在这种情况下，即便室内外空气温度一定，通过玻璃的总传热量也会产生变化，因为玻璃内表面与室内表面之间的辐射换热量有所不同，玻璃内表面与空气之间的对流换热量也有所不同。

（3）当室内存在对玻璃内表面的辐射热源时，同样也会导致通过玻璃的总传热量的改变。

6. 通过透光外围护结构得热量的其他计算方法[1]

欧美国家多用太阳得热系数 $SHGC$（Solar

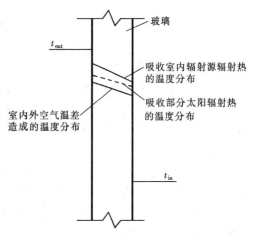

图 3-14　窗玻璃的温度分布

Heat Gain Coefficient）来描述玻璃窗或玻璃幕墙的热工性能。太阳得热系数 $SHGC$ 涉及了直接透射进入室内的太阳辐射得热和被玻璃吸收后又传入室内的得热两部分，其定义为：

$$SHGC = \tau + \sum_{k=1}^{n} N_k a_k \qquad (3-28)$$

式中　τ——玻璃窗的太阳辐射总透射率；

　　　a_k——第 k 层玻璃的吸收率；

　　　n——玻璃的层数；

　　　N_k——第 k 层玻璃吸收的辐射热向内传导的比率。

$SHGC$ 是一个无量纲的量。实际上 $SHGC$ 数值的大小与太阳辐射的入射角有关，包括直射辐射和散射辐射的影响。最复杂的是其中的 N_k 与室内的状况有关，即与内、外表面对流换热系数、玻璃窗总传热系数、室内空间形状和室内表面的长波辐射特性有关。只有将玻璃窗的传热模型与室内空间的热平衡模型联立求解才可能准确地求出 N_k。目前只有在 EnergyPlus 等建筑热模拟软件包中采用这种详细求解的方法，而在一般工程应用中，采用的是特定参数条件下的 $SHGC$ 值来作为玻璃窗的评价指标，即指定对流换热系数和传热系数，不包含长波辐射的影响。这样就可以利用玻璃的透射率与入射角的关系给出玻璃窗在不同入射角下的 $SHGC$ 值。

这样，通过透光外围护结构的瞬态得热量为：

$$Q = K_{wind}F_{wind}[t_{a,out}(\tau) - t_{a,in}(\tau)] + (SHGC)F_{wind}I \quad (W) \qquad (3-29)$$

式中　K_{wind}——透光外围护结构的总传热系数，$W/(m^2 \cdot ℃)$；

　　　　F_{wind}——透光外围护结构的传热面积，m^2；

　　　　I——太阳辐射照度，W/m^2。

为了方便求得透过各种不同类型透光外围护结构的太阳辐射得热量，采用遮阳系数 SC（Shading Coefficient）来描述不同类型透光外围护结构的热工特性。其定义为实际透光外围护结构的 $SHGC$ 值与标准玻璃的 $SHGC_{ref}$ 值的比，即：

$$SC = \frac{SHGC}{SHGC_{ref}} \qquad (3-30)$$

上式中的标准玻璃是美国的 3mm 厚普通玻璃，法向入射时透射率为 0.86，反射率为 0.08，吸收率为 0.06。标准玻璃的 SC 值是 1。在法向入射条件下，$SHGC_{ref}$ 是 0.87。

从物理意义上说，SC 值就相当于前面介绍的我国采用的玻璃的遮挡系数 C_s。采用 SC 参数的好处是 SC 不随太阳辐射光谱的变化而变化，也不随入射角的变化而变化，而且对直射辐射和散射辐射均适用。因此只要获得各种透光围护结构的 SC 值，就可以根据标准玻璃不同入射角 θ 的 $SHGC(\theta)_{ref}$ 求出其太阳得热系数，从而求出其得热量。

三、通过围护结构的湿传递

一般情况下，透过围护结构的水蒸气可以忽略不计。但对于需要控制湿度的恒温恒湿室或低温环境室等，当室内空气温度相当低时，需要考虑通过围护结构渗透的水蒸气。

当围护结构两侧空气的水蒸气分压力不相等时，水蒸气将从分压力高的一侧向分压力低的一侧转移。在稳定条件下，单位时间内通过单位面积围护结构传入室内的水蒸气量与两侧水蒸气分压力差成正比，即通过围护结构的湿量为：

$$w = K_v(P_{out} - P_{in}) \quad [kg/(s \cdot m^2)] \qquad (3-31)$$

其中 $P_{out} - P_{in}$ 是围护结构两侧水蒸气分压力差，单位为 Pa；K_v 是水蒸气渗透系数，单位是 $kg/(N \cdot s)$ 或 s/m，可按下式计算：

$$K_v = \frac{1}{\dfrac{1}{\beta_{in}} + \Sigma\dfrac{\delta_i}{\lambda_{vi}} + \dfrac{1}{\beta_a} + \dfrac{1}{\beta_{out}}} \qquad (3-32)$$

式中　β_{in}、β_{out}、β_a——分别是围护结构内表面、外表面和墙体中封闭空气间层的散湿系数，单位为 $kg/(N \cdot s)$ 或 s/m，见表 3-5；

　　　　λ_{vi}——第 i 层材料的蒸汽渗透系数，$kg \cdot m/(N \cdot s)$ 或 s，可参阅表 3-6；

　　　　δ_i——第 i 层材料的厚度，m。

围护结构表面和空气层的散湿系数[1]　　　　表 3-5

条　　件	散湿系数×10^8（s/m）	条　　件	散湿系数×10^8（s/m）
室外垂直表面	10.42	空气层厚度 10mm	1.88
室内垂直表面	3.48	空气层厚度 20mm	0.94
水平面湿流向上	4.17	空气层厚度 30mm	0.21
水平面湿流向下	2.92	水平空气层湿流向上	0.13
		水平空气层湿流向下	0.73

材料的蒸汽渗透系数 λ_v，单位为 kg·m/ (N·s) 或 s[1]　　　表 3-6

材　料	密度（kg/m³）	$\lambda_v \times 10^{12}$	材　料	密度（kg/m³）	$\lambda_v \times 10^{12}$
钢筋混凝土		0.83	花岗岩或大理石		0.21
陶粒混凝土	1800	2.50	胶合板		0.63
陶粒混凝土	600	7.29	木纤维板与刨花板	≥800	3.33
珍珠岩混凝土	1200	4.17	泡沫聚苯乙烯		1.25
珍珠岩混凝土	600	8.33	泡沫塑料		6.25
加气混凝土与泡沫混凝土	1000	3.13	用水泥砂浆的硅酸盐砖或普通黏土砖砌块		2.92
加气混凝土与泡沫混凝土	400	6.25	珍珠岩水泥板		0.21
水泥砂浆		2.50	石棉水泥板		0.83
石灰砂浆		3.33	石油沥青		0.21
石膏板		2.71	多层聚氯乙烯布		0.04

注：文献[1]中 λ_v 单位为 g/(mm·h·mmHg)，本书作了单位换算。

由于围护结构两侧空气温度不同，围护结构内部形成一定的温度分布。在稳定状态下，第 n 层材料层外表面的温度 t_n 为：

$$t_n = t_{a,in} - K(t_{a,in} - t_{a,out})\left(\frac{1}{\alpha_{in}} + \sum_{i=1}^{n} \frac{\delta_i}{\lambda_i}\right) \tag{3-33}$$

同样，由于围护结构两侧空气的水蒸气分压力不同，在围护结构内部也会形成一定水蒸气分压力分布。在稳定状态下，第 n 层材料层外表面的水蒸气分压力 P_n 为：

$$P_n = P_{in} - K_v(P_{in} - P_{out})\left(\frac{1}{\beta_{in}} + \sum_{i=1}^{n} \frac{\delta_i}{\lambda_{vi}}\right) \tag{3-34}$$

如果围护结构内任一断面上的水蒸气分压力大于该断面温度所对应的饱和水蒸气分压力，在此断面就会有水蒸气凝结，见图 3-15。如果该断面温度低于零度，还将出现冻结现象。所有这些现象将导致围护结构的传热系数增大，加大围护结构的传热量，并加速

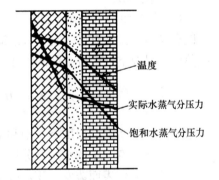

图 3-15　围护结构内水蒸气分压力大于饱和水蒸气分压力，就会出现凝结

围护结构的损坏。为此，对于围护结构的湿状态也应有所要求。必要时，在围护结构内应设置蒸汽隔层或其他结构措施，以避免围护结构内部出现水蒸气凝结或冻结现象。

第三节　以其他形式进入室内的热量和湿量

其他形式进入室内的热量和湿量包括室内的产热产湿（即内扰）和因空气渗透带来的热量湿量两部分。

一、室内产热产湿量

室内的热湿源一般包括人体、设备和照明设施。人体一方面会通过皮肤和服装向环

境散发显热，另一方面通过呼吸、出汗向环境散发潜热（湿量）。照明设施向环境散发的是显热。工业建筑的设备（例如电动机、加热水槽等）的散热和散湿取决于工艺过程的需要。一般民用建筑的散热散湿设备包括家用电器、厨房设施、食品、游泳池、体育和娱乐设施等。

1. 设备与照明的散热

室内设备可分为电动设备和加热设备，照明设施也是加热设备的一种。加热设备只要把热量散入室内，就全部成为室内得热。而电动设备所消耗的能量中有一部分转化为热能散入室内成为得热，还有一部分成为机械能。这部分机械能可能在该室内被消耗掉，最终都会转化为该空间的得热。但如果这部分机械能没有消耗在该室内，而是输送到室外或者其他空间，就不会成为该室内的得热。

另外工艺设备的额定功率只反映装机容量，实际的最大运行功率往往小于装机容量，而且实际上也往往不是在最大功率下运行。在考虑工艺设备发热量时一定要考虑到这些因素的影响。工艺设备和照明设施有可能不同时使用，因此在考虑总得热量时，需要考虑不同时使用的影响。因此，无论是在考虑设备还是考虑照明散热的时候，都要根据实际情况考虑实际进入所研究空间中的能量，而不是铭牌上所标注的功率。

2. 人体的散热和散湿

人体的总散热量取决于人体的代谢率，其中显热散热与潜热散热（散湿）的比例与空气温度以及平均辐射温度有关。这部分内容在第四章中将有详细的介绍，此处不再赘述。

3. 室内湿源

（1）如果室内有一个热的湿表面，水分通过水面蒸发向空气扩散，则该设施与室内空气既有显热交换又有潜热交换（散湿）。显热交换量取决于水表面与室内空气的换热温差、换热面积以及空气掠过水面的流速，散湿量则可用下式求得：

$$W = 1000\beta(P_b - P_a)F\frac{B_0}{B} \quad (g/s) \tag{3-35}$$

式中 P_b——水表面温度下的饱和空气的水蒸气分压力，Pa；

P_a——空气中的水蒸气分压力，Pa；

F——水表面蒸发面积，m²；

B_0——标准大气压力，101325Pa；

B——当地实际大气压力，Pa；

β——对流传质系数，kg/（N·s），$\beta = \beta_0 + 3.63 \times 10^{-8}v$，$\beta_0$ 是不同水温下的扩散系数，kg/（N·s），见表3-7；

v——水面上的空气流速，m/s。

不同水温下的扩散系数　　表3-7

水 温（℃）	<30	40	50	60	70	80	90	100
$\beta_0 \times 10^8$	4.5	5.8	6.9	7.7	8.8	9.6	10.6	12.5

（2）如果室内的湿表面水分是通过吸收空气中的显热量蒸发的，而没有其他的加热热源，也就是说蒸发过程是一个绝热过程，则室内的总得热量为零，只是在水面上有部分显

热转化为潜热，即产生了潜热得热和绝对值相等的显热负得热而已。

（3）如果室内有一个蒸汽散发源，则加入蒸汽所含的热量就是其潜热散热量。

4. 室内热源得热 HG_H 和总散湿量 W_H

综上所述，室内热源得热 HG_H 是室内设备的散热、照明设备的散热和人体散热之和，室内热源总得热的大小取决于热源的发热量，如设备的功率、人体的代谢率等。尽管如此，由于室内热源的散热形式有显热和潜热两种，显热散热和潜热散热的比例则跟空气的温、湿度参数有关。而显热散热的形式也有对流和辐射两种，对流散热和辐射散热的比例跟空气温度与四周的表面温度有关。其中辐射散热也有两种形式：一是以可见光与近红外线为主的短波辐射，散发量与接受辐射的表面温度无关，只与热源的发射能力有关，如照明设施发的光；二是热源表面散发的长波辐射，如一般热表面散发的远红外辐射，散发量与接受辐射的表面温度与表面特性有关。

所以，如果室内有 N 个热源，又有 m 个能够接受到热源辐射的室内表面，则这些热源的总显热得热 $HG_{H,S}$ 可用下式表示：

$$HG_{H,S} = \sum_{i}^{N} HG_{H,S,i} = \sum HG_{H,conv,i} + \sum HG_{H,rad,i}$$
$$= \sum HG_{H,conv,i} + \sum HG_{H,sh,i} + \sum HG_{H,lw,i}$$
$$= \sum \alpha_i (t_{H,i} - t_{a,in}) + \sum HG_{H,shw,i} + \sum_{j}^{m} \sigma x_{H,j} \varepsilon_{H,i} (t_H^4 - t_{sf,j}^4) \quad (3-36)$$

对长波辐射项进行线性化，则有：

$$HG_{H,S} = \sum \alpha_i (t_{H,i} - t_{a,in}) + \sum HG_{H,shw,i} + \sum_{i}^{N} \sum_{j}^{m} \alpha_{r,H,ij} (t_{H,i} - t_{sf,j}) \quad (3-37)$$

室内产湿量 W_H 除围护结构传入室内的水蒸气量以外，还应包括人体散湿量、室内设备散湿量和各种湿表面的散湿量，W_H 是所有这些散湿量之和。

$$W_H = \sum W_{H,i} \quad (3-38)$$

在室内总冷负荷计算时往往需要知道室内散湿源以热单位 W 来度量的总得热量，因此需要把室内散湿源的散湿量 W_H 折算为室内热湿源的潜热得热。0℃水蒸气的汽化潜热是 2500kJ/kg，水蒸气的定压比热是 1.84kJ/（kg·℃），即质量为 1g 的温度等于室温的水蒸气带入到室内空气中的潜热量为：

$$HG_{H,L} = (2500 + 1.84 t_{a,in}) W_H \quad (3-39)$$

因此，室内热源的总得热为：

$$HG_H = HG_{H,S} + HG_{H,L} = HG_{H,S} + (2500 + 1.84 t_{a,in}) W_H \quad (3-40)$$

式中　$HG_{H,S}$——室内热源的显热得热，W；

　　　$HG_{H,L}$——室内热源的潜热得热，W；

　$HG_{H,conv,i}$——室内热源 i 的对流得热，W；

　$HG_{H,rad,i}$——室内热源 i 的辐射得热，W；

　$HG_{H,shw,i}$——室内热源 i 的短波辐射得热，W；

　$HG_{H,lw,i}$——室内热源 i 的长波辐射得热，W；

　　　$t_{H,i}$——室内热源 i 的表面温度，℃；

$t_{sf,j}$——室内表面 j 的温度，℃；

$t_{a,in}$——室内空气温度，℃；

W_H——室内散湿量，g/s。

二、空气渗透带来的得热 HG_{infil}

由于建筑存在各种门、窗和其他类型的开口，室外空气有可能进入房间，从而给房间空气直接带入热量和湿量，并即刻影响到室内空气的温湿度。因此需要考虑空气渗透给室内带来的得热量。

空气渗透是指由于室内外存在压力差，从而导致室外空气通过门窗缝隙和外围护结构上的其他小孔或洞口进入室内的现象，也就是所谓的非人为组织（无组织）的通风。在一般情况下，空气的渗入和空气的渗出总是同时出现的。由于渗出的是室内状态的空气，渗入的是外界的空气，所以渗入的空气量和空气状态决定了室内的得热量，因此在冷热负荷计算中只考虑空气的渗入。

对于形状比较简单的孔口出流，流速较高，流动多处于阻力平方区，流速与内外压力差存在如下关系：

$$v \propto \Delta P^{1/2} \qquad (3-41)$$

对于渗流来说，流速缓慢，流道断面细小而复杂。此时可认为流动处于层流区，流速与内外压力差的关系为：

$$v \propto \Delta P \qquad (3-42)$$

而对于门窗缝隙的空气渗透来说，多介于孔口出流和渗流之间。但门窗种类繁多，一般取：

$$v \propto \Delta P^{1/1.5} \qquad (3-43)$$

所以通过门窗缝隙的空气渗透量的计算式可写为：

$$L_a = vF_{crack} = al\Delta P^{1/1.5} = F_d \Delta P^{1/1.5} \qquad (3-44)$$

式中　L_a——通过门窗缝隙的空气渗透量，m^3/h；

F_{crack}——门窗缝隙面积，m^2；

F_d——当量孔口面积，$m^3/(h \cdot Pa^{1/1.5})$，$F_d = al$；

l——门窗缝隙长度，m；

a——实验系数，取决于门窗的气密性，见表 3-8。

门窗的气密性系数 a　　表 3-8

气密性	好	一般	不好
缝宽（mm）	~0.2	~0.5	1~1.5
系数 a	0.87	3.28	13.10

室内外压力差 ΔP 是决定空气渗透量的因素，一般为风压和热压所致。夏季时由于室内外温差比较小，风压是造成空气渗透的主要动力。如果空调系统送风造成了足够的室内正压，就只有室内向室外渗出的空气，基本没有影响室内热湿状况的从室外向室内渗入的空气，因此可以不考虑空气渗透的作用。如果室内没有正压送风，就需要考虑风压对空气渗透的作用。如果冬季室内有采暖，则室内外存在比较大的温差，热压形成的烟囱效应会强化空气渗透，即由于空气密度差存在，室外冷空气会从建筑下部的开口进入，室内空气从建筑上部的开口流出。因此在冬季采暖期，热压可能会比风压对空气渗透起更大的作用。在高层建筑中这种热压作用会更加

明显，底层房间的热负荷明显要高于上部房间的热负荷，因此要同时考虑风压和热压的作用。

风压和热压对自然通风的作用原理在第六章中将有较详尽的介绍，此处不再赘述。由于准确求解建筑的空气渗透量是一项非常复杂和困难的工作。因此，为了满足实际工作需要，目前在计算风压作用造成的空气渗透时，常用的方法是基于实验和经验基础上的估算方法，即缝隙法和换气次数法。

1. 缝隙法

缝隙法是根据不同种类窗缝隙的特点，给出其在不同室外平均风速条件下单位窗缝隙长度的空气渗透量。这是考虑了不同朝向门窗的平均值。因此在不同地区的不同主导风向的情况下，给不同朝向的门窗以不同的修正值。通过下式可以求得房间的空气渗透量 L_a （m³/h）：

$$L_a = k l_a l \tag{3-45}$$

式中 l_a——单位长度门窗缝隙的渗透量，$m^3/(h \cdot m)$，见表 3-9；

$\quad\ l$——门窗缝隙总长度，m；

$\quad\ k$——主导风向不同情况下的修正系数，考虑到风向、风速和频率等因素对空气渗透量的影响，见表 3-10。

单位长度门窗缝隙的渗透量 ［m³/ （h・m）］   表 3-9

门 窗 种 类	室 外 平 均 风 速 （m/s）					
	1	2	3	4	5	6
单 层 木 窗	1.0	2.5	3.5	5.0	6.5	8.0
单 层 钢 窗	0.8	1.8	2.8	4.0	5.0	6.0
双 层 木 窗	0.6	1.3	2.0	2.8	3.5	4.2
双 层 钢 窗	0.6	1.3	2.0	2.8	3.5	4.2
门	2.0	5.0	7.0	10.0	13.0	16.0

冬季主导风向不同情况下的修正系数   表 3-10

城 市	朝 向							
	北	东北	东	东南	南	西南	西	西北
齐齐哈尔	0.9	0.4	0.1	0.15	0.35	0.4	0.7	1.0
哈 尔 滨	0.25	0.15	0.15	0.45	0.6	1.0	0.8	0.55
沈 阳	1.0	0.9	0.45	0.6	0.75	0.65	0.5	0.8
呼和浩特	0.9	0.45	0.35	0.1	0.2	0.3	0.7	1.0
兰 州	0.75	1.0	0.95	0.5	0.25	0.25	0.35	0.45
银 川	1.0	0.8	0.45	0.35	0.2	0.3	0.3	0.65
西 安	0.85	1.0	0.7	0.35	0.65	0.75	0.5	0.3
北 京	1.0	0.45	0.2	0.1	0.2	0.15	0.25	0.85

2. 换气次数法

当缺少足够的门窗缝隙数据时，对于有门窗的围护结构数目不同的房间给出一定室外平均风速范围内的平均换气次数。通过换气次数，即可求得空气渗透量：

$$L_a = nV \tag{3-46}$$

式中　n——换气次数，次/h；

　　　V——房间容积，m^3。

表 3-11 给出了我国目前采用的不同类型房间的换气次数，其适用条件是冬季室外平均风速小于或等于 3 m/s。

文献［6］介绍了美国采用的换气次数估算方法，该方法综合考虑了室外风速和室内外温差的影响，即有：

$$n = a + bv + c(t_{a,out} - t_{a,in}) \tag{3-47}$$

式中　v——室外平均风速，m/s；

a、b、c——系数，见表 3-12。

换 气 次 数　　　　　表 3-11

房间具有门窗的外围护结构的面数	一　面	二　面	三　面
换 气 次 数 n	0.25~0.5	0.5~1	1~1.5

求解换气次数的系数[6]　表 3-12

建筑气密性	a	b	c
气密性好	0.15	0.01	0.007
一　般	0.2	0.015	0.014
气密性差	0.25	0.02	0.022

对于多层和高层建筑，在热压作用下室外冷空气从下部门窗进入，被室内热源加热后由内门窗缝隙渗入走廊或楼梯间，在走廊和楼梯间形成了上升气流，最后从上部房间的门窗渗出到室外。这种情况下的冷风渗透量可参照第六章介绍的热压造成的自然通风换气量求解方法来确定。

因此，当根据上述方法求得渗入室内的空气量 L_a 以后，可按下式计算由于空气渗透带来的总得热 HG_{infil}：

$$HG_{infil} = \rho_a L_a(h_{out} - h_{in}) \tag{3-48}$$

式中 h_{out} 和 h_{in} 分别为室外和室内的空气比焓，ρ_a 是空气的密度。由室内渗透空气带入的显热得热和湿量可以分别通过室内外的空气温差和含湿量差求得。

第四节　冷负荷与热负荷

一、负荷的定义

在考虑控制室内热环境时，需要涉及房间的冷负荷和热负荷的概念。

冷负荷的定义是维持室内空气热湿参数在一定要求范围内时，在单位时间内需要从室内除去的热量，包括显热量和潜热量两部分。如果把潜热量表示为单位时间内排除的水分，则可称做湿负荷。因此冷负荷包括显热负荷和潜热负荷两部分，或者称做显热负荷与湿负荷两部分。

热负荷的定义是维持室内空气热湿参数在一定要求范围内时，在单位时间内需要向室内加入的热量，同样包括显热负荷和潜热负荷两部分。如果只考虑控制室内温度，则热负荷就只包括显热负荷。

根据冷、热负荷是需要去除或补充的热量的这个定义，房间冷负荷量的大小与去除热量的方式有关，同样房间热负荷量的大小也与补充热量的方式有关。例如，常规的空调是采用送风方式来去除空气中的热量并维持一定的室内空气温、湿度，因此需要去除的是进入到空气中的热量。至于贮存在墙内表面或家具中的热量只要不进入到空气中，就不必考虑。但是，如果采用辐射空调方式，由于去除热量的方式包括了辐射和对流两部分，所维持的不仅是空气的参数，还要影响到墙内表面和家具中蓄存的热量，因此，辐射空调方式供给的冷量，除了去除进入到空气中的热量外，还要包括以冷辐射的形式去除的各室内表面的热量。冷辐射板会使得室内表面温度降低，因此由室内表面传入到空气中的显热量会减少，导致辐射板需要从空气中排除的热量也会有一定量的减少。也就是说，辐射空调的房间冷负荷包括需要去除的进入到空气中的热量和一定量的室内表面上的热量。因此，在维持相同的室内空气参数的条件下，辐射板空调方式的冷/热负荷与常规的送风空调方式是不同的。

冷负荷与得热量密切相关。在本章第二节与第三节已经介绍了得热的各种来源和数学表达式，主要包括通过围护结构的得热、室内热/湿源的显热/潜热得热，以及空气渗透带来的得热。围护结构得热又分为通过透光围护结构和非透光围护结构的得热量，其中非透光围护结构得热只有传热部分，而透光围护结构得热还需要包括太阳辐射透射进入室内的部分热量。

当总得热量为负值的时候，房间就出现了热负荷。当某种来源的得热为负值的时候，可以称为是失热。当建筑物失热量大于得热量时，房间的总得热量就成为负值。因此热负荷取决于房间的得、失热量的相互关系。

例如，冬季供暖通风系统的热负荷，取决于房间的得、失热量。失热量 Q_{sh} 包括：

（1）围护结构传热失热量 Q_1；

（2）由门、窗、孔洞及相邻房间缝隙侵入室内的冷空气导致的失热量 Q_2；

（3）室内湿源水分蒸发消耗的显热量 Q_3；

（4）通风耗热量：通风系统将空气从室内排到室外所带走的热量 Q_4。

得热量 Q_d 包括：

（5）室内人员、灯光、设备等室内热源的产热量 Q_5；

（6）室内工艺过程的产热量 Q_6；

（7）太阳辐射进入室内的热量 Q_7。

在实际工程应用中，对冷、热负荷的计算往往会根据建筑物的特点对室外气象参数进行不同的处理，并对房间的得、失热量有所取舍，尤其是针对空调、供暖、通风系统各有所侧重。这些关于工程设计中负荷计算的不同处理方法可参考暖通空调相关的专业课程教材或者相关的工程设计规范与手册。例如针对一般民用建筑如住宅、办公楼等，采用传统的负荷手工计算法计算失热量 Q_{sh} 时往往只考虑上述的前两项耗热量，并把得热量作为安全因素考虑而忽略不计，或者只把太阳辐射进入室内的热量作为得热量 Q_d 考虑。对于没有设置机械通风系统的建筑，把供暖系统的热负荷简单表示为：

$$Q = Q_{sh} - Q_d = Q_1 + Q_2 - Q_7$$

二、负荷与得热的关系

前面已经介绍了通过各种途径进入到室内的热量，即得热。而得热量又可分为显热得热和潜热得热。潜热得热一般会直接进入到室内空气中，形成瞬时冷负荷，即为了维持一定室内热湿环境而需要瞬时去除的热量。当然，如果考虑到围护结构内装修和家具的吸湿与蓄湿作用，潜热得热也会存在延迟。渗透空气的得热中也包括显热得热和潜热得热两部分，它们也都会直接进入到室内空气中，成为瞬时冷负荷。至于其他形式的显热得热的情况就比较复杂，其中对流部分会直接传给室内空气，成为瞬时冷负荷；而辐射部分进入到室内后并不直接进入到空气中，而会通过长波辐射的方式传递到各围护结构内表面和家具的表面，提高这些表面的温度后，再通过对流换热方式逐步释放到空气中，形成冷负荷。

因此在大多数情况下，冷负荷与得热量有关，但并不等于得热。如果采用送风空调形式，则室内负荷就是得热中的纯对流部分。如果热源只有对流散热，各围护结构内表面和各室内设施表面的温差很小，则冷负荷基本就等于得热量，否则冷负荷与得热是不同的。如果有显著的辐射得热存在，由于各围护结构内表面和家具的蓄热作用，冷负荷与得热量之间就存在着相位差和幅度差，即时间上有延迟，幅度也有衰减。因此，冷负荷与得热量之间的关系取决于房间的构造、围护结构的热工特性和热源的特性。当然，热负荷同样也存在这种特性。图 3-16 是得热量与冷负荷之间的关系示意图。

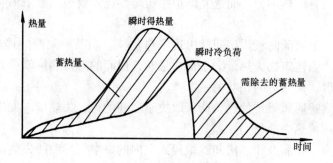

图 3-16 得热量与冷负荷之间的关系

对于空调设计来说，首先需要确定室内冷、热负荷的大小，因此需要掌握各种得热的对流和辐射的比例。但是对流散热量与辐射散热量的比例又与热源的温度、室内空气温度以及四周表面温度有关，各表面之间的长波辐射量与各内表面的角系数有关，因此准确计算其分配比例是非常复杂的工作。表 3-13 给出了一般情况下各种瞬时得热中不同成分的大概比例。照明和机械设备的对流和辐射的比例分配与其表面温度有关，人体的显热和潜热比例分配也与人体的活动强度以及空气温度有关。辐射得热所占比例的大小影响了得热与冷负荷之间的关系，辐射得热的比例越大，

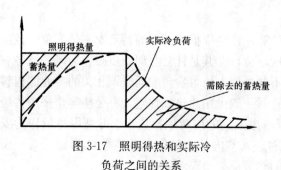

图 3-17 照明得热和实际冷
负荷之间的关系

二者的差距就越大。图 3-17 是照明得热和实际冷负荷之间的关系示意图。

各种瞬时得热中的不同成分 表 3-13

得热类型	辐射热 （%）	对流热 （%）	潜热 （%）	得热类型	辐射热 （%）	对流热 （%）	潜热 （%）
太阳辐射（无内遮阳）	100	0	0	传 导 热	60	40	0
太阳辐射（有内遮阳）	58	42	0	人 体	40	20	40
荧 光 灯	50	50	0	机械或设备	20～80	80～20	0
白 炽 灯	80	20	0				

三、负荷的数学表达

这里仅举室内冷负荷为例来说明房间空气的热平衡。如果室内负荷为热负荷，则热流的方向相反，但原理都是一样的。房间空气从各室内表面、热源和渗透空气获得对流热，室内各表面间、内表面和热源之间存在着长波辐射和短波辐射换热。空调设备可以采用送风方式也可以采用辐射方式去除室内的热量，也可以二者兼而有之。空调辐射设备可以是冷辐射板、热辐射地板或者是辐射加热器。电辐射加热器的辐射能量除长波辐射外还可能含有短波辐射（可见光与近红外线）。

假定室内各表面温度一致，又没有任何辐射热量落在围护结构内表面上并被围护结构内表面蓄存，则传入室内的热量就等于内表面对流换热的热量，内表面温度完全由第三类边界条件决定。但在实际应用中，绝大部分条件下，各内表面的温度不同，内表面之间均存在辐射热交换，因此内表面温度受其他各辐射表面的条件和辐射源的影响，所以，室内的热过程是导热、对流、辐射和蓄热综合作用的结果。综上所述，如果各时刻各围护结构内表面和室内空气温度已知，就可以求出室外通过围护结构向室内的传热量，得出房间冷负荷。但是，各围护结构内表面温度和室内空气温度之间存在着显著的耦合关系，因此，求解房间冷负荷，需要联立求解围护结构内表面热平衡方程和房间空气热平衡方程所组成的方程组。下面分别就采用送风空调方式和采用辐射板空调方式两种条件下的房间冷负荷的数学表达方法进行讨论。

1. 采用送风空调方式的房间冷负荷

前面介绍的非透光围护结构内表面的热平衡关系式（3-21）可表述为：

$$-\lambda(x)\frac{\partial t}{\partial x}\bigg|_{x=\delta} + Q_{\text{shw}} = \alpha_{\text{in}}\left[t(\delta,\tau) - t_{\text{a,in}}(\tau)\right] + \sum_{j=1}^{N}\alpha_{\text{r},j}\left[t(\delta,\tau) - t_j(\tau)\right] \quad (3\text{-}49)$$

如果被考察的围护结构内表面的序号是 i，上式用文字来表述就是：

传到 i 表面的通过围护结构的导热量＋（i 表面获得的太阳辐射得热
　　＋i 表面获得的热源短波辐射得热）＝i 表面的对流换热＋
　　　＋（i 表面向其他表面的长波辐射－i 表面获得的热源的长波辐射得热）

其中 i 表面获得的短波辐射得热包括各室内热源辐射得热落在 i 表面上的分量之和，以及透过透光围护结构的太阳辐射落到 i 表面的部分；i 表面向其他室内表面的长波辐射包括向室内其他围护结构内表面、家具表面和低温热源的表面的长波辐射。假定：

（1）室内有 N 个内表面（包括围护结构内表面和家具、器具表面等），其中 n 个非透光围护结构内表面与家具、器具表面，m 个透光围护结构内表面，$N = n + m$；

73

（2）所有表面温度均用 $t_{\text{sf},i}$ 表示；

（3）根据式（3-21），用 $Q_{\text{wall,cond}}$ 代替 $-\lambda(x)\dfrac{\partial t_i}{\partial x}\Big|_{x=\delta}$；把长波辐射项线性化。

则描述单个非透光围护结构内表面热平衡的式（3-49）可表述为：

$$Q_{\text{wall,cond},i} + HG^*_{\text{wind,sol,trn},i} + HG_{\text{H,shw},i}$$

$$= \alpha_{\text{in}}(t_{\text{sf},i} - t_{\text{a,in}}) + \sum_{j=1}^{N} \alpha_{\text{r,sf},ij}(t_{\text{sf},i} - t_{\text{sf},j}) - HG_{\text{H,lw},i} \tag{3-50}$$

其中 $HG_{\text{H,shw},i}$ 和 $HG^*_{\text{wind,sol,trn},i}$ 分别是室内热源短波辐射得热（即可见光与近红外线）和透过透光围护结构的太阳辐射直接落到 i 表面的部分。符号 $*$ 在这里表示落到 i 表面上的太阳辐射，以示与透过透光围护结构表面 i 的太阳辐射 $HG_{\text{wind,sol,trn},i}$ 的区别。$HG_{\text{H,lw},i}$ 是落到 i 表面上的热源的长波辐射得热。

如果所考察的内表面 i 是室内家具设施表面，式（3-49）中通过围护结构导热传到 i 表面的热量 $Q_{\text{wall,cond},i}$ 这一项就为 0。

如果所考察的内表面 i 是透光外围护结构的内表面，并忽略透过其他窗户的太阳辐射和热源短波辐射落到该表面的份额（这部分既有透过也有吸收，情况十分复杂，暂不考虑），则表面热平衡为：

通过玻璃热传导传到 i 表面的得热量 + i 表面吸收的通过玻璃本身的太阳辐射
　　= i 表面的对流换热 + i 表面向其他表面的长波辐射
　　　 − i 表面获得的热源的长波辐射得热

这样，式（3-50）就变为：

$$HG_{\text{wind,cond},i} + HG_{\text{wind,sol,abs},i} = \alpha_{\text{in}}(t_{\text{sf},i} - t_{\text{a,in}}) + \sum_{j=1}^{n} \alpha_{\text{r,sf},ij}(t_{\text{sf},i} - t_{\text{sf},j}) - HG_{\text{H,lw},i}$$

$$\tag{3-51}$$

由式（3-27），另外考虑透过玻璃进入到室内的太阳辐射有部分被玻璃吸收，另有部分直接透射进入室内，有：

$$HG_{\text{wind},i} = HG_{\text{wind,cond},i} + HG_{\text{wind,sol},i} = HG_{\text{wind,cond},i} + HG_{\text{wind,sol,abs},i} + HG_{\text{wind,sol,trn},i}$$

$$\tag{3-52}$$

故式（3-51）可表为：

$$HG_{\text{wind},i} - HG_{\text{wind,sol,trn},i} = \alpha_{\text{in}}(t_{\text{sf},i} - t_{\text{a,in}}) + \sum_{j=1}^{N} \alpha_{\text{r,sf},ij}(t_{\text{sf},i} - t_{\text{sf},j}) - HG_{\text{H,lw},i} \tag{3-53}$$

然后，让我们分析房间空气的热平衡。假定室内空气温度维持恒定，其热平衡关系可表述为：

房间的显热冷负荷 = 室内热源对流得热 + Σ内表面 i 的对流换热 + 渗透显热得热
　　 = （室内热源总得热 − 热源向室内表面的长波辐射
　　　 − 热源向室内表面的短波辐射）+ Σ内表面 i 的对流换热
　　　 + 渗透显热得热

而热源向室内表面的长波与短波辐射，均包括分别向围护结构内表面、家具设施等表面的长波和短波辐射。如果将上面的文字公式采用数学表达式来表述，并对长波辐射项进行线性化，则得到需要去除的对流热即显热冷负荷的表达式为：

$$Q_{\mathrm{cl,S}} = HE_{\mathrm{conv}} = HG_{\mathrm{H,conv}} + \sum_{i=1}^{n} \alpha_{\mathrm{in}}(t_{\mathrm{sf},i} - t_{\mathrm{a,in}}) + HG_{\mathrm{infil}}$$

$$= (HG_{\mathrm{H,S}} - HG_{\mathrm{H,lw}} - HG_{\mathrm{H,shw}}) + \sum_{i=1}^{N} \alpha_{\mathrm{in}}(t_{\mathrm{sf},i} - t_{\mathrm{a,in}}) + HG_{\mathrm{infil,S}}$$

$$(3\text{-}54)$$

同样，通过各透光围护结构的得热减去透过的太阳辐射部分可表示为：

$$\sum_{i=1}^{m} (HG_{\mathrm{wind},i} - HG_{\mathrm{wind,sol,trn},i}) = \sum_{i=1}^{m} HG_{\mathrm{wind},i} - \sum_{i=1}^{m} HG_{\mathrm{wind,sol,trn},i} \qquad (3\text{-}55)$$

各内壁面间的相互长波辐射之总和为零，亦即有：

$$\sum_{i=1}^{N} \sum_{j=1}^{N} \alpha_{\mathrm{r,sf},ij}(t_{\mathrm{sf},i} - t_{\mathrm{sf},j}) = 0 \qquad (3\text{-}56)$$

根据能量守恒的原则，落到各室内表面上的太阳辐射热的总和就等于透过各透光围护结构进入室内的太阳辐射热量总和，即有：

$$\sum_{i=1}^{m} HG^{*}_{\mathrm{wind,sol,trn},i} = \sum_{j=1}^{m} HG_{\mathrm{wind,sol,trn},j} \qquad (3\text{-}57)$$

对式（3-50）和式（3-53）的两侧就 n 个非透光围护结构内表面与家具表面和 m 个透光围护结构内表面求和，然后将二式合并，将式（3-55）～式（3-57）代入，并用 $HG_{\mathrm{H,shw}}$ 代表热源的总短波散热量 $\sum_{i=1}^{n} HG_{\mathrm{H,shw},i}$，用 $HG_{\mathrm{H,lw}}$ 代表热源的总长波散热量 $\sum_{i=1}^{N} HG_{\mathrm{H,lw},i}$，有：

$$\sum_{i=1}^{n} Q_{\mathrm{wall,cond},i} + \sum_{j=1}^{m} HG_{\mathrm{wind},j} + HG_{\mathrm{H,shw}} = \sum_{i=1}^{N} \alpha_{\mathrm{in}}(t_{\mathrm{sf},i} - t_{\mathrm{a,in}}) - HG_{\mathrm{H,lw}} \qquad (3\text{-}58)$$

把式（3-54）与式（3-58）合并并进行整理，可得出采用送风空调方式的房间显热冷负荷表达式：

$$Q_{\mathrm{cl,S}} = HE_{\mathrm{conv}} = HG_{\mathrm{H,S}} + HG_{\mathrm{infil,S}} + \sum_{j=1}^{m} HG_{\mathrm{wind},j} + \sum_{i=1}^{n} Q_{\mathrm{wall,cond},i} \qquad (3\text{-}59)$$

这样，房间的总冷负荷就可表示为显热冷负荷与潜热冷负荷之和：

$$Q_{\mathrm{cl}} = Q_{\mathrm{cl,S}} + Q_{\mathrm{cl,L}}$$

$$= HG_{\mathrm{H,S}} + HG_{\mathrm{infil,S}} + \sum_{j=1}^{m} HG_{\mathrm{wind},j} + \sum_{i=1}^{n} Q_{\mathrm{wall,cond},i} + HG_{\mathrm{H,L}} + HG_{\mathrm{infil,L}} \qquad (3\text{-}60)$$

$$= HG_{\mathrm{H}} + HG_{\mathrm{infil}} + \sum_{j=1}^{m} HG_{\mathrm{wind},j} + \sum_{i=1}^{n} Q_{\mathrm{wall,cond},i}$$

由此，可以看到，在室内空气温度维持恒定的条件下，采用送风空调方式的房间总冷负荷就等于热源、渗透风、透光围护结构三项得热再加上通过非透光围护结构传入室内的总热量。

既然冷负荷的重要组成部分是上述几个室内得热的总和，那为什么会出现图 3-16 和图 3-17 中的冷负荷与得热的相位差和幅度差呢？这个差别实际上是由通过非透光围护结构传入室内的总热量 $\sum_{i=1}^{n} Q_{\mathrm{wall,cond},i}$ 这一项造成的。以图 3-17 的情况为例来进行分析，相当于室外空气综合温度与室内空气温度相等，非透光围护结构本身并不造成冷负荷，没有透光围护结构，没有渗透风，室内热源只有照明灯具，室内得热 $HG_{H,S}$ 等于照明得热，即有 $Q_{cl} = HG_{H,S} + \sum_{i=1}^{n} Q_{wall,cond,i}$。当开灯的时候，就会有部分照明得热通过短波和长波进入到围护结构内表面，提高了围护结构内表面的温度，热量从围护结构的内表面向室外方向传导，$\sum_{i=1}^{n} Q_{wall,cond,i}$ 成为负值，导致冷负荷 Q_{cl} 比照明得热 $HG_{H,S}$ 要小。但关灯以后，室内得热 $HG_{H,S}$ 等于零了，围护结构内表面温度会逐渐降下来，同时蓄存在围护结构里面的热量会逐步向室内释放，即 $\sum_{i=1}^{n} Q_{wall,cond,i}$ 变成正值，导致冷负荷 Q_{cl} 大于零。

在上面的这个例子中，如果能够使围护结构内表面成为一个全反射表面，即对辐射完全绝热，那么 $\sum_{i=1}^{n} Q_{wall,cond,i}$ 就会等于零。在这种条件下，房间的冷负荷就与室内得热完全吻合。

以上各式中：

Q_{cl}——空调系统的冷负荷，W；

$Q_{cl,S}$——空调系统的显热冷负荷，W；

$Q_{cl,L}$——空调系统的潜热冷负荷，W；

$HG_{wind,sol,abs,i}$——通过第 i 个透光外围护结构的太阳辐射被玻璃吸收成为对流得热部分，W/m^2；

$HG_{wind,sol,trn,i}$——透过第 i 个透光外围护结构的太阳辐射得热，短波辐射部分，W/m^2；

$HG_{wind,sol,trn,i}^{*}$——透过透光围护结构的太阳辐射得热落到第 i 个室内表面的部分，W/m^2；

HE_{conv}——对流除热量，W。

2. 采用冷辐射板空调方式的房间冷负荷

考虑有冷辐射板存在，假定室内有 N 个内表面（包括围护结构内表面和家具、器具表面等），其中 n 个非透光围护结构内表面与家具表面，m 个透光围护结构内表面，被考察的围护结构内表面的序号是 i，则 i 表面的长波辐射项含有对冷辐射板的长波辐射，则式（3-49）用文字来表述为：

传到 i 表面的通过围护结构的导热量＋（i 表面获得的太阳辐射得热＋i 表面获得的热源短波辐射得热）＝i 表面的对流换热＋（i 表面向其他表面的长波辐射＋i 表面向空调辐射板的长波辐射－i 表面获得的热源的长波辐射得热）

根据式（3-21），用 $Q_{wall,cond}$ 代替 $-\lambda(x)\frac{\partial t_i}{\partial x}\Big|_{x=\delta}$；把长波辐射项线性化，得出类似式（3-50）的数学表达式为：

$$Q_{wall,cond,i} + HG_{wind,sol,trn,i}^{*} + HG_{H,shw,i}$$

$$= \alpha_{in}(t_{sf,i} - t_{a,in}) + \sum_{j=1}^{N} \alpha_{r,sf,ij}(t_{sf,i} - t_{sf,j}) + \alpha_{r,Psf,i}(t_{sf,i} - t_P) - HG_{H,lw,i} \tag{3-61}$$

对于透光外围护结构的内表面，表面热平衡的文字表述为：

通过玻璃热传导传到 i 表面的得热量＋i 表面吸收的通过玻璃本身的太阳辐射

$= i$ 表面的对流换热 $+ i$ 表面向其他表面的长波辐射

$+ i$ 表面向冷辐射板的长波辐射 $- i$ 表面获得的热源的长波辐射得热

考虑了 i 表面向冷辐射板的长波辐射后，前面的式（3-53）变为：

$$HG_{\text{wind},i} - HG_{\text{wind,sol,trn},i}$$

$$= \alpha_{\text{in}}(t_{\text{sf},i} - t_{\text{a,in}}) + \sum_{j=1}^{N} \alpha_{\text{r,sf},ij}(t_{\text{sf},i} - t_{\text{sf},j}) + \alpha_{\text{r,Psf},i}(t_{\text{sf},i} - t_{\text{P}}) - HG_{\text{H,lw},i} \tag{3-62}$$

假定室内空气温度维持恒定，其热平衡关系与式（3-54）同。式（3-55）～式（3-57）同样也适用于辐射板空调方式。

透过玻璃窗的太阳辐射得热不仅有部分落在室内表面上，而且有部分落在冷辐射板上，因此，透过各透光围护结构进入到房间的总太阳辐射得热等于落到各室内表面上的太阳辐射热与落在冷辐射板上的太阳辐射热的总和，这与式（3-57）有所不同：

$$\sum_{j=1}^{m} HG_{\text{wind,sol,trn},j} = \sum_{i=1}^{n} HG^{*}_{\text{wind,sol,trn},i} + HG_{\text{wind,sol,trn,P}} \tag{3-63}$$

热源向室内表面的长波与短波辐射，除向围护结构内表面、家具设施等表面的长波辐射外，还包括对冷辐射板的长波和短波辐射。所以，室内热源的辐射得热可表示为：

$$\sum_{i=1}^{N} HG_{\text{H,shw},i} = HG_{\text{H,shw}} - HG_{\text{H,shw,P}} \tag{3-64}$$

以及

$$\sum_{i=1}^{N} HG_{\text{H,lw},i} = HG_{\text{H,lw}} - \alpha_{\text{r,HP}}(t_{\text{H}} - t_{\text{P}}) \tag{3-65}$$

对式（3-61）和式（3-62）的两侧就 n 个非透光围护结构内表面与家具表面和 m 个透光围护结构内表面求和，然后将二式合并，并将式（3-54）～（3-56）以及式（3-63）～（3-65）代入，有：

$$\sum_{i=1}^{n} Q_{\text{wall,cond},i} + \sum_{j=1}^{m} HG_{\text{wind},j} - HG_{\text{wind,sol,trn,P}} + HG_{\text{H,shw}} - HG_{\text{H,shw,P}}$$

$$= \sum_{i=1}^{N} \alpha_{\text{in}}(t_{\text{sf},i} - t_{\text{a,in}}) + \sum_{i=1}^{N} \alpha_{\text{r,Psf},i}(t_{\text{sf},i} - t_{\text{P}}) - HG_{\text{H,lw}} + \alpha_{\text{r,HP}}(t_{\text{H}} - t_{\text{P}})$$

$$\tag{3-66}$$

把式（3-54）与式（3-66）合并并进行整理，可得出冷辐射板的对流除热量：

$$HE_{\text{conv}} = HG_{\text{H,S}} - \alpha_{\text{r,HP}}(t_{\text{H}} - t_{\text{P}}) - HG_{\text{H,shw,P}} + \sum_{i=1}^{n} Q_{\text{wall,cond},i} + \sum_{j=1}^{m} HG_{\text{wind},j}$$

$$- HG_{\text{wind,sol,trn,P}} - \sum_{i=1}^{n} \alpha_{\text{r,Psf},i}(t_{\text{sf},i} - t_{\text{P}}) + HG_{\text{infil}} \tag{3-67}$$

冷辐射板的辐射除热量相当于各表面向冷辐射板的辐射热，包括室内表面和热源表面对辐射板的长波辐射、热源对辐射板的短波辐射，以及透过玻璃窗的太阳辐射热落在辐射板上的部分，即有：

$$HE_{\text{rad}} = HG_{\text{H,shw,P}} + HG_{\text{wind,sol,trn,P}} + \alpha_{\text{r,HP}}(t_{\text{H}} - t_{\text{P}}) + \sum_{i=1}^{n} \alpha_{\text{r,Psf},i}(t_{\text{sf},i} - t_{\text{P}}) \tag{3-68}$$

辐射空调方式的房间冷负荷应该包括对流除热量和辐射除热量两部分，因此，把式（3-67）与式（3-68）合并并进行整理，可得出适用于各种形式空调方式的通用房间显热冷负荷表达式：

$$Q_{\text{cl,S}} = HE_{\text{conv}} + HE_{\text{rad}} = HG_{\text{H,S}} + HG_{\text{infil}} + \sum_{j=1}^{m} HG_{\text{wind},j} + \sum_{i}^{n} Q_{\text{wall,cond},i} \quad (3\text{-}69)$$

上面各式中，HE_{rad} 为辐射除热量，W。

如果把式（3-69）的辐射除热量定为零，那么该式就与送风空调方式的房间显热冷负荷表达式（3-59）完全一致了。无论是送风空调方式的房间显热冷负荷表达式（3-59），还是辐射空调方式的房间显热冷负荷表达式（3-69），在室内空气温度维持恒定的条件下，房间显热冷负荷均等于热源、渗透风、透光围护结构三项显热得热加上通过非透光围护结构传入室内的显热量。

由第二节的"通过非透光围护结构实际进入室内显热量"部分的分析可知，式（3-69）中 $\sum_{i=1}^{n} Q_{\text{wall,cond},i}$ 的大小与室内存在的短波辐射、室内各表面温度等有关，因为室内辐射的存在导致壁面温度变化而会改变围护结构的传热量。辐射空调方式导致的室内表面温度与送风空调方式的不同，从而也会导致 $\sum_{i=1}^{n} Q_{\text{wall,cond},i}$ 不同。也就是说，在维持相同的室内空气温度的情况下，辐射空调方式的房间冷负荷要高于送风空调方式的房间冷负荷，因为外围护结构表面温度会因此而降低，导致通过围护结构传入室内的热量增加。同理，热辐射空调的房间热负荷也要高于维持相同室内空气温度的送风空调方式的房间热负荷。

3. 室内空气参数变化时的房间负荷

上述房间冷负荷的表达式都是在室内空气参数维持恒定的条件下推导出来的。需要除去的热量就相当于进入到室内的热量，这样才能维持室内空气温湿度满足要求。但当室内空气参数变化时，比如早晨空调系统刚开始运行时，室内空气温度不断下降，一直降到要求的温湿度水平的过程中，这时需要去除的热量就不只是进入到室内的热量了。房间空气的热平衡关系可表述为：

对流显热除热量＋空气的显热增值＝室内热源对流得热＋Σ内表面 i 的对流换热
　　　　　　　　　　　　　　　　　　＋渗透显热得热

则对流显热除热量的表达式（3-53）变成：

$$HE_{\text{conv}} + \Delta Q_{\text{a}} = HG_{\text{H,conv}} + \sum_{i=1}^{N} \alpha_{\text{in}}(t_{\text{sf},i} - t_{\text{a,in}}) + HG_{\text{infil,S}} \quad (3\text{-}70)$$

通过类似上述过程的推导，可得出室内参数变化时实际需要的显热除热量即显热冷负荷为：

$$Q_{\text{cl,S}} = HE_{\text{conv}} = HG_{\text{H,S}} + HG_{\text{infil,S}} + \sum_{j=1}^{m} HG_{\text{wind},j} + \sum_{i=1}^{n} Q_{\text{wall,cond},i} - \Delta Q_{\text{a}} \quad (3\text{-}71)$$

式中　ΔQ_{a}——空气的显热增值，W。

由式（3-71）可见，当室内空气在降温过程中，也就是空气的显热增值 ΔQ_{a} 是负值时，房间的冷负荷比室温恒定时的冷负荷要大；而当室内空气在升温过程中，也就是空气的显热增值 ΔQ_{a} 是正值时，房间的冷负荷要比室温恒定时的冷负荷要小。相差的量除了空气的显热增值 ΔQ_{a} 以外，还要加上围护结构内表面以及其他室内表面温度随着室内空气温度而降低或升高导致 $\sum_{i=1}^{n} Q_{\text{wall,cond},i}$ 的增减。而由于热容的差别，后者造成的影响往往比前者的影响要大。如果在室内空气升温和降温的过程中，还伴随着含湿量的变化，则潜热冷负荷也会同时产生变化。在采暖工况下，热负荷也存在类似的变化规律。

所以，间歇运行的空调系统在刚开机运行阶段的"启动负荷"往往比连续稳定运行时的负荷要大很多。

四、通过非透光围护结构的显热得热概念*

前面几节介绍的得热包括室内热源、照明、室内人员的得热，还有通过透光围护结构（玻璃窗）的得热。这些得热的大小，基本取决于热源的特性，或者取决于气象参数以及所涉及的透光围护结构的热工特性，与室内其他表面的状态无关。比如，透过玻璃窗的太阳辐射得热，只取决于落到玻璃窗上的太阳辐射能量和玻璃窗的透过性能，一个使用中的台灯形成的得热量只取决于这个台灯的功率。但非透光围护结构的问题就复杂多了，因此在前面的章节中并没有定义其得热，只提到了通过某个非透光围护结构进入到室内的热量，即 $Q_{wall,cond} = -\lambda(x)\dfrac{\partial t}{\partial x}\Big|_{x=\delta}$。按照得热的定义，通过非透光围护结构进入室内的热量就相当于通过非透光围护结构的得热，但通过本章第二节的分析可以知道，通过非透光围护结构进入到室内的热量大小并不完全取决于室内外参数以及围护结构的热工特性，还跟各室内表面的温度以及室内长波、短波辐射热源的存在有关。通过前面对式（3-60）的分析，还可以看到，在室外空气综合温度等于室内空气温度的条件下，按理说不应该再有通过围护结构的室内外传热量，但实际上通过非透光围护结构进入到室内的热量 $\sum\limits_{i=1}^{n} Q_{wall,cond,i}$ 这一项却有可能不等于零，而这一项的变化就是造成室内负荷与室内得热之间存在相位差以及幅度差的根本原因。因此，只有对整个房间的热平衡进行求解，即对方程组（3-15）～（3-17）进行联立求解，才能得出各面墙内表面的热流，否则是无法得出一面墙或者一个屋面向室内的传热量或所谓的得热的。这也就是为什么国外的经典文献均无"通过围护结构得热"的提法，而只有"通过围护结构的传热量"说法的原因。

在计算机广泛得到应用之前，人们不得不通过手工计算建筑物的冷负荷和热负荷，联立求解室内的围护结构及空气热平衡的方程组是非常困难的事情，因此工程师们希望有办法把通过一面墙的传热量单独地计算出来，这样就可以像热源得热、通过玻璃窗的太阳得热等一样予以线性叠加。比如房间有六面围护结构，分别算出传热量，再叠加到一起，这样就可以便于工程应用，避免联立求解微分方程。因此就通过做一些简化的假定，提出了"通过非透光围护结构的得热"这样一个概念。

1. 通过非透光围护结构的得热的定义和表述

由于室外气象和室内空气温度对围护结构的影响比较清楚而且有一定的确定性，而室内其他内表面长波辐射以及辐射热源的作用的求解比较复杂，又为了能够突出反映在一定的室内空气温度条件下，所考察的外围护结构在室外气象参数作用下的表现，需要剔除其他室内因素的影响，把室外扰动和室内扰动的作用分开来进行分析。

因此，通过非透光围护结构的得热 HG_{wall} 的定义就是：假定除所考察的围护结构内表面以外，其他各室内表面的温度均与室内空气温度一致，室内没有任何其他短波辐射热源发射的热量落在所考察的围护结构内表面上，即 $Q_{shw} = 0$。此时，通过该围护结构传入室内的热量就被定义为通过非透光围护结构的得热 HG_{wall}，其数值就等于该围护结构内表面与空气的对流换热热量与该围护结构内表面对其他内表面的长波辐射换热量之和。

在这种定义条件下，由于各室内表面的温度均与室内空气温度一致，即有 $T_j(\tau) = T_{a,in}(\tau)$ 或者 $t_j(\tau) = t_{a,in}(\tau)$，则由式（3-21）可以得到通过非透光围护结构的得热的表达式：

$$HG_{wall} = HG_{wall,conv} + HG_{wall,lw} = \alpha_{in}[t(\delta,\tau) - t_{a,in}(\tau)] + \sum_{j=1}^{m} \alpha_{r,j}[t(\delta,\tau) - t_{a,in}(\tau)]$$

(3-72)

其中：

HG——得热，W/m^2；

下标：

$wall$——墙体、非透光围护结构；

$conv$——对流换热部分。

2. 通过非透光围护结构的得热与实际上通过该围护结构传入室内热量的差别

在实际情况下，室内其他各表面的温度常常与室内空气温度不一致，也就是与前面的通过围护结构得热的定义条件不符。为了定量地求出实际上通过围护结构传到室内的热量 $Q_{wall,cond}$ 与通过围护结构的得热量 HG_{wall} 的差别，可以利用线性方程的叠加原理，将已经线性化了的式（3-21）分为两部分，分别用于式（3-15）的求解，即一部分为式（3-71）所表达的由于室外气象条件和室内空气温度决定的围护结构的温度分布和通过围护结构的得热 HG_{wall}，另一部分为室内其他表面温度 $t_j(\tau)$ 与空气温度不同以及室内辐射源存在造成的围护结构温升、蓄热和传热量。

用 $t_1(x,\tau)$ 表示由于室外气象条件和室内空气温度决定的围护结构的内部温度，或者说是满足得热定义条件下形成的围护结构内部温度，相当于图 3-10 中的墙体温度分布曲线实线部分，$\Delta t_2(x,\tau)$ 表示由于室内其他表面温度与空气温度不同以及室内辐射源存在，即与得热定义条件存在差别的部分造成的围护结构内部温度分布的差值，相当于图 3-10 中实线与虚线之间的差别部分，即有：

$$t(x,\tau) = t_1(x,\tau) + \Delta t_2(x,\tau) \tag{3-73}$$

则由式（3-15）、（3-16）和（3-21）可得出：

$$\frac{\partial t_1}{\partial \tau} + \frac{\partial \Delta t_2}{\partial \tau} = a(x)\frac{\partial^2 t_1}{\partial x^2} + a(x)\frac{\partial^2 \Delta t_2}{\partial x^2} + \frac{\partial a(x)}{\partial x}\frac{\partial t_1}{\partial x} + \frac{\partial a(x)}{\partial x}\frac{\partial \Delta t_2}{\partial x} \tag{3-74}$$

$$\alpha_{out}[t_{a,out}(\tau) - t_1(0,\tau) - \Delta t_2(0,\tau)] + Q_{sol} + Q_{lw,out}$$

(3-75)

$$= -\lambda(x)\frac{\partial t_1}{\partial x}\Big|_{x=0} - \lambda(x)\frac{\partial \Delta t_2}{\partial x}\Big|_{x=0}$$

$$\alpha_{in}[t_1(\delta,\tau) + \Delta t_2(\delta,\tau) - t_{a,in}(\tau)] + \sum_{j=1}^{m}\alpha_{r,j}[t_1(\delta,\tau) + \Delta t_2(\delta,\tau) - t_j(\tau)] - Q_{shw}$$

$$= -\lambda(x)\frac{\partial t_1}{\partial x}\Big|_{x=\delta} - \lambda(x)\frac{\partial \Delta t_2}{\partial x}\Big|_{x=\delta} \tag{3-76}$$

当室内侧没有任何短波辐射影响且室内各表面温度 $t_j(\tau)$ 等于空气温度 $t_{a,in}(\tau)$ 时，由式（3-74）、（3-75）和（3-76）有：

$$\frac{\partial t_1}{\partial \tau} = a(x)\frac{\partial^2 t_1}{\partial x^2} + \frac{\partial a(x)}{\partial x}\frac{\partial t_1}{\partial x} \tag{3-77}$$

$$\alpha_{out}\left[t_{a,out}(\tau) - t_1(0,\tau)\right] + Q_{sol} + Q_{lw,out} = -\lambda(x)\frac{\partial t_1}{\partial x}\Big|_{x=0} \tag{3-78}$$

$$\alpha_{in}\left[t_1(\delta,\tau) - t_{a,in}(\tau)\right] + \sum_{j=1}^{m}\alpha_{r,j}\left[t_1(\delta,\tau) - t_{a,in}(\tau)\right] = -\lambda(x)\frac{\partial t_1}{\partial x}\Big|_{x=\delta} \tag{3-79}$$

通过式（3-77）～式（3-79）可求得由于围护结构在室外气象条件和室内空气温度作用下传热过程决定的围护结构的温度分布 t_1。而此时式（3-79）描述的通过围护结构内表面传入室内的热量，就相当于式（3-72）所表达的通过围护结构的得热 HG_{wall}：

$$HG_{wall} = -\lambda(x)\frac{\partial t_1}{\partial x}\Big|_{x=\delta} \circ$$

结合式（3-74）～式（3-79）可求出与得热定义条件存在差别的部分造成的围护结构内部温度与热传导量的差值 Δt_2：

$$\frac{\partial \Delta t_2}{\partial \tau} = a(x)\frac{\partial^2 \Delta t_2}{\partial x^2} + \frac{\partial a(x)}{\partial x}\frac{\partial \Delta t_2}{\partial x} \tag{3-80}$$

$$\alpha_{out}\Delta t_2(0,\tau) = \lambda(x)\frac{\partial \Delta t_2}{\partial x}\Big|_{x=0} \tag{3-81}$$

$$\alpha_{in}\Delta t_2(\delta,\tau) + \sum_{j=1}^{m}\alpha_{r,j}\left[\Delta t_2(\delta,\tau) - t_j(\tau) + t_{a,in}(\tau)\right] - Q_{shw} = -\lambda(x)\frac{\partial \Delta t_2}{\partial x}\Big|_{x=\delta}$$

$$\tag{3-82}$$

式（3-80）～式（3-82）给出的是围护结构实际内部温度分布与得热定义条件下的围护结构温度分布的差值，以及实际通过围护结构传入室内的热量与通过围护结构得热的差值。式（3-82）表示的是实际通过围护结构传入室内的热量与通过围护结构得热的差值，而这个热量的差值就相当于式（3-21）与式（3-72）的差值，即：

$$\Delta Q_{wall} = HG_{wall}(\tau) - Q_{wall,cond} = \lambda(x)\frac{\partial \Delta t_2}{\partial x}\Big|_{x=\delta}$$

$$= Q_{shw} - \alpha_{in}\Delta t_2(\delta,\tau) - \sum_{j=1}^{m}\alpha_{r,j}\left[\Delta t_2(\delta,\tau) - t_j(\tau) + t_{a,in}(\tau)\right] \tag{3-83}$$

为了表述方便，在这里把 ΔQ_{wall} 称做围护结构实际传热量与得热的差值。如果室内各表面温度高于空气温度，且有短波辐射，则 ΔQ_{wall} 是正值，即实际条件下通过围护结构导热传到室内的热量小于上述定义的通过围护结构的得热量。反之则 ΔQ_{wall} 为负值，实际条件下通过围护结构导热传到室内的热量大于上述定义的得热量。

第五节 典型负荷计算方法原理介绍

前面几节介绍了负荷形成的原理和数学描述。由于建筑热湿环境分析是建筑环境与设备系统工程的重要工作基础，除涉及与供冷供热设备配置有关的冷热负荷计算以外，更重要的是关系到建筑热湿过程的分析、建筑能耗评价以及建筑系统能耗分析等，因此备受关注。从为了解决供暖系统设计所需的简单的热负荷计算，到适应空气调节工程所需的冷负荷计算；从只是为了满足工程设计需要的冷热负荷计算，到为了满足节能和可持续发展需要的建筑热湿过程模拟分析，可以说建筑热湿负荷问题的研究，是暖通空调技术发展的重要组成。

首先，为了达到能够在工程设计中应用的目的，研究人员们在开发可供建筑设备工程师在设计中使用的负荷求解方法方面，进行了不懈的努力。1946 年美国 C. O. Mackey 和 L. T. Wight 提出了当量温差法，20 世纪 50 年代初苏联 A. T. Щколовер 等人提出用谐波法来计算围护结构冷负荷的方法，但其共同的特点是不区分得热量和冷负荷，所以算出的空调冷负荷往往偏大。

直至 1967 年，加拿大 D. G. Stephenson 和 G. P. Mitalas 提出了反应系数法，推动了革新负荷计算的研究，其基本特点是，在计算方法中体现了得热量和冷负荷的区别。1971 年 Stephenson 和 Mitalas[8] 又用 Z 传递函数改进了反应系数法，并提出了适合手工计算的冷负荷系数法或者应该称做权系数法（weighting factor），即可以不需要迭代或回溯，可以从得热直接求解冷负荷的方法。1975 年 Rudoy 和 Duran[9] 采用传递函数法求得一批典型建筑的冷负荷温差（CLTD）和冷负荷系数（CLF），改进完善了冷负荷系数法。ASHRAE 1977 年的手册对冷负荷系数法正式予以采用。1992 年 Mc Quiston 等[10] 又提出日射冷负荷系数（SCLs），对透过玻璃窗的日射冷负荷计算精度进行了改进。

我国从 20 世纪 70 年代末就开展新计算方法的研究，1982 年在原城乡建设环境保护部主持下通过了两种新的冷负荷计算法：谐波反应法和冷负荷系数法。这些方法针对我国的建筑物特点推出一批典型围护结构的冷负荷温差（冷负荷温度）以及冷负荷系数（冷负荷强度系数），为我国的暖通空调设计人员提供了实用的设计工具。

随着计算机应用的普及，计算速度的大幅度提高，使用计算机模拟软件进行辅助设计或对整个建筑物的全年能耗和负荷状况进行分析，已经成为暖通空调领域研究与应用的热点。目前，国内外常用的负荷求解方法，主要包括以下三类：

（1）稳态计算；

（2）动态计算；

（3）利用各种专用软件，采用计算机进行数值求解计算。

本节就这几类负荷计算方法作扼要的介绍。

一、稳态计算法

稳态计算法即不考虑建筑物以前时刻传热过程的影响，只采用室内外瞬时或平均温差与围护结构的传热系数、传热面积的积来求取负荷值，即 $Q = KF\Delta T$。室外温度根据需要可能采用空气温度，也可能采用室外空气综合温度。如果采用瞬时室外空气温度，由于不考虑建筑的蓄热性能，所求得的冷、热负荷往往偏大，而且围护结构的蓄热性能愈好误差就愈大，因而造成设备投资的浪费。

但稳态计算法非常简单直观，甚至可以直接手工计算或估算。因此在计算蓄热性能小的轻型、简易围护结构的传热过程时，可以用逐时室内外温差乘以传热系数和传热面积进行近似计算。此外，如果室内外温差的平均值远远大于室内外温差的波动值时，采用平均温差的稳态计算带来的误差也比较小，在工程设计中是可以接受的。例如在我国北方冬季，室外温度的波动幅度远小于室内外的温差（见图 3-18），因此，目前在进行采暖负荷计算时，就采用稳态计算法，即：

$$Q_{\text{hl}} = K_{\text{wall}} F_{\text{wall}} (t_{\text{a,out}} - t_{\text{a,in}}) \tag{3-84}$$

其中 $t_{\text{a,out}}$ 采用是冬季室外设计温度，对于空调系统为每年不保证 1 天、对于采暖系统为每年不保证 5 天的最低日平均温度；$t_{\text{a,in}}$ 是冬季室内设计温度。

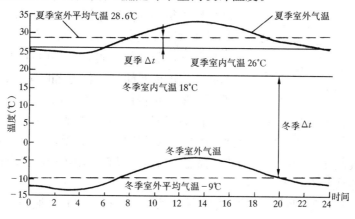

图 3-18 冬夏室内外温差比较举例

但计算夏季冷负荷不能采用日平均温差的稳态算法，否则可能导致完全错误的结果。这是因为尽管夏季日间瞬时室外温度可能要比室内温度高很多，但夜间却有可能低于室内温度，因此与冬季相比，室内外平均温差并不大，但波动的幅度却相对比较大，见图 3-18。如果采用日平均温差的稳态算法，则导致冷负荷计算结果偏小。另一方面，如果采用逐时室内外温差，忽略围护结构的衰减延迟作用，则会导致冷负荷计算结果偏大。

二、动态计算法

动态负荷计算需要解决两个主要问题，其一是求解围护结构的不稳定传热，其二是求解得热与负荷的转换关系。而积分变换法就是解决这两个问题的数学手段。

积分变换的概念是把函数从一个域中转换到另一个域中，在这个新的域中，原来较复杂的函数呈现出较简单的形式，因此可以求出解析解。其原理就是对常系数的线性偏微分方程进行积分变换，如傅立叶变换或拉普拉斯变换，使函数呈现较简单的形式，以求出解析解；然后，再对变换后的方程解进行逆变换，以获得最终解。

采用何种积分变换取决于方程与定解条件的特点。对于板壁围护结构的不稳定传热问题的求解，可采用拉普拉斯变换。通过拉普拉斯变换，可以把偏微分方程变换为常微分方程，把常微分方程变换为代数方程，使求取解析解成为可能。

拉普拉斯变换求解获得的是一种传递矩阵或 s-传递函数的解的形式，即以外扰（如室外温度变化或围护结构外表面热流）或内扰（如室内热源散热量）作为输入 $I(\tau)$，输出量 $O(\tau)$ 为板壁表面热流量或室内温度的变化，因此，传递函数 $G(s)$ 为：

$$G(s) = \frac{\int_0^\infty O(\tau) \mathrm{e}^{-s\tau} \mathrm{d}\tau}{\int_0^\infty I(\tau) \mathrm{e}^{-s\tau} \mathrm{d}\tau} = \frac{O(s)}{I(s)} \tag{3-85}$$

其中 $I(s)$ 和 $O(s)$ 分别为输入量 $I(\tau)$ 和输出量 $O(\tau)$ 的拉普拉斯变换。传递函数 $G(s)$ 仅由系统本身的特性决定，而与输入量、输出量无关，因此可以通过输入量和传递函数求得输出量，见图 3-19。

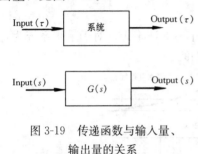

图 3-19　传递函数与输入量、
输出量的关系

采用拉普拉斯变换法求解建筑负荷的前提条件是，其热传递过程应可以采用线性常系数微分方程描述，也就是说，系统必须为线性定常系统。而对于普通材料的围护结构的传热过程，在一般温度变化的范围内，材料的物性参数变化不大，可近似看做是常数。因此，采用传递函数求解是可行的。但对于采用材料的物性参数随温度或时间有显著变化的围护结构的传热过程，就不能采用拉普拉斯变换法求解。

由于系统的传递函数只取决于系统本身的特性，因此建筑的材料和形式一旦确定，就可求得其围护结构的传递函数。但就其作为输入的边界条件来说，不论是室外气温变化还是壁面热流变化均难以用简单的函数来描述，所以难以直接用传递函数求得输出函数。但由于线性定常系统具有以下特性：

（1）可应用叠加原理对输入的扰量和输出的响应进行分解和叠加；

（2）当输入扰量作用的时间改变时，输出响应的时间也产生变化，但输出响应的函数不会改变。

基于上述特征，可把输入量进行分解或离散为简单函数，再利用变换法进行求解。这样求出的单元输入响应呈简单函数形式。然后再把这些单元输入的响应进行叠加，得出实际输入量连续作用下的系统输出量，这样就可以采用手工计算求得建筑物的冷热负荷。因此，变换法求解围护结构的不稳定传热过程，需要经历三个步骤，即：

（1）边界条件的离散或分解；

（2）求解单元扰量的响应；

（3）把单元扰量的响应进行叠加和叠加积分求和。

根据对输入边界条件的处理不同，变换法求解的方法也不同。目前对边界条件处理的主要方法有：

（1）把边界条件进行傅立叶级数展开。例如把室外空气综合温度看成是在一段时期内的以 T 为周期的不规则周期函数，利用傅立叶级数展开，将其分解为一组以 $\dfrac{2\pi}{T}$ 为基频的简谐波函数，例如：

$$t_z(\tau) = A_0 + \sum_{n=1}^{\infty} A_n \sin\left(\frac{2\pi n}{T}\tau + \varphi_n\right) \tag{3-86}$$

一般来说，截取级数的前几阶就能很好地逼近原曲线，其结果足以满足工程设计的精度要求，见图 3-20。对于一年的室外空气温度的变化，也可展开为傅立叶级数之和，但需要截取比较高的阶数才能较好地逼近原曲线。

（2）把边界条件离散为等时间间隔的、按时间序列分布的单元扰量。对于一条给定的扰量曲线，可以用多种方法离散，例如离散为等腰三角波或矩形波，见图 3-21。由于这种离散方式不需要考虑扰量是否呈周期变化，因此适用于各种非规则的内外扰量。

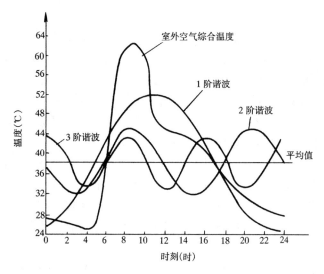

图 3-20 24 小时室外空气综合温度的傅立叶级数分解

对输入的边界条件进行分解或离散后，就可以求解系统对单位单元扰量的响应。谐波反应法是基于傅立叶级数分解，反应系数法是基于时间序列离散发展出来的计算法。

1. 谐波反应法

由于边界条件已经被分解为单元正弦（或余弦）波之和，因此线性系统对单元正弦波的频率响应也是正弦波，但对不同频率的输入单元正弦波有不同程度的衰减和延迟。下面以求解板壁围护结构得热来进行说明。

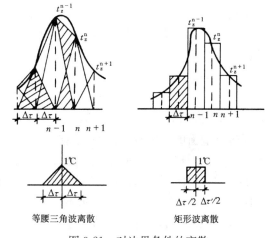

图 3-21 对边界条件的离散

当输入扰量为室外空气综合温度 $t_z(\tau)$，输出响应为板壁内表面温度 $t_{in}(\tau)$ 时，如果用 A_n 表示第 n 阶输入扰量单元正弦波的振幅，B_n 表示响应单元正弦波的振幅，板壁对该频率下扰量的衰减倍数 ν_n 可定义为：

$$\nu_n = \frac{A_n}{B_n} \tag{3-87}$$

如果板壁对该频率下单元正弦波扰量的延迟时间为 ψ_n，则板壁内表面温度对第 n 阶单元正弦波扰量的响应 $t_{in,n}(\tau)$ 可表示为：

$$t_{in,n}(\tau) = \frac{A_n}{\nu_n}\sin\left(\frac{2\pi n}{T}\tau + \varphi_n - \psi_n\right) \tag{3-88}$$

把各阶单元外扰的响应叠加就可以求得围护结构内表面的温度响应。通过围护结构内表面的温度就可以算出外扰通过围护结构形成的得热。因此，该方法的关键是确定系统的衰减倍数 ν_n 和延迟时间 ψ_n，而系统的衰减倍数 ν_n 和延迟时间 ψ_n 均可通过系统的传递函数求得。

2. 冷负荷系数法

冷负荷系数法是房间反应系数法的一种形式。房间反应系数是一个百分数，它代表某时刻房间的某种得热量在其作用后诸时刻逐渐变成房间负荷的百分率。因此房间反应系数也被称为冷负荷权系数。

反应系数法是将随时间连续变化的扰量曲线离散为按时间序列分布的单元扰量，再求解系统（板壁或房间）对单位单元扰量的响应，即所谓的反应系数。然后，就可利用求得的反应系数通过叠加积分计算出最终的结果。

如前文所述，对于连续系统可采用拉普拉斯变换求解，获得的是 s-传递函数。而对于离散系统来说，对应拉普拉斯变换的是 Z 变换，由此求得的是 Z 传递函数。所谓 Z 变换，就是将一个连续函数变换为脉冲序列函数，即为 Z^{-1} 的多项式。该多项式的系数等于该连续函数在相应次幂的采样时刻上的函数值。例如室外空气综合温度的 Z 变换为：

$$t_z(Z) = t_{z,0} + t_{z,1}Z^{-1} + t_{z,2}Z^{-2} + \cdots \tag{3-89}$$

其中 $t_{z,0}$、$t_{z,1}$、$t_{z,2}$ 分别为室外空气综合温度在时间 $\tau=0$，1，2……时的采样值。

反应系数法先求得房间各时刻的得热量，再通过反应系数算出房间冷负荷。而冷负荷系数法把两个步骤合一，直接从扰量求出房间的冷负荷。实际上冷负荷系数只是房间反应系数的一种整理形式，二者没有实质上的区别，只是处理手法不同而已。

冷负荷系数法把外扰通过围护结构形成的瞬时冷负荷，表述成瞬时冷负荷温差（CLTD）或瞬时冷负荷温度的函数，因此，冷负荷系数法给出的通过板壁围护结构的冷负荷的计算公式为：

$$Q_{cl,wall}(\tau) = K_{wall}F_{wall}\left[t_{cl,wall}(\tau) - t_{a,in}\right] \tag{3-90}$$

其中 $t_{cl,wall}(\tau)$ 就是板壁围护结构的冷负荷计算温度，是一个并非真实存在，只是为了计算方便，从传热量折算出来的温度，其数值与所在地区、围护结构的构造类型及朝向有关。

通过玻璃窗的日射冷负荷的计算公式为：

$$Q_{cl,wind,sol}(\tau) = F_{wind}C_nC_sD_{jmax}C_{cl,wind}(\tau) \tag{3-91}$$

其中 D_{jmax} 是当地板壁在朝向上的日射得热因素最大值，单位为 W/m^2；而 $C_{cl,wind}(\tau)$ 是玻璃窗冷负荷系数，其数值与有无遮阳、朝向以及地处纬度有关。

室内热源散热形成的冷负荷为：

$$Q_{cl,H}(\tau) = HG_H(\tau_0)C_{cl,H}(\tau - \tau_0) \tag{3-92}$$

式中 $C_{cl,H}$ 是室内热源显热散热冷负荷系数，其数值与热源类型、连续使用时间以及距开始使用后的时间 $(\tau - \tau_0)$ 有关。

最后必须指出，为了简化工程设计计算，手册中给出的各种冷负荷系数是在归纳了常用的围护结构构造类型、规定了房间的体型条件下得出的数据。因此，对于其他特定构造的房间均有一定误差。

三、模拟分析软件

自 20 世纪 60 年代末，美国的电力和燃气公司开发了一些以小时为步长的模拟建筑负荷的计算机模拟程序，如 GATE。尽管还是基于稳态计算，但毕竟使人们看到大型建筑全年能耗模拟分析的重要性。在经历了 20 世纪 70 年代的全球石油危机之后，建筑模拟受到了越来越多的重视，同时随着计算机技术的飞速发展和普及，大量复杂的计算变为可行，产生了各种各样的用于建筑全年冷热负荷计算的计算机建筑能耗模拟软件。在 20 世纪 70 年代中期，逐渐在美国形成了两个著名的建筑模拟程序：BLAST 和 DOE-2。欧洲也于 20 世纪 70 年代初开始研究模拟分析的方法，产生的具有代表性的软件是 ESP-r。在 20 世纪 70 年代末期，随着模块化集成思想的出现，空调和其他能量转换系统及其控制的模拟软件也逐渐出现，在美国，先后开发出了 TRNSYS 和 HVACSIM+。与此同时，亚洲各国也逐渐认识到建筑模拟技术的重要性，先后投入大量力量进行研究开发，主要有日本东京大学的 HASP 和中国清华大学的 BTP。90 年代中后期，美国停止了 DOE-2 软件开发，在 DOE-2 和 BLAST 两大软件基础上整合开发新一代建筑能耗模拟软件 Energy-Plus，延续至今。目前，国际上比较流行的全年建筑冷热负荷计算的计算机建筑能耗模拟软件主要有美国的 eQuest（核心为 DOE-2）、EnergyPlus，英国的 IES（计算核心是 ESP-r）、DesignBuilder（计算核心是 EnergyPlus），中国的 DeST 等。这些软件的主要模拟目标是建筑和系统的长周期的动态热特性（往往以小时为时间步长），采用的是完备的房间模型和较简单的系统模型及简化的或理想化的控制模型，适于模拟分析建筑物围护结构的动态热特性，模拟建筑物的全年负荷与运行能耗。

尽管现在已经有很多各种各样的商用软件用于建筑设计，但大部分都是以下几个软件作为计算核心，加上新的人机对话界面和一些辅助的扩展功能模块形成的。

1. DOE-2

DOE-2 由美国能源部主持，由劳伦斯伯克利国家实验室（Lawrence Berkeley National Laboratory，LBNL）开发，采用 FORTRAN（公式变换）语言编写，于 1979 年首次发布。其中冷热负荷模拟采用了反应系数法，假定室内温度恒定，不考虑房间之间的相互影响。DOE-2 采用反应系数法求解房间非透明围护结构传热，冷负荷系数法计算房间负荷和房间温度。DOE-2 不直接计算各围护结构内表面的长波辐射换热，而是将其折合在内表面与空气的对流换热系数中；在考虑围护结构内表面与空气的对流换热时，将空气温度设为固定值，求得自围护结构传入室内的热量。当空气温度改变后，不再重新计算。在考虑邻室换热时采用邻室上一时刻的温度进行计算，以避免房间之间的联立求解。所以，DOE-2 在负荷计算时没有严格考虑房间热平衡。

DOE-2 包括负荷计算模块、空气系统模块、机房模块、经济分析模块。其中，负荷模块利用建筑描述信息以及气象数据计算建筑全年逐时冷热负荷。冷热负荷，包括显热和潜热，与室外气温、湿度、风速、太阳辐射、人员班次、灯光、设备、渗透、建筑结构的传热延迟以及遮阳等因素有关。在 DOE-2 软件结构中，负荷计算模块 LOADS 和空气系统模块 SYSTEMS 均会计算房间负荷，前者的负荷计算结果是假设各个房间全年都维持在一个恒定的空调温度，而后者是考虑了室外新风利用、空调系统控制等因素后对 LOADS 负荷计算结果的修正。计算时间步长为 1h。

由于反应系数法截取的项数有限，因此 DOE-2 在模拟厚重墙体时误差较大。

2. ESP

ESP（ESP-r）是由英国 Strathclyde 大学能量系统研究组（University of Strathclyde, Energy System Research Unit）于 1977～1984 年开发，用于进行建筑与设备系统能耗动态模拟的软件。负荷算法采用有限差分法，求解一维传热过程，而不需要对基本传热方程进行线性化，因此可模拟具有非线性部件的建筑的热过程，如有特隆布墙（Trombe wall）或相变材料等变物性材料的建筑。EPS-r 采用热网络法进行负荷模拟，计算更为准确。采用的时间步长通常以分钟为单位。该软件对计算机的速度和内存有较高要求。

目前，ESP-r已经发展成为一个集成的模拟分析工具，可以模拟建筑的声、光、热性能，还可以对建筑能耗以及温室气体排放作出评估以用于环境系统控制。可模拟的领域几乎涵盖建筑物理及环境控制的各个方面。在建筑的热性能以及能耗分析方面，该软件可以对影响建筑能耗以及环境品质的各种因素做深度的研究。其基本的分析方法为计算流体力学（Computing Fluid Dynamic，简称CFD）中的有限容积法（Finite Volume Method），可以对建筑内外空间的温度场、空气流场以及水蒸气的分布进行模拟，因此它不仅可以对建筑能耗进行模拟，还可以对建筑的舒适度，采暖、通风、制冷设备的容量及效率，气流状态等参量作出综合的评估。除此之外，该软件还集成了对新的可再生能源技术（如光伏系统、风力系统等）的分析手段。目前在市场上采用ESP-r为计算核心的商用软件主要是IES（Integrated Energy Simulation）（IES〈VE〉），目前在英国以至于欧洲市场已成为占有量最大的建筑模拟分析软件。

3. DeST

DeST是清华大学开发的建筑与暖通空调系统分析和辅助设计软件。DeST软件的理论研究始于1982年，开始主要立足于建筑环境模拟的理论研究，至1992年开发出专门用于建筑热过程分析软件BTP（Building Thermal Processes），以后逐步加入空调系统模拟模块，并开发出空调系统模拟软件IISABRE。为了进一步解决实际设计中不同阶段的实际问题，并更好地将模拟技术投入到实际工程应用中，从1997年开始在IISABRE的基础上开发针对设计的模拟分析工具DeST，并于2000年完成DeST1.0版本并通过鉴定，2002年完成住宅专用版本DeST-h和住宅评估专用版本DeST-e。如今DeST已在中国大陆、欧洲、日本、中国香港等地区得到应用。

DeST求解建筑热过程的基本方法是状态空间法。为了降低求解的难度，在建立建筑热过程基本方程的过程中，DeST将墙体传热简化为一维问题处理，将室内空气温度集总为单一节点处理，同时假定墙体物性不随时间变化。状态空间法对房间围护结构、室内家具等在空间上进行离散，建立各离散节点的热平衡方程，并保持各节点的温度在时间上连续；然后求解所有节点的热平衡方程组，得到表征房间热特性的一系列系数；在此基础上，进一步求解房间的温度和负荷。

状态空间法是采用现代控制论中的"状态空间"的概念，将建筑物热过程的模型表示成如下形式：

$$C\dot{T} = AT + Bu \qquad (3\text{-}93)$$

其中输入项 T 是空气、围护结构表面及内部温度构成的向量，输出项 $\dot{T}$ 是 T 对时间的导数，扰动项 u 是由各项包括外温变化、太阳辐射、室内长波辐射等内外扰组成的向量，而矩阵 A、B、C 均是由建筑结构及其热物性决定的。

与在时间和空间上均进行离散的有限差分法不同的是，状态空间法的求解方法是在空间上进行离散，但时间上保持连续。对于多个房间的建筑，可对各围护结构和空间列出方程联立求解，因此可处理多房间问题。由于其解的稳定性及误差与时间步长无关，因此求解过程所取时间步长可大至1h，小至数秒钟，而有限差分法只能取较小的时间步长以保证解的精度和稳定性。但状态空间法与反应系数法和谐波反应法相同之处是均要求系统线性化，不能处理相变墙体材料、变表面换热系数、变物性等非线性问题；不同之处是在处理厚重墙体与地下空间壁面传热方面有优势。

另外，DeST与国际上其他建筑和空调系统模拟软件最大的区别是，DeST不需要在整个建筑和空调系统全部完成后才开始模拟，而能够在不同的设计阶段完成不同的模拟任务，实现分阶段设计、分阶段模拟。

4. EnergyPlus

EnergyPlus是由美国能源部（Department of Energy，DOE）和美国劳伦斯伯克利国家实验室（Lawrence Berkeley National Laboratory）于1996年共同主导开发的一款建筑能耗模拟引擎。研究小组成员包括：美国军事建筑工程研究实验室、伊利诺伊大学、美国劳伦斯·伯克利国家实验室、俄克拉荷马大学等。负荷计算原本采用的是传递函数法（反应系数法），而后又改采用状态空间法。EnergyPlus能够根据建筑的围护结构物理特性和机械系统（暖通空调系统）计算建筑的冷热负荷，此外还能够输出非常详细的各项数据，如通过窗户的太阳辐射得热等，可与真实的数据进行验证。为了易于维护、更新和扩展，Energyplus采用了结构化、模块化代码，并且解决了DOE-2和BLAST模拟中受房间、时间表、系统等总数限制的问题。

EnergyPlus计算建筑冷热负荷时，将房间热平衡分为围护结构表面热平衡和空气热平衡两部分。EnergyPlus先采用状态空间法求解单面围护结构的热特性，基于热特性系数得到其内外表面热流与内外表面温度的关系。在求解不透明围护传热时，EnergyPlus采用CTF（Conduction Transfer Function）或有限差分法。CTF实质上也是一种反应系数法，但不同于DOE-2的基于室内空气温度的反应系数法，而是基于墙体的内表面温度。然后在考虑围护结构内外表面的热平衡时，考虑各围护结构内表面之间的长波辐射换热及与室内空气的对流换热，构成围护结构表面热平衡方程，再结合空气热平衡，严格保证了房间的热平衡。在处理邻室换热时，EnergyPlus采用邻室上一时刻的温度，但由于EnergyPlus在计算负荷时一般采用10~15min的时间步长，且各房间不断迭代求解，保证了多房间的热平衡。选择有限差分法求解不透明围护结构传热时，EnergyPlus就可以处理表面对流换热系数、导热系数随时间变化、相变材料等工况。

此外，EnergyPlus模拟时还有以下主要特点：采用集成同步的负荷/系统/设备的模拟方法；采用三维有限差分土壤模型和简化的解析方法对土壤传热进行模拟；联立传热和传质模型对墙体的传热和传湿进行模拟；采用基于人体活动量、室内温湿度等参数的热舒适模型模拟热舒适度；采用各向异性的天空模型以改进倾斜表面的天空散射强度；窗户传热的模型可以模拟可控的遮阳装置、可调光的电铬玻璃等可调设备；天然采光的模拟包括室内照度的计算、眩光的模拟和控制、人工照明的减少对负荷的影响等；基于环路的可调整结构的空调系统模拟，用户可以模拟典型的系统，而无需修改源程序；可以与一些常用的模拟软件链接；源代码开放，用户可以根据自己的需要加入新的模块或功能。

综上所述，目前国内外常用的几种建筑负荷及能耗模拟软件，其冷热负荷的计算方法为有限差分法、反应系数法以及状态空间法，或二者相结合。这几种计算方法各有特点，其比较可参见表3-14。

不同负荷计算方法的特点 表 3-14

方法	代表软件	计算能力	解的稳定性和误差	条件限制	处理能力
有限差分法	EPS-r，EnergyPlus	数据多，速度慢	随时间步长增加而变差	无	好，没有限制
反应系数法	DOE-2	速度快	与时间步长有关	缺乏热平衡，不能处理变物性材料、变表面换热系数等非线性问题	房间内墙的辐射换热难以处理
状态空间法	EnergyPlus（以单面围护结构为基本单元进行求解），DeST（以房间为基本单元进行求解）	速度快	与时间步长无关	一般不能处理变物性材料、变表面换热系数等非线性问题	好，但有一定限制

本 章 符 号 说 明

$a(x)$——导温系数，m^2/s

a——吸收率

B_0——标准大气压力，101325Pa

B——当地实际大气压力，Pa

C_n——遮阳设施的遮阳系数

C_s——玻璃遮挡系数

F——面积，m^2

F_d——当量孔口面积，$m^3/(h \cdot Pa^{1/1.5})$

g——标准太阳得热率

HG——得热，W

i——入射角或折射角

I——太阳辐射照度，W/m^2

K——传热系数，$W/(m^2 \cdot ℃)$

K_v——水蒸气渗透系数，单位是 $kg/(N \cdot s)$或 s/m

l——门窗缝隙长度，m

L_a——房间的空气渗透量，m^3/h

l_a——单位长度门窗缝隙的渗透量，$m^3/(h \cdot m)$

n——换气次数，次/h

P_b——水表面温度下的饱和空气的水蒸气分压力，Pa

P_a——空气中的水蒸气分压力，Pa

Q——热量或负荷，W

ΔQ_{air}——空气的显热增值，W

ΔQ_{wall}——实际通过围护结构传入室内的热量与通过围护结构得热的差值，W

r——空气-半透明薄层界面的反射百分比

R——玻璃的表面换热系数

t——温度，℃

t_z——室外空气综合温度，℃

T——温度，K

v——空气流速，m/s

V——房间容积，m^3

w——传湿量，kg/(s·m^2)

W_H——散湿量，kg/s

x——角系数

X_{wind}——玻璃窗的有效面积系数

X_s——阳光实际照射面积比，即窗上光斑面积与窗面积之比

α_r——辐射换热系数，W/(m^2·℃)

α——对流换热系数，W/(m^2·℃)

β——对流传质系数，kg/(N·s)

β_0——不同水温下的扩散系数，kg/(N·s)

β_{in}、β_{out}、β_a——围护结构内、外表面和墙体中封闭空气间层的散湿系数，kg/(N·s)或 s/m

δ——厚度，m

ε——黑度，长波发射率

$\lambda(x)$——墙体材料的导热系数，W/(m·K)

λ_{vi}——第 i 层材料的蒸汽渗透系数，kg·m/(N·s)或 s

ρ——反射率

σ——斯蒂芬-玻尔兹曼常数，5.67×10^{-8} W/(m^2·K^4)

τ_{glass}——透射率

τ——时间，s

下标

a——空气吸收

abs——吸收太阳辐射

cl——冷负荷

$cond$——导热

$crack$——缝隙

Di——入射角为 i 的直射辐射

dif——散射辐射

$glass$——玻璃

g——地面

H——热源

hl——热负荷

i,j——围护结构内表面序号

in——内表面

$infil$——渗透

lw——长波辐射

L——潜热

ref——参考值

S——显热

sky——天空

sf——室内表面

shw——短波辐射

sol——太阳辐射

trn——透过太阳辐射

out——外表面

P——辐射板

$wall$——壁面或围护结构

$wind$——窗

τ——透射

思 考 题

1. 室外空气综合温度是单独由气象参数决定的吗?

2. 什么情况下建筑物与环境之间的长波辐射可以忽略?

3. 透过玻璃窗的太阳辐射中是否只有可见光,没有红外线和紫外线?

4. 透过玻璃窗的太阳辐射是否等于建筑物的瞬时冷负荷?

5. 室内照明和设备散热是否直接转变为瞬时冷负荷?

6. 为什么冬季往往可以采用稳态算法计算采暖负荷而夏天却一定要采用动态算法计算空调负荷?

7. 围护结构内表面上的长波辐射对负荷有何影响?

8. 夜间建筑物可通过玻璃窗以长波辐射形式把热量散出去吗?

术 语 中 英 对 照

吸收率、吸收系数	absorptance
冷负荷系数	Cooling Load Factor,CLF
冷负荷温差	Cooling Load Temperature Difference,CLTD
冷负荷	cooling load
玻璃幕墙	curtain wall
双玻(三玻)窗	double-(triple-)pane glazing unit
双层皮幕墙	double skin facade
发射率	emissivity
围护结构	fabrics,envelop
门窗	fenestration
透光围护结构	glazing unit
热负荷	heating load

得热	heat gain
高透 low-e 膜	high-solar-gain low-e coating
红外线	infrared ray
低透 low-e 膜	low-solar-gain low-e coating
长波反射	long wave radiation
非透光围护结构	opaque surface
反射率、反射系数	reflectivity
遮阳系数	Shading Coefficient，SC
太阳得热系数	Solar Heat Gain Coefficient，SHGC
室外空气综合温度	solar-air temperature
传递函数法	Transfer Function Method，TFM
透射率、透射系数	transmittance

参 考 文 献

[1] 2003 ASHRAE Handbook，Fundamentals（SI），American Society of Heating，Refrigerating and Air-conditioning，Engineers，Inc.，1791 Tullie Circle，N. E.，Atalanta，GA 30329.

[2] 彦启森，赵庆珠. 建筑热过程. 北京：中国建筑工业出版社，1986.

[3] 赵荣义，范存养，薛殿华，钱以明. 空气调节. 北京：中国建筑工业出版社，1994.

[4] 杨世铭. 传热学(第二版). 北京：高等教育出版社，1991.

[5] 王永恒等. 建筑玻璃应用手册. 武汉：武汉工业大学出版社，1993.

[6] Wilbert F. Stoecker，Jerold W. Jones. Refrigeration and Air Conditioning. McGraw-Hill Book.

[7] 电子工业部第十设计研究院. 空气调节设计手册(第二版). 北京：中国建筑工业出版社，1995.

[8] D. G. Stephenson and G. P. Mitalas. Calculation of heat conduction transfer function for multilayer slabs. ASHRAE Transactions 77(2)：1.17，1971.

[9] W. Rudoy and F. Duran. Development of an improved cooling load calculation method. ASHRAE Transactions 81(2)：19-69，1975.

[10] F. C. McQuiston and J. D. Spitler. Cooling and heating load calculation manual，2nd ed. ASHRAE，1992.

第四章　人体对热湿环境的反应

第一节　人体对热湿环境反应的生理学和心理学基础

一、人体的热平衡

1. 人体的基本生理要求

人体靠摄取食物维持生命。在人体细胞中，食物通过化学反应过程被分解氧化，实现人体的新陈代谢，在化学反应中释放能量的速率叫做代谢率（Metabolic Rate）。化学反应中大部分化学能最终都变成了热量，因此人体不断地释放热量；同时，人体也会通过对流、辐射和汗液蒸发从环境中获得或失掉热量。但是，人体的生理机能要求体温必须维持近似恒定才能保证人体的各项功能正常，所以人体的生理反应总是尽量维持人体重要器官的温度相对稳定。

人体各部分温度并不相同。由于散热的作用，身体表面的温度要比深部组织的温度低，而且易随环境温度的变化而变化。比如暴露在冷空气中的手和泡在热水里面的手，表面温度会差得很远，但身体深部组织的温度却必须接近稳定，才能保证健康。身体表层的温度称做表层温度或者皮肤温度，身体深部组织的温度称做核心温度。医学上常用来判断健康状况时所涉及的体温，一般指的都是人体的核心温度。实际上，深部组织由于不同器官组织的代谢率不同，温度也各不相同，代谢率高的器官温度比较高，例如代谢率比较高的肝脏温度约为38℃。但由于全身血液在不断循环，把热量由温度较高处带到较低处，所以人体各部分温度不会相差很大。一昼夜之中，人体体温有周期性波动，波动幅度不超过1℃。表4-1是我国正常成年人静止时的体温[2]。

我国正常成年人的体温（℃）　　　　　　　　　　　　　　　　表 4-1

	平均量	变动范围		平均量	变动范围
腋　温	36.8	36.0～37.4	肛　温	37.5	36.9～37.9
口　温	37.2	36.7～37.7			

人体为了维持正常的体温，必须使产热和散热保持平衡。图4-1是人体的热平衡示意图，它用一个多层圆柱断面来表示人体的核心部分、皮肤部分和衣着。因此人体的热平衡又可用下式表示：

$$M - W - C - R - E - S = 0 \qquad (4-1)$$

式中　M——人体能量代谢率，决定于人体的活动量大小，W/m^2；

　　　W——人体所做的机械功，W/m^2；

　　　C——人体外表面向周围环境通过对流形式散发的热量，W/m^2；

R——人体外表面向周围环境通过辐射形式散发的热量，W/m^2；

E——汗液蒸发和呼出的水蒸气所带走的热量，W/m^2；

S——人体蓄热率，W/m^2。

式（4-1）中各项均以人体单位表面积的产热和散热表示。裸身人体皮肤表面积的计算可以采用 D. DuBois 于 1916 年提出的公式计算[1]：

$$A_D = 0.202\ m_b^{0.425} H^{0.725} \tag{4-2}$$

式中　A_D——人体皮肤表面积，m^2；

　　　H——身高，m；

　　　m_b——体重，kg。

根据式（4-2），如果一个人身高为 1.78m，体重为 65kg，则皮肤表面积为 $1.8m^2$ 左右。

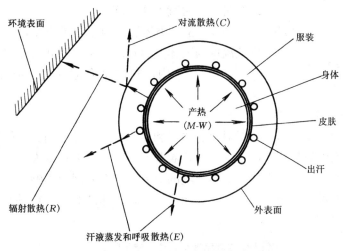

图 4-1　人体和环境的热交换

人体的核心温度是由人体的运动强度即代谢率决定的，代谢率越高，人体的核心温度就越高。但人体的核心温度必须维持在一个相当窄的范围内才能保证其正常功能，而人的皮肤温度却会随外界温度的变化而变化，不仅变化的幅度会很大，而且各部位之间的差别也会很大。为了确定人的平均皮肤温度，Ramanathan（1964）提出了一个四点模型，即可通过测试人体胸部、上臂、大腿以及小腿的皮肤温度，按照权系数 0.3、0.3、0.2 和 0.2 进行加权平均求出人体的平均皮肤温度。

人体最大的生理性体温变动范围为 35～40℃。在稳定的环境条件下，式（4-1）中的人体蓄热率 S 应为零，这时人体能够保持能量平衡。当人体的余热量难以全部散出时，就会在体内蓄存起来，于是式（4-1）中的人体蓄热率 S 就变成正值，导致体温上升，达到一定程度，人体就会感到不舒适。在非感染性病理发热的条件下，体温上升到 38.3℃ 以上则为轻症中暑。体温升到 40℃ 时，称做体温过高，此时出汗停止，出现重症中暑，如果不采取措施，则体温将迅速上升。体温升到 42℃ 以上，身体组织开始受到损伤。一般认为人的最高致死体温为 45℃。

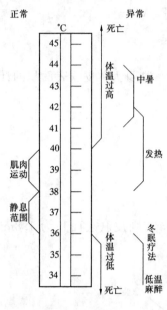

图 4-2 人类体温范围变化示意图[2]

在冷环境中，人体的散热增多，可能导致式（4-1）中的人体蓄热率 S 为负值。如果人体比正常热平衡时多散 87W 的热量，则睡眠的人就会被冻醒，这时人的皮肤平均温度相当于下降了 2.8℃，人会感到不适，甚至会导致生病。核心体温下降最初出现的症状是呼吸和心率加快，出现头痛等不适反应。当核心温度下降到 34℃ 以下时，就会产生健忘、讷吃和定向障碍等严重症状；当核心体温下降到 30℃ 时，会导致全身剧痛，意识模糊；降至 28℃ 以下就会出现瞳孔反射、随意运动丧失、深部腱反射和皮肤反射全部消失，濒临死亡。尽管现在还不能确定人的最低致死体温，因为已经有核心体温降到 26.5℃ 保持 24h 仍然能够正常复苏而没有后遗症的实例，但医学经验已证实当体温下降到 20℃ 时，通常就不能复苏。

图 4-2 是人类体温范围变化示意图，表 4-2 给出了人体皮肤温度与人体热感觉的关系。皮肤所能够适应的温度范围在 29～37℃ 之内，超出这个范围就会有非常不舒适的感觉了。

2. 人体与外界的热交换

人体与外界的热交换形式包括对流、辐射和蒸发。这几种不同类型的换热方式都受人体的衣着影响。衣服的热阻大则换热量小，衣服的热阻小则换热量大。

环境空气的温度决定了人体表面与环境的对流换热温差因而影响了对流换热量，周围的空气流速则影响对流热交换系数。气流速度大时，人体的对流散热量增加，因此会增加人体的冷感。

人体皮肤温度与人体热感觉的关系 表 4-2

皮肤温度	状　态	皮肤温度	状　态
45℃ 以上	皮肤组织迅速损伤，热痛阈	32～30℃	较大（3～6met）运动量时感觉舒适
43～41℃	被烫伤的疼痛感	31～29℃	坐着时有不愉快的冷感
41～39℃	疼感阈	25℃（局部）	皮肤丧失感觉
39～37℃	热的感觉	20℃（手）	非常不快的冷感觉
37～35℃	开始有热的感觉	15℃（手）	极端不快的冷感觉
34～33℃	休息时处于热中性状态，热舒适	5℃（手）	伴随疼感的冷感觉
33～32℃	中等（2～4met）运动量时感觉舒适		

人体除了对外界有显热交换外，还有潜热交换，主要是通过皮肤蒸发和呼吸散湿带走身体的热量。皮肤蒸发又包含汗液蒸发和皮肤的湿扩散两部分，因为除了人体体温调节系统可以控制汗液的分泌外，水分还可以从皮下组织直接散发到较干燥的环境空气中去。在一定温度下，相对湿度越高，空气中的水蒸气分压力越大，人体皮肤表面单位面积的蒸发量越少，可以带走的热量就越少。因此在高温环境下，空气湿度偏高会增加人体的热感。但是在低温环境下如果空气湿度过高，就会使衣物变得潮湿，从而降低衣物的热阻，强化

了衣物与人体的传热，反而会增加人体的冷感。

空气流速同样会影响人体表面的对流质交换系数。气流速度大会提高汗液的蒸发速率从而增加人体的冷感。

周围物体的表面温度决定了人体辐射散热的强度。例如，在同样的室内空气参数的条件下，比较高的围护结构内表面温度会增加人体的热感，反之会增加冷感。

空气流速除了影响人体与环境的显热和潜热交换速率以外，还影响人体的皮肤的触觉感受。人们把气流造成的不舒适的感觉叫做"吹风感（draught）"。如前所述，在较凉的环境下，吹风会强化冷感觉，对人体的热平衡有破坏作用，因此"吹风感"相当于一种冷感觉。当然，在较暖的环境下，吹风能够促进散热，改善人体的热舒适。然而，尽管在较暖的环境下，吹风是有利于散热的，但气流流速如果过高，就会引起皮肤紧绷、眼睛干涩、被气流打扰、呼吸受阻甚至头晕的感觉。因此在较暖的环境下，"吹风感"是一种气流增大引起皮肤及黏膜蒸发量增加以及气流冲力产生的不愉快的感觉。

3. 影响人体与外界显热交换的几个环境因素

（1）平均辐射温度 $\bar{t}_r$（Mean Radiant Temperature，MRT）

在考虑周围物体表面温度对人体辐射散热强度的影响时要用到"平均辐射温度"的概念。平均辐射温度的意义是一个假想的等温围合面的表面温度，它与人体间的辐射热交换量等于人体周围实际的非等温围合面与人体间的辐射热交换量。其数学表达式为：

$$\overline{T}_r^4 = \frac{\sum_{j=1}^{k}(F_j \varepsilon_j T_j^4)}{\varepsilon_0} \tag{4-3}$$

式中　$\overline{T}_r$——平均辐射温度，K；

F_j——周围环境第 j 个表面的角系数；

T_j——周围环境第 j 个表面的温度，K；

ε_j——周围环境第 j 个表面的黑度；

ε_0——假想围合面的黑度。

式(4-3)是一个四次方关系式并采用绝对温标，在实际使用时有一定的困难。对于人体所处的实际环境温差来说，把式(4-3)简化为一次方表达式的结果会比实际平均辐射温度略小一些，但对于实际应用来说已足够精确。另外，在实际的建筑室内环境里，室内各主要表面的黑度一般差别并不大，因此可假定人体周围各非等温围合面的黑度均等于假想围合面的黑度 ε_0，这样就可以得出比较简单的采用摄氏温标的平均辐射温度近似表达式：

$$\bar{t}_r = \sum_{j=1}^{k}(F_j t_j) \tag{4-4}$$

式中　$\bar{t}_r$——平均辐射温度，℃；

t_j——周围环境第 j 个表面的温度，℃

测量平均辐射温度最早、最简单，且仍是最普遍的方法就是使用黑球温度计。它是由一个涂黑的薄壁铜球内装有温度计组成，温度计的感温包位于铜球的中心。使用时把黑球温度计悬挂在测点处，使其与周围环境达到热平衡，此时测得的温度为黑球温度 T_g。如果同时测出了空气的温度 T_a，则当平均辐射温度与室内空气温度差别不是很大时，可按下式求出平均辐射温度为：

$$\overline{T}_r = T_g + 2.44 \sqrt{v}(T_g - T_a) \tag{4-5}$$

（2）操作温度 t_o（Operative Temperature）

操作温度 t_o 反映了环境空气温度 t_a 和平均辐射温度 $\overline{t}_r$ 的综合作用，其表达式为：

$$t_o = \frac{h_r \overline{t}_r + h_c t_a}{h_r + h_c} \tag{4-6}$$

式中　h_r——辐射换热系数，W/(m² · ℃)；

　　　h_c——对流换热系数，W/(m² · ℃)。

由于在通常环境下，辐射换热系数与对流换热系数的大小相当，因此也常会用空气温度与平均辐射温度的平均值来代表操作温度。

（3）对流换热系数 h_c

在无风或风速很小的条件下，人体周围的自然对流就变得十分重要。在较高的风速下人体表面的受迫对流换热系数可以通过风洞实验测定。很多研究者通过不同实验方法获得了人体表面的自然对流换热系数和受迫对流换热系数，可针对不同的应用条件选择使用，见表4-3。

人体表面的对流换热系数[11]　　　　　　　　　　　　　　表 4-3

对流换热系数 h_c[W/(m² · ℃)]	提 出 者	适 应 条 件
$8.6v^{0.6}$	D. Mitchell (1974)	最好的平均值
受迫对流　　$12.1v^{0.5}$	Winslow 等 (1939)	用于 Fanger 舒适方程
$8.6v^{0.53}$	Gagge 等 (1969)	用于 SET 公式中
$8.3v^{0.5}$	Kerslake (1972)	推荐采用
3.0	Nishi 和 Gagge (1977)	静止空气中的静止人体
$1.16 (M\text{-}50)^{0.39}$	Nishi 和 Gagge (1977)	静止空气中的活动人体
自然对流　　$1.18\Delta T^{0.25}$	Birkebak (1966)	2m 高的圆柱体
$2.38\Delta T^{0.25}$	Nelson 和 Peterson (1952)	用于 Fanger 舒适方程
4.0	Rapp (1973)	推荐用于静坐者

（4）对流质交换系数 h_e

为了确定对流质交换系数 h_e，引入了传质与传热的比拟方法。Lewis 指出对流质交换系数 h_e（即蒸发换热系数）与对流换热系数 h_c 是相关的，二者存在固定的关系：

$$LR = h_e/h_c \tag{4-7}$$

其中 LR 称做刘易斯系数（Lewis Ratio），单位为℃/kPa。对于典型的室内空气环境有：

$$LR = 16.5 \tag{4-8}$$

4. 服装的作用

服装在人体热平衡过程中所起的作用包括保温和阻碍湿扩散。因此在考虑人体与外界的热交换时必然要考虑到服装的影响。

（1）服装热阻

服装热阻 I_d 指的是服装本身的显热热阻，常用单位为 m² · K/W 和 clo，两者的关系是：

$$1clo = 0.155 m² · K/W \tag{4-9}$$

1clo 的定义是在 21℃空气温度、空气流速不超过 0.05m/s、相对湿度不超过 50%的环境中静坐者感到舒适所需要的服装的热阻，相当于内穿长袖衬衣、外穿长裤和普通外衣或西装时的服装热阻。夏季服装一般为0.5clo（$0.08m^2 \cdot K/W$），工作服装一般为0.7clo（$0.11m^2 \cdot K/W$），正常室外穿的冬季服装一般为1.5～2.0clo，在北极地区的服装可达到4.0clo。如果缺乏成套服装热阻I_{cl}的数据，可以通过单件服装的热阻$I_{clu,i}$求得：

$$I_{cl} = \sum_i I_{clu,i} \qquad (4\text{-}10)$$

对于从皮肤表面到环境空气的传热过程，需要考虑服装表面的对流换热热阻I_a。因此，服装的总热阻I_t为：

$$I_t = I_{cl} + \frac{1}{h_c f_{cl}} = I_{cl} + I_a/f_{cl} \qquad (4\text{-}11)$$

其中f_{cl}是服装的面积系数，见下面内容。

可以通过ASHRAE Handbook[5]或其他有关文献查得典型成套服装或单件服装的换热热阻。附录4-1[5]给出了部分成套服装的本身热阻I_{cl}和总传热热阻I_t，附录4-2[5]给出了部分单件服装的热阻$I_{clu,i}$。

当人坐在椅子上时，椅子本身会给人体增加0.15clo以下的热阻，其值大小取决于椅子与人体接触的面积。网状吊床或沙滩椅与人体接触面积最小，而单人软体沙发的接触面积最大，热阻可增加0.15clo。对于其他类型的座椅，其热阻的增值ΔI_{cl}可以用以下公式估算[5]：

$$\Delta I_{cl} = 0.748 A_{ch} - 0.1 \qquad (4\text{-}12)$$

其中A_{ch}是椅子和人体的接触面积，m^2。

行走时由于人体与空气之间存在相对流速，会降低服装的热阻。其降低的热阻值可用下式估算：

$$\Delta I_{cl} = 0.504 I_{cl} + 0.00281 v_{walk} - 0.24 \qquad (4\text{-}13)$$

其中人的行走步速v_{walk}的单位是步/min。如果一个人静立的服装热阻是1clo，则当他行走步速为90步/min（约3.7km/h）时，他的服装热阻会下降0.52clo，变成0.48clo。

在做某些空间的空调设计时，往往需要通过研究论证来确定该空间的空气设计参数，此时人的着装热阻往往成为难以确定的因素。不过由于人有主观能动性，可以根据自己的所处环境与活动的需要来选择服装。图4-3给出了人在室外环境进行一些活动时，感觉比较舒适的状态下所需要的服装热阻[26]。根据这张图，就可以获得某类状态下人体着装的热阻值作

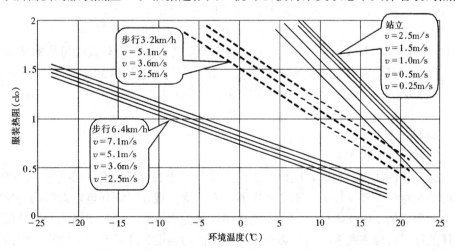

图4-3　舒适的服装热阻与温度、活动强度与相对风速v的关系[26]

为确定各种设计参数的基础，例如公共交通设施内的设计温度、商店的设计温度等。

（2）服装透湿性

服装的存在影响了皮肤表面的水分蒸发。一方面服装对皮肤表面的水蒸气扩散有一个附加阻力，另一方面服装吸收部分汗液，致使只有剩余部分汗液蒸发冷却皮肤。服装借助毛细现象吸收和传输汗液，这部分汗液不是在皮肤表面蒸发，而是在服装表面或服装内部蒸发。这时就需要更大的蒸发量才能在皮肤表面上形成同样的潜热散热量，因此服装的存在增加了皮肤的潜热换热热阻。

为了描述服装的湿传递特性，同样可以采用刘易斯关系。但实际的服装的湿传递性能往往显著偏离刘易斯关系。可以通过服装湿传递性能的修正系数，即水蒸气渗透系数，来求得较精确的服装本身的潜热换热热阻 $I_{e,cl}$ 和总潜热换热热阻 $I_{e,t}$：

$$I_{e,cl} = \frac{I_{cl}}{i_{cl}LR} \tag{4-14}$$

$$I_{e,t} = I_{e,cl} + \frac{1}{h_e f_{cl}} = I_{e,cl} + \frac{I_{e,a}}{f_{cl}} = \frac{I_t}{i_m LR} \tag{4-15}$$

式中 i_{cl}——服装本身的水蒸气渗透系数，仅考虑透过服装的湿传递过程；

i_m——服装的总水蒸气渗透系数，考虑了从皮肤到环境空气的湿传递过程。

i_{cl} 和 i_m 均可以在附录 4-1 中查到。

另一方面，服装吸收了汗液后也会使人感到凉，原因除了衣物潮湿导致导热系数增加以外，服装层在原有显热传热的基础上又增加了部分潜热换热，也可以看做是服装原有的热阻下降。表 4-4 给出了 1clo 干燥服装在被汗润湿后的热阻值与一些活动状态之间的关系。

1clo 干燥服装被汗湿润后的热阻 表 4-4

活动强度	静 坐	坐姿售货	站立售货	站立但偶尔走动	行 走 3.2km/h	行 走 4.8km/h	行 走 6.4km/h
服装热阻（clo）	0.6	0.4	0.5	0.4	0.4	0.35	0.3

（3）服装的表面积

人体着装后与外界的热质交换面积有所改变，因此常常用服装的面积系数 f_{cl} 来表示人体着装后的实际表面积 A_{cl} 和人体裸身表面积 A_D 之比：

$$f_{cl} = A_{cl}/A_D \tag{4-16}$$

成套服装的面积系数 f_{cl} 同样可以通过文献[5]获得。实际上，其最可靠的获取方法是照相法。如果没有合适的参考数据，就只能采用 McCullough 和 Jones[9] 提出的粗估算公式，它给出了服装的面积系数与服装热阻之间的关系：

$$f_{cl} = 1.0 + 0.25 I_{cl} \tag{4-17}$$

5. 人体的能量代谢

（1）人体的能量代谢率

在考虑人体的能量平衡时，应该注意到人体与非生物体的能量平衡存在根本的区别，即人体的能量释放量和释放方式不是固定的，而是受主观和客观环境因素影响并反作用于主观和客观因素的。因此人体的能量平衡描述比非生物体的能量平衡描述要复杂得多。

人体的能量代谢率受多种因素影响，如肌肉活动强度、环境温度、性别、年龄、神经紧张程度、进食后时间的长短。临床上规定未进早餐前，保持清醒静卧半小时，室温条件维持在 18～25℃ 之间测定的代谢率叫做基础代谢率（Basal Metabolic Rate，BMR）。由于人体的能量代谢率易受多种因素的影响，基础代谢率可用做衡量代谢的一个标准。

当人受刺激引起精神高度紧张时，代谢率往往显著升高，原因是骨骼肌的紧张性增加，另一方面是交感神经兴奋引起儿茶酚大量释放，从而提高代谢率。

人体的代谢率在一定温度范围内是比较稳定的，当环境温度升高或降低时，代谢率都会增加。实验发现裸身男子静卧于温度处于 22.5～35℃ 范围内的测热小室内，人体的产热量基本不变。但在 22.5℃ 温度下停留 1～2h 后，身体会出现冷颤，同时产热量开始增加。环境温度升高时，细胞内的化学反应速度增加，发汗、呼吸以及循环机能加强也会导致代谢率增加。

人进食后产热量会逐渐增加，并延续 7～8h。所增加的热量值取决于食品的性质。全蛋白质食物可增加产热量 30%，糖类或脂肪类食物只能增加 4%～6%，混合食物一般增加产热量 10%。

人体的基础代谢率随年龄逐渐下降，少年较高，老年稍低。女性比男性低 6%～10%。BMR 正常的变动范围在 10%～15% 之内，如果变动超过 20%，则处于病理状态。

肌肉活动对代谢率的影响极显著，远超过上述各种因素。最好的确定方式是测量活动人体的耗氧量和二氧化碳的排出量。实验回归式有[17]：

$$M = 21(0.23RQ + 0.77)V_{O_2}/A_D \qquad (4\text{-}18)$$

式中　M——代谢率，W/m^2；

　　　RQ——呼吸商，单位时间内呼出二氧化碳和吸入氧气的摩尔数比，无量纲；

　　　V_{O_2}——在 0℃、101.325kPa 条件下单位时间内消耗氧气的体积，mL/s，见附录 4-3[5]。

一般成人在静坐和轻劳动（$M<1.5$met）时 $RQ=0.83$，而在重劳动（$M=5.0$met）时 RQ 达到 1.0，中间状态可以采用线性插值求得。10% 的 RQ 估算误差造成的代谢率计算误差最多为 3%。

表 4-5 给出的成年男子在不同活动强度下保持连续活动的代谢率。代谢率单位为 met，1met=58.2W/m^2，是人静坐时的代谢率。正常健康人 20 岁时的最大代谢率可以达到 12met，但到 70 岁时就会下降到 7met。35 岁左右的未受专门训练的成人最大代谢率约为 10met，而长跑运动员最高可达到 20met。代谢率达到 5met 以上，人就会感到非常疲劳。

成年男子在不同活动强度条件下的代谢率[11][26]　　　　　　　表 4-5

活 动 类 型	W/m^2	met	活 动 类 型	W/m^2	met
睡眠	40	0.7	提重物，打包	120	2.1
躺着	46	0.8	驾驶载重车	185	3.2
静坐	58.2	1.0	跳交谊舞	140～255	2.4～4.4
站着休息	70	1.2	体操/训练	174～235	3.0～4.0
炊事	94～115	1.6～2.0	打网球	210～270	3.6～4.0
用缝纫机缝衣	105	1.8	步行，0.9m/s	115	2.0
修理灯具，家务	154.6	2.66	步行，1.2m/s	150	2.6
在办公室静坐阅读	55	1.0	步行，1.8m/s	220	3.8
在办公室打字	65	1.1	跑步，2.37m/s	366	6.29
站着整理文档	80	1.4	下楼	233	4.0
站着，偶尔走动	123	2.1	上楼	707	12.1

如果人交替从事不同强度的劳动，比如有部分时间在打字，又有部分时间在走来走去，则其代谢率可根据表 4-5 选取的不同活动类型的代谢率和劳动时间来进行加权平均。表中代谢率在 3met 以上的活动由于活动强度难以准确定义，且可以通过不同方式来完成同一种劳动，所以应用表中数值可能会带来 50% 的误差。

（2）人体的机械效率

人体的代谢率取决于活动强度，人体对外所做的功也取决于活动强度。因此人体对外输出的机械功是代谢率的函数。人体对外做功的机械效率 η 定义为：

$$\eta = W/M \tag{4-19}$$

人体机械效率的特点是效率值比较低，在不同活动强度下一般为 5%～10%[11]。对于大多数的活动来说，人体的机械效率几乎为 0，很少超过 20%，见表 4-6。因此在空调负荷计算时往往把人体的机械效率视为 0，其原因为：

1）大部分办公室劳动和室外轻劳动的机械效率近似为 0；

2）人体代谢率的估算本身带有误差；

3）忽略人体对外所作的机械功对于空调系统设计是偏于安全的。

人体活动的机械效率[11]　　　　　　表 4-6

活 动 强 度	机械效率 η（%）	活 动 强 度	机械效率 η（%）
静坐	0	步行上山，坡度 5%，速度 4km/h	10
安静地站着	0	步行上山，坡度 15%，速度 4km/h	20
一般的办公室工作	0	轻的工业劳动（如汽车修理、钳工之类）	10
站着从事轻工作	0		
在平地上步行	0	重的手工劳动（如挖土和铲土）	10

（3）人体蒸发散热量

1）人体皮肤的蒸发散热量 E_{sk}。人体皮肤的潜热散热量与环境空气的水蒸气分压力 P_a、皮肤表面的水蒸气分压力 P_{sk}、服装的潜热换热热阻 $I_{e,cl}$ 等有关。皮肤表面可能达到的最大潜热换热量 E_{max}（W/m²）为：

$$E_{max} = \frac{(P_{sk} - P_a)}{I_{e,cl} + 1/(f_{cl}h_e)} = h_{e,t}(P_{sk} - P_a) \tag{4-20}$$

其中 h_e 是着装人体表面即服装表面的对流质交换系数，$h_{e,t}$ 为综合考虑了服装本身的潜热换热热阻和服装面积系数后的总潜热换热系数，相当于式（4-15）给出的总潜热换热热阻 $I_{e,t}$ 的倒数，二者的单位均为 W/(m²·kPa)，水蒸气分压力的单位均为 kPa。如果把皮肤表面的饱和水蒸气分压力 P_{sk} 简化为皮肤温度 t_{sk} 的回归函数，有：

$$P_{sk} = 0.254t_{sk} - 3.335 \tag{4-21}$$

实际上式（4-20）反映的是完全被汗液润湿的人体潜热散热量，而只有在总排汗量大大超过蒸发量时才可能保证人体的每一部分都是湿润的。但蒸发散热量是用生理学方法根据汗液分泌量确定的，因此除了在一些最极端的条件下，实际的蒸发散热量 E_{sk} 要小于最大可能值，即有：

$$E_{sk} = E_{rsw} + E_{dif} = wE_{max} \tag{4-22}$$

其中 E_{rsw} 是汗液蒸发散热量，E_{dif} 是皮肤湿扩散散热量，w 为皮肤湿润度。皮肤湿润度是皮肤实际蒸发量与在同一环境中皮肤完全湿润而可能产生的最大散热量之比，相当于湿皮肤表面积所占人体皮肤表面积的比例：

$$w = E_{sk}/E_{max} \tag{4-23}$$

如果环境的湿度增加，尽管 E_{sk} 仍为常数，但由于 E_{max} 降低，导致皮肤湿润度 w 也会增加。如果没有排汗，皮肤湿扩散的散热量应该为：

$$E_{dif} = 0.06E_{max} \tag{4-24}$$

而有正常排汗时，皮肤湿扩散散热量为：

$$E_{dif} = 0.06(E_{max} - E_{rsw}) \tag{4-25}$$

汗液蒸发散热量 E_{rsw} 是由体温调节系统控制的。Fanger[12] 认为当人体感觉接近"中性"即不太冷也不太热时，人体平均皮肤温度 t_{sk} 和出汗造成的潜热散热量 E_{rsw} 取决于人体代谢率和对外所做的功。在接近热舒适条件下，根据 Rohlesh Nevins 的实验有以下回归式：

$$t_{sk} = 35.7 - 0.0275(M - W) \tag{4-26}$$

$$E_{rsw} = 0.42(M - W - 58.2) \tag{4-27}$$

其中 E_{rsw} 的单位为 W/m^2。

此外，联立方程（4-20）～（4-23）、（4-25）～（4-27），并对换热热阻进行一些简化，可得到舒适条件下的皮肤湿润度：

$$w = \frac{M - W - 58.2}{46h_e[5.733 - 0.007(M-W) - P_a]} + 0.06 \tag{4-28}$$

2）人体的呼吸散热散湿量。

人体的呼吸散热量包括显热散热和潜热散热两部分。显热散热量 C_{res} 为：

$$C_{res} = 0.0014M(34 - t_a) \quad (W/m^2) \tag{4-29}$$

呼吸时的潜热散热量 E_{res} 为：

$$E_{res} = 0.0173M(5.867 - P_a) \quad (W/m^2) \tag{4-30}$$

（4）人体与外界的辐射换热量

温度为 600K 以下的表面，所发射辐射能的波长一般在 $2\mu m$ 以上[15]。因此在一般的建筑室内环境中，多数表面只发射长波辐射。这些表面与人体表面的温度基本在相同的量级，而在长波辐射范围内可认为人体与环境表面均为灰体，因此人体与外界的长波辐射的换热方程可表示为：

$$R = \varepsilon f_{cl} f_{eff} \sigma(T_{cl}^4 - \overline{T}_r^4) \tag{4-31}$$

式中　ε——人体表面的发射率；

　　　σ——斯蒂芬-玻尔兹曼常数，$5.67 \times 10^{-8} W/(m^2 \cdot K^4)$；

　　　f_{eff}——人体姿态影响有效表面积的修正系数；

　　　T_{cl}——人体表面的温度，K；

　　　$\overline{T}_r$——环境的平均辐射温度，K。

长波辐射范围内灰体的发射率 ε 等于吸收率 a，在一般衣着条件下，人体整体的吸收率一般在 0.95 以上[5]，除非穿着了用高红外反射率的特殊材料制作的衣物。这个值是考虑了人体服装覆盖部分与裸露部分的平均值。

与对长波辐射的吸收不同，人体对于以可见光与近红外线为主的太阳辐射以及其他短波辐射的吸收主要取决于人体表面的吸收率：

$$R(\lambda) = a(\lambda) f_{cl} f_{eff} I(\lambda) \tag{4-32}$$

式中　$a(\lambda)$——人体表面对某种波长的短波辐射的吸收率；

$I(\lambda)$——某种波长短波辐射的辐射照度，W/m^2。

人体的表面颜色，包括人着装的颜色和人的肤色，均影响了人体对太阳辐射的吸收率。表 4-7 是 Gagge 和 Nishi（1977）提出的不同肤色人种和服装在不同辐射源温度下的吸收率。

人体处于不同的姿态必然影响人体对外暴露的表面的大小，因此需要根据人体不同姿态对人体的表面积进行修正。表 4-8 给出的是 Fanger（1972）以及 Guibert 和 Taylor（1952）通过照相获得的人体姿态影响有效表面积的修正系数 f_{eff}。

人体表面吸收率 a 的推荐实用值[11]　　　　　　表 4-7

	辐　射　源　温　度		
	电炉 1100K	钨丝 2200K	太阳 6000K
中间色服装	0.9	0.8	0.7
裸体（高加索人）	0.95	0.65	0.4
裸体（黑人）	0.95	0.9	0.8

人体的有效辐射面积修正系数 $f_{eff}^{[11]}$　　　　　　表 4-8

	Fanger（1972）	Guibert 和 Tayler（1952）		Fanger（1972）	Guibert 和 Tayler（1952）
坐　着	0.7	0.7	半立着		0.72
站　着	0.72	0.78			

（5）不同环境条件和活动强度下人体的散热和散湿量

前面已经介绍了决定人体代谢率的最显著因素是肌肉活动强度。因此，当活动强度一定时，人体的发热量在一定温度范围内可以近似看做是常数。但随着环境空气温度的不同，人体向环境散热量中显热和潜热的比例是随着环境空气温度变化的。环境空气温度越高，人体的显热散热量就越少，潜热散热量越多。环境空气温度达到或超过人体体温时，人体向外界的散热形式就全部变成了蒸发潜热散热。表 4-9 是我国成年男子在不同环境温度条件和不同活动强度条件下向外界散热、散湿量的分配。表中没有给出环境的平均辐射温度，因此可以认为平均辐射温度与环境空气温度相同，而着装则是该环境温度和活动强度条件下人们感到舒适的常规衣着。

二、人体的温度感受系统

用一个小而尖的凉或热的金属探针探测皮肤，可以发现大部分皮肤表面触及探针时并不产生冷或热的感觉，只有很少的探测点有冷热感觉反应。20 世纪初就有很多研究者发现人的皮肤上存在着"冷点"和"热点"，即对冷敏感的区域和对热敏感的区域。文献[7]中介绍了 Strughold 和 Porz（1931）以及 Rein（1925）等研究者发表的人体各部位皮肤冷点和热点分布密度的实测结果。其研究表明人体各部位的冷点数目明显多于热点，而且冷点和热点的位置不相同，见表 4-10。

成年男子在不同环境温度条件下的散热、散湿量[4] 　　　　表 4-9

活动强度	散热散湿	环境温度（℃）										
		20	21	22	23	24	25	26	27	28	29	30
静坐	显热（W）	84	81	78	74	71	67	63	58	53	48	43
	潜热（W）	26	27	30	34	37	41	45	50	55	60	65
	散湿（g/h）	38	40	45	50	56	61	68	75	82	90	97
极轻劳动	显热（W）	90	85	79	75	70	65	61	57	51	45	41
	潜热（W）	47	51	56	59	64	69	73	77	83	89	93
	散湿（g/h）	69	76	83	89	96	102	109	115	123	132	139
轻度劳动	显热（W）	93	87	81	76	70	64	58	51	47	40	35
	潜热（W）	90	94	100	106	112	117	123	130	135	142	147
	散湿（g/h）	134	140	150	158	167	175	184	194	203	212	220
中等劳动	显热（W）	117	112	104	97	88	83	74	67	61	52	45
	潜热（W）	118	123	131	138	147	152	161	168	174	183	190
	散湿（g/h）	175	184	196	207	219	227	240	250	260	273	283
重度劳动	显热（W）	169	163	157	151	145	140	134	128	122	116	110
	潜热（W）	238	244	250	256	262	267	273	279	285	291	297
	散湿（g/h）	356	365	373	382	391	400	408	417	425	434	443

人体各部位冷点和热点分布密度（个/cm²）[7] 　　　　表 4-10

部位	冷点	热点	部位	冷点	热点
前额	5.4～8.0		手背	7.4	0.5
鼻子	8.0	1.0	手掌	1.0～5.0	0.4
嘴唇	16.0～19.0		手指背	7.0～9.0	1.7
脸部其他部位	8.4～9.0	1.7	手指肚	2.0～4.0	1.6
胸部	9.0～10.2	0.3	大腿	4.4～5.2	0.4
腹部	8.0～12.5		小腿	4.3～5.7	
后背	7.8		脚背	5.6	
上臂	5.0～6.5		脚底	3.4	
前臂	6.0～7.5	0.3～0.4			

　　人体能够感受外界的温度变化是因为在人体皮肤层中存在温度感受器，当它们受到冷热刺激时，就会产生冲动，向大脑发出约 50mV 左右的脉冲信号，信号的强弱由脉冲的

频率决定。如果将一个微电极插入一个神经元的轴突中或单个神经纤维中，就可以直接记录下这些脉冲，同时可以考察到它们的频率随温度刺激的改变而改变。目前科学家就是用这种手段来研究人体和动物的冷热感觉和体温调节的生理机制的。

除人体皮肤中存在温度感受器外，人体体内的某些黏膜和腹腔内脏等处也存在温度感受器。这些均可称做人体的外周温度感受器。而人体的脊髓、延髓和脑干网状结构中也存在着能感受温度变化的神经元，称做人体的中枢性温度敏感神经元。下丘脑局部温度改变0.1℃，这些神经元的放电频率就会有所改变，而且没有适应现象。延髓和脑干网状结构中的温度敏感神经元还对传入的温度信息有不同程度的整合处理功能。

根据温度感受器对动态刺激的反应特性，可以将它们分为热感受器和冷感受器两种。不管初始温度如何，热感受器总是对热刺激产生一个大的激越脉冲，或者说当温度高于30℃时开始产生脉冲；而在冷刺激下，应激性短暂地被抑制。与此相反，冷感受器只对冷刺激产生冲动，即当温度低于30℃时开始产生脉冲，在热刺激下被抑制。当皮肤温度和人体核心温度改变时，温度感受器感受到这种变化，产生瞬态的冷热感觉，同时发放脉冲信号，通过脊髓传递到大脑。热感受器与冷感受器的信号在传输过程中是分开传送的，在中枢神经系统的不同层次进行整合，产生对应的冷感觉和热感觉，同时对产热和散热的过程进行促进或抑制。

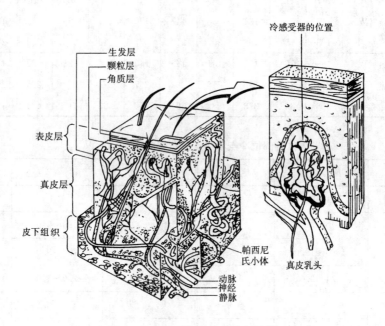

图 4-4　冷感受器处的皮肤结构[8]

虽然迄今用显微镜还无法识别冷热感受器，但现代生理学的发展使人们对皮肤的机构有了更清晰的认识。1930 年 Bazett 等人已经发现冷感受器位于贴近皮肤表面下 0.15～0.17mm 的生发层中，而热感受器则位于皮肤表面下约 0.3～0.6mm 处。图 4-4[8]给出了冷感受器处的皮肤结构。冷感受器与热感受器在皮肤中的分布密度是不同的，冷感受器的数目要多于热感受器。冷热感受器的这种位置分布和密度分布决定了人体对冷感觉的反应比对热感觉的反应更敏感。

三、人体的体温调节系统

人体与非生物体的热变化过程的区别在于人体的温度和散热量并不完全由环境因素决定，因为人体的体温调节系统在一定环境参数范围内具有主动调节这些参数的能力。体温调节的主要功能是将人体的核心温度维持在一个适合于生存的较窄的范围内。体温调节系统的机能是相当复杂的，迄今尚未完全搞清楚。某些体温调节过程是用激素控制的，例如，由甲状腺所产生的甲状腺酸起着增加人体内产热量的作用，它在冷环境中会有所增加，而在热环境中则减少。总的来说，体温调节主要是依靠神经调节和体液调节来完成的。对体温调节系统最重要的输入量是核心温度和平均皮肤温度。当核心温度与设定值之间出现偏差，体温调节系统开始工作。但人体的体温设定值不是恒定的，而要取决于工作强度，在较高代谢率下体温设定值会升高。例如在静止时为 $36.8℃$，步行时为 $37.4℃$，慢跑时为 $37.9℃$，剧烈运动时可能高达 $39.5℃$。

调节体温的中枢主要在下丘脑。它是大脑的一部分，在食物摄入、水分平衡、体温调节等一些自主功能中起主要作用。下丘脑由几个分区组成，其中两个分区控制着温度调节，称为下丘脑前部和后部。一些实验观察到下丘脑前部的主要作用是促进散热，而后部的主要作用是促进产热以达到御寒的目的。但也有实验发现下丘脑前部也对产热有影响作用，因此下丘脑是一个整体分层次的体温调节的中枢整合机构。

人体体温的调节方法包括调节皮肤表层的血流量、调节排汗量和提高产热量。人体的皮肤表层的血流量能够在很大范围内变动，可以从几乎为零直至达到心脏输出量的 12%。人体出汗进行体温调节是靠小汗腺起作用。汗液中水分占 99% 以上，固体成分不足 1%，大部分为 NaCl。

下丘脑前部的作用是调动人体的散热功能。如果周围环境温度（空气、围护结构、周围物体表面的温度）提高，或进行大运动量的活动，热感受器就会向大脑发出信息。只要下丘脑前部的温度稍高于设定值，它就会发送出神经脉冲以引发人体的相关扩张和排汗机能。皮肤表层的血管就会扩张以便增加血液流量，这样血液就能够把更多的热量带到皮肤表面，提高皮肤温度，从而增加皮肤向环境的散热量。如果这样仍然不能抑制身体内部的温度上升，体温调节系统就会命令皮肤出汗，通过蒸发来带走身体的热量。图 4-5 是 Robinson（1949）对人体在不同空气温度下排汗率与核心温度（直肠温度）关系的实验结果[11]。实验中直肠温度的改变是通过改变工作强度取得的，而排汗速率是由直肠温度和皮肤温度共同决定的。在温度调节系统正常工作时，提高环境温度不会改变人体的核心温度或直肠温度，只能增加排汗速率。

下丘脑的后部执行着抵御寒冷的功能。当人体处于冷环境下，下丘脑的后部从冷感受器接受温度信号，然后指示皮下血管收缩以减少身体表层的血流量，通过这种方式可以降低皮肤温度以减少人体辐射和对流热损失。为了调节温度而改变血流量和皮肤表面细胞的大小的机能叫做血管收缩调节。如果人体内部温度仍不能维持恒定，人体体温调节系统就会自动通过冷颤等方式增加代谢率。如果人体产热量不能抵偿热损失，体温就不可避免地要下降。因此，人体的御寒能力是很弱的，相对而言，人体防止过热的能力却要强得多。这也可能是人体对冷刺激的反应要比对热刺激的反应更敏感的原因。

冷颤是骨骼肌的一种不随意收缩活动，是由皮肤冷感受器引起的反射活动。骨骼肌收缩时产生大量的热，气温越低，冷颤越强，产热越多，因而可以保持体温不变。人在温暖环境中休息时，内脏产热量为总产热量的 57.6%，而肌肉活动时，这种产热量分配比例产生根本的变化。例如，中等强度的运动，总产热量增加 3 倍，此时骨骼肌的产热量占总产热量的 75%～80%。因此在寒冷环境中使手脚经常活动，也可以增加产热，达到抵抗寒冷的目的。

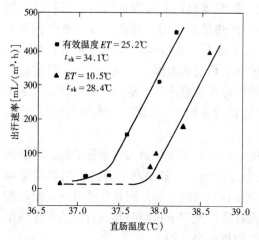

图 4-5 不同空气温度下排汗率与
核心温度（直肠温度）的关系曲线

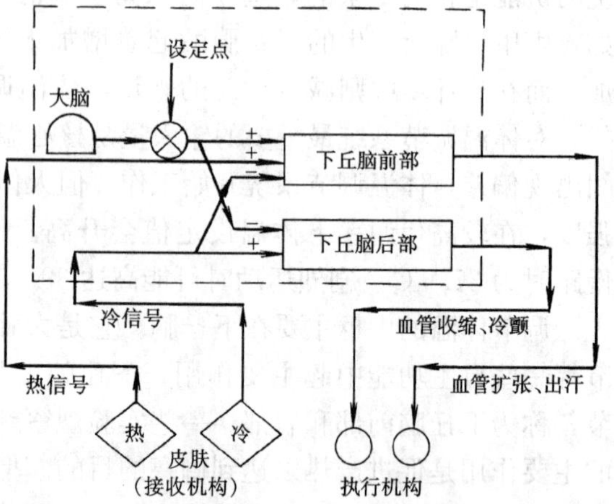

图 4-6 人体体温调节系统
工作过程简图[11]

下丘脑前部和后部是以可相互抑制的方式联系在一起的，如果人体核心温度高导致下丘脑前部温度较高，则会因此而出汗，而皮肤温度的降低传导到下丘脑的后部则会使出汗减少或停止。因此，当下丘脑后部感受到皮肤冷感受器的冷信号时，下丘脑前部感受到的核心温度如果高于 37.1℃ 的话就会阻止冷颤。如果下丘脑前部的温度低于 37.1℃，皮肤温度的降低就会引起冷颤而增加产热量。反之，皮肤温度的升高在核心温度高于 37.1℃ 时会起到增加排汗量的作用。如果核心温度低于 37℃，皮肤温度的升高就不可能促进出汗。人体体温调节系统见图 4-6。

四、热感觉

感觉不能用任何直接的方法来测量。对感觉和刺激之间关系的研究学科称为心理物理学（Psychophysics），是心理学最早的分支之一。

热感觉是人对周围环境是"冷"还是"热"的主观描述。尽管人们经常评价房间的"冷"和"暖"，但实际上人是不能直接感觉到环境温度的，只能感觉到位于自己皮肤表面下的神经末梢的温度。

裸身人体安静时在 29℃ 的气温中，代谢率最低；如适当着衣，则在气温为 18～25℃ 的情况下代谢率低而平稳。在这些情况下，人体不发汗，也无寒意，仅靠皮肤血管口径的轻度改变，即可使人体产热量和散热量平衡，从而维持体温稳定。此时，人体用于体温调节所消耗的能量最少，人感到不冷不热，这种热感觉称之为"中性"状态。

热感觉并不仅仅是由于冷热刺激的存在所造成的，而与刺激的延续时间以及人体原有的热状态都有关。人体的冷、热感受器均对环境有显著的适应性。例如把一只手放在温水盆里，另一只手放在凉水盆里，经过一段时间后，再把两只手同时放在具有中间温度的第三个水盆里，尽管它们处于同一温度，但第一只手会感到凉，另一只手会感到暖和。

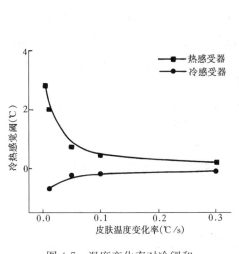

图 4-7 温度变化率对冷阈和暖阈的作用[8]

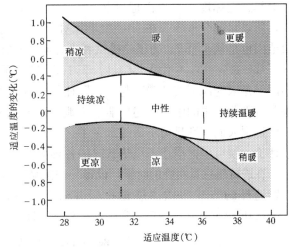

图 4-8 皮肤温度改变引起的感觉与适应温度以及变化量之间的关系[8]

当皮肤局部已经适应某一温度后，改变皮肤温度，如果温度的变化率和变化量在一定范围内是不会引起皮肤有任何热感觉的变化的。图 4-7 和图 4-8[8] 是 Kenshalo 在 1970 年发表的人的前臂皮肤对温度变化的响应实验结果。图中两条曲线中间的区域是皮肤没有热感觉变化的阈。其中图 4-7 说明皮肤对温度的快速变化更为敏感。如果温度变化率低，适应过程会跟上温度的变化，从而完全感受不到这种变化，除非皮肤温度落到中性区以外。图 4-8 反映了前臂皮肤温度改变引起的感觉与适应温度以及温度变化量之间的关系。可以看到中性区在 31～36℃ 之间。在 31℃ 以下，即便经过 40 分钟的适应期，仍然还感到凉。在适应温度为 30℃ 时，当温度升高 0.3℃ 不会产生感觉上的变化，升高 0.8℃ 皮肤就会感到温暖。但是当皮肤处于 36℃ 适应温度时，冷却 0.5℃ 就会感到凉。也就是说，同一块皮肤，30.8℃ 时有可能会感到暖，35.5℃ 时却有可能会感到凉，这是由于皮肤热感觉的适应性所决定的。

除皮肤温度以外，人体的核心温度对热感觉也有影响。例如坐在 37℃ 浴盆中的人可以维持皮肤温度的恒定，但核心温度却会不断上升，因为其身体的产热散不出去。如果人体的初始体温比较低，尽管开始感受到的是中性温度，但随着核心温度的上升，将感到暖和，最后感到燥热。因此热感觉最初取决于皮肤温度，而后则取决于核心温度。

当环境温度迅速变化时，热感觉的变化比体温的变化要快得多。从 Gagge 等（1967）一系列突变温度环境的实验发现，人处于突变的环境空气温度下，尽管皮肤温度和核心体温的变化需要几分钟，但热感觉却会随着空气温度的变化立即发生变化。因此在瞬变状况下，用空气温度来预测热感觉比根据皮肤温度和核心温度来确定可能更为准确。

由于无法测量热感觉，因此只能采用问卷的方式了解受试者对环境的热感觉，即要求受试者按某种等级标度来描述其热感。由于心理学研究的结果表明：一般人可以不混淆地区分感觉的量级不超过 7 个，因此对热感觉的评价指标往往采用 7 度分级。表 4-11 是两种热感觉标度，其中贝氏标度是由英国学者 Thomas Bedford 于 1936 年提出的，其特点是把热感觉和热舒适合二为一。1966 年美国供热制冷空调工程师协会 ASHRAE 开始使用七级热感觉标度。与贝氏标度相比，ASHRAE 七点标度的优点在于精确地指出了热感觉，所以目前全世界都在采用 ASHRAE 热感觉标度。最早的 ASHRAE 热感觉标度的数值范围也是从 1 至 7。为了使受试者更容易理解标度的含义，目前的热感觉标度数值范围均为从 −3 至 +3，0 代表热中性。表中 ASHRAE 热感觉标度的中文表述与英文直译有所不同，是因为汉字的"暖"与"凉"往往带有舒适的成分，与原文表达的单纯冷热描述有偏差。因此表中的中文表述更能准确地反映该热感觉标度的真实含义，即热感觉达到 ±2，则已达到人们感到显著不适的水平了。这样，通过对受试者的问卷调查得出定量化的热感觉评价，就可以把描述环境热状况的各种参数与人体的热感觉定量地联系在一起。

在进行热感觉实验的时候，设置一些投票选择方式来让受试者说出自己的热感觉，这种投票选择的方式叫做热感觉投票 TSV（Thermal Sensation Vote），其内容也是一个与 ASHRAE 热感觉标度内容一致的七级分度指标，分级范围为 −3～+3，见表 4-12。

Bedford 和 ASHRAE 的七点标度　　　　　　　　　　表 4-11

贝　氏　标　度			ASHRAE 热感觉标度	
7	Much too warm	过分暖和	+3	Hot	很热
6	Too warm	太暖和	+2	Warm	热
5	Comfortably warm	令人舒适的暖和	+1	Slightly warm	有点热
4	Comfortable (and neither cool nor warm)	舒适（不冷不热）	0	Neutral	中性
3	Comfortably cool	令人舒适的凉快	−1	Slightly cool	有点冷
2	Too cool	太凉快	−2	Cool	冷
1	Much too cool	过分凉快	−3	Cold	很冷

五、热舒适

人体通过自身的热平衡和感觉到的环境状况，综合起来获得是否舒适的感觉。舒适的感觉是生理和心理上的。热舒适在 ASHRAE Standard 54-1992 中定义为：人体对热环境表示满意的意识状态。Bedford 的七点标度把热感觉和热舒适合二为一，Gagge[14] 和 Fanger[12] 等均认为"热舒适"指的是人体处于不冷不热的"中性"状态，即认为"中性"的热感觉就是热舒适。

但另外一种观点认为热舒适与热感觉不同。早在 1917 年 Ebbecke 就指出"热感觉是假定与皮肤热感受器的活动有联系，而热舒适是假定依赖于来自调节中心的热调节反应"[16]。Hensel[7] 认为舒适的含义是满意、高兴和愉快，Cabanac 认为"愉快是暂时的"，"愉快实际上只能在动态的条件下观察到……"。即认为热舒适是随着热不舒适的部分消除而产生的。当人获得一个带来快感的刺激时，并不能肯定其总体热状况是中性的；而当人体处于中性温度时，并不一定能得到快适条件。例如，在体温低时，浴盆中较热的水会使受试者感到舒适或愉快，但其热感觉评价却应该是"暖"而不是"中性"。相反当受试者体温高时，用较凉的水洗澡却会感到舒适，但其热感觉的评价应该是"凉"而不是"中性"。

由于热舒适与热感觉有分离的现象存在，因此在实验研究人体热反应时往往也设置评价热舒适程度的热舒适投票 TCV（Thermal Comfort Vote）。这是一个由 0 至 4 的 5 级分度指标，表 4-12 给出了它的分级。

热舒适投票 TCV 与热感觉投票 TSV　　　　　　　　　　　　　　表 4-12

热舒适投票 TCV				热感觉投票 TSV			
4	不可忍受	0	舒适	+3	很热	−1	有点冷
3	很不舒适			+2	热	−2	冷
2	不舒适			+1	有点热	−3	很冷
1	稍不舒适			0	中性		

引起热不舒适感觉的原因除了前面热感觉中所提到的皮肤温度和核心温度以外，还有一些其他的物理因素会影响热舒适：

1. 空气湿度

在偏热的环境中人体需要出汗来维持热平衡，空气湿度的增加并不能改变出汗量，但却能改变皮肤的湿润度。因为此时，只要皮肤没有完全湿润，空气湿度的增加就不会减少人体的实际散热量而造成热不平衡，人体的核心温度不会上升，所以在代谢率一定的情况下排汗量不会增加。但由于人体单位表面积的蒸发换热量下降会导致蒸发换热的表面积增大，从而增加人体的湿表面积，即增加了皮肤湿润度。皮肤湿润度的增加被感受为皮肤"黏着性"的增加从而导致了热不舒适感，所以说，潮湿的环境令人感到不舒适的主要原因是使皮肤的"黏着性"增加。Nishi 和 Gagge（1977）给出了可能引起不舒适的皮肤湿润度的下限：

舒适条件下：　　　　　　　$w < 0.0012M + 0.15$　　　　　　　　　　（4-33）

2. 垂直温差

由于空气的自然对流作用，很多空间均存在上部温度高、下部温度低的状况。一些研究者对垂直温度变化对人体热感觉的影响进行了研究。虽然受试者处于热中性状态，但如果头部周围的温度比踝部周围的温度高得越多，感觉不舒适的人就越多。图 4-9 是头足温差与不满意度之间关系的实验结果，其中头部距地 1.1m，脚踝距地 100mm。

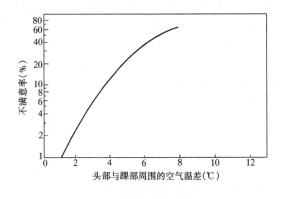

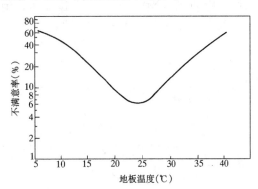

图 4-9　头足温差与不满意度之　　　　　图 4-10　地板温度与不满意度之
间关系的实验结果[20]　　　　　　　　　间关系的实验结果[20]

地板的温度过高或过低同样会引起居住者的不满。研究证明，居住者足部寒冷往往是由于全身处于寒冷状态导致末梢循环不良造成的。但地板温度低会使赤足的人感到脚部寒冷，因此地板材料颇为重要，比如地毯会给人有足部温暖的感觉，而石材地面会使人足部的感觉较凉。表 4-13 给出地板材料与舒适的地面温度的对应关系，地板为混凝土地板覆盖面层。所谓舒适的地面温度是赤足站在地板上不满意的抱怨比例低于15％时的地板温度。但过热的地板温度同样也会引起不舒适，图4-10是地板表面温度与不满意率之间关系的实验结果，实验中受试者穿着轻薄的室内便鞋。一般认为需要保证不超过10％的不满意率来确定地板表面温度的限值。

不同地板材料的舒适温度[11][5]　　　　　　　　表 4-13

地板面层材料	不满意比例<15％的地面温度（℃）	地板面层材料	不满意比例<15％的地面温度（℃）
亚麻油地毡	24～28	橡木地板	24.5～28
混凝土	26～28.5	2mm 聚氯乙烯	26.5～28.5
毛织地毯	21～28	大理石	28～29.5
5mm 软木	23～28	松木地板	22.5～28

3. 吹风感[11]

吹风感是最常见的不满问题之一，吹风感的一般定义为"人体所不希望的局部降温"。此外，吹风导致寒冷，而冷颤的出现也是使人感到不愉快的原因。但对某个处于"中性-热"状态下的人来说，吹风是愉快的。尽管过高的风速能够保证人体的散热需要，使人处于热中性的状态，但却会给人带来吹风的烦扰感、压力感、黏膜的不适感等。

有很多变量会影响人对吹风的感觉，主要是气流的速度及温度，还有人自身所处的热状态。如果人处于偏热状态，吹风有助于改善热舒适。另外吹风感还跟气流的分布状态有关，因此局部风速往往起很大的作用。比如有一股气流吹到人的颈部，那么用室内的平均风速来评价环境的热舒适就没有多大的意义了。

导致不舒适的最低风速约为 0.25m/s，相当于人体周围自然对流的速度。吹风和自然对流边界层之间有复杂的相互作用，而且可以认为边界层对低速的吹风有一定屏蔽作用。

有研究者对实验室内的受试者进行了人体颈部可以承受的局部风速和风温之间关系的实验。内文斯（Nevins，1971）汇总实验结果，把吹风风速和吹风温度表示为一个综合指标，提出了有效吹风感或称有效吹风温度 θ 的定义：

$$\theta = (T_j - T_a) - 8(v - 0.15) \tag{4-34}$$

建议的舒适标准是：

$$-1.7 < \theta < 1.1$$
$$v < 0.35$$

式中　T_a——室内空气温度，℃；

　　　T_j——吹风的风温，℃；

　　　v——吹风的速度，m/s。

图 4-11（a）是比例小于 20％的人感到不舒适的颈部最大吹风速度。其中平滑曲线是霍顿等（Houghten，1938）的实验结果，虚线是根据内文斯的有效送风温度确定的舒适区。图 4-11（b）是吹风风速、温度和不满意率的关系。

Fanger 等研究者发现，在中性-冷环境下湍流度对人体对吹风感的敏感性有很重要的影响。如果用 PD 表示不满意率，可以用下式来描述不满意度与风速、风温以及湍流度之间的关系[5]：

$$PD = (34 - t_a)(v - 0.05)^{0.62}(0.37vT_u + 3.14) \tag{4-35}$$

式中　v——空气流速，m/s；

　　　t_a——空气温度，℃；

　　　T_u——湍流度，无量纲。

如果把空气流速表示为平均流速 $\bar{v}$ 和脉动流速 v' 之和：$v = \bar{v} + v'$，则有：$T_u = \dfrac{\sqrt{\overline{v'^2}}}{\bar{v}}$。

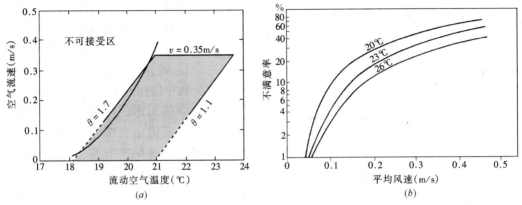

图 4-11　吹风感与风速、风温的关系

（a）比例小于 20％的人感到不舒适的颈部最大吹风速度[11]；（b）平均风速、温度与不满意率[5]

图 4-12 给出了不满意率为 15％时的吹风平均速度、温度和湍流度。

4. 辐射不均匀性

对于大多数房间来说，环境辐射温度都会或多或少有一些不均匀。例如，由于窗的保温一般比墙体保温差，所以坐在窗前的人，会明显感到身体局部受到的来自窗户表面的冷热辐射；采用辐射板空调，也会使人体靠辐射板过近的部分感到不舒适。这种过高的辐射不均匀度会使室内人员感到不舒适。

对于热辐射来说，辐射不均匀度可以用向量辐射温度 T_v 来描述。假定采用辐射板采暖，室内其他表面均处于平均温度 T_∞，则有：

$$T_v = F_{pc}(T_c - T_\infty) \qquad (4\text{-}36)$$

$$T_r = F_{sc}T_c + (1 - F_{sc})T_\infty \qquad (4\text{-}37)$$

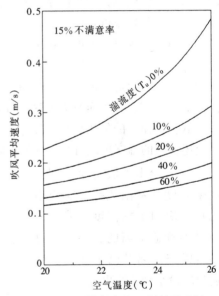

图 4-12　不满意率为 15％时的吹风平均速度、温度和湍流度

式中　T_c——辐射板表面温度，K；

　　　T_∞——室内其他表面的平均温度，K；

　　　T_r——室内测试点的平均辐射温度，K；

　　　F_{pc}——辐射板对室内测试点平面微元的角系数；

　　　F_{sc}——辐射板对室内测试点小球面的角系数。

实验证明，当向量辐射温度超过 10K，人们就会感到不舒适。由于角系数求解的复杂性，因此向量辐射温度 T_v 的求解也比较麻烦。图 4-13 给出了辐射吊顶的位置、尺寸、表面

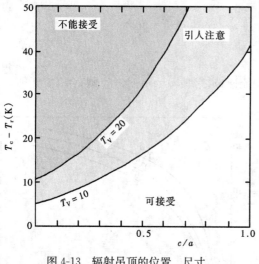

图 4-13　辐射吊顶的位置、尺寸、
表面温度与舒适性[11]

温度与环境辐射温度之差与舒适性之间关系的求解结果。吊顶辐射板的尺寸为 $a \times a$，距离人头顶的高度为 c。

而冷辐射造成的不均匀性，则会给人带来类似"吹风感"的不舒适感觉，即有"人体所不希望的局部降温"，但气流导致的吹风感和冷辐射诱发的"吹风感"没有关系。人逗留的某个位置，如果面对冷表面的平面辐射温度 T_{pr} 比房间其余部分的平均辐射温度低 8K 以上，则该位置就会使人感到不舒适。该结论的适用条件是室内主要部分是舒适的，室内低风速，人员标准着装。如果人在窗户旁边，则保证热舒适的条件是：

$$T_r - T_{pr} = T_r - T_f + F_{pw}(T_f - T_w) < 8 \tag{4-38}$$

窗户的表面温度 T_w 可用下式估算：

$$T_w = T_a - K(T_a - T_o)/\alpha_n \tag{4-39}$$

式中　T_r——室内其余部分的平均辐射温度，K；

　　　T_f——外墙温度，K；

　　　T_a——室内空气温度，K；

　　　T_o——室外温度，K；

　　　F_{pw}——窗户对室内测试点平面微元的角系数；

　　　α_n——窗户内表面对流换热系数，W/（m² · K）；

　　　K——窗户的传热系数，W/（m² · K）。

上述各式的温度单位可统一为℃或者统一为 K。

图 4-14 给出了假定窗户周围的墙壁温度与室温相等，窗户表面温度、房间平均温度、窗户尺寸与最小舒适距离的关系。通过此图可以查出离开已知玻璃温度的窗户的最小舒适距离。

图 4-15 给出了辐射不对称性和人体舒适性之间的关系。其中横坐标的辐射不对称性相当于前面的向量辐射温度。人体对热辐射顶板比对垂直热辐射板敏感，但对垂直冷辐射板则比对冷辐射顶板敏感。因此对人体的热感觉来说，冷辐射吊顶和垂直热辐射板相对比较舒适。

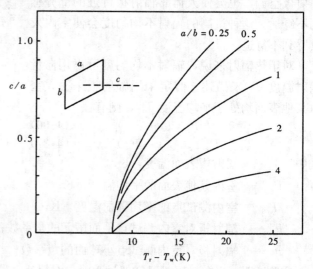

图 4-14　窗户温度、房间平均温度、窗户尺寸
与最小舒适距离的关系[11]

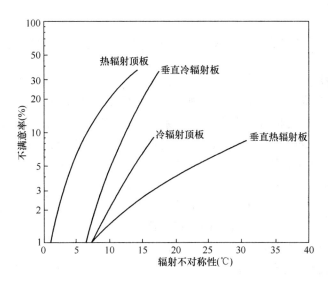

图 4-15　辐射不对称性和人体舒适性之间的关系[20]

5. 其他因素

还有一些因素普遍被人们认为会影响人的热舒适感。例如年龄、性别、季节、人种等。很多研究者对这些因素进行了研究，但早年的研究结论与人们的一般看法是不一致的。

Nevins 等（1966）、Rohles 和 Johnson（1972）、Langkilde（1979）以及 Fanger（1982）[12]分别对不同年龄组的人进行了实验研究，发现年龄对热舒适没有显著影响，老年人代谢率低的影响被蒸发散热率低所抵消。对老年人往往比年轻人喜欢较高室温的现象的一种解释是因为他们的活动量小。

长期在炎热地区和寒冷地区生活的人对其所在的炎热或寒冷环境有比较强的适应力，即表现在他们能够在炎热或寒冷环境中保持比较高的工作效率和正常的皮肤温度。为了了解他们对热舒适的要求是否因此有所变化，很多研究者曾对来自美国、欧洲、亚洲、非洲国家的受试者进行实验，发现他们原有的热适应力对其热舒适感没有显著影响，即长期在热带地区生活的人并不比在寒冷地区生活的人更喜欢较暖的环境，因此 Fanger 得出结论认为对热舒适条件的要求在全世界都是相同的，不同的只是他们对不舒适环境的忍受能力[12]。

Fanger、Yaglou 等研究者从对不同性别的对比实验中发现在同样条件下男女之间对环境温度的好恶没有显著差别。实际生活中女性比男性更喜欢高一点的室温的主要原因之一可能是女性喜欢穿比较轻薄的衣物[12]。

McNall 等人（1968）的研究结论指出由于人不可能因适应而喜欢更暖或更凉的环境，因此季节就不应该对人的热舒适感有所影响。因为人体一天中有内部体温的节律波动：下午最高，早晨最低，所以从逻辑上很容易判断人的热舒适感在一天中是有可能会有变化的。但 Fanger（1974）[13]和 Ostberg 等（1973）的研究发现人体一天中对环境温度的喜好没有什么明显变化，只是在午餐前有喜欢稍暖一些的倾向。

近年来适应性热舒适研究的进展迅速，一些结论与上述早期研究有所不同，认为上述因素对人的热舒适感是会产生影响的。例如研究发现室外热经历和室内热经历都会对人的室内热环境偏好有一定的影响，不管是在空调还是非空调环境下都有类似的反应。

第二节　人体对稳态热环境反应的描述

一、热舒适方程

由于早期的舒适指标是以大量实验观察结果为依据，实验中的各有关参数可改变的数量有限，再加上各参数之间存在很多耦合关系，结论难以推广。因此为了推出综合的热舒适指标，P. O. Fanger 于 1970 年提出了描述人体在稳态条件下能量平衡的热舒适方程[12]，它的前提条件是，第一，人体必须处于热平衡状态；第二，皮肤平均温度应具有与舒适相适应的水平；第三，为了舒适，人体应具有最适当的排汗率。

在人体热平衡方程（4-1）中，当人体蓄热率 $S=0$ 时，有

$$M - W - C - R - E = 0 \tag{4-40}$$

式（4-40）中各项散热量的确定方法如下。

（1）人体外表面向周围空气的对流散热量

$$C = f_{cl} h_c (t_{cl} - t_a) \tag{4-41}$$

式中　h_c——对流换热系数，W/（$m^2 \cdot K$）；

　　　t_{cl}——衣服外表面温度，℃，根据热平衡关系有 $t_{cl} = t_{sk} - I_{cl}(R + C)$；

　　　t_{sk}——人体在接近舒适条件下的平均皮肤温度，℃，参见式（4-26）；

　　　t_a——人体周围空气温度，℃；

　　　I_{cl}——服装热阻，$m^2 \cdot K/W$。

（2）人体外表面向环境的辐射散热量可由式（4-31）求得，若取着装人体吸收率为 0.97，姿态修正系数为 0.72，则有：

$$R = 3.96 \times 10^{-8} f_{cl} [(t_{cl} + 273)^4 - (\overline{t_r} + 273)^4] \tag{4-42}$$

（3）人体总蒸发散热量

$$E = C_{res} + E_{res} + E_{dif} + E_{rsw} \tag{4-43}$$

式中　C_{res}——呼吸时的显热损失，W/m^2，参见式（4-29）；

　　　E_{res}——呼吸时的潜热损失，W/m^2，参见式（4-30）；

　　　E_{dif}——皮肤扩散蒸发损失（无感觉体液渗透），W/m^2；这里把服装潜热热阻简化为适用于一般室内环境的定值，忽略正常排汗对皮肤扩散量的影响，有：

$$E_{dif} = 3.05(0.254 t_{sk} - 3.335 - P_a) \tag{4-44}$$

　　　P_a——人体周围水蒸气分压力，kPa；

　　　E_{rsw}——人体在接近舒适条件下的皮肤表面出汗造成的潜热损失，W/m^2，参见式（4-27）。

将式（4-41）、（4-42）和（4-43）代入式（4-40），就可以得到热舒适方程式：

$$
\begin{aligned}
(M - W) =\ & f_{cl} h_c (t_{cl} - t_a) + 3.96 \times 10^{-8} f_{cl} [(t_{cl} + 273)^4 - (\overline{t_r} + 273)^4] \\
& + 3.05[5.733 - 0.007(M - W) - P_a] + 0.42(M - W - 58.2) \\
& + 0.0173 M (5.867 - P_a) + 0.0014 M (34 - t_a)
\end{aligned} \tag{4-45}
$$

式（4-45）中有八个变量：M、W、t_a、P_a、$\overline{t_r}$、f_{cl}、t_{cl}、h_c。实际上，f_{cl} 和 t_{cl} 均可由 I_{cl} 决定，h_c 是风速的函数，W 按 0 考虑。因此热舒适方程反映了人体处于热平衡状态时，六个影响人体热舒适变量 M、t_a、P_a、$\overline{t_r}$、I_{cl}、v 之间的定量关系。

二、预测平均评价 PMV (Predicted Mean Vote)[12]

式（4-45）反映了人体蓄热率为 0 时各变量之间的关系。PMV 指标就是引入反映人体热平衡偏离程度的人体热负荷 TL 而得出的，其理论依据是当人体处于稳态的热环境下，人体的热负荷越大，人体偏离热舒适的状态就越远。即人体热负荷正值越大，人就觉得越热，负值越大，人就觉得越冷。Fanger 收集了 1396 名美国和丹麦受试者在室内参数稳定的人工气候室内进行热舒适实验的冷热感觉资料，得出人的热感觉与人体热负荷之间关系的实验回归公式：

$$PMV = [0.303\exp(-0.036M) + 0.0275]TL \qquad (4-46)$$

其中人体热负荷 TL 的定义为人体产热量与人体向外界散出的热量之间的差值。但这里有一个假定，即人体的平均皮肤温度 t_{sk} 和出汗造成的潜热散热 E_{rsw} 是人体保持舒适条件下的数值。因此可以看出，人体热负荷 TL 就是人体热平衡方程（4-1）中的蓄热率 S，即把蓄热率看做是造成人体不舒适的热负荷。如果其中对流、辐射和蒸发散热的各项计算采用与热舒适方程式（4-45）相同的计算公式，则蓄热率 S 就相当于式（4-45）两侧的差，这样式（4-46）可以展开如下：

$$PMV = [0.303\exp(-0.036M) + 0.0275] \times \{M - W - 3.05[5.733 - 0.007(M - W) - P_a]$$
$$- 0.42(M - W - 58.2) - 0.0173M(5.867 - P_a) - 0.0014M(34 - t_a)$$
$$- 3.96 \times 10^{-8} f_{cl}[(t_{cl} + 273)^4 - (\overline{t_r} + 273)^4] - f_{cl}h_c(t_{cl} - t_a)\} \qquad (4-47)$$

PMV 指标同样采用了 7 级分度，见表 4-14。

PMV 热感觉标尺　　　　　　　　　　　　　　　表 4-14

热 感 觉	很热	热	有点热	中性	有点冷	冷	很冷
PMV 值	+3	+2	+1	0	-1	-2	-3

PMV 指标代表了同一环境下绝大多数人的感觉，所以可以用来评价一个热环境舒适与否，但是人与人之间存在个体差异，因此 PMV 指标并不一定能够代表所有个人的感觉。为此，Fanger 又提出了预测不满意百分比 PPD (Predicted Percent Dissatisfied)[12] 指标来表示人群对热环境不满意的百分数，并利用概率分析方法，给出 PMV 与 PPD 之间的定量关系：

$$PPD = 100 - 95\exp[-(0.03353PMV^4 + 0.2179PMV^2)] \qquad (4-48)$$

1984 年国际标准化组织提出了室内热环境评价与测量的新标准化方法 ISO7730。在 ISO7730 标准中就采用 PMV-PPD 指标来描述和评价热环境。图 4-16 是 PMV 与 PPD 之间的关系曲线。由图 4-16 可见，当 PMV=0 时，PPD 为 5%。即意味着在室内热环境处于最佳的热舒适状态时，仍然有 5% 的人感到不满意。因此 ISO7730 对 PMV-PPD 指标的推荐值在 -0.5～+0.5 之间，相当于人群中允许有 10% 的人感觉不满意。

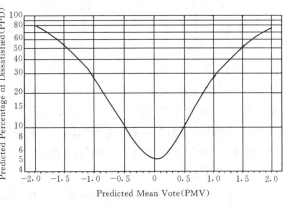

图 4-16　PMV 与 PPD 的关系曲线

根据 PMV 取决于人体热负荷 TL，而人体热负荷 TL 又相当于人体热平衡方程中的蓄热率 S 这一事实，可以看到 PMV 方程是适用于稳态热环境中的人体热舒适评价，而不适用于动态热环境（或者叫做过渡热环境）的热舒适评价的。因为如果人从寒冷的环境进入到温暖的环境里，人体平均温度逐渐升高，蓄热率 S 是正值，但该蓄热率有助于改善人体的热舒适，因此并不能看做是导致不舒适的因素，不能称做是"人体热负荷"。从炎热环境进入到中性环境也是一样的。在这种情况下，人体平均温度逐渐降低，蓄热率 S 为负值是有助于改善人体的热感觉的，也并不会成为人体的热负荷。

另外 PMV 计算式（4-46）采用了人体保持舒适条件下的人体的平均皮肤温度 t_{sk} 和出汗造成的潜热散热 E_{rsw}，因此当人体较多偏离热舒适的情况下，例如在热或者寒冷状态下，PMV 的预测值也是有较大偏差的。

实际上，Fanger 在推出 PMV 的实验回归公式（4-46）时，采用的人体热舒适实验数据都是在室内参数用空调系统严格控制的人工气候室内获得的。实验过程中室内参数稳定且分布均匀，因此 PMV 实验回归公式（4-46）只适用于室内参数稳定且在人体周围均匀分布的热环境，既不适用于非稳定的热环境，也不适用于人体周围的参数非均匀分布的热环境。例如，人体一部分暴露在偏热的环境中，另一部分暴露在偏冷或者中性的环境中，这种情况称做"局部热暴露"。在局部热暴露下的热舒适水平是不能采用这个 PMV 公式来进行描述的。

三、有效温度 ET（Effective Temperature）与 ASHRAE 舒适区

在美国早期空调工程中，人们急需湿度对舒适的影响方面的资料。此问题促使美国暖通工程师学会于 1919 年新建了一个实验室，而"有效温度指标"是它的首批科研课题之一，直到 1967 年的 ASHRAE 手册仍然采用了这个指标。

有效温度 ET 的定义是："干球温度、湿度、空气流速对人体温暖感或冷感影响的综合数值，该数值等效于产生相同感觉的静止饱和空气的温度。"有效温度通过人体实验获得，并将相同有效温度的点作为等舒适线系绘制在湿空气焓湿图上或绘成诺模图的形式。

但有效温度存在的缺陷是过高地估计了湿度在低温下对凉爽和舒适状态的影响。因此已经被新的有效温度 ET^* 所代替。Gagge 等（1971）把皮肤湿润度的概念引进 ET^*，以提供一个适用于穿标准服装和坐着工作的人的舒适指标。该指标出现在 ASHRAE 室内热环境标准 54-74 和 ASHRAE 手册的 1977 年版基础篇中，其数值是通过对身着 0.6clo 服装、静坐在流速 0.15m/s 空气中的人进行热舒适实验，并采用相对湿度为 50% 的空气温度作为与其冷热感相同环境的等效温度而得出的，即同样着装和活动的人，在某环境中的冷热感与在相对湿度为 50% 空气环境中的冷热感相同，则后者所处环境的空气干球温度就是前者的 ET^*。该指标只适用于着装轻薄、活动量小、风速低的环境。

此后不久，新有效温度 ET^* 的内容又有所扩展，综合考虑了不同的活动水平和衣服热阻，形成了最通用的指标——标准有效温度（SET）。它是以人体生理反应模型为基础，由人体传热的物理过程分析得出的，不同于以往的仅从主观评价由经验推导得到的有效温度指标，因而被称为是合理的导出指标。

标准有效温度包含平均皮肤温度和皮肤湿润度，以便确定某个人的热状态。标准有效温度 SET 的定义是：在一个标准环境下，相对湿度为 50%，平均风速低于 0.1m/s，空气温度等于平均辐射温度的等温环境，一个服装热阻为 0.6clo 的静坐的人（代谢率为

1.0met）若与他在某个实际环境和实际服装热阻条件下时的平均皮肤温度和皮肤湿润度相同，则必将具有相同的热损失，则该标准环境的空气温度就是上述实际环境的标准有效温度 SET。即：

$$Q_{sk} = h'_{eSET}(t_{sk} - SET) + wh'_{eSET}(P_{sk} - 0.5P_{SET}) \tag{4-49}$$

其中皮肤的总散热量 Q_{sk}、皮肤温度 t_{sk} 和皮肤湿润度 w 均可利用 Gagge 的二节点模型进行求解，见本章第六节；P_{SET} 是标准有效温度 SET 下的饱和水蒸气分压力，kPa；h'_{eSET} 为标准环境中考虑了服装热阻的综合对流换热系数，W/(m² · ℃)；h'_{eSET} 为标准环境中考虑了服装的潜热热阻的综合对流质交换系数，W/(m² · kPa)，即式（4-20）中的 h_e 在标准环境下的数值。

只要给定活动量、服装和空气流速，就可以在湿空气焓湿图上画出等标准有效温度线。对于坐着工作、穿轻薄服装和较低空气流速的标准状况，其标准有效温度 SET 就等于新有效温度 ET^*。由图 4-17 可以看到湿空气焓湿图上的等 ET^* 线，以及 ASHRAE 舒适标准 54-74 的舒适区。图中另一块菱形面积是美国堪萨斯州立大学通过实验得到的舒适区，其适用条件是服装热阻为 $0.6\sim0.8$clo 坐着的人，而 ASHRAE 舒适标准 54-74 舒适区适用于服装热阻为 $0.8\sim1.0$clo 坐着但活动量稍大的人。两块舒适区的重叠范围是推荐的室内设计条件，而 25℃ 等效温度线正通过重叠区的中心。

尽管标准有效温度 SET 的最初设想是预测人体排汗时的不舒适感，但经过发展却能表示各种衣着条件、活动强度和环境变量的情况。标准有效

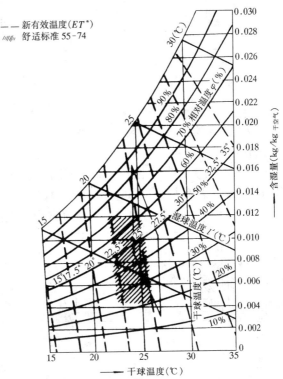

图 4-17　新有效温度和 ASHRAE 舒适区

温度值反映的是人体的感觉而并不与空气的温度直接有关系，比如，一个穿轻薄服装的人坐在24℃、相对湿度50％和较低空气流速的房间里，根据定义他是处于标准有效温度为24℃的环境中。如果他脱去衣服，标准有效温度就降至20℃，因为他的皮肤温度与一个穿轻薄服装坐在20℃空气中的人皮肤温度相同。尽管标准有效温度反映了人的热感觉，但由于它需要计算皮肤温度和皮肤湿润度，因此应用比较复杂，反而不如只能描述坐着活动的 ET^* 应用广泛。

上面介绍的 ASHRAE 舒适区（图 4-17）发布于 1974 年版的标准中。而这个舒适区多年来也经过多次变迁，位置和面积都有所改变。图 4-18 是最新的 ASHRAE 室内热环境标准 55-2013 中的舒适区图，与图 4-17 有着显著的区别，最明显的变化是舒适区的湿度并没有下限。

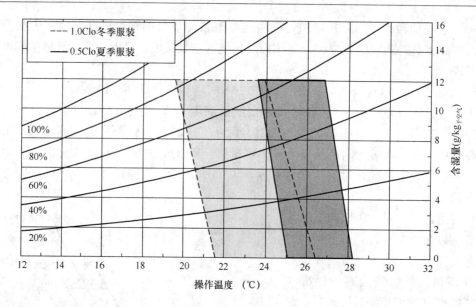

图 4-18　ASHRAE 舒适区（2013）[20]

过去的热舒适研究基本上多强调气流的吹风感等负面影响，但在实践中却常产生偏差，尤其是对气流速度、湍流度的负面影响的强调以及在标准中的限制往往与亚洲以及其他偏热地区的人群感受相悖。近年来通过 Edward Arens 等学者的努力，在最新的ASHRAE 室内热环境标准 55-2013 中首次纳入气流在偏热环境下对热舒适的改善作用。图 4-19 就是该标准中给出的风速对空气温度的人体可接受区大小影响的定量表达。

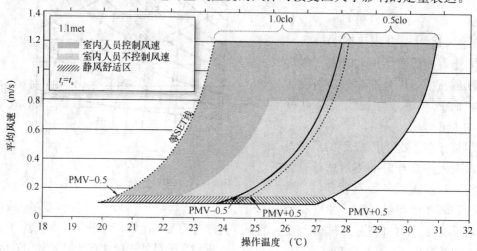

图 4-19　风速对空气温度的人体可接受区大小的影响[20]

（服装热阻为 0.5 和 1.0clo，含湿量为 $10g/kg_{干空气}$）

第三节　人体对动态热环境的反应

以上所介绍的各种描述人体热感觉的指标均是在稳态条件下即人体处于热平衡条件下得出的。而实际上人们多处于不稳定情况下的多变环境，如由室外进入空调房间或走出空调房间到室外，又例如风速非稳定的自然风或机械风吹到人的身体上，此时人的热感觉与稳态环境下的感觉是不同的。我们把这种跟人体热感觉有关的室内参数随着时间或快或慢地变动的环境称做动态热环境，以区别于 Fanger 教授导出 PMV 时进行实验的那种人工气候室内由空调系统控制的稳态热环境。由于动态热环境中需要关注的因素比稳态热环境的要多得多，而且人们对人体热舒适科学问题的认识是从影响因素相对简单的稳态热舒适起步的，对动态热环境下人体热舒适的研究起步比较晚，成果还不成熟。下面介绍的是一些非稳态温度或风速环境中的人体热反应的研究成果，以便让读者对这一科学问题有一定的认识。

一、人体对阶跃温度变化的反应

A. P. Gagge 是最早开展人体在变温环境下热反应研究的学者。他在 1967 年发现人体在温度出现阶跃变化时，皮肤温度和热感觉的变化有一个过渡过程，皮肤温度的变化由于热惯性的存在而滞后，热感觉的变化则要更复杂[21]。图 4-20 是 Gagge 对三名裸体受试者的实验结果。Gagge 认为当人体由中性环境突变到冷或热的环境时，热感觉的变化有一个滞后。而从冷或热环境突变到中性环境时，人体的热感觉响应较快，而且热感觉出现"超越"的情况，即皮肤温度与热感觉存在分离现象。Gagge 认为这种现象是由于皮肤温度急剧变化所致，即皮肤温度的变化率产生了一种附加热感觉，而这种热感觉掩盖了皮肤温度本身引起的不舒适感。此后又有多位中国的研究者对突变环境下人体热反应进行了研究，进一步证实了 Gagge 的皮肤温度与热感觉存在分离现象的结论[22][24]。

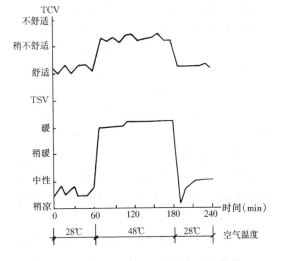

图 4-20 Gagge 的阶跃温度变化对人体热
感觉影响的实验

总而言之，对于人体在突变温度环境中热反应的研究可归纳出如下结论：

（1）人体对环境突变的生理调节十分迅速，并不会对人体产生不良后果；

（2）人体在环境温度突变的生理调节周期中，皮肤温度并不能独立地作为热感觉的评价尺度，因为此时人体正在与周围热环境之间发生激烈的热交换。

二、人体对变化风速的反应

虽然自然界的风速总是在变化的，但对于动态风对人体的热感觉的影响研究得并不多，其主要原因之一是在稳态空调中，由于室温往往较低，较高的风速可能引起吹风感而造成不适。也有人对电风扇的作用效果进行了研究，例如 Konz 等人就发现人们对摇摆风扇的接受程度优于固定风扇。以后的一些研究者也发现动态风能够显著改善"中性-热"环境中人体的热感觉，或者说动态风在较暖环境中对人体的降温作用明显强于稳定气流[26][23]。

气流脉动频率对人体热感觉也有着不可忽视的影响。Fanger 的实验[25]证明了当受试者处于"冷-中性"状态时，频率在 0.3～0.5Hz 范围内变化的气流最容易使人体产生冷吹风感，造成不舒适。而美国的 Arens 却认为频率在 0.7～1.0Hz 之间的气流有更好的冷却效果[26]。中国的研究者[27]也发现了当受试者处于"中性-热"状态时，频率 0.3～0.5Hz 范围内变化的气流使人感到最凉爽。另外还有研究者发现风速变化的频谱对人体的热感觉和热舒适也有显著的影响，并指出这是导致在偏热环境下人们对自然风的接受度高于机械风的主要原因之一[28]。

三、过渡活动状态的热舒适指标 RWI 和 HDR[29]

在实际的空调采暖工程设计中，经常会遇到人员短暂停留的过渡区间。该过渡区间可能连接着两个不同空气温度、湿度等热环境参数的空间。人员经过或在该区间作短暂停留而且活动状态有所改变的时候，对该空间的热环境参数的感觉是与他在同一空间作长期静止停留时的感觉是不同的。因此需要给出人体对这类过渡空间的热舒适指标，以指导这类空间空调设计参数的确定。尽管已经有研究者发现在动态热环境下人体的热反应与稳态环境是不同的，但是迄今为止，还没有成熟的动态热环境下的热舒适评价指标产生。下面所介绍是目前仅有的已经被采用作为设计标准的动态热环境下的热舒适指标。

相对热指标 RWI（Relative Warmth Index）和热损失率 HDR（Heat Deficit Rate）是美国运输部为确定地铁车站站台、站厅和列车空调的设计参数提出的考虑人体在过渡空间环境的热舒适指标。这两个指标是根据 ASHRAE 的热舒适实验结果得出的。RWI 适用于较暖的环境，而 HDR 适用于冷环境。但它没有考虑人体在过渡区间受到变化温度刺激时出现的热感觉"滞后"和"超前"的现象，而仅考虑了过渡状态人体的热平衡。它对动态过程的考虑反映在：

（1）认为人在一种活动状态过渡到另一种状态时，要经过 6 分钟的过程代谢率 M 才能达到最终活动状态下的稳定代谢率。在这个过渡过程中，代谢率与时间呈线性关系。

（2）人的活动会导致出汗并湿润服装，同时人的活动扰动周围气流，导致服装热阻有所改变。认为一种活动状态过渡到另一种活动状态时，服装热阻要经过 6 分钟方能达到新的稳定值，其间服装热阻与时间呈线性关系。

1. 相对热指标 RWI

RWI 是无量纲指标。如果在两种不同的环境条件和活动情况下，具有相同的 RWI 值，则表明人在这两种情况下的热感觉是近似的。其定义式为：

$$RWI = \frac{M(\tau)[I_{cw}(\tau) + I_a] + 6.42(t_a - 35) + RI_a}{234} \quad (P_a \leqslant 2269\text{Pa}) \quad (4-50)$$

$$RWI = \frac{M(\tau)[I_{cw}(\tau) + I_a] + 6.42(t_a - 35) + RI_a}{65.2(5858.44 - P_a)/1000} \quad (P_a \geqslant 2269\text{Pa}) \quad (4-51)$$

式中　M——新陈代谢率，W/m²；

　　　τ——过渡过程中经历的时间，s；

　　　t_a——环境空气的干球温度，℃；

　　I_{cw}——服装热阻，clo；

　　I_a——服装外空气边界层热阻，clo；

　　R——单位皮肤面积的平均辐射得热，W/m²。

RWI 的分度与 ASHRAE 热感觉标度之间的关系见表 4-15。图 4-21 给出了 RWI 与不舒适感觉百分比的关系。

如果给定各连续过渡空间的空气参数、人员衣着以及进入这些空间后的活动状态，根据式（4-40）～（4-42）计算各连续过渡空间的RWI值，就可以得到人员依次进入这些

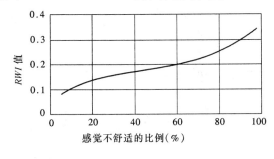

图 4-21　RWI 满意度曲线

RWI 的分度与 ASHRAE 热感觉标度之间的关系

表 4-15

热感觉	ASHRAE 热感觉标度	相对热指标 RWI
暖	2	0.25
稍暖	1	0.15
中性	0	0.08
稍凉	−1	0.00

过渡空间时的相对热感觉是比前一个空间更凉爽些还是更暖些，也可以用于确定各功能空间的设计参数。

2. 热损失率 HDR

热损失率 HDR 综合考虑了温度、湿度、辐射、风速、人体代谢率、服装等影响人体热舒适的因素，反映了人体单位皮肤面积上的热损失，单位是 W/m²。

人的平均皮肤温度是随着外界环境的变化而变化的，感觉基本舒适的平均皮肤温度范围约为 30.6～35℃。在冷环境下，人体的体温调节中枢首先会使皮肤血管收缩，皮肤温度降低，从而减少散热量。当平均皮肤温度下降到舒适下限 30.6℃时，如果散热量仍然大于发热量，体温进一步下降，人体出现热债（heat deficit）。HDR 值即表示人体在较冷环境中，平均皮肤温度为舒适皮肤温度下限时的净热损失速率，即负的人体蓄热率。

HDR（W/m²）的定义式如下：

$$HDR = D/\Delta\tau = 28.39 - M(\tau) - \frac{6.42(t_a - 30.56) + RI_a}{I_{cw}(\tau) + I_a} \tag{4-52}$$

式中　D——热债，J/m²；

　　　$\Delta\tau$——暴露时间，s。

HDR 对时间的积分即热债。$HDR=0$ 是不出现热债的必要条件。由于人体具有一定的蓄热量，当人体的热债达到约 −100kJ/m²，即当 $HDR \leqslant -100$W/m² 时，才会感到冷不适。相反，当人体蓄热量达到 100kJ/m² 时，即 $HDR \geqslant 100$W/m²，将感到热不适。也就是说，在过渡空间中，适宜的 HDR 值与人员的逗留时间成反比。因此，可采取人员的平均逗留时间来确定适宜的过渡空间室内设计参数。

在上述 RWI 和 HDR 表达式中，$I_{cw}(\tau)$ 是衣服被汗湿润后的热阻，和代谢率 $M(\tau)$ 一样在改变活动状态后的前 6min 内是两个状态之间的时间 τ 的线性函数，单位为 clo，即有：

当 $\tau < 360$s
$$I_{cw}(\tau) = I_{cw1} + (I_{cw2} - I_{cw1}) \frac{\tau}{360} \tag{4-53a}$$

$$M(\tau) = M_1 + (M_2 - M_1) \frac{\tau}{360} \tag{4-53b}$$

当 $\tau \geqslant 360s$
$$I_{cw}(\tau) = I_{cw2} \tag{4-54a}$$
$$M(\tau) = M_2 \tag{4-54b}$$

如果考虑人体运动诱导产生的相对风速为 V_a，则根据文献 [29] 给出的图线所导出的服装外空气边界层 I_a 的拟合公式有：

$$I_a = 0.3923V_a^{-0.4294} \tag{4-55}$$

如果考虑到低温时的辐射和对流修正，也可以采用如下公式[34]：

$$I_a = \cfrac{1}{0.61(T_a/298)^3 + 1.9\sqrt{V_a}(298/T_a)} \tag{4-56}$$

其中 T_a 为空气温度，K。

四、在非空调环境中的人体热舒适

夏季非空调环境往往就是自然通风的环境。在这种条件下，室内的温湿度、风速、长波辐射以及太阳辐射都会随着室外参数的不断变化而变化，尤其是室内风速的变化速度快而且幅度大，对人体的热舒适感有很大的影响，因此也是一种动态的热环境。

越来越多的现场调查分析表明，非空调环境下的实际热舒适调查结果与 PMV 预测值有着较大的偏差。图 4-22 是对国外研究者在曼谷、新加坡、雅典和布里斯班四个比较热的地区的非空调建筑中的现场调查结果汇总。从这些结果可以发现环境越热，人们的实际热感觉与 PMV 模型预测值的偏离就越大，出现"剪刀差"现象，也就是说，在自然通风的建筑中，人们的实际热感觉要比 PMV 算出来的凉快。针对这种现象，各国研究者们给出了各种各样的解释。主要的解释有期望因子和适应性模型两种。

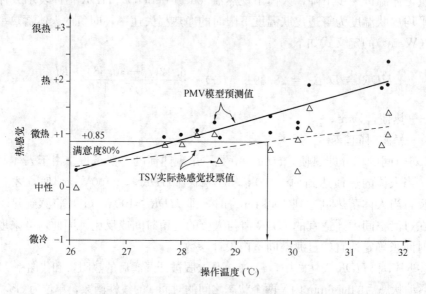

图 4-22 在四个较热地区的非空调建筑中的
现场调查结果与 PMV 预测值的比较[30]

1. 期望因子（Expectancy factor）

针对上述 PMV 与非空调环境的热舒适偏离现象，Fanger 认为这主要是由于在非空调环境下人们对环境的期望值低造成的。他认为在非空调环境下的受试者觉得自己注定要生活在较热的环境中，所以对环境更容易满足，给出的 TSV 值就偏低。为了使得 PMV 模型在非空调环境下也能适用，对于非空调环境下的热感觉评价，Fanger 提出了在温暖气候条件下非空调房间的 PMV 修正模型，引入了一个值为 0.5～1 的心理期望因子 e（Expectancy factor）[30] 来修正当量稳态空调条件下计算出来的 PMV，见式（4-57）。Fanger 给出了不同气候条件下不同空调普及条件的期望因子 e，如表 4-16 所示。

$$PMV_e = e \times PMV \tag{4-57}$$

温暖气候下无空调房间的期望因子　　　　　　　　　　　　　　　表 4-16

期望值	建　筑　分　级	期望因子 e
高	空调建筑普及地区的无空调房间，夏季炎热时间较短地区	0.9～1.0
中	空调建筑有一定应用地区的无空调房间，夏季炎热地区	0.7～0.9
低	空调建筑未普及地区的无空调房间，全年炎热地区	0.5～0.7

2. 适应性模型（Adaptive model）

与 P. O. Fanger 教授的稳态热舒适理论不同的是适应性热舒适理论。该理论的观点认为，人不是给定热环境的被动接受者，在实际建筑环境中，人与环境之间存在一种复杂的交互关系；人体主要以心理适应、行为调节、生理热习服等形式，通过与环境之间的多重反馈循环作用，尽可能减小产生不适因素的影响，使自身接近或达到热舒适状态，因此人体的实际感受与稳态热舒适理论所描述的人体热反应产生差异。

澳大利亚悉尼大学的 R. de Dear 教授在来自四大洲宽广的气候区域的 211 万份现场研究报告的基础上，提出了适应性模型。该模型将室内最适宜的舒适温度（中性温度）和室外空气月平均温度（月平均最高温度和最低温度的代数平均值）联系起来，得到一个线性回归公式，见式（4-58）[31]。根据 90% 和 80% 接受率（热感觉投票值分别为 ±0.5 和 ±0.85）定义了两个室内舒适温度的范围，见图 4-23。在实际应用中，可先计算出某个月份的室外空气平均温度，然后用式（4-58）算出自然通风建筑中室内最适宜的舒适温度，

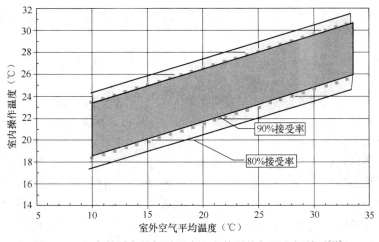

图 4-23　室内最适宜的舒适温度和室外平均气温之间关系[31]

或者根据图 4-23 查出室内有效温度的可接受范围。

$$T_{comf} = 0.31T_{out,m} + 17.8 \qquad (4-58)$$

式中　T_{comf}——室内最适宜的舒适温度，℃；

　　　$T_{out,m}$——室外空气月平均温度，℃。

适应性模型体现了在非空调环境下室内舒适温度随室外温度变化的规律，因此得到了不少学者的支持，并已经被引入到 ASHRAE Standard 55 的热环境标准以及欧洲标准 EN·15251 中。

其他的研究者通过现场调查也得到了舒适温度随季节变化的规律，数据回归得到的公式随调查的时间、地点的不同与式（4-58）有一定的区别，如表 4-17 所示。

不同研究者得到的室内最优舒适温度和室外月平均气温的回归公式　　表 4-17

研 究 者	回 归 公 式
Humphreys（1978）	$T_{comf} = 0.53T_{out,m} + 11.9$
Auliciems（1983）	$T_{comf} = 0.52T_{out,m} + 12.3$
Auliciems and de Dear（1986）	$T_{comf} = 0.31T_{out,m} + 17.6$
Humphreys（2000）	$T_{comf} = 0.54T_{out,m} + 13.5$
Nicol（2004）	$T_{comf} = 0.38T_{out,m} + 17.0$

目前，上述两种模型实际上都存在着争议。期望因子模型只考虑了心理的影响，并没有反映人们对热环境的生理适应能力，也没有反映两种热环境的实质性区别，例如即便是惯用空调的人，在没开空调、自然通风的环境中与在开了空调、平均参数与前者相同的环境中的热感觉也是不一样的，但期望因子模型就掩盖了这一事实。而适应性模型中唯一的变量是室外平均温度，完全没有考虑室内风速、辐射、服装热阻等其他对人体热感觉有明显影响的因素，因此被认为在机理方面还缺乏说服力与严谨性。而且该模型仅仅提出了舒适温度区域，并没有给出偏离舒适温度的热感觉预测方法，使其应用面受到限制。尽管适应性热舒适理论能够更合理地表达实际建筑中的人体热舒适现象，但是由于相对于稳态热舒适，它的研究历史还很短，还有待投入更多的研究才能使其理论体系趋于完善。

第四节　其他热湿环境的物理度量

人体的适应机能提供了强有力的防护能力以对付热对人体的有害作用。但具有潜在危险的、不舒适的热环境会形成强烈的刺激，即热应力，使人体出现热过劳（thermal strain）。当热应力超出了人体本身的调节能力时，就会出现危险的热失调。图 4-24 给出了随着热应力的增加，三种热过劳度量值的差异。B 区为可调区，C 区为受环境影响区，排汗量不再增加而体温上升。可调区的上限也可称为疲劳极限。

前面介绍的热湿环境的各种评价指标均是旨在预测热感觉或主观热舒适感。但在具有热失调危险的环境中，例如在高温车间或在寒冷的野外作业，用感觉来作为生理应变的指标往往是不够的，因此需要拟定指标来对这种环境进行评价。

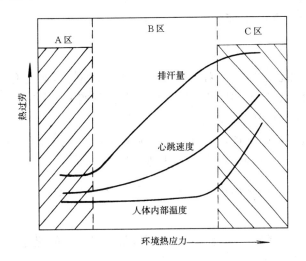

图 4-24　热应力与热过劳的关系[11]

一、热应力指数 HSI (Heat Stress Index)[11]

建立热应力指数的目的在于把环境变量综合成一个单一的指数，用于定量表示热环境对人体的作用应力。具有相同指数值的所有环境条件作用于某个人所产生的热过劳均相同。例如 A 和 B 是两个不同的环境，A 环境空气温度高但相对湿度低，B 环境空气温度低但相对湿度高。如果两个环境具有相同的热应力指数值，则对某个人应产生相同的热过劳。

热应力指数是由匹兹堡大学的 Belding 和 Hatch 于 1955 年提出的。它假定皮肤温度恒定在 35℃，在蒸发热调节区内，认为所需要的排汗量为 E_{req} 等于代谢量减去对流和辐射散热量，不计呼吸散热，则得出热应力指数为：

$$HSI = E_{req}/E_{max} \times 100 \tag{4-59}$$

该指数在概念上与皮肤湿润度相同。规定 E_{max} 的上限值为 $390W/m^2$，相当于典型男子的排汗量为 1L/h。表 4-18 给出了对热应力指数含义的说明。

热应力指数的意义　　　　　　　　　　　　　　　　　　　　　　表 4-18

HSI	暴露 8 小时的生理和健康状况的描述
−20	轻度冷过劳
0	没有热过劳
10～30	轻度至中度热过劳。对体力工作几乎没有影响，但可能减低技术性工作的效率
40～60	严重的热过劳，除非身体健壮，否则就免不了危及健康。需要适应环境的能力
70～90	非常严重的热过劳。必须经体格检查以挑选工作人员。应保证摄入充分的水和盐分
100	适应环境的健康年轻人所能容忍的最大过劳
大于 100	暴露时间受体内温度升高的限制

二、湿黑球温度 WBGT (Wet-Bulb-Globe Temperature)

湿黑球温度 $WBGT$ 适用于室外炎热环境，考虑了室外炎热条件下太阳辐射的影响，目前在评价户外作业热环境时应用广泛。其标准定义式为：

$$WBGT = 0.7t_{nwb} + 0.2t_g + 0.1t_a \tag{4-60}$$

当处在阴影下时，方程（4-59）可简化为：

$$WBGT = 0.7t_{nwb} + 0.3t_a \qquad (4-61)$$

黑球温度与空气温度、太阳辐射、平均辐射温度及空气运动有关，而自然湿球温度则与空气湿度、空气运动、辐射温度和空气温度有关。事实上 $WBGT$ 是一个与影响人体环境热应力的所有因素都有关的函数。

我国有研究者通过回归统计，提出一种可由室外环境参数直接计算 $WBGT$ 的关联式，此时湿黑球温度被表示为 $WBGT^*$ [32]，其表达式如下：

$$WBGT^* = 0.8288t_a + 0.0613\overline{t_r} + 0.007377Q_s + 13.8297\varphi - 8.7284v^{-0.0551} \quad (4-62)$$

以上三个公式中，有：

t_{nwb}——自然湿球温度，指非通风的湿球温度计测量出来的湿球温度，℃；

t_g——黑球温度，℃；

t_a——空气干球温度，℃；

$\overline{t_r}$——环境平均辐射温度，℃；

v——环境风速，m/s；

Q_s——太阳总辐射照度，W/m²；

φ——相对湿度。

文献[32]认为，上式与 WBGT 的计算公式（4-60）的总相关系数为 0.9858，平均相对误差为 4%；并提出如果出于使用简便的目的，用空气温度代替平均辐射温度，用太阳直射照度代替总辐射照度，造成的平均相对误差为 4.5% 左右。

$WBGT$ 指数被广泛应用于估算工业环境的热应力潜能（Davis 1976）。在美国，国家职业安全和健康协会（NIOSH）提出了热应力极限的标准（NIOSH 1986）；ISO 标准 7243 也采用了 $WBGT$ 作为热应力指标，表 4-19 为 ISO 标准 7243 推荐的 $WBGT$ 阈值。

ISO・7243 推荐的 _WBGT_ 阈值　　　　　　　　　　　　　表 4-19

新陈代谢水平	新陈代谢率 M（W/m²）	WBGT 阈值（℃）			
		热适应好的人		热适应差的人	
0	$M<117$	33		32	
1	$117<M<234$	30		29	
2	$234<M<360$	28		26	
		能否感觉空气流动（不能）　（能）		能否感觉空气流动（不能）　（能）	
3	$360<M<468$	25	26	22	23
4	$M>468$	23	25	18	20

图 4-25 是 NIOSH（1986）提出的 $WBGT$ 与安全工作时间极限的关系。该线图的参考对象是体重 70kg 且皮肤表面积为 1.8m² 的工作人员。

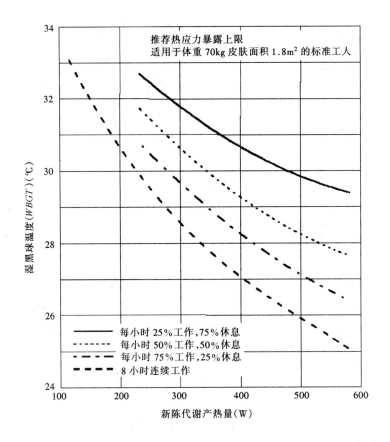

图 4-25　ASHRAE 手册推荐的不同 *WBGT* 条件下的安全工作时间极限[5]

　　对比表 4-19 和图 4-25，人们在不同的新陈代谢率下有不同的 *WBGT* 安全极限值。如果考虑夏季人们身着夏装（0.5clo），在休闲状态下（代谢率 $M < 117W/m^2$），则相应的人体安全 *WBGT* 限值为 32～33℃。当环境的 *WBGT* 值较长时间地超过该值，则应当采取安全保护措施避免人体受到热损伤。

三、风冷却指数 WCI（Wind Chill Index)[11]

　　在非常寒冷的气候中，影响人体热损失的主要因素是空气流速和空气温度。Siple 和 Passel 于 1945 年把这两个因素综合成一个单一的指数，称为风冷却指数 *WCI*，来表示在皮肤温度为 33℃时皮肤表面的冷却速率，即：

$$WCI = (10.45 + 10\sqrt{v_a} - v_a)(33 - t_a) \quad [\text{kcal}/(m^2 \cdot h)] \tag{4-63}$$

其中 v_a 是风速（m/s），t_a 是环境空气温度（℃）。表 4-20 把风冷却指数与人体的生理效应联系起来。表中描述的热感觉适合于穿合适衣服的北极探险者，因此不能认为表中的"凉"与 ASHRAE 热感觉标度中的"凉"是一致的。

　　图 4-26 给出了风冷却指数的线算图。

风冷却指数与人体
的生理效应[11]

表 4-20

WCI [kcal/ (m² · h)]	生理效应
200	愉 快
400	凉
600	很 凉
800	冷
1000	很 冷
1200	极度寒冷
1400	裸露的皮肤冻伤
1400～2000	裸露的皮肤在 1分钟内冻伤
2000 以上	裸露的皮肤在 半分钟内冻伤

[注1]裸露的皮肤在 30s内冻伤
[注2]裸露的皮肤在 1 分钟内冻伤
[注3]暴露的皮肤冻伤

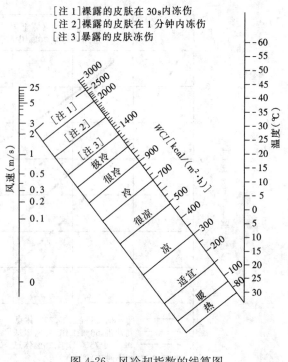

图 4-26　风冷却指数的线算图

第五节　热环境与劳动效率

从国内外大量的现场调研结果发现，热环境的水平影响人的劳动效率。其影响程度随劳动类型、紧张程度不同而不同。但现场调研的结果往往受实际环境中多种其他因素诸如噪声、工作压力、颜色等影响。为了深入分析热环境的独立影响，研究者们不得不在实验室内进行实验研究与分析。从 20 世纪初就有研究者对劳动效率与热环境之间的关系进行了研究，开始主要针对工厂的体力劳动环境，而后又发展到打字员、电话接线员等办公室劳动的效率，近年来又有对中小学教室热环境对学生的学习效率影响的研究，而对现代办公室的白领工作人员、脑力劳动者的劳动效率研究起步较晚，方法和结果也存在比较多的争议。其原因在于工厂劳动效率可以用产量和次品率来表征，打字员和接线员的劳动效率可以成果的量和错误次数来作为指标，但由于多数办公室白领的工作不是上述重复性的体力或者脑力劳动，效率的判断是非常困难的。常规的研究方法是利用 2 位数加法、单词记忆和对一片随机分布的字母按顺序连线的方法来测试其在一定工作时间内的错误率来判断脑力劳动的工作效率。随着计算机应用的普及，发展出了用反应测试软件来测试受试者劳动效率的方法，但受到受试者对电脑操作和对软件的适应程度的干扰，结果的不确定性很大。目前还有一种测量脑血流的方法来通过测量人大脑的疲劳度与热环境的关系来分析热环境对工作人员劳动负荷的影响程度。热环境改变的时候劳动效率可能并无明显的改变，但通过生理测量有可能测得不适热环境对人员的大脑疲劳度的负面影响。

一、劳动效率与外部刺激的关系

现有的关于热环境与劳动效率之间关系的公认性的结论是：劳动效率跟一定的外部刺

激或称"激发"（Arousal）是有关的。激发的概念可以用来解释环境应力对劳动效率的影响。相同的环境应力可能会提高某些工作的劳动效率（Performance），但却会降低另一些工作的劳动效率。某种工作的最高效率出现在中等激发水平上，因为在较低激发水平上，人尚未清醒到足以正常工作，而在较高激发水平上，由于过度激动，人不能全神贯注于手头的工作。因此效率和激发呈一个倒 U 字关系，见图 4-27（a），其中最佳激发水平 A_1 与工作的复杂程度有关。一项困难而复杂的工作本身会激起人的热情，因此在几乎没有外界刺激的情况下就能把工作做得更好；如果来自外部原因的激发太强，外界刺激则会把身体总激发的水平移到偏离最佳激发水平 A_1 点，致使劳动效率下降。而枯燥简单的工作则往往需要有附加外部刺激的情况下劳动效率才能得到提高。

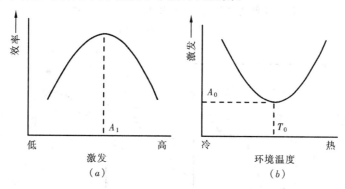

图 4-27　激发与效率以及热刺激的关系[11]

（a）效率与激发的关系；（b）热刺激与激发的关系

图 4-27（b）给出了热刺激与激发的关系示意。无论冷、热都是刺激。应该说，适中的温度对神经系统的感觉输入应该是最小的，但也有研究发现温暖也会减少激发，即稍微的温暖常使人有懒洋洋或浑身无力的感觉。所以图 4-27（b）中的最小激发温度 T_0 对应的是热中性或略高于热中性的温度。

图 4-28 给出了简单工作和复杂工作的环境温度与劳动效率之间的关系。可以看到，人们在从事复杂困难的工作时，希望环境温度越接近热中性或最小激发温度 T_0 越好；而当人们在从事简单枯燥的工作时，环境温度适当偏离最小激发温度 T_0 反而能够获得更高的劳动效率。

二、热环境对体力劳动的影响

研究表明，在偏离热舒适区域的环境温度下从事体力劳动，小事故和缺勤的发生几率增加，产量下降。当环境有效温度超过 27℃ 时，需要运用神经操作、警戒性和决断技能的工作效率会明显降低。非熟练操作工的效率损失比熟练操作工的损失更大。

低温对人的工作效率的影响最敏感的是手指的精细操作。当手部皮肤温度降到 15.5℃ 以下时，手部的操作灵活性会急剧下降，手的肌力和肌动感觉能力都会明显变差，从而导致劳动生产率的下降。

图 4-29（a）给出马口铁工厂相对产量的季节性变化。可以看到，在高温条件下重体力劳动的效率会明显下降。图 4-29（b）给出军火工厂相对事故发生率与环境温度的关系，表明温度偏离舒适区将导致事故发生率的增加。

现有的研究成果均表明体力劳动达到最高劳动效率时的温度比脑力劳动的时候低，这

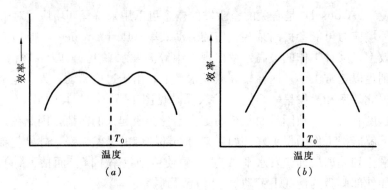

图 4-28 简单工作和复杂工作的环境温度与劳动效率之间的关系[11]

(a) 简单工作；(b) 复杂工作

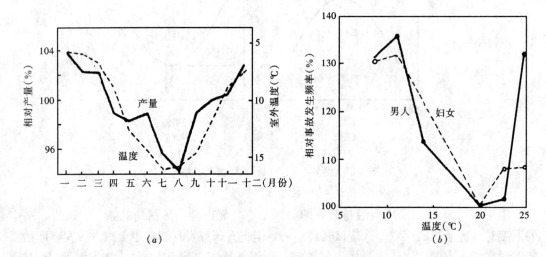

图 4-29 温度对劳动生产率和事故发生率的影响[11]

(a) 马口铁工厂相对产量的季节性变化；(b) 军火工厂相对事故发生率与环境温度的关系

跟人体的代谢率不同有关。但哪种劳动的最佳环境温度是多少还没有确定的定量数据。比如图 4-30 给出的是几种现有的劳动效率预测模型对室外有太阳辐射的建筑工地劳动效率与温度关系的预测结果[35]，可以发现不同研究者得出的最高劳动效率的温度从 10～22℃ 都有，结论差别很大。

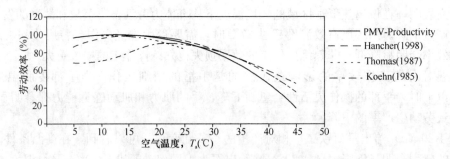

图 4-30 不同劳动效率预测模型得出
的劳动效率与空气温度之间关系的曲线[35]

三、热环境对脑力劳动的影响

尽管对热环境与办公室劳动效率的研究已经开展了有几十年的时间，但由于办公室工作的类型和性质变化较大，因此还缺乏权威的结果，一般认为热感觉对劳动效率的确有影响，偏离中性区越多，劳动效率下降得越多，差错率也越高。例如图 4-31 给出的是气温对工作效率与相对差错率的影响，可以清楚地看出这个趋势。

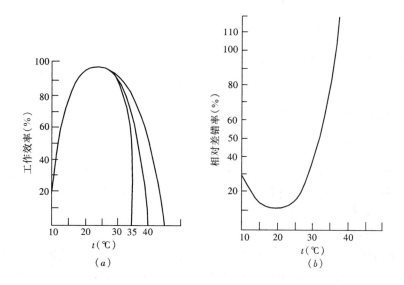

图 4-31　气温对效率与相对差错率的影响[33]

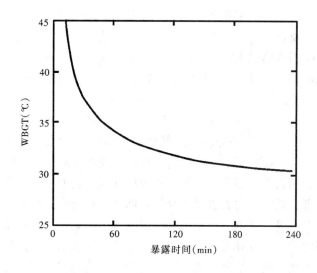

图 4-32　不降低脑力劳动效率的温度与暴露时间的关系[11]

在热环境中的暴露时间长短也会影响工作效率。Wing（1965）在研究热对脑力劳动工作效率的影响中总结出了降低脑力劳动效率的暴露时间，并将其表示为温度的函数。图 4-32 给出了不降低脑力劳动工作效率的温度与暴露时间的关系曲线。表 4-21 给出的是不同研究者关于降低脑力劳动效率的暴露时间与温度的研究结果。

降低脑力劳动效率的暴露时间与温度的研究结果[11]　　　　　　　表 4-21

工作类别	时间（min）	温度（℃）		研 究 者
		SET	ET	
心　算	6.5	—	45.5	Blockley 和 Lyman（1950）
心　算	18.5	—	42.8	Blockley 和 Lyman（1950）
心　算	46	—	33.1	Blockley 和 Lyman（1950）
心　算	240	34	30.6	Viteles 和 Smith（1945）
记单词	60	—	35	Wing 和 Touchstone（1965）
解　题	120	—	31.7	Carpenter（1945）
莫尔斯电码	180	33.3	30.8	Mackworth（1972）

虽然这些曲线都是在实验室条件下根据明显的变化趋势做出来的一般结论，但在实际工作条件下，这些结论也得到了证实。

体温降低对简单的脑力劳动的影响比较轻微，但在有冷风的情况下会涣散人对工作的注意力。如果身体冷得厉害，人会变得过于激奋，从而影响需要持续集中注意力和短期记忆力的脑力劳动的工作效率。例如潜水员在 10℃ 左右的水温中工作，需要对潜水员的智力能力提出较高的要求。

至于什么温度是最高办公室劳动效率的适宜温度，近年来的研究主要是依赖现场调查来进行的，同时结合实验室的实验来确认。由于温度是否合适跟人员的衣着是相关的，而现场调查却往往只涉及环境温度，不涉及服装热阻，所以目前发表文献中现场调查的成果差异性比较大。而应用热感觉来评价就相对比单拿温度来评价更合适。

Wyon 和 Fanger 教授在 1975 年利用 2 位数加法、单词记忆和按字母顺序连线的方法来测试人工气候室内受试者的劳动效率[36]。实验结果表明受试者最喜欢的温度是：衣着水平是 0.6 clo 时为 23.2℃，而衣着水平为 1.15 clo 时是 18.7℃。这两个中性温度比 PMV 模型预测的明显要低，但 Fanger 教授解释其原因可能是受试者大脑高度紧张，代谢率高达 78W/m²，高于一般静坐办公劳动代谢率，所以需要的环境温度比较低。但在实验中发现在这两种温度和衣着状态下，人的劳动效率并无显著差别。也就是说，不管环境温度高低，只要人们自己觉得穿的衣服厚薄合适，那么劳动效率就没有差别。尽管较低的空气温度使受试者觉得空气更新鲜、品质更好，但三种不同脑力劳动测试的结果发现较低空气温度对提高人们的劳动效率并无显著影响。由于这个实验的测试条件是严格受控的，测试对比的脑力劳动类型差别也很大，所以比现场调查更能说明一些问题。

一般认为比热中性环境略冷的热环境是脑力劳动效率最高的热环境。例如有研究认为 25℃ 是中性温度，但 24℃ 时的劳动效率最高。中性温度 25℃ 时会降低劳动效率 1.9%，温度和湿度继续上升会损失更多，见图 4-33（a）。不过该研究认为纯打字和纯脑力思考的工作比较，后者受热环境的影响比较小，见图 4-33（b）[37]。

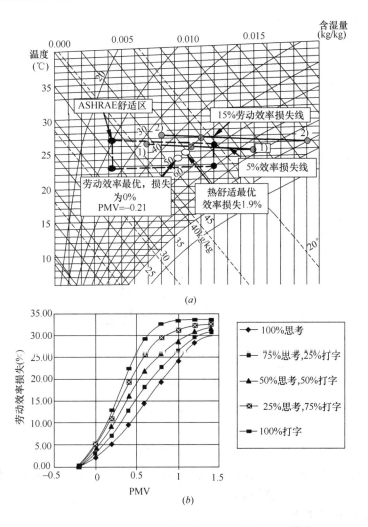

图 4-33　办公室劳动效率损失的一些研究结果[37]

(*a*) ASHRAE 舒适区与导致劳动效率损失的热环境状态；

(*b*) 不同类型办公室劳动效率损失与 PMV 指标之间的关系

第六节　人体热调节的数学模型[*]

二节点模型是 Gagge 等于 1970 年首次提出的人体温度调节的数学模型[38]。这是一个一维模型，它将人体看做两层，即核心层和皮肤层。新陈代谢在核心层产生，产生的热量通过呼吸、皮肤和衣服散失掉，见图 4-34。皮肤层包括表皮和真皮，占人体总质量比约为 10% 左右。排汗率由升到设定温度以上的人体平均温度确定，当平均体温低于设定温度时，排汗率和汗液蒸发散热量 E_{rsw} 均为零。

$$E_{rsw} = c_{rsw}(t_b - t_{b,set})e^{-(t_{sk}-34)/10.7} \tag{4-64}$$

式中　c_{rsw}——系数，170W/（$m^2 \cdot$ ℃）；

　　　E_{rsw}——汗液蒸发散热量，W/m^2；

$t_{b,set}$——体温设定值，36.34℃；

t_b——体温平均值，℃，$t_b = (1 - \alpha_{sk})t_{cr} + \alpha_{sk}t_{sk}$；

t_{cr} 和 t_{sk}——身体核心层温度和皮肤层温度，℃；

α_{sk}——考虑了血流热作用的皮肤层占全身的质量比例

$$\alpha_{sk} = 0.0418 + \frac{0.745}{m_{bl} - 0.585} \qquad (4\text{-}65)$$

m_{bl}——皮肤层的血流量，$L/(h \cdot m^2)$，最大值为 $90L/(h \cdot m^2)$

$$m_{bl} = \frac{6.3 + 50(t_{cr} - 37)}{1 + 0.5(34 - t_{sk})} \qquad (4\text{-}66)$$

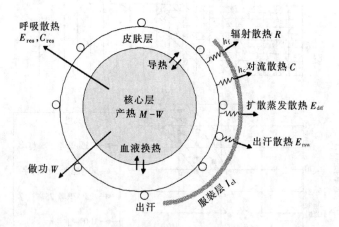

图 4-34　二节点模型示意

冷颤由核心层和皮肤层温度的同时降低而引起，由此所增加的代谢率 ΔM 为：

$$\Delta M = 19.4(34 - t_{sk})(37 - t_{cr}) \qquad (4\text{-}67)$$

核心层的动态热平衡为：

$$M + \Delta M - W = C_{res} + E_{res} + (K + \rho_{bl}m_{bl}c_{bl})(t_{cr} - t_{sk}) + m_{cr}c_{cr}\frac{dt_{cr}}{d\tau} \qquad (4\text{-}68)$$

皮肤层的动态热平衡为：

$$(K + \rho_{bl}m_{bl}c_{bl})(t_{cr} - t_{sk}) = Q_{sk} + m_{sk}c_{sk}\frac{dt_{sk}}{d\tau} \qquad (4\text{-}69)$$

其中 c_{bl}、c_{cr}、c_{sk} 分别是血液、核心层和皮肤的比热，其值分别为 4.19、3.5、3.5 $kJ/(kg \cdot ℃)$；ρ_{bl} 是血液的密度，其值为 12.9kg/L；m_{sk} 和 m_{cr} 分别为皮肤层和核心层的质量（kg）；K 是由核心层向皮肤层的传热系数，$K = 5.28W/(m^2 \cdot ℃)$；Q_{sk} 为皮肤的总散热量（W/m^2），含显热与潜热两部分，$Q_{sk} = E_{rsw} + E_{dif} + C + R$。

通过该模型和本章第一节中介绍的人体能量代谢的有关公式，就能够求出人体皮肤温度 t_{sk} 和皮肤湿润度 w，并用于计算 SET 指标。

本 章 符 号 说 明

A_D——人体皮肤表面积，m^2

A_{cl}——着装人体实际表面积，m^2

C——人体外表面向周围环境通过对流形式散发的热量，W/m^2

c——比热，$kJ/(kg \cdot ℃)$

E——汗液蒸发和呼出的水蒸气所带走的热量，W/m^2

f_{cl}——服装的面积系数

F_{nj}——周围环境第 j 个表面的角系数

H——人身高，m

h——对流换热系数或对流质交换系数，$W/(m^2 \cdot ℃)$ 或 $W/(m^2 \cdot kPa)$

I_{cl}——服装的显热换热热阻，$m^2 \cdot ℃/W$ 或 clo

$I_{e.cl}$——服装的潜热换热热阻，$m^2 \cdot kPa/W$ 或 clo

$I_{cw}(\tau)$——衣服被汗湿润后的热阻，clo

I_a——人体的空气边界层热阻，clo

K——由核心层向皮肤层的传热系数，$5.28W/(m^2 \cdot ℃)$

M——人体能量代谢率，决定于人体的活动量大小，W/m^2

m——质量，kg

m_{bl}——皮肤层的血流量，$L/(h \cdot m^2)$

P——水蒸气分压力，kPa

Q——散热量，W/m^2

R——人体外表面向周围环境通过辐射形式散发的热量，W/m^2

S——人体蓄热率，W/m^2

t_n——周围环境各表面的温度，$℃$

t——温度，$℃$

T——温度，K

t_o——操作温度，$℃$

v——速度，m/s

w——皮肤的湿润度

W——人体所做的机械功，W/m^2

ρ——密度，kg/L

τ——时间，s

ε——人体表面发射率

σ——斯蒂芬-玻尔兹曼常数，$5.67 \times 10^{-8}W/(m^2 \cdot K^4)$

下标

a——空气

b——身体

bl——血液

c——对流

cl——服装

cr——核心层

dif——扩散

e——潜热换热

g——黑球

max——最大值

min——最小值

r——辐射

res——呼吸

rsw——出汗

req——要求值

set——设定值

sk——皮肤

wb——湿球

思 考 题

1. 人的代谢率主要是由什么因素决定的？人体的发热量和出汗率是否随环境空气温度的改变而改变？

2. "冷"与"热"是什么概念？单靠环境温度能否确定人体的热感觉？湿度在人体热舒适中起什么作用？

3. 某办公室设计标准是干球温度 26℃，相对湿度 65%，风速 0.25m/s。如果最低只能使温度达到 27℃，相对湿度仍然为 65%，有什么办法可以使该空间能达到与设计标准同等的舒适度？

4. 国外常用带内电热源 manikin（人体模型）作热舒适实验，manikin 的发热量由输入的活动强度决定，材料的导热系数与人体肌肤基本相同。实验时测量皮肤温度来确定人体的热舒适度。这种做法有什么局限？

5. 人体处于非热平衡时的过渡状态时是否适用热舒适方程？其热感觉描述是否适用 PMV 指标？PMV 在描述偏离热舒适状况时有何局限？

6. 为什么要有 TSV 和 TCV 两种人体热反应评价投票？

7. HIS、WCI 与 PMV、PPD 在应用上有什么区别？

8. 动态热环境与稳态热环境对人的热感觉影响有何差别，原理是什么？

9. 你自己对"舒适"和"中性"之间的关系有何切身体会？

术 语 中 英 对 照

激发	arousal
ASHRAE 七点标度	ASHRAE seven-point scale
适应性模型	adaptive model
体温	body temperature
服装热阻	clothing insulation
核心温度	core temperature
吹风感	draught，draft
有效吹风感	effective draught

有效温度	effective temperature，ET
期望因子	expectancy factor
外衣，服装	garment
黑球温度	globe temperature
热损失率	Heat Deficit Rate，HDR
产热量	heat production
热应力指数	heat stress index
平均辐射温度	mean radiant temperature，MRT
代谢产热	metabolic heat production
代谢率	metabolic rate
透湿性	moisture permeability
中性	neutral
操作温度	operative temperature
感知	perceive
工作效率	performance
预测平均投票	predicted mean vote，PMV
预测不满意百分比	predicted percentage of dissatisfied，PPD
心理物理学	psychophysics
生理状态	physiological state
辐射吹风感	radiation draughts
相对湿度	relative humidity
相对热指标	Relative Warmth Index，RWI
呼吸散热	respiration loss
皮肤温度	skin temperature
皮肤湿润度	skin wettedness
标准有效温度	standard effective temperature，SET
汗液分泌	sweat secretion
二节点模型	two-node model
热舒适方程	thermal equation
热舒适	thermal comfort
热舒适投票	thermal comfort vote，TCV
热中性	thermal neutrality
热感觉	thermal sensation，warmth sensation
热感觉标度	thermal sensation scale
热感觉投票	thermal sensation vote，TSV
热调节	thermoregulation
湍流度	turbulence intensity
风冷指数	wind chill index
湿黑球温度	wet-bulb globe temperature，WBGT

参 考 文 献

[1]　D. DuBois. E. F. DuBois. Aformula to estimate approximate surface area. if height and weight are known. Archives of Internal Medicine 17：863-71，1916.

[2]　北京大学生物学系. 基础生理学. 北京：人民教育出版社，1979.

[3]　孙庆伟，李东亮主编. 人体生理学. 北京：中国医药科技出版社，1994.

[4]　空气调节设计手册. 北京：中国建筑工业出版社.

[5]　2013 ASHRAE Handbook，Fundamentals（SI）. American Society of Heating，Refrigerating and Air-conditioning，Engineers，Inc.，1791 Tullie Circle，N. E.，Atalanta，GA 30329.

[6]　F. H. Rohles. R. G. Nevins. The nature of thermal comfort for sedentary man. ASHRAE Transaction 77（1）：239，1971.

[7]　H. Hensel. Thermoreception and Temperature Regulation. London：Academic Press，1981.

[8]　Kenshalo D. R.. Cutaneous temperature receptors—— some operating characteristics for model. In：Hardy J. D. et al eds. Physiological and behavioral temperature regulation，USA Illinois，1970，pp802～818.

[9]　E. A. McCullough，B. W. Jones. A comprehensive data base for estimating clothing insulation，IER Technical Report 84-01，Institute for Environment Research，Kansas State University，Manhattan，KS.（Final report to ASHRAE research project 411-RP），1984.

[10]　B. W. Olesen. R. Nielsen. Thermal insulation of clothing measured on a moveable manikin and on human subjects. Technical University of Denmark，Lyngby，Denmark，1983.

[11]　McIntyre. Indoor Climate. London：Applied Science Publisher，1980.

[12]　P. O. Fanger，Thermal Comfort. Copenhagen，Danish Technical Press，1970.

[13]　P. O. Fanger，J. Hojbjerre & J. O. B. Thomsen. Thermal comfort conditions in the morning and the evening. International Journal of Biometeorology 18（1）：16，1974.

[14]　A. P. Gagge. Introduction to Thermal Comfort. INSERM，1977.

[15]　杨世铭，陶文铨. 传热学（第三版）. 北京：高等教育出版社，1998.

[16]　赵荣义. 关于"热舒适"的讨论. 暖通空调，2000 年 6 月，第 30 卷，第 3 期.

[17]　Y. Nishi. Measurement of thermal balance of man. Bioengineering Thermal Physiology and Comfort，K. Cena and J. A. Clark，eds，Elsevier，New York，1981.

[18]　Schmidt R. F.，Thews G.. Human Physiology. New York，Springer-Verlag，1983.

[19]　Nielsen M.. Die regulation der koerpertemperatur bei muskelarbeit. Skand. Arch. Physiol.，Vol. 79，pp193，1938.

[20]　ASHRAE（2013）. Thermal Environmental Conditions for Human Occupancy. ASHRAE Standard 55-2013，Atlanta，GA，American Society of Heating，Refrigerating and Air-Conditioning Engineers.

[21]　A. P. Gagge，J. A. J. Stolwijk and J. D. Hardy. Comfort and thermal sensations and associate physiological responses at various ambient temperatures. Environmental Research，Vol. 1，1967.

[22]　王良海. 突变热环境下人体热反应的研究. 清华大学硕士学位论文，1992.

[23]　朱芳宇. 动态风作用下人体热反应及其稳态模糊评价. 清华大学硕士学位论文，1994.

[24]　Yiwen Zhu，Rongyi Zhao. The prediction of human responses to transient thermal environment. The proceedings of Tsinghua-HVAC' 95，pp92～95，Sept. 1995，Beijing，China.

[25]　P. O. Fanger，C. J. K. Pedersen. Discomfort due to air velocities in spaces. Proceedings of Meeting of Commission B1，B2，E1 of International Institute of Refrigeration 1977，4：289～296.

[26] E. Arens et al.. A study of occupant cooling by personally controlled air movement. Energy and Buildings，1998，27：44～59.

[27] 夏一哉. 气流脉动强度与频率对人体热感觉的影响研究. 清华大学工学博士论文，2000.

[28] Ouyang，Q.，Dai，W.，Li，H. and Zhu，Y. Study on dynamic characteristics of natural and mechanical wind in built environment using spectral analysis. Build. Environ. ，41，418－426，2006.

[29] Subway Environmental Design Handbook（Volume 1）. United States Department of Transportation. 1976.

[30] Fanger P O，Toftum J. Extension of the PMV model to non-air-conditioned buildings in warm climates. Energy and Buildings，2002，34（6）：533-536.

[31] de Dear R，Richard J，Brager G S. Thermal comfort in naturally ventilated buildings：Revisions to ASHRAE Standard 55. Energy and Buildings，2002，34（6）：549-561.

[32] Dong L. Chen Q G.. A Correlation of WBGT Index Used for Evaluating Outdoor Thermal Environment. Proceeding of International Conference of Human Environmental System. Tokyo，1991.

[33] 丁玉兰主编. 人机工程学（第三版）. 北京：北京理工大学出版社，2004.

[34] 欧阳骅. 服装卫生学. 北京：人民军医出版社，1985.

[35] S. Mohamed，K. Srinavin. Forecasting labor productivity changes in construction using the PMV index，Int. J. of Industrial Ergonomics，35（2005）345-351.

[36] D. P. Wyon，P. O. Fanger，et al. The mental performance of subject clothed for comfort at two different air temperature. Ergonomics，18（4）359-374，1975.

[37] R. Kosonen，F. Tan. Assessment of productivity loss in air-conditioned buildings using PMV index. Energy and Building 36（2004）987-993.

[38] Gagge，A. P.，J. Stolwijk，and Y. Nishi. An effective temperature scale based on a simple model of human physiological regulatory response. ASHRAE Transactions 77（1）：247-262，1971.

第五章 室内空气质量

室内空气环境（Indoor Air）是建筑环境中的重要组成部分，其中包括室内热湿环境（Indoor Climate）和室内空气质量（Indoor Air Quality）。室内热湿环境已在第三、四章作了介绍，本章着重介绍室内空气质量方面的有关知识，内容包括：近年来室内空气质量问题产生的原因，改善室内空气质量的重要性，室内空气质量的定义，室内空气污染源的种类、特性和污染途径，室内空气质量对人的影响及评价方法，室内空气质量标准，室内空气污染控制原理和方法以及国际上室内空气质量研究动态等。

第一节 室内空气质量简介

一、近年来室内空气质量问题产生的原因

室内环境中，人们不仅对空气的温度和湿度敏感，对空气的成分和各成分的浓度也非常敏感。空气的成分及其浓度决定着空气的质量。人们约有 90％的时间在室内度过[1]，人们每天呼吸的空气为 10 多立方米，约 20kg。室内空气质量不仅影响人体的舒适和健康，而且影响室内人员的工作效率。良好的室内空气质量能够使人感到神清气爽、精力充沛、心情愉悦。然而近三十年来，世界上不少国家室内空气质量出现了问题，很多人抱怨室内空气质量低劣，造成他们出现一些病态反应：头痛、困倦、恶心和流鼻涕等，此类症状被统称为"病态建筑综合征"（英文名为 Sick Building Syndrome，简称 SBS）[2-8]，此外，室内空气质量低劣还会引发哮喘甚至癌症[7,8]。调查和研究表明，造成室内空气质量低劣的主要原因是室内空气污染，这些污染一般可分为三类：物理污染（如粉尘）、化学污染（如有机挥发物，英文名为 Volatile Organic Compounds，简称 VOCs）和生物污染（如霉菌）。为什么近三十年来室内空气质量问题日益受到关注呢？其主要原因如下：

1. 强调建筑节能，导致建筑密闭性增强和新风量减少

20 世纪 70 年代的能源危机后，建筑节能在发达国家普遍受到重视，作为建筑节能的有效手段，很多建筑密闭性增强，新风供给量减少，以降低采暖空调负荷，新建的大量大型建筑及其配套通风、采暖空调系统普遍采用此策略。

2. 新型合成材料在现代建筑中大量应用

一些合成材料由于价格低廉、性能优越，作为建筑材料和建筑装修材料广泛获得应用，但其中一些会散发对人体有害的气体，如有机挥发物（VOCs）[2-7]。此外，在室内环境中（包含汽车、飞机等的内环境）塑料材料及其制品（含有增塑剂）、杀虫剂和阻燃剂大量使用，这些材料中广泛使用了半有机挥发物（英文名为 Semi-volatile Organic Compounds，简称 SVOCs）[8]，其中一些对人体健康包括生殖能力有严重的负面影响。

3. 散发有害气体的电器产品的大量使用

随着电子技术的发展，一些电器产品在办公室和家庭日益普及。其中如复印机、打印

机、计算机等会散发有害气体如臭氧、颗粒物和有机挥发物等，造成室内空气质量的下降。

4. 传统集中空调系统的固有缺点以及系统设计和运行管理的不合理

传统集中空调冷凝除湿的方式，使空调箱和风机盘管系统往往成为霉菌的滋生地。系统设计和运行管理不合理，如过滤网不及时清洗或更换，新风口设计不合理等也常是造成室内空气质量低劣的原因。

5. 厨房和卫生间气流组织不合理

厨房和卫生间是特殊的生活空间，由于对这一空间的特殊性缺乏足够的认识，在气流组织上缺乏很好的应对措施，不仅造成这一特殊空间室内空气质量低劣，而且影响了普通生活或工作空间的室内空气质量。

6. 室外空气污染

室外空气质量下降，工业发展有时伴随着污染排放增加，汽车数量增多造成了道路上汽车尾气排放污染增加，污浊的室外空气进入室内，不可避免地降低了室内空气质量。

与发达国家相比，我国近年来室内空气质量问题更为严重。除上述原因外，我国室内环境污染还有很多独具的特点：

1. 我国城市每年新建建筑量惊人，逾 10 亿 m^2。这些新建建筑中，大量建筑装饰装修材料和复合材料制成的室内物品（包括家具）被使用，其中不乏一些会散发较多化学污染物的材料和产品。

2. 大量散发有害物质的建材、室内材料和复合木家具进入市场、投入使用。近年来，我国不少建筑装饰装修材料、含 SVOCs 的室内材料（如塑料）和复合木家具产量均居世界首位。一方面，我国缺乏关于这些材料和物品有害物限量的法规和标准，消费者难以鉴别这些材料和物品的环保程度，致使高散发有害物的建筑材料、室内材料和物品进入市场、投入使用，在社会上引发了层出不穷的室内空气污染问题，对百姓生活和健康造成了危害。

3. 室内空气净化器缺乏科学评价标准，导致空气净化器市场鱼龙混杂、良莠难辨，一些空气净化器在"净化"空气的过程中，产生有害副产物，不仅起不到净化空气的作用，反而雪上加霜，使室内空气质量更加恶化。

4. 室外空气污染相当严重。由于我国能源主要依赖于煤炭，燃煤过程往往会导致 SO_x、NO_x 及颗粒污染物的大量排放。此外，我国近年来城市汽车数量激增，增长率和增长总量在全世界均名列前茅，汽车尾气排放加剧了室内空气污染。此外，一些地区植被被破坏，造成沙漠化，导致沙尘暴时有发生。

5. 我国饭店和百姓烹饪中，大量菜肴的制备采用油煎、油炸和爆炒，造成大量颗粒物和多环芳烃的散发，影响了饭店和厨房的空气质量。

二、改善室内空气质量的重要性

美国等发达国家统计，每年室内空气质量低劣造成的经济损失惊人。室内空气中的 VOCs 浓度过高往往会引发以下三种健康问题：病态建筑综合征（SBS），与建筑有关的疾病（Building Related Illness，简称 BRI），多种化学物过敏（Multiple Chemical Sensitivity，简称 MCS）。美国环境保护署（Environmental Protection Agency，简称 EPA）历时 5 年的专题调查结果显示：许多民用和商用建筑内的空气污染程度是室外空气污染的数倍至数十倍，有的甚至超过 100 倍[9]。世界卫生组织（WHO）公布的《2002 年世界卫生报告》显示，人们受到的空气污染主要来自室内[10]。据美国环境保护署（EPA）统计，美国每年因室内空气质量低劣造成的经济损失高达 400 亿美元[11]。我国室内空气污染情况非常严重、危害惊人：“目前中国每年室内空气污染引起的超额死亡数已经达到 11.1 万人，超额急症数达 430 万人，直接和间接经济损失达 107 亿美元”[12]。为此，国际上室内空气（Indoor Air）领域著名专家如丹麦技术大学的 Fanger 教授指出：室内空气质量对人健康的影响比室外空气更重要[13]。

近年来，增塑剂、阻燃剂等含有半有机挥发物（SVOC）对人体健康的危害引起了关注。Environmental Health Perspectives 等国际重要学术期刊报道的人群流行病学研究成果表明，主要的增塑剂邻苯二甲酸酯会导致系列严重健康危害：可使儿童产生过敏症状，增加哮喘和支气管阻塞的风险[14, 15]，并可造成多种严重疾病。

历史上，很多传染性疾病如流感、肺结核等被证明是通过空气传播的疾病。2003 年严重急性呼吸综合征（Severe Acute Respiratory Syndrome，简称 SARS）在世界不少国家尤其是我国肆虐，对涉及国尤其是我国人民的日常生活和工作造成了灾害性影响，Li 等人认为 SARS 是可以通过空气传播的[16]。2004 年我国发生的禽流感和 2009 年全球很多国家发生的 H1N1 病毒感染，更引发了人们对室内空气安全的思考。从广义上说，如何控制该类疾病通过室内空气传染，也属于室内空气质量领域研究者义不容辞的责任。

与发达国家相比，我国室内空气污染问题更为严重。我国室内有机化学污染引发的抱怨和纠纷屡见报端，特别是居室装修材料中存在的甲醛、苯系物等挥发性有机物对暴露人群造成包括致癌等各种健康危害，成为严重的社会问题，也成了百姓和舆论的关注热点。为此，温家宝（时任国务院副总理）2001 年 6 月 7 日在“互联网信息摘要（特刊）”《室内装修污染严重规范市场刻不容缓》一文中批示：“此事关系居民身体健康，应引起重视。请建设部、卫生部、质检总局研酌。”我国增塑剂和阻燃剂产量及消费量均列世界前茅，SVOC 对我国人民的健康影响值得关注[17]。

在一些经济不发达地区，如我国的部分农村地区，采用劣质煤和不能很好排放燃烧废气的灶台做饭烧菜和煮水，会严重影响人们尤其是妇女儿童的健康。何兴舟教授和国外合作者组成的团队在云南宣威经过 22 年的实验病因学以及人群流行病学研究发现了燃烧产物中的苯并（a）芘浓度的增高和肺癌发病率明显升高存在显著相关性。国际权威学术期刊 Science 专门报道了这一发现[18]。

三、室内空气质量的定义

室内空气质量定义在近 20 年中经历了许多变化。最初，人们把室内空气质量几乎完全等价为一系列污染物浓度指标。近年来，人们认识到这种纯客观的定义不能涵盖室内空气质量的内容。

在 1989 年国际室内空气质量讨论会上，丹麦的 Fanger 教授提出了一种空气质量的主观判断标准：空气质量反映了人们的满意程度。如果人们对空气满意，就是高质量；反之，就是低质量[19]。

实际上，两种定义各有所长，又各有局限。室内空气质量的客观定义由于没有和人的感知相结合，因此，难以充分反映室内空气质量对人的影响，而且，由于一些成分非常微量，即使目前最精密的测量仪器也难以准确测量其浓度。室内空气质量的主观定义反映了人的感觉和室内空气质量对人的影响，但有些空气污染物无色无味，对人的健康危害是一个随时间积累的较为漫长的过程，因此人们难以在短期给出评价，又不能以牺牲人的健康为代价去评价。对这类空气污染物，主观评价方法面临困难。

如何缓解这一矛盾呢？美国供热制冷空调工程师协会（American Society of Heating, Refrigerating and Air-conditioning Engineers，简称 ASHRAE）颁布的标准 ASHRAE 62-1989《满足可接受室内空气质量的通风》[20]中兼顾了室内空气质量的主观和客观评价，给出定义为：良好的室内空气质量应该是"空气中没有已知的污染物达到公认的权威机构所确定的有害物浓度指标，且处于这种空气中的绝大多数人（≥80%）对此没有表示不满意。"这一定义把对室内空气质量的客观评价和主观评价结合了起来，是人们认识上的一个飞跃。不久，该组织在修订版 ASHRAE 62-1989R[21]中，又提出了可接受的室内空气质量（Acceptable indoor air quality）和可接受的感知室内空气质量（Acceptable perceived indoor air quality）等概念。前者的定义如下：空调空间中绝大多数人没有对室内空气表示不满意，并且空气中没有已知的污染物达到了可能对人体健康产生威胁的浓度。后者的定义为：空调空间中绝大多数人没有因为气味或刺激性而表示不满。它是达到可接受室内空气质量的必要而非充分条件。由于有些气体，如氡、一氧化碳等没有气味，对人也没有刺激作用，不会被人感受到，但却对人危害很大，因而仅用感知室内空气质量是不够的，必须同时引入可接受的室内空气质量。

四、室内空气质量问题产生及相关研究回顾

几个世纪以来，随着工业革命和城市的发展，室外空气污染对于人类健康的威胁已广为人知。早在 14 世纪，就颁布了有关烟尘排放的法律[22]。

但是，直到 20 世纪 60 年代，室内空气污染对于人类健康的影响才引起人们广泛关注，人们开始测试室内空气质量。譬如，1965 年荷兰人 Biersteker 和他的同伴测量了室内 NO_2 浓度，发现以前仅在室外污染中被关注的这种化合物在室内的浓度也较高，这是气体燃烧设备进入室内产生的新问题。1977 年英国的 Melia 等也注意到室内由于烹饪使用的可燃气体燃烧产生的 NO_2 对人体的负面影响，发现在有气体炉的家里，小孩的呼吸综合征发生率高于没有气体炉的家庭。此后，NO_2 对人体健康的影响研究逐渐推开。20 世纪 60 年代后期，Cameron 等研究了有/没有吸烟者的房间中人们的呼吸健康状况，同时包括 Cameron 在内的许多研究者研究了母亲吸烟对于婴儿和小孩的呼吸健康的影响，类似的研究一直持续到 90 年代。到了 20 世纪 70 年代，人们对吸烟造成的室内污染状况进行了测量。同时，室内甲醛被发现是导致哮喘的一个重要源头，由于美国东南部和加拿大很多家庭大量使用尿素甲醛泡沫塑料而使得室内大量甲醛释放，严重影响了人们健康，引发了甲醛对人体健康影响的研究[22]。

近几十年来，一方面，自然材料不能满足人们迅速增长的需求，另一方面，材料科学和工业迅猛发展，大量人工复合材料如雨后春笋般涌现，走进了室内环境。譬如，目前家具和办公场所所用的室内材料和物品中，有大量人工复合板，这些人工复合板主要的胶粘剂为脲醛树脂，系甲醛和尿素的合成产物。20 世纪 80 年代，对小白鼠和大白鼠的研究表明，甲醛系可能的致癌物，研究引发了大量室内环境中甲醛暴露、健康危害和控制研究。20 世纪 90 年代，由于发达国家室内空气中甲醛浓度持续下降，因此，在这些国家人们一度不再特别关注甲醛问题。而在 2004 年，联合国确定甲醛为致癌物，全世界对室内空气中的甲醛又重新关注[23]。

与室内甲醛污染类似，室内材料和物品中的 VOCs 污染也在 20 世纪 80 年代以来受到人们广泛关注。人们对于 SBS（病态建筑综合征）、BRI（与建筑相关疾病）、MCS（多种化学污染物过敏征）的研究已经进行了约 30 年。最初只涉及一些案例分析，包括病症描述以及一些可能相关的污染物情况，现在这方面的研究方兴未艾。

Weschler 于 2008 年发表了一篇综述论文，题目为：20 世纪 50 年代以来室内空气污染物的变化[7]。文中指出，这段时间中，建筑材料和室内消费品有不少明显的变化。复合木材、合成地毯、聚合地板、泡沫垫、塑料制品、芳香清洁剂大量使用，无处不在。机械和电子产品也广泛进入办公室和家庭，譬如洗衣机、电视和计算机等。这些材料和物品会释放一系列化学污染物。就世界范围内而言，一些特定室内污染物例如甲醛、芳香烃和含氯溶剂、杀虫剂等一度增长，目前已呈下降趋势，另一些室内污染物，譬如邻苯二甲酸酯（phthalate esters）、溴化阻燃剂（brominated flame-retardants）、非离子表面活性剂（nonionic surfactants）等已被发现存在明显的健康危害，这方面的研究还在进行中。近50 年来，在室内环境中和人的血液及尿液中同时发现了一些新化学物质，这些污染物的暴露、健康影响分析及其控制机理和方法研究是非常有意义的工作，相关的研究工作正在成为室内环境领域的研究热点。

由于室内材料和物品往往是室内化学污染的重要来源，因此，如何识别其散发的污染物种类并确定其散发速率就成为很有必要的工作，这样的工作被称之为室内材料和物品污染物散发标识。1978 年由联合国内政部提出了国际上首个室内材料和物品污染物标识体系——蓝天使（Blue angel），1986 年蓝天使体系转交给了德国联邦环保部。德国联邦环保部实行后的经验是：一个标识胜过万语千言！此后，丹麦、芬兰、美国、日本等国家相继建立和实施室内材料和物品污染物散发标识制度。迄今，全球已有 40 多个国家和地区都建立和实行了相应的标识制度，我国的相关标识制度也正在积极建设之中。

日本 Fujishima 教授 1972 年在国际权威期刊 Nature 上发表论文，揭示了采用半导体二氧化钛电极的电化学光解现象[24]，其后至今，二氧化钛催化氧化甲醛和 VOCs 成为国际上材料科学、化学、环境科学和工程、室内环境等领域的研究热点[25]。此后，一些室内空气中甲醛和 VOCs 的净化材料和技术也不断出现，出现了等离子体空气净化、热催化空气净化技术。与此同时，传统的过滤和吸附技术也在不断发展，并与新出现的技术结合，形成了一些复合净化技术。但目前普遍存在的问题是，缺乏对空气净化器科学的评价方法和标准，难以对净化材料和净化器非标定工况下的净化性能、对其长期净化性能、对其净化过程中的有害副产物识别和健康危害评价以及对能耗情况给出科学评价。

我国由于经济发展比发达国家滞后，且我国住房改革在 20 世纪 90 年代进行得如火如荼，住房改革引发的家庭装修非常盛行，由此导致的室内空气中甲醛污染问题非常严重，因此，在我国室内空气污染物控制中，甲醛一直被当作室内空气主要甚至是首要污染物。室内空气甲醛和 VOC 污染问题不仅成为百姓关注的问题，也引起了国家领导的关注。为此，我国先后制定了《民用建筑工程室内环境污染控制规范》GB 50325—2001、《室内空气质量卫生规范》（卫法监发 [2001] 255 号）、10 项《室内装饰装修材料有害物质限量》GB 18580—2001～GB 18588—2001 和 GB 6566—2001、《室内空气质量标准》GB/T 18883—2002 等相关标准，对我国城镇室内空气化学污染的改善起到了积极作用。

在室内空气质量的舒适度和可接受度研究方面，20 世纪前 50 年，一些研究者如 Yaglou 用实验方法来确定保证室内空气质量为测试者所接受的通风量。在这类实验中，受试者处在小室内，改变小室通风量，依靠嗅觉，受试者对小室的室内空气质量进行评价。而近十多年来，Fanger 发展了使用评价表来评估室内空气质量的方法（参见第三节中的三、室内空气质量的评价方法）。

室内新风供给量究竟多少合适，一直以来都是通风领域的热点话题。在新风供给量的确定过程中有以下几方面的考虑：（1）满足人们的生存需求。人处在静坐状态下氧气需求量约为 4.2mL/s（15.1L/h）（见表 5-16），对应的入鼻新风供给量约为 105mL/s（0.378m³/h）（参见表 5-14）。（2）满足人们的舒适需求。满足人们舒适要求的新风供给量一般为 10L/(s·人)（36m³/(h·人)），参见图 5-12）。（3）满足人们的健康要求。近年室内空气污染影响了人们的健康，新风应对室内空气污染起到稀释和排污作用，但为此目的，新风量应为多少，需视具体情况而定，总的原则是应保证室内空气中污染物浓度应低于相应标准值。（4）满足室内空气安全需求。对存在空气传播危险的传染病房，Billings 在 1884 年就提出为有效减少疾病的空气传播几率，新风供给量应高于 60 立方英尺/(min·人)（即 102m³/(h·人)）[26]；世界卫生组织要求的传染病房空气换气次数应在 12 次以上[27]。

目前，室内空气质量控制已成为一个跨学科的研究方向，涉及暖通空调（建筑环境与能源应用工程）、环境科学和工程、化学、材料科学、医学、生物学、心理学等多个研究领域，很多研究要求不同学科的研究者协同攻关。我们相信，不远的将来，在此方向上，通过学科交叉，会形成一些新的学术生长点，并取得一些重要的研究成果。

第二节　影响室内空气质量的污染源和污染途径

一、室内污染源及其特性

室内空气污染按其污染物特性可分为以下三类：

化学污染：主要为有机挥发性化合物（VOCs）、半有机挥发物（SVOCs）和有害无机物引起的污染。有机挥发性化合物，包括醛类、苯类、烯类等 300 种有机化合物，这类污染物主要来自建筑装修装饰材料、复合木建材及其制品（如家具）。而无机污染物主要为氨气（NH_3）——主要来自冬期施工中添加的防冻液，燃烧产物 CO_2、CO、NO_x、SO_x 等——主要来自室内燃烧产物。

物理污染：主要指灰尘、重金属和放射性氡（Rn）、纤维尘和烟尘等的污染。

生物污染：细菌、真菌和病毒引起的污染。

下面对每一类污染的常见污染物及其特性作一简介。

1. 常见室内空气化学污染及特性

（1）有害燃烧产物

厨房是烹饪的重要场所，燃料燃烧会产生一些烟气和一些有害气体。烟气是燃烧的主要产物，水蒸气和 CO_2 是其主要成分。水蒸气和 CO_2 通常对人体没有显著影响，但 CO_2 浓度长期过高会使人精神萎靡，工作效率变低，尤其是发生火灾时，大量的 CO_2 会使人窒息。

在低浓度下对人体健康会产生损害的燃烧产物主要是 CO、NO_x、SO_x。

CO 是燃料不完全燃烧的产物，它是一种无色无味的气体，具有极强的毒性，CO 中毒在全世界是一个很大的问题。法国一项调查显示，每年 CO 中毒事件的发生率为 0.175‰，这其中 97% 是偶然事件，死亡率达 5%。CO 能够快速被肺吸收，和血红蛋白结合生成碳氧血红蛋白（COHb），CO 和血红蛋白结合的速率是氧气的 250 倍，从而阻止了血液对氧的吸收和输运，使 COHb 的浓度在人体冠状动脉和脑部动脉处急遽升高，而在人体其他地方则相对要慢得多。CO 中毒对人体氧需求量大的器官和组织伤害程度较大。深度中毒会使脑部受到永久性伤害，使中毒人员持续昏迷；由于心脏耗氧量很大，心脏也特别容易受到损伤；其他的器官包括皮肤、肺以及骨骼肌肉也会受到影响。表 5-1 显示了暴露在不同 CO 浓度和不同时间长度下人体的受伤害程度。

暴露在不同 CO 浓度和不同时间长度下人体的受伤害程度[22]   表 5-1

CO 浓度（mg/m^3）		COHb 浓度（%）	人 体 反 应
229	1145		
1h	20min	10	运动负荷降低
7h	45min	20	呼吸困难，头痛
	75min	30	严重的头痛、无力、眩晕、视力衰退、判断力混乱、恶心、呕吐、腹泻、脉搏加快
	2h	40~50	意识混乱、摔倒、痉挛
	5h	60~70	昏迷、痉挛、脉搏变慢、血压降低、呼吸衰竭甚至死亡

NO$_x$ 包括 N_2O、NO_2、N_2O_5 和 NO。其中由于人类行为所产生的 NO 和 NO_2 是构成大气污染的主要氮氧化物。由于 NO 能够和空气中的氧结合成 NO_2，因此 NO_2 的浓度通常作为氮氧化物污染的指标。低温的家庭燃烧器可以产生 18.8~188mg/m^3（10~100ppm）的氮氧化物，如果室内通风不良，这些氮氧化物就成了室内污染物。厨房烹饪所产生的 NO_2 是室内 NO_2 的主要来源。室内去除氮氧化物的主要途径是通风和绿色植物吸收。NO_2 的毒性主要体现在对呼吸系统的损害上。动物实验表明，NO_2 会使肺部防护机能减退，使得机体对病原体的抵抗变弱，从而容易被细菌感染。研究表明：在对人的健康影响方面，NO_2 的浓度要比人在 NO_2 中的暴露时间和机体的抗病能力更为关键。通常在低浓度下几个小时的暴露不会对动物的肺部产生不利影响，只有几周以上的低浓度暴露才可能引起肺部损伤，但是在高浓度 NO_2 中的短期暴露就可能对健康产生不利影响。表 5-2 是 NO$_x$ 对机体产生危害作用的各种浓度阈值。

NO$_x$ 对机体产生危害作用的各种浓度阈值[23]   表 5-2

损伤作用类型	浓度阈值（mg/m^3）	损伤作用类型	浓度阈值（mg/m^3）
接触人群呼吸系统患病率增加	0.2	呼吸道上皮受损，产生生理学病变	0.8~1
短期暴露使敏感人群肺功能改变	0.3~0.6	对机体产生损伤作用	0.94
嗅觉	0.4	肺对有害因子抵抗力下降	1
对肺部的生化功能产生不良影响	0.6	短期暴露使成人肺功能改变	2~4

SO$_x$ 主要为 SO_2，由煤或者油燃烧产生。通常室内 SO_2 的浓度比室外低，这主要是由于 SO_2 被房间表面吸附所致。SO_2 极易溶于水，因此它可能会在眼睛、鼻子和喉黏膜处变

成亚硫酸、硫酸，产生更强的刺激作用，但上呼吸道对 SO_2 的这种阻留能够减轻其对肺部的刺激。然而 SO_2 可以通过血液到达肺部，仍会对肺产生刺激作用。当其浓度为 10～15ppm 时，呼吸道的纤毛运动和黏膜的分泌作用均会受到不同程度的抑制；当浓度为 20ppm 时，会对眼睛产生很强的刺激，长时间暴露在这种环境中，会引起慢性呼吸综合征；当浓度为 25ppm 时，气管中的纤毛运动将有 65％～70％ 受到障碍。而 SO_2 如果和粉尘一起进入人体，则由于粉尘能够把吸附在其上的 SO_2 直接带到肺部，使得毒性增强 3～4 倍。SO_2 和苯并［a］芘的联合作用，使得肺癌的发病率比后者单独作用要高。此外，SO_2 进入体内后，能够与维生素 B_1 结合，从而阻止维生素 B_1 和维生素 C 结合，破坏体内维生素 C 的平衡，影响新陈代谢。SO_2 还能抑制、破坏或激活某些酶的活性，使得糖和蛋白质的代谢发生紊乱，影响机体生长发育。

香烟所产生的污染可分为主动吸入和被动吸入两种。不吸烟者吸入了香烟燃烧产物中的侧流，而主动吸烟者则吸入了其主流，两种危害很不相同。由于侧流中的烟尘主要由烟草在低温下燃烧产生，因此毒性更高，但由于外部空气的稀释作用，使得被动吸入的有害物浓度大大降低。总而言之，被动吸烟者和主动吸烟者的健康都会受到伤害。

（2）有机挥发物（VOCs）

有机挥发物是一类低沸点的有机化合物的总称。不同组织对于 VOCs 所涵盖的物质的定义并不相同。美国环境署（EPA）对 VOCs 的定义是：除了 CO_2、碳酸、金属碳化物、碳酸盐以及碳酸铵等一些参与大气中光化学反应之外的含碳化合物，主要包括甲烷、乙烷、丙酮、甲基乙酸和甲基硅酸等。室内空气质量的研究人员通常把他们通过采样分析的所有室内有机气态物质称为 VOCs。各种被测量的 VOCs 被总称为 TVOC（Total VOC 的简称）。通常有一些没有在室外环境 VOCs 定义中的有机物质在室内污染研究中也被当成一种 VOC，譬如甲醛。表 5-3 是世界卫生组织（WHO）对室内有机污染物的分类。

世界卫生组织（WHO）对室内有机污染物的分类[22]　　　　　　表 5-3

有机物分类	沸　点（℃）	典型采样方法
极易挥发的有机化合物（VVOC）	＜0 到 50～100	分批采样：用活性炭吸附
有机挥发性化合物（VOC）	50～100 到 240～260	用炭黑或者木炭吸附
半挥发性有机化合物（SVOC）	240～260 到 380～400	用聚亚氨酯泡沫吸附或者 XAD－2 吸附
附着在微粒上的有机物（POM）	＞380	过滤器

VOCs 主要源于室内建材散发，因此通常室内 VOCs 的浓度比室外高出很多。VOCs 是室内污染物中最常见也最被人关注的一类，被研究的最多，是近 20 年来国际室内空气质量研究中的一个热点。

VOCs 对人体健康影响主要是刺激眼睛和呼吸道，皮肤过敏，使人产生头痛、咽痛与乏力。TVOC 浓度小于 $0.2mg/m^3$ 时，对人体不产生影响。TVOC 浓度与人体反应的关系见表 5-4。另外即使室内空气中单个 VOC 含量都远低于其限制浓度，但由于多种 VOCs 的混合存在及其相互作用，危害强度可能增大，整体暴露后对人体健康的危害可能相当严重。由于：1）VOCs 中各化合物之间的协同作用比较复杂，难于了解；2）各国、各地、不同时间地点所测的 VOCs 的组分也不完全相同，所以目前对 VOCs 的健康效应的研究远远不及甲醛清楚。

TVOC 浓度与人体反应的关系[22]   表 5-4

TVOC 浓度（mg/m³）	健 康 效 应	分 类
<0.2	无刺激、无不适	舒适
0.2～3.0	与其他因素联合作用时，可能出现刺激和不适	多因协同作用
3.0～25	刺激和不适；与其他因素联合作用时，可能出现头痛	不适
>25	除头痛外，可能出现其他的神经毒性作用	中毒

新建筑或新装修建筑中，VOCs 浓度容易偏高，被认为容易引发病态建筑综合征。然而到目前为止，VOCs 引发病态建筑综合征的确切证据还显不足。

（3）甲醛

甲醛是一种无色有强烈刺激性气味的气体，易溶于水，其 30％～40％的水溶液称为福尔马林（Formalin）。甲醛容易聚合为多聚甲醛，其受热后则发生解聚作用，在室温下缓慢分解出甲醛。甲醛对人体危害较大，当空气中的甲醛浓度超过 0.6mg/m³ 时，人的眼睛会感到刺激，咽喉会感到不适和疼痛，在含甲醛 10ppm 的空气中停留几分钟，眼睛就会流泪不止。吸入高浓度甲醛时，由于甲醛能与蛋白质结合，可能会导致呼吸道的严重刺激、水肿和头痛。皮肤直接接触甲醛可引起过敏性皮炎、色斑甚至坏死。长期接触低浓度的甲醛可引起慢性呼吸道疾病、女性月经紊乱、妊娠综合征，可能引起新生儿体质降低、染色体异常，甚至引起鼻咽癌。但一般研究者认为，非工业性室内环境甲醛浓度水平还不至于导致人体的肿瘤和癌症[23]。据统计，2006 年全世界甲醛产量为 3200 万吨，其中中国、美国和德国的产量分别占总产量的 34％，14％和 8％。总产量 65％以上的甲醛用于合成胶粘剂[23]。文献［23］是发表在国际著名期刊 Chemical Review 上的综述论文，对作为室内空气主要污染物的甲醛相关研究做了介绍，列出的参考文献就达 480 余篇，建议感兴趣的读者阅读。

（4）氨

氨是一种无色而有强烈刺激气味的碱性气体，易溶于水、乙醇和乙醚，0℃时，氨的溶解度为 1176L/L 水。室内氨浓度超标的主要原因是由于建筑施工过程中，为了加快混凝土的凝固速度和冬期施工防冻，在混凝土中加入高碱混凝土膨胀剂和含有尿素与氨水的混凝土防冻剂，这些含有大量氨类物质的外加剂在一定的温度湿度条件下，被还原成氨气释放出来。氨对人体有较大的危害，当氨的浓度超过嗅阈：0.5～1.0mg/m³ 时，对人的口、鼻黏膜及上呼吸道有很强的刺激作用，其症状根据氨气的浓度、吸入时间以及个人感受性等而有轻重之分。轻度中毒表现主要有鼻炎、咽炎、气管炎和支气管炎等。氨对人体作用的过程如下：由于它的碱性，它对接触的皮肤组织有腐蚀和刺激作用，可以破坏吸收皮肤组织中的水分，使组织蛋白变性、组织脂肪皂化和破坏细胞膜结构。又由于它在水中溶解度极高，容易被吸附在皮肤黏膜和眼结膜上，产生刺激和炎症。随着呼吸，氨气进入人体呼吸道，对上呼吸道有刺激和腐蚀作用，可麻痹呼吸道纤毛和损害黏膜上皮组织，使得病源微生物易于侵入，降低人体抵抗力。当浓度过高时，还可通过三叉神经末梢的反射作用而引起心脏停搏和呼吸停止。当氨进入肺部后，大部分被血液吸收，与血红蛋白结合，破坏输氧功能。短期吸入大量氨气后，可出现流泪、咽痛、声音嘶哑、咳嗽、痰带血丝、胸闷、呼吸困难、头痛、头晕、恶心和呕吐乏力等，严重的可发生肺水肿、成人呼吸紧迫综合征[22]。前些年，室内空气中氨污染在我国时有发生，很多新建建筑中的氨浓度严重超标，近年来，建设部门注意了此问题，新建建筑中氨污染情况大大减少，鲜有报道。

（5）CO_2

CO_2存在于自然空气中，其体积浓度一般在$0.03\%\sim0.04\%$（$300\sim400$ppm）的范围内，在正常环境下，CO_2浓度很少可能会超过5000ppm。CO_2无臭无味，正常环境的浓度下对人体并没有危害。人呼吸时也会产生CO_2。但当吸入空气中的CO_2体积浓度增加到1.0%（10000ppm），为保证正常的新陈代谢，呼吸量将开始增加；当吸入空气中的CO_2体积浓度增加到4.0%（40000ppm），呼吸量将加倍。如果再在此基础上超过一定水平，如达到5.0%，呼吸量已达到了一定限度无法继续增加，则会导致肺泡气和动脉血中的CO_2分压力过高，压抑中枢神经系统的活动，包括呼吸中枢，产生呼吸困难、头痛、头晕，甚至昏迷和死亡。因此，要注意避免CO_2浓度过高。

此外，人体新陈代谢过程中产生很多化学物质，其中有149种从呼吸道排出，除了CO_2以外，还有氨、苯、甲苯、苯乙烯、氯仿等，其中有些污染物会产生不良气味。这些污染物释放量的大小和CO_2呼出量的多少有一定的关系。比如，当CO_2浓度超过700ppm的时候，敏感者会觉察到他人人体代谢污染的气味；而CO_2浓度超过1000ppm的时候，有较多的人会觉察到他人人体代谢污染的气味。因为这些污染物本身的浓度难以测量，而CO_2的浓度较易测量，所以在办公或公共环境等人密度较高的环境中，它常作为室内空气质量控制的污染标识物（indicator）。因此，虽然在以人员为主要污染源的室内空气质量监测中常监测CO_2的浓度，但实际上其浓度在10000ppm以下的时候，对人体并无实质性的危害。

2. 常见物理污染及特性

（1）颗粒物

颗粒物是指空气污染物中的固相物质——多孔、多形，以及因此而具有较强的吸附性是其主要特点。颗粒的成分较多，除了一般的尘埃外，还有炭黑、石棉、二氧化硅、铁、铝、镉、砷等130多种有害物质，室内经常可检测出来的有50多种。颗粒物一般为物理污染，有时颗粒物参与化学反应，或吸附了有害化学物质，也会造成化学污染。颗粒物按照粒径的大小可分为以下几种类型（表5-5）。

按照粒径划分的颗粒物类型[28]　　表5-5

名　称	粒径 d（μm）	单　位	特　点
降尘	>100	$t/$（月·km^2）	靠自身重量沉降
总悬浮颗粒物（Total Suspended Particulate，简称 TSP）	$10<d<100$	mg/m^3	
飘尘 可吸入颗粒物 PM_{10}	<10	mg/m^3 $\mu g/m^3$	长期漂浮于大气中，主要由有机物、硫酸盐、硝酸盐及地壳元素组成
细微粒，$PM_{2.5}$	<2.5	mg/m^3 $\mu g/m^3$	室内主要污染物，对人体危害很大
超细颗粒	<0.1	个$/m^3$	室内重要污染物之一，对人体危害很大，系近年来的研究热点

颗粒物浓度一般有两种表示方式：计质浓度和计数浓度。计质浓度表示单位体积悬浮颗粒物的质量，单位为 mg/m^3 或 $\mu g/m^3$；计数浓度表示单位体积悬浮颗粒物的数量，单位有粒/升、粒/ft^3。医院手术室的空气洁净度一般以立方英尺（ft^3）内颗粒物数目来表示，譬如100级洁净度表示颗粒物浓度为 100 粒/ft^3。研究表明，按计数浓度计，室内可吸入颗粒物以细微粒为主，大于 $10\mu m$ 的粒子所占比重较小，粒径小于 $7.0\mu m$ 的粒子占 95％以上，粒径小于 $3.3\mu m$ 的粒子占 80％～90％，而粒径小于 $1.1\mu m$ 的粒子占 50％～70％，而且吸烟状态下细颗粒浓度最高，所占比重更大，主要是因为烟草烟雾中的颗粒物粒径多小于 $1\mu m$[29]。颗粒物被吸入人体后由于粒径的大小不同会沉降到人体呼吸系统的不同部位，其中 $10\sim50\mu m$ 的粒子沉降在鼻腔中，$5\sim10\mu m$ 的粒子沉积在气管和支气管的黏膜表面，而小于 $5\mu m$ 的粒子则能通过鼻腔、气管和支气管进入肺部。当人体吸入颗粒物浓度低于 5 万粒/L 时，人体可以靠自身能力将颗粒物排出体外，当颗粒物浓度高的时候，人体还会自动调节增加巨噬细胞，增加分泌系统功能来调节防御能力，但当长期、高浓度的吸入颗粒后，细菌、病毒就会繁殖，一旦超过人体免疫能力时，就会发生感染，肺炎、肺气肿、肺癌、尘肺和矽肺等病症。有毒的粒子还可能通过血液进入肝、肾、脑和骨内，甚至危害神经系统，引发人体机能变化，产生过敏性皮炎及白血病等症状。另外颗粒物还能吸附一些有害的气体和重金属元素，携带这些有害物质进入人体，对健康构成影响[28]。

（2）纤维材料

纤维材料也是室内污染物的一种，它们通常来自于吸声或者保温材料，譬如顶棚、吸声层和管道的内套等。常见的室内污染纤维类物质通常有石棉、玻璃质纤维和纸浆。石棉纤维会引起两种疾病：石棉沉疴病（asbestosis）和间皮瘤（mesothelioma）。石棉沉疴病是由于石棉纤维被吸入肺部而引起的肺部病变。慢性的刺激引起了肺部的发炎，造成肺部组织损伤，使得肺部留下疤痕，并且纤维化使得肺部的弹性变差。肺部病变的程度取决于纤维吸入量、暴露时间、纤维形状和纤维种类的生物持续性以及每个人的抗感染能力。间皮瘤是间皮细胞的一种癌变。早期研究表明，在 3700 例间皮瘤病人中，43％的病人被确认有在石棉纤维中暴露的经历。而有证据表明玻璃纤维能引起肺癌和其他呼吸系统疾病。1984 年以来，玻璃纤维一直被怀疑和病态建筑综合征的发生有关，而且可能会引起皮肤和体黏膜刺激。它还可能是"办公室眼睛综合征"、"群体性皮炎"以及上呼吸道刺激的病因。有几项研究表明粒径低于 $4.6\mu m$ 的玻璃纤维不会引起皮肤的过敏反应，因此这种对皮肤的刺激仅仅是物理的刺激而不是免疫系统的反应。而粒径大于 $4\mu m$ 的纤维则不会长时间在空气中扩散[22]。玻璃纤维可能是一种致癌物质，而作为它的替代品的纸浆类纤维则被认为是健康、"绿色"的产品，它通常由可再循环报纸制成。但这类产品也能引起对黏膜和上呼吸道的刺激，同时也可能诱发霍奇金氏病❶。另外纸浆纤维产品容易滋生微生物，对人体的健康是一种威胁。

（3）氡（Rn）气

氡（Rn）气是天然存在的无色、无味、非挥发的放射性惰性气体，是世界卫生组织（WHO）确认的主要环境致癌物之一，它主要来自于铀 238 的自然衰变，是一种比较稳定

---

❶　霍奇金氏病，淋巴肉芽肿病一种发病原因不明的恶性、易严重恶化且有时致命的疾病，特征为淋巴结、肝或脾肿大。

的气体。在矿井中，它通过从矿石中进入空气，或者溶入水中。在家里，最初的氡来自于土壤气体。有些建材特别是石材也会散发氡气。图 5-1 是室内氡气的来源示意图，其中 A～K 均表示氡的来源点。

图 5-1　室内氡气的来源示意图[22,33]

A—水泥地板上的裂缝；B—竖墙和地板之间的间隙；C—水泥块中
的孔和缝；D—地板和墙的连接处；E—暴露的土壤；F—通过排水
管进入室内；G—墙缝；H—管子穿过墙处的墙缝；I—砌块墙顶层
的开口；J—建材；K—水（来自井中）

Rn 的衰减过程如下：

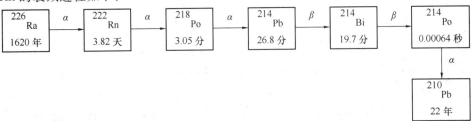

室内 Rn 污染主要是指^{222}Rn 及其衰变产物^{218}Po、^{214}Pb、^{214}Bi 和^{214}Po 对人体的危害。室内空气中，氡气浓度单位为 Bq/m³（贝克/立方米），表示单位体积气体中的放射性活度，1Bq/m³ 就是在 1m³ 气体中，每秒有一个放射性原子核发生衰变。表 5-6 为一些国家调查的室内氡气浓度水平[22]。表 5-7 是国内一些地区的室内氡污染的调查结果（1992 年）[30]。

一些国家调查的室内氡气浓度水平[22]　　　　　　　　　　表 5-6

国家	调查年份	调查用户数目	平均浓度（Bq/m³）	标准差
美国	1989/1990	5694	24.8	3.11

续表

国家	调查年份	调查用户数目	平均浓度（Bq/m³）	标准差
意大利	1989～1994	4866	55.3	2.0
瑞典		8992	60.5	
西德	1984	5970	40	1.8
澳大利亚	1990	3413	8.7	2.1
加拿大	1977～1980	13413	14	3.6
丹麦	1985	496	29	2.2
芬兰	1982	8150	64	3.1
法国	1988	3006	41	2.7
爱尔兰	1987	736	37	
日本	1990	6000	23	1.6
卢森堡公国	1991	2500	65	
荷兰	1982～1984	1000	24	1.6
新西兰	1988	717	18	
挪威	1991	7500	30	
葡萄牙	1991	4200	37	
西班牙	1991	1700	43	3.7

国内一些地区的室内氡污染的调查结果[30]　　　　　　　　　　表 5-7

地区		Rn(Bq/m³)		Rn 子体(mWL)		数据来源
		样品数	$X \pm S$	样品数	$X \pm S$	
上海	室内	120	9.2±6.4	120	1.19±0.89	CJRMP 1992，12(6)，387
	室外	119	5.0±3.0	119	0.84±0.46	
西藏	室内	160	9.6±9.7	140	1.54±1.23	CJRMP 1992，12(1)，24
	室外	62	3.9±3.2	40	0.96±0.60	
乐山	室内	659	10.4			CJRMP 1992，12(2)，128
	室外	142	8.8			
江苏	室内	486	16±12	491	2.11±1.53	CJRMP 1992，12(1)，28
	室外	311	12±7.7	313	1.35±0.82	
武汉	室内	250	17.3	880	2.6	大气及雾中 α 反射性水平研究，武汉市卫生防疫站
	室外	20	12.4±6.6	355	1.9	
山东	室内	46	18.7±4.7	46	2.34±0.50	CJRMP 1992，12(2)，94
	室外	148	5.07±1.30	83	0.99±0.23	
黑龙江	室内	413	20.8±20.1	40	6.19±9.28	CJRMP 1992，12(3)，182
	室外	319	11.3±11.1	25	1.47±1.15	
北京	室内	537	30.3			CJRMP 1986，6(4)，223
	室外	15	8.1±4.1			

地区		Rn(Bq/m³)		Rn 子体(mWL)		数据来源
		样品数	$X \pm S$	样品数	$X \pm S$	
南宁	室内			70	2.43±0.49	CJRMP 1982，2(4)，223
	室外			10	1.49±0.20	
湖南	室内	78	42.8±27.0	78	5.59±3.31	CJRMP 1992，12(2)，94
	室外	73	26.3±16.9	73	3.73±2.47	
陕西	室内	837	43.3±25.4	895	6.87±4.00	CJRMP 1992，12(3)，175
	室外	335	26.2±14.9	337	3.34±3.24	

注：1. X 表示测量值，S 表示误差值；

2. WL 表示工作水平，表示氡子体浓度单位，$1Bq\ m^{-3} = 0.27mWL$。

Rn 及其衰变产物对人体的危害主要是通过内照射进行，即以食物、水和大气为媒介，摄入人体后自发衰变，放射出电离辐射，对人体构成危害。Rn 对人体的危害主要是由于其衰变产物极易吸附在空气的颗粒上，然后被吸入体内，由于氡的半衰期较长（3.82天），因此随着人体的呼吸，吸入体内的氡大部分可被呼出，对人体的危害不大。但是氡的衰变产物却能够沉积在气管和支气管中，部分深入到人体肺部，随着这些衰变产物的快速衰变，所产生的很强的电离辐射可能会使得大支气管上的上皮细胞发生癌变，因此大部分的肺癌就发生在此区域。科学研究表明，诱发肺癌的潜伏期大多在 15 年以上，而世界上 1/5 的肺癌患者与氡有关，因此氡的危害往往不易被人察觉。另外氡及其衰变产物在衰变时还会同时放出穿透力极强的 γ 射线，长期暴露在 γ 射线环境中的人血液循环系统会受到损害，如白细胞和血小板减少，严重的会造成白血病。

3. 室内微生物污染及特点

微生物是肉眼看不见、必须通过显微镜才能看见的微小生物的统称。微生物普遍具有以下特点：

（1）个体小；（2）繁殖快（繁殖一代只需几十分钟到几小时）；（3）分布广、种类繁多；（4）较易变异，对温度适应性强。

自然界中大部分微生物是有益的，少数微生物有害。后者会引发生物污染。能引起人类传染病的病原微生物一般有以下几种：病毒（virus）、细菌（bacteria）和真菌（fungus）。

表 5-8 列出了一些典型微生物污染源及其传播途径和特性。通常细菌、病毒等会附着在颗粒、人咳嗽或者打喷嚏喷出的飞沫上，这些颗粒或飞沫在空气中悬浮和运动，使得细菌和病毒可以通过空气传播。直径小于 $0.5\mu m$ 的颗粒被人的呼吸道吸入后大部分会被呼出，直径在 $0.5\sim 5\mu m$ 之间的颗粒会滞留在肺部，直径在 $5\sim 15\mu m$ 的颗粒会附着在鼻道或气管中，难以进入肺部，$15\sim 20\mu m$ 的颗粒沉降效应很强，往往沉降到地面或各种壁面上。

在适宜的温度、湿度和风速等物理条件下，室内微生物会繁衍、生长，近年来由于建筑密闭性的加强更增加了这种污染的严重性，而一些突发事件，更使人们认识到室内生物污染治理的重要性和紧迫性。

一些典型微生物污染源及其传播途径和特性[31]　　　表 5-8

名称	大小(μm)	生存环境		引发病症举例	特　　点
		温度	pH 值		
病毒	0.02~0.3	适宜生长温度 25~60℃，大部分在 55~65℃ 内不到 1h 被灭活	一般对酸性环境不敏感，对高 pH 敏感	流感、水痘、甲肝、乙肝和 SARS	部分嗜超热菌在 75℃ 以上依然生长良好。传染途径通常为呼吸道传染和消化道传染
细菌	0.5~3.0	适宜生长温度 25~60℃	在 4~10 范围内可生存，一般要求中性和偏碱性	痢疾、百日咳、霍乱、过敏症、肺炎、哮喘和军团症	以空气作为传播媒介
真菌	1~60	适宜生长温度 23~37℃，最高温度为 60℃	大部分生存在 pH 值在 6.5 以下的酸性环境中	湿疹性皮炎、慢性肉芽肿样炎症和溃疡	真菌类包括酵母菌和霉菌。能在免疫功能差的人群里引起过敏症，霉菌还能产生悬浮在空气中的有机体，这些有机体常常能产生常说的霉变的臭味

"9·11"事件以后，由生物武器所引发的恐怖事件屡有发生，如美国建筑内的"炭疽热杆菌"散发事件等。实际上，早在 1976 年美国费城就爆发了"军团菌"事件。一些频繁出现的病态建筑综合征（Sick Building Syndrome）等也与建筑室内生物污染有关。

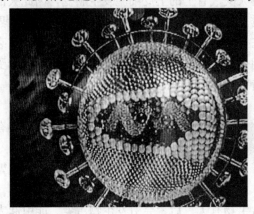

图 5-2　SARS 冠状病毒图[32]

2003 年严重急性呼吸综合征（Severe Acute Respiratory Syndrome，简称 SARS）在世界上许多国家尤其在我国肆虐，截至当年 7 月 31 日，全球累计报告病例 8098 例，774 人死亡，仅中国累计感染就达 5327 例，349 人死亡[32]。图 5-2 为 SARS 冠状病毒显微照片[32]。2004 年我国部分地区出现了禽流感，2009 年全球不少国家爆发了 H1N1。

即使没有突发事件，室内生物污染状况也不容忽视。以北京为例，原北京市东城区卫生防疫站曾于 2000~2001 年的冬夏两季在东城区东直门外地区 16 栋楼房、12 个平房和 6 个写字楼的办公室进行了微生物污染调查，室内空气中细菌总数超标率达 22.4%；霉菌、链球菌检出率为 100%；居室尘螨检出率为 92.8%。此外，在居室加湿器、鱼缸水以及写字楼中央空调冷凝水中还检出了嗜肺军团菌[33]。

二、室内空气污染途径

室内空气污染途径可用图 5-3 概述。

下面分别对室内空气污染途径及其特点作一简单介绍。

1. 室外空气污染

室内空气污染和室外空气污染密切相关。近年来室内空气质量变差的部分原因就是因为室外大气污染日益严重，因此对室外空气污染有必要了解。表 5-9 对室外大气污染物做

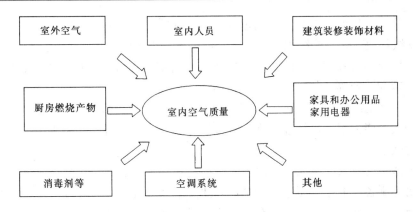

图 5-3　影响室内空气质量的室内空气污染途径

了一个简要的总结。

和室内空气质量相关的室外污染物简介[22]　　　　　　　　　表 5-9

污　染　源	污　染　物	对人体健康的主要危害
工业污染物	NO_x、SO_x、TSP（总悬浮颗粒物）和 HF	呼吸病、心肺病和氟骨病
交通污染物	CO、HC（碳氢有机物）	脑血管病
光化学反应	O_3	破坏深部呼吸道
植物	花粉、孢子和萜类化合物	哮喘、皮疹、皮炎和其他过敏反应
环境中微生物	细菌、真菌和病毒	各类皮肤病、传染病
灰尘	各种颗粒物及附着的病菌	呼吸道疾病及某些传染病

这其中有些污染物可以通过室内外的空气交换进入室内，而有些室内污染物则会随着通风被排至室外。一般说来，室内 VOCs/SVOCs 浓度要高于室外，而在室外污染比较严重的地区，室内 NO_x、SO_x浓度较低。

2. 建筑装修装饰材料

室内装饰和装修材料的大量使用是引起室内空气质量变差的一个重要原因。北京市化学物质毒物鉴定中心曾报道，北京市每年由建材引起室内污染，中毒人数达万人，因此对室内常见建材的污染物散发应该引起足够的重视。

常见的散发污染物的室内装饰和装修材料主要为：

（1）无机材料和再生材料。主要包括大理石、花岗石等石材和水泥、砖、混凝土等建筑材料，以及一些建筑用的工业废渣。这类材料主要的污染放辐射性污染问题。调查表明我国大部分建筑材料的放射量基本符合标准。但也有一些灰渣砖放射性超标。通常花岗石、页岩、浮岩建材放射性高，砂子、水泥、混凝土次之，而石灰大理石则较低[34]。

另外一种无机材料为泡沫石棉，它是一种用于房屋建筑的保温、隔热、吸声、防振的材料。以石棉纤维为原料制成，它引起的污染是由于在安装、维护过程中，石棉纤维颗粒会飘散到空气中，对人的健康危害严重。

（2）合成隔热板材。以各种树脂为基本原料，加入一定的发泡剂、催化剂和稳定剂等辅助材料，经加热发泡而成。主要品种有聚苯乙烯泡沫塑料、聚氯乙烯泡沫塑料等，这类材料在使用的过程中会释放出多种 VOC，主要有甲醛、氯乙烯、苯、甲苯和醚类等。有研究表明，聚氯乙烯泡沫塑料在使用过程中，能挥发 150 多种有机物[22]。

（3）壁纸和地毯。天然纺织壁纸尤其是纯羊毛壁纸中的织物碎片是一种致敏源，而化纤纺织物型壁纸则可释放出甲醛等有害气体，塑料壁纸则可能释放出甲醛、氯乙烯、苯、甲苯、二甲苯和乙苯等[22]。

纯羊毛地毯的细毛绒是一种致敏源，化纤地毯可释放甲醛、丙烯腈和丙烯等 VOCs。另外地毯的吸附能力很强，能吸附许多有害气体和病原微生物，纯毛地毯还是尘螨虫的理想滋生和隐蔽地。

（4）人造板材及人造板家具。由于人造板材在生产过程中需要加入胶粘剂进行粘结，家具表面要涂刷各种油漆，而这些胶粘剂和油漆中都含有大量的有机挥发物。因此人造板材和人造板家具的使用会使得这些有机物不断释放到室内空气中。许多调查都发现，在布置新家具的房间中可以检测出较高浓度的甲醛、苯等几十种有毒化学物质。一般说来，甲醛来自目前大量使用的胶粘剂——脲醛树脂，苯系物来自油漆。

（5）涂料。含有许多化合物，成分十分复杂。在刚刚涂完涂料的房间空气中可检测出大量的苯、甲苯、乙苯、二甲苯、丙酮、醋酸丙酯、乙醛、丁醇和甲酸等 50 多种有机物。

表 5-10 是不同的室内主要污染物在建材中的来源情况。

不同建材排放的污染物一览[22] 表 5-10

室内污染物	建 材 名 称
甲醛	酚醛树脂、脲醛树脂、三聚氰胺树脂、涂料（含醛类消毒、防腐剂水性涂料）、复合木料（纤维板、刨花板、大芯板等各种贴面板、密度板）、壁纸、壁布、家具、人造地毯、泡沫塑料、胶粘剂、市售 903 胶、107 胶等
除甲醛外的其他 VOCs	涂料中的溶剂、稀释剂、胶粘剂、防水材料、壁纸和其他装饰品
氨	高碱混凝土膨胀剂—水泥加快强度剂（含尿素混凝土防冻剂）
氡气	土壤岩石中铀、钍、镭、钾的衰变产物，花岗石、砖石、水泥、建筑陶瓷和卫生洁具

（6）胶粘剂。胶粘剂主要分为两类：天然胶粘剂及合成胶粘剂。天然胶粘剂包括胶水（由动物的皮、蹄、骨等熬制而成）、酪蛋白胶粘剂、大豆胶粘剂、糊精、阿拉伯树胶、胶乳、橡胶水和粘胶等。合成胶粘剂包括环氧树脂、聚乙烯醇缩甲醛、聚醋酸乙烯、酚醛树脂、氯乙烯、醛脲甲醛、合成橡胶胶乳、合成橡胶胶水等。这类胶粘剂在使用时可以释放出大量有机挥发物，如甲酚、甲醛、乙醛、苯乙烯、甲苯、乙苯、丙酮、二异氰酸盐、乙烯醋酸脂、环氧氯丙烷等。长期接触这些有机物会对皮肤、呼吸道以及眼黏膜有所刺激、引起接触性皮炎、结膜炎、哮喘性支气管炎以及一些其他疾病。特别需要指出的是，目前脲醛树脂大量使用，是室内空气中甲醛的主要来源。

（7）吸声和隔声材料。常见的吸声材料包括无机材料如石膏板等；有机材料如软木板、胶合板等；多孔材料如泡沫玻璃等；纤维材料如矿渣棉、工业毛毡等。隔声材料一般有软木、橡胶、聚氯乙烯塑料板等。这些吸声和隔声材料都可向室内释放多种有害物质，如石棉、甲醛、酚类、氯乙烯等，可造成室内人员闻到不舒服的气味，出现眼结膜刺激、接触性皮炎和过敏等症状。

3. 空调系统

暖通空调系统和室内空气质量密切相关，合理的空调系统及其管理能够大大改善室内空气质量，反之，也可能产生和加重室内空气污染。空调系统可能对室内空气质量产生不良影响的部件主要为[35]：

（1）新风口。新风入口选址靠近室外污染比较严重的地方，新风入口离排风口太近，发生排风被吸入的短路现象。

（2）混合间。新、回、排风三股气流交汇，如果该空间受到污染或者有关阀门气密性不好，压力分布不合理，将直接影响室内送风的空气质量。

（3）过滤器。过滤器存在堵塞、缺口、密闭性差和穿透率高等问题，都可

图 5-4　受到堵塞的过滤器

能造成在滤材上积累大量菌尘微粒（见图 5-4），在空调的暖湿气流作用下非常容易生长繁殖并随着气流带入室内造成污染。如果不恰当地选择过滤器面积、风速，不及时清洗或更换过滤器，则会造成污染源扩散，严重影响室内空气质量。

（4）风阀。包括主通及旁通风阀。风阀操作不准确、风阀位置偏低会带来污染扩散问题。

（5）盘管。分为冷热合用与分用两种形式。当除湿盘管及前后连接风道污染、迎风面风速过大引起夹带水珠等均可造成室内空气质量问题。

（6）表冷器托盘。如果托水盘中的水不能及时排走，或排水盘不能及时清洗消毒，一些病菌就会在这阴暗潮湿并且有有机物养分的环境中滋生繁衍，进入室内造成室内空气质量降低。

（7）送风机。风机叶片表面污染、风机皮带轮磨损脱落都会造成空气污染。另外风机电动机因为轴承等问题造成过热，亦会产生异味，随送风传入室内，影响室内空气质量。

（8）加湿器。一些加湿器周围温度和湿度都很适合微生物的繁殖生长，微生物随送风进入室内，造成室内生物污染。

（9）风道系统。由于风道内表面不清洁，消声器的吸声材料多为多孔材料，容易造成微生物表面聚积、繁殖和扩散，使得空气通过风道后进入室内造成室内空气污染。另一方面由于回风的大量使用可能造成污染扩散，影响室内空气质量。

因此空调系统的合理设计，妥善管理对于改善室内空气质量有着重要意义。

4. 家具和办公用品

家具和办公用品也是室内污染的一个主要污染源。家具用有机漆和一些人工木料（如大芯板），常释放有机挥发气体如甲醛、甲苯等，另外打印机、复印机散发的有害颗粒也会威胁人体健康，而目前电脑使用过程中，也会散发多种有害气体，降低人的工作效率，（图 5-5）。

5. 厨房燃烧产物

厨房烹饪使用煤、天然气、液化石油气和煤气等燃料，会产生大量含有 CO、CO_2、NO_x、SO_2 等气体及未完全氧化的烃类—羟酸、醇、苯并呋喃及丁二烯和颗粒物[22]。江苏

图 5-5 电脑对室内空气质量的影响，使得工作者的效率下降（此图由 Fanger P. O. 教授提供）

省卫生防疫站对民用新型燃料在燃烧时所产生的有害气体的污染程度进行了测定，结果表明，燃烧 120min 后，有一定通风，室内甲醇和甲醛平均浓度分别是 3.91mg/m³ 和 0.1mg/m³，不通风条件下分别是 11.78mg/m³ 和 0.49mg/m³，可见污染程度比较严重。

另外，烹调本身也会产生大量的污染物，烹调油烟是食用油加热后产生的，通常炒菜温度在 250℃ 以上，油中的物质会发生氧化、水解、聚合、裂解等反应。随着沸腾的油挥发出来。这种油烟有 200 余种成分，其中含有致癌物质，主要来源于油脂中不饱和脂肪酸和高温氧化与聚合反应。

厨房的这些产物不仅会对烹饪者产生影响，而且在通风设计不好的情况下会严重影响室内空气质量，应该引起重视。

6. 室内人员

室内人员可能产生的污染除了吸烟以外还有人体自身由于新陈代谢而产生的各种气味。这些新陈代谢的废弃物主要通过呼出气、大小便、皮肤代谢等带出体外。

（1）呼出气

人体新陈代谢过程中产生很多化学物质，其中有 149 种从呼吸道排出，比如二氧化碳、氨、苯、甲苯、苯乙烯、氯仿等污染物，其中有些污染物在达到一定浓度时会使人感到有异味。让一个人在门窗紧闭的 10m² 的房间中看书，三个小时后，室内的 CO_2 浓度就增加 3 倍，氨浓度增加 2 倍，其他代谢污染物也会大量增加。由于人体呼吸而造成的污染在一些人员密集且门窗密闭的公共场所（比如中小学的教室）比较严重。另外随着呼吸，一些病毒和细菌也会传播，有些直接通过呼吸传播，有些（例如流感病毒、结核杆菌、链球菌等）通过飞沫传播[22]。

（2）皮肤代谢作用

皮肤包括毛发、指甲、皮脂腺、汗腺等附属器官。作为人体器官之最，其面积可达 1.5～20m²。成年东方人的皮肤重量占体重的 10% 以上；同时它也是人体最大的污染源，经其排泄的废物多达 271 种，汁液 151 种，这些物质包括 CO_2、CO、丙酮、苯、甲烷气体和毛发等。另外人体每天脱落的死亡细胞也是室内灰尘的重要来源[22]。

（3）吸烟

20 世纪 50 年代至今，在美国，大量的毒物学、流行病学，实验数据都表明吸烟是得病和死亡的一个主要原因。吸烟烟尘成分复杂，包括上千种气态、气溶胶态化合物，其中有很多致癌、致畸、致突变的物质比如尼古丁、甲醛等。香烟所散发主要污染物的种类以及发生量见附表 5-1[22]。

（4）大小便

人体通过大小便来排泄部分人体新陈代谢的废物，但在排泄人体废物的同时，一些病菌也随之排出体外，如果对这些废弃物没有处理好，就可能造成室内环境的污染。另外在人的大小便中含有多种有害物质，比如氨类化合物、甲烷等。因此如果室内通风不好，就会有异味。附表 5-2 总结了人体散发的气体污染物种类[33]。

7. 其他

其他室内污染的途径是指除了上述途径之外的一些途径，包括日用化学品污染、人为污染、饲养宠物带来的污染等，这里不再赘述。

第二节　室内空气质量对人的影响及其评价方法

一、室内空气质量对人的影响

室内空气质量对人的影响主要有以下三方面：降低生活舒适度、危害人体健康和降低工作效率。

1. 降低生活舒适度

很多空气中的化学污染物质都具有一定的气味和刺激性。尽管可能其浓度还未达到导致人的机体组织产生病理危害的地步，但会导致室内人员感到嗅觉上的不适并导致心理烦躁不安。

许多气味都是影响室内空气质量的原因。气味种类繁多，无法一一列举，表 5-11 列出了一些典型气味的成分和来源[22]。

一些典型气味的成分及来源　　　　　　　　　　　　　　　表 5-11

气味特点	化 学 成 分	典型气味源
臭鸡蛋气味	H_2S	精炼厂、污水处理厂、垃圾场
肥料气味、牲口圈气味	主要为硫化物：二甲基硫化物、二甲基二硫化物	下水道、堆制肥料、垃圾场
烂卷心菜气味	甲基硫醇	水果工厂、精炼厂、化工厂
洋葱味	丙烷	
天然气	t-丁基	
鱼腥味	胺	颜料厂、污水处理厂、堆肥
汗味、体味	有机酸，如苯基乙酸	衣物
霉味	醌亚胺、C6-C10 氧化物	杀虫剂、空调系统、颜料厂

2. 危害人体健康

一些健康方面的专家现已达成共识，认为一些疾病和工业厂房内室内空气质量不好有很大关系。但是对于那些非工业厂房内如办公室、娱乐场所和住宅内的综合征人们仍然认识不足。虽然一些国家针对工业污染制定了法律和法规（属于劳动保护范畴），但是对于住宅内的室内空气污染，只有很少国家制定了一些规范。这主要是由于调查室内综合征相当困难，而室内空气质量对人体的影响不像工业污染那么显著，因此较难对室内空气质量对人的健康影响给出结论。现在一般认为不良的室内空气质量可以引起病态建筑综合征（SBS）、建筑相关疾病（BRI）和多种化学污染物过敏征（MCS）。

（1）病态建筑综合征（SBS）

病态建筑综合征是指没有明显的发病原因，只是和某一特定建筑相关的一类症状的总称，其通常症状包括眼睛、鼻子或者咽喉刺激、头痛、疲劳、精力不足、烦躁、皮肤干燥、鼻充血、呼吸困难、鼻子出血和恶心等，这种病症有个显著的特征就是一旦离开污染的建筑物，病症会明显的减轻或消失。病态建筑综合征的病因尚不完全清楚。对于这种病症的研究已经超过了30年，1993年Mendell总结了1984年和1992年实验得到的32项研究成果，其中涉及37个可能和病态建筑综合征相关的因素[22]，见附表5-3。可见，病态建筑综合征是由多个因素引起的，包括心理和生理因素。

（2）建筑相关疾病（BRI）

建筑相关疾病包括呼吸道感染和疾病、军团菌病、各种空气传染的疾病、心血管病和肺癌以及中毒反应，主要是由于在具有生物污染、物理污染、化学污染的空气中暴露所致。和病态建筑综合征不同，这些疾病病因可查，而且有明确的诊断标准和治疗对策。患建筑相关疾病的人群离开被怀疑室内空气质量不良的建筑后，症状不会很快消失，仍然需要特殊治疗，且康复时间较长，并且完全康复或症状减轻往往需要远离致病源。而且它和病态建筑综合征相区别的另外一个特点是要诊断一个人是否有这种疾病并不需要对和他同室人的健康进行调查。一些建筑相关疾病能够通过室内空气传播，譬如军团菌病、组织胞浆菌病、肺结核和某些鼻病毒[33]。除了病源来自于外部环境的军团菌病外，其他疾病传播的可能性通常是随着室内人员密度的增加而增大的。引起建筑相关疾病的原因也和病态建筑综合征的原因类似，可分为化学因素、物理因素和生物因素。

（3）多种化学物过敏（MCS）

多种化学物过敏的症状是指慢性（持续三个月以上）多系统紊乱，通常涉及中枢神经系统和一种以上其他系统。症状通常具有不确定性，包括行为变化、疲劳、压抑、精神疾病、肌肉与骨骼、呼吸系统、泌尿生殖系统和黏膜刺激等，由于临床上表现各种各样，缺乏明确的判断依据，通常临床医生不认为这是一种疾病。患多种化学物过敏的人群通常以低于正常剂量对某些化学物质产生对抗效应，对某些食物会产生抵触心理。而受影响者的发病轻重也大不一样，轻者仅仅表现出轻微不适，重者甚至完全丧失劳动能力。在临床上，尽管有淋巴细胞异常等现象，但病人通常并没有其他明显的异常客观表现。这种病症的主要特征是改进和避免可疑化学物质后，症状会消除或减轻，但再次的暴露会引发症状的重现[33]。

3. 影响人的工作效率

室内空气质量的好坏和劳动效率的高低有着密切的联系。《美国医学杂志》1985年调查报告估计，在美国，每年因呼吸道感染而就医的人数达到7500万人次，每年损失1.5亿个工作日，花费的医疗费用达150亿美元，而缺勤损失则高达590亿美元[22]。关于过敏症和哮喘症造成的损失的调查见表5-12。

过敏症和哮喘症造成的损失一览[22] 表 5-12

损失 研究者	哮喘造成的损失		过敏性鼻炎造成的损失		其他类似疾病造成的损失 *	
	健康保健 （美元/人）	间接损失 + （美元/人）	健康保健 （美元/人）	间接损失 （美元/人）	健康保健 （美元/人）	间接损失 （美元/每人）
Weiss 等，1992	5.0	3.1	—	—	—	—
Mcmenamin，1995	3.7	2.7	1.2	1.2	2.7	0.2
Fireman，1997	—	—	—	>4.3	—	—
Smith ，McGhan，1997	—	—	3.4	—	—	—
Smith 等，1997	5.5	0.7	—	—	—	—
平均	4.7	2.2	2.3	2.8	2.7	0.2

注：＊其他类似疾病包括由于过敏而引起的有异物流出或者鼻息肉的慢性鼻窦炎或者中耳炎；
　　＋间接损失包括由于疾病而使得无法学习或工作，甚至死亡而带来的损失。

同样，病态建筑综合征会妨碍人正常工作，造成工作日的损失，同时也会消耗大量医疗费用。1989年美国环保署对新西兰的一项调查表明，每年由于室内空气质量不好造成的损失约占国民生产总值的3％，1987年 Woods 对美国600个白领工人进行了电话调查，结果有20％的工人抱怨自己的行动受到了室内空气质量的影响。而1990年对英国的4373名白领工人的调查表明，病态建筑综合征确实对他们的健康有负面影响，对数据进行分析后发现，病态建筑综合征使生产力降低了4％。在1997年，Menzies 的一项实验研究发现，好的室内空气质量提高了大约11％的生产力。经估算，在1996年，美国因为病态建筑综合征引起的经济损失高达76亿美元[22]。

因此，不良的室内空气质量会引起巨大损失，须引起足够重视。

二、室内化学污染对人体影响的生理基础

1. 呼吸系统

（1）呼吸系统的结构

人体的呼吸系统由鼻腔、咽、喉、气管、支气管、细支气管、终末细支气管和肺组成。临床上常将鼻腔、咽、喉称为上呼吸道，把气管至终末细支气管称为下呼吸道。肺是人体与外界进行空气交换获得 O_2 并排出 CO_2 以维持生命的器官，由呼吸性细支气管、肺泡管和肺泡组成。肺内最小的呼吸单位是肺泡，由单层上皮细胞构成，并被毛细血管网包绕。血管上皮与肺泡上皮紧密相贴，使血液与肺泡内的 O_2 和 CO_2 充分交换。

胸腔收缩和扩张，横膈膜上下移动，从而使肺部收缩、扩张来完成呼吸。肺部扩张导致肺内负压而吸入空气，肺部收缩导致正压而把空气排出。肺部压差的变化大约在正负 1mmHg 范围内。图5-6是人体呼吸系统的示意图。

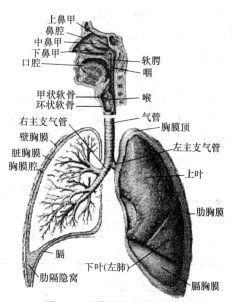

图 5-6 人体呼吸系统的组成

在鼻腔、气管、支气管和较大的细支气管的黏膜上具有黏液细胞和纤毛上皮，有分泌黏液和纤毛运动的功能。鼻腔还有对进入肺部的空气进行预先加热加湿的作用。黏液可以粘住吸入呼吸道内的颗粒物，通过纤毛运动，不断将其清出体外。当呼吸道的黏膜受到机械性或者化学性刺激时，可引起喷嚏反射和咳嗽反射，这些反应对人体具有保护作用。如果呼吸道的黏膜过于干燥或者受到有害气体或者病原体的侵害，纤毛运动受到抑制，就会丧失这种保护功能。

（2）每分钟肺通气量

肺活量（vital capacity）是人最大用力吸气后，用力呼气时所能呼出的最大空气容积，典型的人体肺活量是：男性 3500mL，女性 2500mL。尽管肺活量实际上只有人体肺最大容量（即肺总容量，男性 5000mL，女性 3500mL）的 70% 左右，但正常情况下人呼吸一次的空气量——潮气量 V_t（tidal volume）更比肺活量小得多。比如，正常男性平静呼吸一次的潮气量为 500mL 左右。

呼吸频率 f（breathing rate）是指每分钟内人体呼吸的次数，一般为 10～15 次/min。呼吸频率 f 与潮气量 V_t 之积就是每分钟肺通气量 Q_t（minute ventilation rate），L/min。

$$Q_t = f V_t \tag{5-1}$$

正常成人平静呼吸时的呼吸频率约为 12 次/min，潮气量是 500mL，则每分钟肺通气量约为 6L/min。而人体一次正常的呼吸循环，吸入体积流量（inhalation volume flow rate）就是在半个循环时间中吸入空气的体积流量，其数值为每分钟肺通气量的两倍，即 12L/min。这个流量往往用于进行呼吸系统的流体动力计算，如计算空气流速或者雷诺数等。

当呼吸频率为 2～4 次/min 时（1～2 L/min），人可以维持短期存活。

肺泡通气量 Q_a（alveolar ventilation rate）是指每分钟吸入肺泡与血液进行有效气体交换的新鲜空气总量，等于每分钟内肺泡换气量与无效腔通气量之差，L/min：

$$Q_a = (V_t - V_d) f \tag{5-2}$$

其中无效腔（anatomic dead space）容积 V_d 是指有通气却不能进行气体交换的区域的容积，包括鼻、口腔至终末细支气管的整个气体通道，以及无肺血流灌注的部分肺泡容积。体重为 70kg 正常男性平静时的无效腔容积 V_d 约为 150mL 左右，所以肺泡通气量约为 4.2L/min[36]。

由于呼吸的目的是供给机体代谢需要的 O_2 和排出 CO_2，因此呼吸功能首先须适应机体物质代谢的需要。例如，劳动或运动时，机体耗 O_2 量与生成的 CO_2 量增多，就必须改变呼吸运动的频率和深度，以增加肺通气量来满足机体代谢活动的需要。因此，实际情况下人体的肺通气量取决于人体的代谢率，即肌肉活动强度的水平，见表 5-13。

人活动强度水平与肺通气量的关系　　　　　　　　　　表 5-13

肌肉活动强度	肺通气量 Q_t（L/min）	肌肉活动强度	肺通气量 Q_t（L/min）
静坐	11.6	中等劳动	50.0
轻劳动	32.2	重劳动	80.4

（3）呼吸气体交换

吸入肺部的空气与肺组织通过扩散的方式进行 O_2 与 CO_2 交换。这个气体交换过程包括两个部分，一个是肺泡与流经肺毛细血管的静脉血液之间的 O_2 与 CO_2 的交换，叫做肺换气，另一个是组织毛细血管中的动脉血液与组织细胞之间的 O_2 与 CO_2 的交换，叫做组织换气。扩散的方向与量取决于换气组织两侧的气体分压力差。气体与液体相遇的时候，气体分子可能从液体中逸出，也可能溶入液体中。

在肺换气中，O_2 从呼吸性细支气管到肺泡，穿过呼吸膜进入肺毛细血管，直至进入红细胞与血红蛋白结合为止。肺内释放的 CO_2 穿过红细胞膜、血浆、呼吸膜进入肺泡，然后扩散到呼吸性细支气管。在正常条件下，肺泡气中的 O_2 分压力为 13.86kPa（浓度 13.7%），CO_2 的分压力为 5.33kPa（浓度 52603ppm，5.26%）。而流经肺毛细血管的静脉血的 O_2 分压力为 5.33kPa，CO_2 的分压力为 6.13kPa（6%）。虽然血液流过肺毛细血管的平均时间为 0.75s，但 O_2 达到扩散平衡的时间约为 0.25s，CO_2 约为 0.4s，所以有足够的时间进行气体交换。

同样，由于新陈代谢的作用，组织细胞内的 O_2 分压力低于动脉血的 O_2 分压力，而 CO_2 分压力高于动脉血的 CO_2 分压力。因此当动脉血流经组织毛细血管时，O_2 从血液进入组织细胞，而组织细胞消耗 O_2，所生成的 CO_2 从组织细胞向血液扩散。

CO_2 对呼吸有很强的刺激作用，是维持正常呼吸的重要生理刺激。吸入空气中的 CO_2 浓度适当增加，会刺激呼吸增强。如第二节所述，当吸入空气中的 CO_2 体积浓度增加时，达到一定程度就会造成人体不适；当吸入空气中的 CO_2 体积浓度增加到 4.0% 时，会使人感到呼吸困难；如达到 5.0% 以上时，则会导致肺泡气和动脉血中的 CO_2 分压力过高，使人产生严重不适、昏迷甚至死亡。

（4）呼吸与人体新陈代谢的关系

人体在进行代谢的时候，会吸入 O_2，排出 CO_2。表 5-14 给出的是典型的人体吸入空气、肺泡气和呼出气中的成分与比例。

呼吸空气组分的摩尔比例（吸入空气为 15℃，101 kPa，相对湿度 50%）　　**表 5-14**

气体成分（%）	吸 入 空 气	肺 泡 气	呼 出 空 气
N_2	74.1	74.9	74.5
O_2	19.7	13.6	15.7
CO_2	0.04	5.3	3.6
H_2O	6.2	6.2	6.2

在一定时间内机体的 CO_2 排出量和耗 O_2 量的摩尔数比值称做呼吸商 RQ（respiratory quotient）。人体的呼吸商正常变动范围在 0.71～1.00 之间，与人体的膳食构成以及肌肉活动强度有关。对于正常混合饮食的人来说，此值等于 0.82。在标准饮食条件下，每消耗 1L O_2 的同时，要释出 20.2×10^3 J 的新陈代谢能量，所以人体的耗 O_2 量和 CO_2 的排出量主要取决于人体的代谢率。CO_2 的排出量与人体代谢率关系的实验式有[37]：

$$V_{CO_2} = 0.04M \cdot A_D \tag{5-3}$$

式中　V_{CO_2}——在 0℃、101.325 kPa 条件下单位时间内产生 CO_2 的体积，mL/s；

　　　M——代谢率，W/m²；

　　　A_D——人体皮肤表面积，m²，与人的身高体重有关，参见式（4-2）

一些活动强度下人体的耗氧量见表 5-15。

不同活动强度下人体的耗氧量[38] 表 5-15

活动强度	耗氧量 V_{O_2}（mL/s）	活动强度	耗氧量 V_{O_2}（mL/s）
静坐	4.2	重劳动	16~24
轻劳动	<8	很重劳动	24~32
中等劳动	8~16	极重劳动	>32

2. 人的嗅觉

（1）嗅觉感受器与嗅觉的生理特征

人体的嗅觉感受器就是鼻子。鼻子不同部位有对温度、气味、化学物质的感知器官，是人体自我保护机能的重要组成部分（图 5-7）。鼻腔能够使吸入的空气在进入肺之前逐渐温暖湿润起来。鼻腔的结构和其表面的纤毛能够滤除部分微粒，包括花粉、细菌、真菌和灰尘。鼻腔表面的上皮细胞作为一种自我保护壁垒，能够将空气中的有害成分和微粒吸附在其表层的液体层，并通过纤毛的运动，用吞咽或打喷嚏的方式带走（图 5-8）[22]。

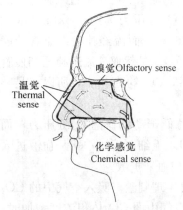

图 5-7 鼻子感觉区示意图

鼻腔与内耳相连，它的另一重要功能就是保持气压的平衡。打哈欠能够将少量空气从耳咽管带入内耳。鼻窦更是连接大脑、眼眶和上颚的通道。

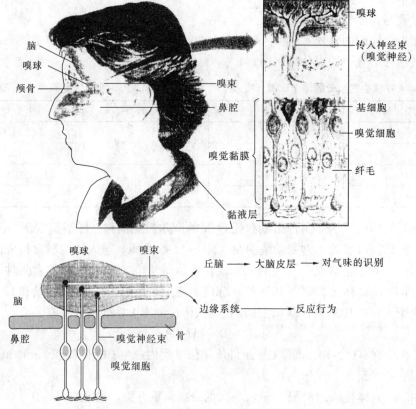

图 5-8 嗅觉系统位置和结构

鼻子受嗅觉神经、三叉神经和运动神经支配。复杂的神经结构控制鼻腔的各种功能：包括分泌、呼吸、打喷嚏等。

嗅觉感知神经位于鼻腔顶部。由人吸气动作引起的湍流将直接影响空气的输运。当气味分子溶于黏膜表面时，引起对嗅觉神经的刺激，刺激将传入脑内的嗅球。大脑中的丘脑皮层将对这种气味进行识别，同时大脑还将作出与此气味有关的其他反应。人的嗅觉虽然不如某些哺乳动物灵敏，但也可区分上千种不同气味。

人们对气味的敏感和识别能力随着连续暴露时间的增加而减弱。同时也受空气条件的影响，在干冷空气中的嗅觉比在温暖潮湿空气中灵敏。

（2）影响嗅觉的因素

人类能够辨别的气味约有 2000～4000 种。通常把人对气味的敏感程度称做嗅敏度（olfactory acuity），可用嗅阈（olfactory threshold）来衡量。把能引起嗅觉的气味物质在空气中的最小浓度称做嗅阈，用 mg/L 作为单位。嗅阈的大小随气味物质的种类不同而有很大的区别，如乙醚是 6mg/L，人工麝香是 $5 \times 10^{-6} \sim 5 \times 10^{-9}$ mg/L。

嗅敏度可用专门设计的嗅觉计来测量，而嗅纸法是最常用的简便办法。由于个体差异的存在，对于相同的气味，嗅敏度是因人而异的，女性通常比男性对气味更敏感。有的人缺少对某种气味的感知能力，被称为嗅盲。即使是同一人，其嗅敏度的变动范围也很大。某些疾病，如感冒、鼻炎会降低人的嗅敏度。另外，嗅觉的适应较快，觉察能力会随时间的推移而迅速下降。当突然吸入有某种气味物质的空气时，可引起明显的嗅觉。如果继续吸入同样的空气，感觉会很快减弱，甚至消失。嗅觉容易疲劳，即鼻子对气味的敏感度和识别能力会随着暴露时间的增加而减弱，因此有"入芝兰之室，久而不闻其香；入鲍鱼之肆，久而不闻其臭"的说法。

鼻腔内除了上述的在上鼻甲和鼻中膈的后上部的嗅觉区以外，整个鼻腔对吸入空气的温度都有感知能力，鼻腔还有对化学刺激的感受区，见图 5-7。因此，环境因素如温度、湿度、气压等也会对嗅敏度产生影响。有研究者通过研究认为，在同样空气组分的环境下，如果环境空气比较温暖潮湿，鼻子对该种气味就比较敏感；如果环境空气比较干、冷，鼻子对该种气味的敏感度就会下降。因此，在干冷空气环境下，人们比较容易觉得空气清新，空气质量好。例如，Fanger 等人[39]发现降低空气温度和湿度会使人感到空气更新鲜。

3. 人体对化学刺激的感受

在有化学污染的空气环境中的居住者很容易出现鼻子、眼睛和喉咙感到刺激的症状。化学物质对面部黏膜包括眼睛、鼻腔和口腔的刺激是通过三叉神经系统感受并传导的。三叉神经的感觉支路伸出的自由神经末梢是面部化学刺激的接受系统。人们相信，化学感觉是由这些神经末梢的复合模式伤害感受器（polimodal nociceptors）负责接收的。因此化学刺激（chemesthesis）与身体的（somatical）感觉系统紧密相关，特别是与痛觉系统密切相关。

由于很多挥发性化合物既会产生气味，又会产生化学刺激，所以在这种情况下把气味和化学刺激完全区分开来是很难的事情。二者的区别往往取决于其剂量：空气中含有低浓度的化学物质可能只会让人闻到气味，如果化学物质的浓度提高了，就会出现刺激（pungency）的感觉。由于很难在气味浓度比较高的条件下区别到底有没有化学刺激的出现，因此要普通受试者辨别产生化学刺激的临界浓度是很难做到的。不过利用对嗅觉缺失者的测试就可以测出某种化学物质引起鼻黏膜刺激的临界浓度阈值。

眼黏膜同样有接收化学刺激的感受器。通过使受试者的眼部暴露在含有刺激性化学物质的空气中，同时又避免他们嗅到这些空气，可测得某种化学物质引起眼黏膜刺激的临界浓度阈值。对不同类型化学物质的实验结果证明，引起眼黏膜刺激的临界浓度与引起鼻黏膜刺激的临界浓度是基本一致的。而且，嗅觉正常者和嗅觉缺失者的眼黏膜刺激实验结果之间没有明显区别。

三、室内空气质量的评价方法

在室内空气质量评价中，有两种方法：一种是客观评价，依据室内空气成分和浓度；另一种是主观评价，依据人的感觉，Fanger 教授提出了"感知空气质量（perceived air quality）"的概念。

应该说，两种方法各有优点，也各有局限。第一种方法是对气体成分和浓度通过仪器测定后，和相关标准比较，就可确定室内空气质量，便于掌握和理解，且重复性好。但一些情况下，有害气体种类很多，难以识别，而且一些有害成分浓度很低，仪器也很难精确测定，因此这类方法在有害气体成分复杂或浓度很低的情况下会遇到困难。而且，这种思路忽略了人是室内空气质量的评价主体以及人的感觉存在个体差异。第二种方法中，"感知空气质量"强调了人的感觉。但空气污染对人的危害与其气味和刺激性不完全相关并一一对应，而且空气质量问题涉及多组分，每种组分对人的影响不尽相同，这些组分并存时其危害按何规则进行叠加尚不清晰。譬如，对多种 VOCs 成分，一些研究者采用了 TVOC 的概念，但问题是，不同 VOCs 成分对人的影响会很不一样，因此同样 TVOC 浓度但成分不同的气体"感知的空气质量"会不一样，危害也会不一样，甚至会出现 TVOC 浓度低的危害反而高的情况。如何确定空气成分与"感知的空气质量"的关系，是值得深入研究的课题。此外，一些无色、无味的有毒、有害气体，短时间人体难以感到它的危害，又不能通过实验方法让人去感知它的长期危害。应该说，这两种方法不可互相取代，而应互相补充，否则对空气质量的评价就不全面。

1. 基于浓度测定的客观评价

室内空气质量的客观评价依赖于仪器测试。我国《室内空气质量标准》GB/T 18883—2002 规定的 19 种应测参数为：可吸入颗粒物、甲醛、CO、CO_2、氮氧化物、苯并（α）芘、苯、氨、氡、TVOC、O_3、细菌总数、甲苯、二甲苯、温度、相对湿度、空气流速、噪声和新风量等 19 项指标，具体测定方法和原理请参考文献 [41，42]。要实时连续测定这些污染物的成分和浓度，可采用一些在线检测仪。感兴趣的读者可参考文献 [40]。

基于检测到的空气污染物的种类和浓度，与国标中规定的该种污染物浓度限值相比，可评价室内空气质量是否达到标准。

此外，目前一种比较常用的做法是采用下式评价室内空气质量：

$$R = \sum_{i=1}^{n} \frac{C_i}{C_{i,限值}} \tag{5-4}$$

其中 C 为某种污染物的摩尔浓度，单位为 mol/m^3。R 值越大，室内空气质量越差。当该值小于 1 时，可认为室内空气质量是可以接受的。

2. 主观评价

室内空气质量好坏和人们主观感受联系密切，因此，可用人的主观感受来评价室内空气质量。人对室内空气质量最敏感的是嗅觉，因此一般主观评价室内空气质量主要靠嗅觉，前面已对人嗅觉的生理基础做了简介。

气味浓度就是依赖于嗅觉的一种可测量，是用将气味用无味、清洁空气稀释到可感阈值或可识别阈值的稀释倍数来描述的。可感阈值定义为一定比例人群（一般为50%）能将这种气味与无味空气以不定义区别区分开的气味浓度。可识别阈值定义为一定比例人群（一般为50%）能将这种气味与无味空气以某种已知区别区分开的气味浓度。可识别阈值比可感阈值高2~5倍。

气味测量的单位为"阈值稀释倍数"（dilutions-to-threshold），简写为D/T。美国已制定测量标准——ASTM Method E679-91。一般调查对象被安排在三个不同的测试口测试，其中两个口通无味的空气，另外一个口通有味空气，测试者尝试识别出有味的空气。测试从高稀释倍数开始，最初测试者一般都不能判断出有味气体，但是随着稀释倍数的降低，测试者逐渐能够判断出有气味的气体。不同测试者判断阈值不同，取大部分人（一般50%）能够识别出的稀释倍数作为气味浓度的识别阈值。

气味强度（odor intensity）是指气味感觉的可感强度，无量纲。是以 n-丁醇作为参考物质，遵循 ASTM Method E544 标准中建议的气味强度测试方法进行标定。在该标准中介绍的标定方法有采用具有8个测试口的嗅觉计，每个测试口的 n-丁醇浓度是前一个测试口的两倍。另一个方法是在12个瓶子中装有浓度成倍递增的 n-丁醇水溶液。在这些标定方法中，尽管浓度是成倍递增，但气味强度却增长得越来越慢。图 5-9 给出的是利用嗅觉计采用 1-丁醇作为参考物质来判定某种未知刺激物质的气味强度的示意图，标定者可以确定哪个测试口的 1-丁醇气味强度与未知物质的气味强度相同，该物质的气味强度就等于这个测试口的 1-丁醇气味强度。图 5-10 是 1-丁醇浓度与气味强度的关系图[38]。

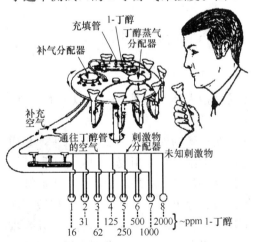

图 5-9　利用嗅觉计和 1-丁醇标定气味浓度

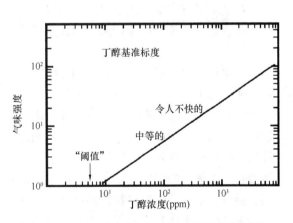

图 5-10　1-丁醇浓度与气味强度之间的关系[38]

气味强度和气味浓度之间的关系可以用 Steven 定律描述[22]：

$$I = aC^b \tag{5-5}$$

其中：I 为气味强度；C 为气味浓度，阈值稀释倍数（D/T）；a，b 为关系常数，不同气味数值不同，其中 b 值通常小于 1。

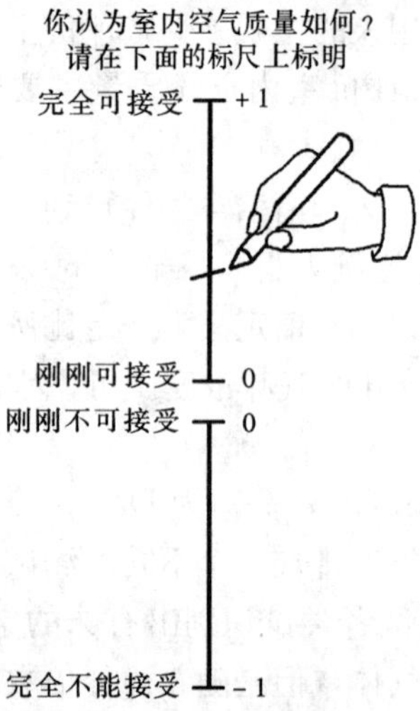

你认为室内空气质量如何？
请在下面的标尺上标明

完全可接受 ┳ +1

刚刚可接受 ┸ 0
刚刚不可接受 ┳ 0

完全不能接受 ┴ −1

图 5-11 室内空气质量评价问卷

上式可用于计算当气味浓度降低时，气味强度随之下降的程度。用于预测气体扩散、通风或去味设备要降低气味强度所需要降低的气味浓度。

主观评价室内空气质量即人们进入待测室内空气质量的空间中，对室内空气质量填写一张调查单，表示自己对空气质量的满意或者不满意程度，图 5-11 是一种被推荐使用的调查单形式。通常用对空气质量的不满意率的百分比来表示，记为 PD，其和投票得到的可接受度 ACC（在 $-1 \sim 1$ 之间的一个值）之间存在以下关系[22]：

$$PD = \frac{\exp(-0.18 - 5.28ACC)}{1 + \exp(-0.18 - 5.28ACC)} \times 100 \quad (5-6)$$

这里有必要介绍几个新概念：

感知负荷（sensory load）：表征室内污染源的强弱，单位为 olf，被一个标准人引起的感知污染负荷被称为 1 olf，而其他类型的人或者家具等污染源均被等效为不同数量的标准人，表征成标准人后不同的污染源可以进行简单的叠加，比如室内有 3 个标准人和 4 个等效标准人的家具，则该室内的感知污染负荷为 7olf。

感知空气质量（PAQ，perceived air quality），表示在一定的通风量情况下人对室内污染源的感觉，其单位为 pol，1 pol 表示在一个空间内，1 olf 的感观负荷的源，在通风量 1L/s 下的感知空气质量。即 1 pol＝1 olf/(L/s)。另一个比 pol 小的常用单位是 dp，1 dp＝0.1pol。

研究表明，感知空气质量 PAQ（dp）和对空气质量的不满意率之间存在着下列关系[22]：

$$PAQ = 112 [\ln (PD) - 5.98]^{-4} \quad (5-7)$$

在确定了感知空气质量之后就可以确定室内的感知污染负荷的大小了。

四、室内空气污染暴露水平和健康风险评价

1. 暴露（Exposure）水平评价

根据世界卫生组织（WHO）推荐的定义，暴露是指人体与一种或一种以上的物理、化学或生物因素在时间和空间上的接触。

暴露可分为外暴露和内暴露。外暴露是指人体直接接触的外环境污染物的水平，是通过空气、水、土壤或食品等环境样品的测定所得的污染物浓度；或用模型预测等手段，推算出人体接触到的外环境污染物的水平。内暴露是指这些污染物对外环境通过各界面被人体吸收后在体内的实际接触水平，可通过检测人的血液、呼出气、乳汁、头发、尿液、汗液、脂肪、指甲等生物材料样品得到污染物或其生物标志物的浓度。内暴露剂量比外暴露剂量更能反映人体暴露的真实性，将为精确计算剂量—反应（效应）提供更为科学的基础资料。

暴露评价就是对暴露人群中发生或预期将发生的人体危害进行分析和评估。暴露测量的方法可分为询问调查、环境测量和生物测量。

暴露评价的基本要素包括暴露源的分布、暴露浓度和时间、暴露人群的数量等。暴露评价的基本内容和要素如下[33]：

(1) 剂量水平：主要包括人群和暴露的联系，人群分布和个体状况。

(2) 污染来源：调查污染源、污染物传输途径与速率、污染物传输介质、污染物进入人体方式等。

(3) 暴露特征：指污染物进入机体的方式和频率。

(4) 暴露差异性：这主要是指个体内的暴露差异、个体间的暴露差异、不同人群间的暴露差异、不同时间的暴露差异和暴露空间分布的差异。

(5) 不确定性分析：主要指资料缺乏或不准确，暴露测量或模型参数的统计误差，危害确认和因果判定的不准确等构成的不确定性分析。

人体暴露确定不仅要根据暴露量，还要根据暴露途径。吸入暴露量可用式（5-8）[43]计算，口入暴露量可用式（5-9）计算，皮肤接触暴露量可用式（5-10）[45]计算。

$$IE = \frac{y \times IR \times ED \times CF_1}{BW} \tag{5-8}$$

式中，IE：吸入暴露量（$\mu g/kg/d$）；y：污染物的气相或颗粒相浓度（$\mu g/m^3$）；IR：呼吸速率（m^3/d）；ED：暴露时间（h/d）；CF_1：单位换算因子（1/24）；BW：体重（kg）。

$$OE = \frac{C_w \times I_w}{BW} \tag{5-9}$$

式中，OE：口入暴露量（$mg/kg/d$）；C_w：口入污染物的浓度（mg/L 或 mg/kg）；I_w：每日食入量（L/day 或 kg/day）；BW：体重（kg）。

$$DE = \frac{y \times SA \times f_{SA} \times P \times ED \times CF_2}{BW} \tag{5-10}$$

式中，DE：皮肤接触暴露量（$\mu g/kg/d$）；y：污染物的气相浓度（$\mu g/m^3$）；SA：皮肤表面积（m^2）；f_{SA}：与空气接触的皮肤比例（0.25，假设是在穿短衣短裤的状态下）；P：皮肤总渗透系数（cm/h）；CF_2：单位转换因子（0.01）。

通常在进行上述分析的同时还需要人群或个体的"时间—活动"模式资料，这类资料主要记录研究对象每天的日常活动内容、方式与时间安排规律。这种资料被编辑成册，成为"暴露手册（exposure handbood）"。国内外的研究普遍认为，通过问卷、日记、访视、观察和某些技术手段获得准确的"时间—活动"模式资料对于建立准确合理的室内暴露模型、分析不同人群的室内活动特征，从而对其暴露特征进行评估和研究具有非常重要的意义。

在上述暴露评价的基础上通过对以下指标进行测量、观察，可以评价室内空气质量的好坏。

（1）主观不良反应发生率

由于室内空气污染物种类繁多、浓度较低，这些污染对人体健康的影响通常是长期和缓慢的。在这种污染危害的早期，人群的反应不会立刻出现明显的疾病状态，而是以轻度的机体不良反应表现出来。因此人体不良反应发生率和室内空气质量的好坏有着定性的对应关系，可以用做评价室内空气质量的一个指标。

（2）临床症状和体征

许多室内污染物长期作用于人体，就可能引起机体出现一系列的临床症状和体征，例如由于室内装修而造成的甲醛浓度过高可使得暴露人群早期出现眼痒、眼干、嗜睡、记忆力减退等，长期暴露后可能出现嗓子疼痛、急性或慢性咽炎、喉炎、眼结膜炎和失眠等，还可出现过敏性皮炎、哮喘等症状和体征。

（3）效应生物标志

很多室内污染物对于健康的影响，早期由于暴露剂量低，人群的不良反应和临床表现不明显，不易被察觉，此时可采用效应生物标志（biomarker），这对于确定室内污染物对人体健康的"暴露—反应"关系，评价室内空气质量具有很多优越性。

（4）相关疾病发生率

人群长期暴露在低劣的室内空气质量环境中，除发生主观不良反应和临床症状外，还可能使得暴露人群发生各种相关疾病，比如过敏性哮喘、过敏性鼻炎和儿童白血病等。因此该指标也可用来评价室内空气质量。

2. 健康风险评价（Risk assessment）[28, 45, 46]

健康风险评价（health risk assessment）的定义可以概括为：以大量流行病学、毒理学及相关实验研究结果和数据为基础，根据统计学准则和合理的评价程序，对某种环境因素作用于特定人群的有害健康效应进行综合定性、定量评价的过程。

健康风险评价兴起于 20 世纪 70 年代，迄今，经历了三个时期：20 世纪 70~80 年代初，风险评价处于萌芽阶段，风险评价的内涵不甚明确，仅仅采取毒性鉴定的方法；1983年，美国国家科学院（NAS）提出风险评价由四部分组成，即危害鉴定、暴露评价、剂量—反应（效应）关系评价和风险表征，形成了风险评价的基本框架，基于此，美国环境保护署（EPA）制定和颁布了有关人体健康风险评价一系列技术性文件、准则或指南；1989 年起，健康风险评价的科学体系基本形成，并不断发展和完善。下面对健康风险评价的四个部分（又称四步法）做个简介：

（1）危害鉴定

危害鉴定（hazard identification）是健康风险评价的首要步骤，属于定性评价阶段。目的是找出关心的污染物（称为目标污染物）及确定其对接触人群产生的健康效应，从而确定对该污染物进行危险度评价的必要性和可能性。进行危害鉴定时应首先掌握足够的科学资料——流行病学研究、动物实验、体外实验、化学物质的主要理化性质、分子结构及构效关系资料，然后进行综合分析。

由于健康风险评价旨在保护人，因此人的资料应用价值最高。但是流行病学研究往往受资金、时间、人力和物力等条件的限制，研究结果的可靠性受到影响。毒理学研究能人为地控制实验条件和暴露剂量，经费投入较少，易于进行，且时间较短，因此其研究结果常是健康风险评价的重要来源。

危害鉴定中，明确毒作用或健康有害效应的特征和类型是很重要的。健康有害效应一般分为四类：① 致癌性（包括体细胞致突变性）；②致生殖细胞突变；③发育毒性（致畸性）；④器官/细胞病理学损伤等。前两类效应有遗传物质损伤，属无阈值毒物效应；后两类属有阈值毒物效应。无阈值和有阈值毒物在后续评价中将采用不同的方法进行评价。

国际癌症研究机构（IARC）对已有报告的 878 种化学物质根据其对人的致癌危险分为以下 4 类。

1类：对人致癌（carcinogenic to humans），87 种。确实人类致癌物的要求是：①有设计严格、方法可靠、能排除混杂因素的流行病学调查；②有剂量—反应关系；③另有调查资料验证或动物实验支持。

2A 类：对人很可能致癌（probably carcinogenic to humans），63 种。此类致癌物对人类致癌性证据有限，对实验动物致癌性证据充分。

2B 类：对人可能致癌（possibly carcinogenic to humans），234 种。此类致癌物对人类致癌性证据有限，对实验动物致癌性证据并不充分；或对人类致癌性证据不足，对实验动物致癌性证据充分。

3 类：对人的致癌性尚无法分类（unclassifiable as to carcinogenicity in humans），即可疑对人致癌，493 种。

4 类：对人很可能不致癌（probably not carcinogenic to humans），仅 1 种。

（2）暴露评价

在"1. 暴露（Exposure）水平评价"中已介绍，故不再赘述。

（3）剂量—反应（效应）关系评价

剂量—反应（效应）关系评价（dose-response（effect）assessment）是环境污染物暴露与健康不良效应之间的定量评价，是健康风险评价的核心。评价资料可以源于人群流行病学调查，但多数来自动物实验。动物实验资料混杂因素相对较少，得到的剂量—反应（效应）曲线较明确，但它与人类间可能存在着明显的种属差异，所得资料需要慎重地外推到人。

如前所述，化学污染物可分为有阈污染物和无阈污染物两种，其剂量—反应关系不同。有阈污染物的剂量—反应关系曲线通常为非线性的 S 形曲线，在阈值以下将不会产生或测不出有害效应。对有阈污染物，通常应用未观察到有害效应的剂量（No observed adverse effect level，简称 NOAEL）或最低观察到有害效应的剂量（Lowest observed adverse effect level，LOAEL）来计算和推导出参考剂量（Reference dose，RfD）。RfD 即预期人群一生中出现有害效应的概率极低或实际上不可检出时，个体或人群的终生暴露水平，以 mg/（kg·d）表示，相当于可接受的每日暴露量。由于要经过从动物向人的外推过程，涉及种间和种内差异，需要用不确定度系数（Uncertainty factors，UFs）加以修正。此外，动物实验的结果存在缺陷时，还需要以一定的修正系数（Modifying factor，MF）修正。

对无阈污染物的剂量—反应关系评价是要确定致癌物剂量或浓度与人群致癌反应率之间的定量关系，并根据这一关系估测某暴露剂量的危险度水平。利用动物致癌实验的结果外推至人时，除了上述的种属和个体差异之外，还有从高剂量动物反应实验结果外推到低剂量人体反应的问题。这种外推需要借助数学模型来实现。美国环保署（EPA）从 1986年起推荐线性多阶段模型（Linear multi-stage model，LMS），并建议采用致癌强度系数（Carcinogenic potency factor，CPF）来表示化学致癌物剂量与致癌反应率之间的定量关系。CPF 的定义是：实验动物或人终生暴露于剂量为每日每千克体重 1mg 致癌物时的终生超额患癌危险度。其值为剂量—反应曲线斜率的 95% 上限，以 （mg/（kg·d））$^{-1}$ 表示；呼吸道吸入性致癌物以 （$\mu g/m^3$）$^{-1}$ 表示。某些已知致癌物可以通过查阅美国《综合危险度信息库》（Integrated risk information system，IRIS）而得到污染物的致癌强度系数。致癌强度系数值越大，则单位剂量致癌物所导致的动物或人的超额患癌率也越高，故又称单位致癌危险度。一些室内空气常见污染物的 RfD 和 CPF 值见表 5-16。

一些室内空气常见污染物的 *RfD* 和 *CPF*[47]　　　　　　表 5-16

污染物	RfD （$\mu g \cdot d/kg$）	CPF
苯并芘	—	口入单位致癌强度：7.3（$mg \cdot d/kg$）$^{-1}$
甲醛	200	吸入单位致癌强度：1.3×10^{-5}（ug/m^3）$^{-1}$
苯	4	口入单位致癌强度：$(1.5 \sim 5.5) \times 10^{-2}$（$mg \cdot d/kg$）$^{-1}$
		吸入单位致癌强度：$(2.2 \sim 7.8) \times 10^{-6}$（$mg \cdot d/kg$）$^{-1}$
甲苯	80	—
二甲苯	200	—

（4）风险表征

风险表征是根据上述三个步骤所得的定性、定量结果，对该污染物所引起的人体健康危害进行综合评价，分析判断人群发生某种健康危害的可能性并指出各种不确定因素。

对非致癌物或致癌物的非致癌效应而言，风险是以暴露量除以参考剂量来表示，即：

$$非致癌危害 = \frac{ADI}{RfD} \tag{5-11}$$

式中　ADI——平均每日每千克体重摄入量（mg/kg/d）。

对致癌物而言，致癌风险是以人体实际暴露浓度乘以单位致癌危险度，或以剂量乘以致癌强度来表示，即：

$$致癌风险 = ADI \times CPF \tag{5-12}$$

健康风险评价已在世界许多国家展开，已成为许多国家环保及卫生部门管理决策的重要组成部分。它在定量评价或预测环境有害物质对人体健康的影响，建立有害物质的环境卫生标准，为卫生和环保部门制定宏观管理政策以及确定化学污染物防治对策等方面都起了十分重要的作用。

第四节　室内空气质量标准

一、国外室内空气质量标准简介

室内空气质量问题已经引起一些国家、地区和组织的重视，已有多个国家和地区制定了相关的标准，国际卫生组织（World Health Organization，简称 WHO）2010 年颁布了室内空气质量指南（WHO guideline for indoor air qualty），见附表 5-4。一般来说，标准中所定污染物限值的高低和该国家或地区的发达程度相关，发达程度越高、经济条件越好的国家和地区，标准中污染物浓度限值要求越严。考虑到我国仍是发展中国家，因此，在室内空气质量控制过程中，不应盲目照搬国外标准及其控制方法，而应根据我国国情，在充分学习和吸收国外经验的同时，制定适合我国国情的室内空气质量标准、采用和发展适宜的室内空气质量控制方法。

二、国内室内空气质量标准简介

我国第一部《室内空气质量标准》，由国家质量监督检验检疫总局、国家环保总局和卫生部共同制定，于 2002 年 11 月 19 日正式发布，2003 年 3 月 1 日正式实施。而与此相关的最早的有 1988 年的《公共场所室内卫生标准》，1996 年，此标准中的关于室内空气的部分规范被新的一套《公共场所室内卫生标准》所代替，该标准主要包括了旅店、文化娱乐场所和公共浴室等的 12 个国标，具体内容见附表 5-5。

2002 年《室内建筑装饰装修材料有害物质限量》和《民用建筑室内污染环境控制规范》两部和室内空气质量相关的标准也开始实施。其中《室内建筑装饰装修材料有害物质限量》，包括十个国标，分别对聚氯乙烯卷材地板、地毯、地毯衬垫及地毯胶粘剂、混凝土外加剂、建筑材料、人造板及其制品、壁纸、木家具、胶粘剂、内墙涂料、溶剂型木器涂料十类室内装饰材料中的有害物质含量或者散发量进行了限制。这项法规便于从源头上控制污染物的散发，改善室内空气质量。《民用建筑室内污染环境控制规范》则规定民用建筑工程验收时室内环境污染物浓度必须满足表 5-17 的要求。

民用建筑工程室内环境污染物浓度限量[50] 表 5-17

污染物	Ⅰ类民用建筑	Ⅱ类民用建筑
氡（Bq/m^3）	≤200	≤400
游离甲醛（mg/m^3）	≤0.08	≤0.12
苯（mg/m^3）	≤0.09	≤0.09
氨（mg/m^3）	≤0.2	≤0.5
TVOC（mg/m^3）	≤0.5	≤0.6

注：1. Ⅰ类民用建筑包括住宅、医院、老年建筑、幼儿园和学校教室等；Ⅱ类民用建筑包括办公楼、商店、旅馆、文化娱乐场所、书店、图书馆、展览馆、体育馆、公共交通等候室、餐厅和理发店等；

2. 污染物浓度限量除氡外均应以同步测量的室外空气相应值为基点。

《室内空气质量标准》中的控制项目包括室内空气中与人体健康相关的物理、化学、生物和放射性等污染物控制参数，具体有可吸入颗粒物、甲醛、CO、CO_2、氮氧化物、苯并（a）芘、苯、氨、氡、TVOC、O_3、细菌总数、甲苯、二甲苯、温度、相对湿度、空气流速、噪声和新风量等 19 项指标。简要列于表 5-18 中。需要指出的是，我国《室内空气质量标准》主要参照发达国家的标准，制定时尚未来得及对我国室内空气污染物成分、浓度水平和健康危害做很好的调研，近 10 多年来，我国开展了大量这方面的调研，为我国修订相关标准提供了一定的数据，《室内空气质量标准》的修订应该被关注。

《室内空气质量标准》中主要控制指标[40] 表 5-18

参　数	单　位	标准值	备　注
温度	℃	22～28	夏季空调
		16～24	冬季采暖
相对湿度	%	40～80	夏季空调
		30～60	冬季采暖
空气流速	m/s	0.3	夏季空调
		0.2	冬季采暖
新风量	$m^3/(h \cdot 人)$	30	1h均值
二氧化硫（SO_2）	mg/m^3	0.5	1h均值
二氧化氮（NO_2）	mg/m^3	0.24	1h均值
一氧化碳（CO）	mg/m^3	10	1h均值
二氧化碳（CO_2）	%	0.10	日均值
氨（NH_3）	mg/m^3	0.20	1h均值
臭氧（O_3）	mg/m^3	0.16	1h均值
甲醛（HCHO）	mg/m^3	0.10	1h均值

续表

参　数	单　位	标准值	备　注
苯(C_6H_6)	mg/m³	0.11	1h均值
甲苯(C_7H_8)	mg/m³	0.20	1h均值
二甲苯(C_8H_{10})	mg/m³	0.20	1h均值
苯并(a)芘(B(a)P)	ng/m³	1.0	日均值
可吸入颗粒(PM_{10})	mg/m³	0.15	日均值
总挥发性有机物(TVOC)	mg/m³	0.60	8h均值
细菌总数	cfu/m³	2500	依据仪器定
氡(Rn)	Bq/m³	400	年平均值(行动水平)

第五节　室内空气污染控制方法

为了有效控制室内污染、改善室内空气质量，需要对室内污染全过程有充分认识。

室内空气污染物由污染源散发，在空气中传递，当人体暴露于污染空气中时，污染就会对人体产生不良影响。室内空气污染控制可通过以下三种方式实现：（1）源头治理；（2）通新风稀释和合理组织气流；（3）空气净化。下面分别就这三个方面进行介绍。

一、污染物源头治理

从源头治理室内空气污染，是治理室内空气污染的根本之法。前述的图 5-3 显示了室内空气污染的不同来源。污染源头治理有以下几种：

（1）消除室内污染源。最好、最彻底的办法是消除室内污染源，譬如，一些室内建筑装修材料含有大量的有机挥发物，研发具有相同功能但不含有害有机挥发物的材料可消除建筑装修材料引起的室内有机化学污染；又如，一些地毯吸收室内化学污染后会成为室内空气二次污染源，因此，不用这类地毯就可消除其导致的污染。

（2）减小室内污染源散发强度。当室内污染源难以根除时，应考虑减少其散发强度。譬如，通过标准和法规对室内建筑材料中有害物含量进行限制就是行之有效的办法。我国制定了《室内建筑装饰装修材料有害物质限量》[50]，该国标限定了室内装饰装修材料中一些有害物质的含量和散发速率，对于建筑物在装饰装修方面材料使用做了一定的限定，同时也对装饰装修材料的选择有一定的指导意义。

（3）污染源附近局部排风。对一些室内污染源，可采用局部排风的方法。譬如，厨房烹饪污染可采用抽油烟机解决，厕所异味可通过排气扇解决。

二、通新风稀释和合理组织气流

通新风是改善室内空气质量的一种行之有效的方法，其本质是提供人所必需的氧气并用室外污染物浓度低的空气来稀释室内污染物浓度高的空气。

美国标准 ASHRAE 62 和欧洲标准 CEN CR 1752 中，给出了感知空气质量不满意率和新风量的关系，见图 5-12。可见，随着新风量加大，感知室内空气质量不满意率下降。考虑到新风量加大时，新风处理能耗也会加大，因此，针对实际应用中采用的新风量会有所不同。

室内新风量的确定需从以下几方面考虑：

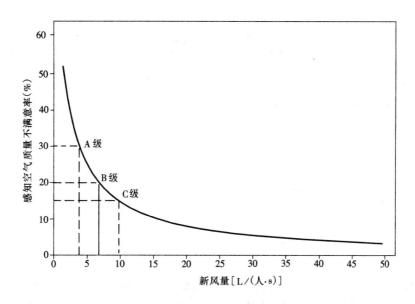

图 5-12　感知空气质量不满意率和新风量的关系

1. 以氧气为标准的必要换气量

必要新风量应能提供足够的氧气，满足室内人员的呼吸要求，以维持正常生理活动。

人体对氧气的需要量主要取决于能量代谢水平。人体处在极轻活动状态下所需氧气约为 $0.423m^3/(h \cdot 人)$，通过表 5-13 的内容可估算出人体处于不同情况下的耗氧量。由此可见，单纯呼吸氧气所需的新风量并不大，一般通风情况下均能满足此要求。

2. 以室内 CO_2 允许浓度为标准的必要换气量

人体在新陈代谢过程中排出大量 CO_2，以及 CO_2 浓度与人体释放的污染物浓度有一定关系，故 CO_2 浓度常作为衡量指标来确定室内空气新风量。人体 CO_2 发生量与人体表面积和代谢情况有关。不同活动强度下人体 CO_2 的发生量和所需新风量见表 5-19。

CO_2 的发生量和必需的新风量 $[m^3/(h \cdot 人)]$　　　　表 5-19

活动强度	CO_2 发生量 $[m^3/(h \cdot 人)]$	不同 CO_2 允许浓度		
		1000ppm	1500ppm	2000ppm
静坐	0.014	20.6	12	8.5
极轻	0.017	24.7	14.4	10.2
轻	0.023	32.9	19.2	13.5
中等	0.041	58.6	34.2	24.1
重	0.075	107	62.3	44.0

3. 以消除臭气为标准的必要换气量

人体会释放体臭。体臭释放和人所占有的空气体积、活动情况、年龄等因素有关。国外有关专家通过实验测试，在保持室内臭气指数为 2 的前提下得出的不同情况下所需的新风量，见表5-20。稀释少年体臭的新风量，比成年人多30%~40%。

除臭所需新风量 表 5-20

设备		每人占有气体体积 （m³/人）	新风量［m³/（h·人）］	
			成 人	少 年
无空调		2.8	42.5	49.2
		5.7	27.0	35.4
		8.5	20.4	28.8
		14.0	12.0	18.6
有空调	冬季	5.7	20.4	—
	夏季	5.7	<6.8	—

4. 以满足室内空气质量国家标准的必要换气量

室内可能存在污染源，为使室内空气质量达到国家标准《室内空气质量标准》GB/T 18883—2002，需通新风换气。换气次数需要多少，需根据室内空气污染源的散发强度、室内空间大小和室外新风空气质量情况以及新风过滤能力等确定。

通风通常有自然通风和机械通风两种形式。机械通风有分全空间通风和局部空间通风（包括个体通风）两种形式。有关内容将在第六章气流组织中介绍，这里不再赘述。

三、空气净化

空气净化是指从空气中分离和去除一种或多种污染物，实现这种功能的设备称为空气净化器。使用空气净化器，是改善室内空气质量、创造健康舒适的室内环境十分有效的方法。空气净化是室内空气污染源头控制和通风稀释不能解决问题时不可或缺的补充。此外，在冬季供暖、夏季使用空调期间，采用增加新风量来改善室内空气质量，需要将室外进来的空气加热或冷却至舒适温度而耗费大量能源，使用空气净化器改善室内空气质量，可减少新风量，降低采暖或空调能耗。

1. 不同空气净化原理和特点简介

目前空气净化的方法主要有：过滤器过滤、吸附净化法、纳米光催化降解 VOCs、臭氧法、紫外线照射法、等离子体净化和其他净化技术，下面分别予以介绍。

（1）过滤器过滤

过滤器主要功能是处理空气中的颗粒污染。一种普遍的误解是过滤器的工作原理就像筛子一样，只有当悬浮在空气中的颗粒粒径比滤网的孔径大时才能被过滤掉。其实，过滤器和筛子的工作原理大相径庭。图 5-13 是通过显微镜拍摄的颗粒物被纤维过滤器收集的情形，其中圆球状的物体是被捕获的颗粒物。一旦这些颗粒物和过滤器纤维接触，就会被很强的分子力粘住。

过滤器工作原理如下[22]：

1）扩散：悬浮在空气中的粒子互相随机碰撞，这种运动增加了颗粒和过滤器纤维的接触几率。在大气压下，小于 0.2μm 的粒子通常会很明显的偏离它们的流线，这使得扩散成了过滤机理中的重要方面。扩散通常对速度很敏感，低速能够使得粒子有充足的时间偏离流线，因此也使得颗粒更容易被捕获。

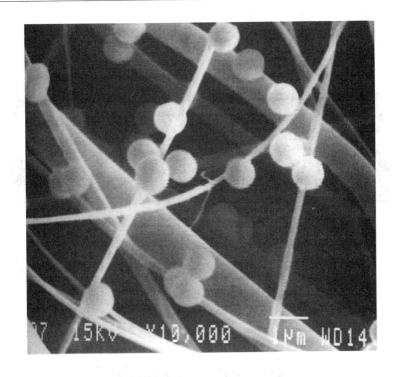

图 5-13　显微镜下过滤器纤维和颗粒物相对尺寸照片[22]

2）中途拦截：即使有些大粒径的粒子的扩散效应不明显，偏离流线的程度不多，它们也可能因为自己的大尺寸而和过滤器纤维碰上，通常这个过程和速度的关系不大，对于粒径大于 $0.5\mu m$ 的粒子中途拦截比较有效。

3）惯性碰撞：空气中比较重或者速度比较高的粒子通常有比较大的惯性，它们通常难于绕过过滤器纤维而和纤维直接接触，从而被捕获。这种作用通常对粒径大于 $0.5\mu m$ 的粒子有效，而且这种作用取决于空气流速和纤维的尺寸。

4）筛子效果：对于较大的颗粒，过滤器确有"筛子"似的功能，显然，颗粒越大，这种过滤效果越强。

5）静电捕获：在有些情况下，粒子或者过滤器纤维被有意带上电荷，这样静电力就可在捕获粒子中起重要作用。和扩散作用一样，低速有利于静电力捕获粒子。

由于扩散对于小粒子很有效，而中途拦截和惯性碰撞对于大于 $0.5\mu m$ 的粒子非常有效，而这两种作用力对于粒径的要求刚好相反，因此对于粒径在 $0.1\mu m$ 和 $0.4\mu m$ 之间的粒子来说，过滤器的效率则主要取决于纤维的尺寸和空气速度，图 5-14 是过滤器的效率和粒径

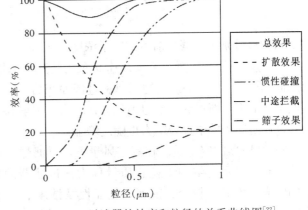

图 5-14　过滤器的效率和粒径的关系曲线图[22]

179

的关系曲线图。

过滤器按照过滤效率的高低可分为粗效过滤器、中效过滤器、高效过滤器和静电集尘器。图 5-15 是几种常见过滤器的示意图。

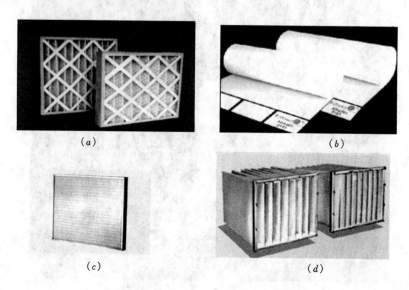

图 5-15 几种常见过滤器的示意图
(a) 粗效过滤器；(b) 中效过滤器；(c) 高效过滤器；(d) 高效袋式过滤器

粗效过滤器的滤材多为玻璃纤维、人造纤维、金属丝网及粗孔聚氨酯泡沫塑料等，粗效过滤器适用于一般的空调系统，在空气净化系统中，作为更高级过滤器的初滤，起到一定的保护作用。

中效过滤器的主要滤材为玻璃纤维（比粗效过滤器的玻璃纤维要小）、人造纤维合成的无纺布及中细孔聚乙烯泡沫塑料等。大多数情况下用于高效过滤器的前级保护，少数用于清洁度要求较高的空调系统中。

高效过滤器一般滤材均为超细玻璃纤维或合成纤维，加工成纸状，称为滤纸。

表征过滤器性能的主要指标有过滤效率、压力损失和容尘量[51]。

1）过滤效率。单级过滤器的效率为：

$$\eta = \frac{n_1 - n_2}{n_1} = (1-p) \times 100\% \tag{5-13}$$

其中 n_1、n_2 分别为过滤器前后的粒子浓度，$p = n_2/n_1$ 称为穿透率。

2）过滤器阻力。随着迎面风速 u_0 或者滤速 u 的增大而增大，过滤效率随着滤速增大而降低。因此在确定了适宜的滤速和过滤面积后，适宜的过滤风量即额定风量即可确定。在额定风量下，新过滤器的阻力称为初阻力，一般高效过滤器的初阻力不大于 200Pa，而随着过滤面灰尘的增加，阻力也随之增加。

3）过滤器的容尘量。在额定风量下，过滤器的阻力达到终阻力（一般为初阻力的两倍）时，其所容纳的尘粒总质量称为该过滤器的容尘量。由于滤料的性质不同，粒子的组成、形状、粒径、密度、黏滞性及浓度有差别，因此过滤器的容尘量也有较大变化范围。

表5-21列出了常用过滤器的性能指标。

常用过滤器的性能指标　　　　　　　　　　　　表5-21

过滤器类型	有效捕集粒径（μm）	适应的含尘浓度	过滤效率（%）			压力损失（Pa）	容尘量（g/m³）	备注
			质量法	比色法	DOP法			
粗效过滤器	≥5	中～大	70～90	15～40	5～10	30～200	500～2000	滤速以m/s计
中效过滤器	＞1	中	90～96	50～80	15～50	80～250	300～800	滤速以dm/s计
亚高效过滤器	≥0.5	小	＞99	80～95	50～90	150～350	70～250	滤速以cm/s计
高效过滤器	以捕集粒径≥0.5的颗粒为主要目的，也可捕集粒径更小的颗粒，但效率计算习惯以0.3μm为准	小	不适用	不适用	99.9～99.99（一般≥99.97%）	250～490	50～70	
超高效过滤器	≥0.1	小	不适用	不适用	99.999	150～350	30～50	过滤器迎面风速不大于1m/s
静电集尘器	更适合捕集微细粒子（≤1）	小	＞99	80～95	60～95	80～100	60～75	

在过滤器使用过程中，随着时间的推移，过滤器效率会逐渐增大，阻力也会逐渐增加，而且，阻力的增加速率会越来越大，见图5-16。

（2）吸附净化法

吸附对于室内 VOCs 和其他污染物是一种比较有效而又简单的消除技术。目前比较常用的吸附剂主要是活性炭，其他的吸附剂还有人造沸石、分子筛等。吸附可

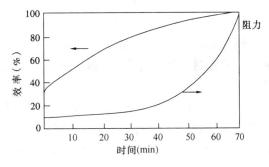

图 5-16　过滤器负载曲线示意图

以分为物理吸附和化学吸附两类[33]，活性炭吸附属于物理吸附。物理吸附是由于吸附质和吸附剂之间的范德华力而使吸附质聚集到吸附剂表面的一种现象。物理吸附属于一种表面现象，可以是单层吸附，也可以是多层吸附，其主要特征为：①吸附质和吸附剂之间不发生化学反应；②对所吸附的气体选择性不强；③吸附过程快，参与吸附的各相之间瞬间达到平衡；④吸附过程为低放热反应过程，放热量比相应气体的液化潜热稍大；⑤吸附剂与吸附质间的吸附力不强，在条件改变时可脱附。

气体在每克固体表面的吸附量 g 依赖于气体的性质、固体表面的性质、吸附平衡的温度 T 以及吸附质平衡压力 p，可以表示如下：

$$g = f(T, p, 吸附剂, 吸附质) \tag{5-14}$$

固体材料吸附能力的大小和固体的比表面积（即1g固体的表面积）很有关系，比表

面积越大，吸附能力越强，因为活性炭有着丰富的孔结构，因此其比表面积较大，吸附能力较强。通常人们用吸附等温线来表征吸附能力的大小，吸附等温线即在等温的条件下每g吸附剂吸附吸附质的量与吸附剂蒸气压力的关系曲线。常见的吸附等温线有以下5类，如图5-17所示。

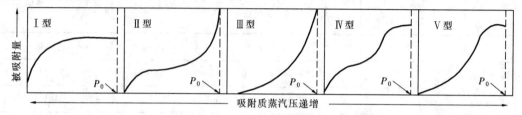

图 5-17　5种吸附等温线示意图

对于Ⅰ型吸附等温线，通常用朗缪尔（Langmuir）方程式来表示单位质量吸附剂所吸附的量和被吸附气体的分压之间的关系：

$$q = \frac{q_m B \cdot p}{1 + B \cdot p} \tag{5-15}$$

其中q_m为饱和吸附量（g吸附质/g吸附剂），为常数；B为常数；q为单位质量吸附剂的吸附量（g吸附质/g吸附剂）；p为被吸附气体的分压。

活性炭的制备比较容易，几乎能由所有的含碳物质如煤、木材、骨头、椰子壳、核桃壳和果核等制得，把这些物质在低于600℃进行炭化，所得残炭再用水蒸气、热空气或者氯化锌等作为活化剂进行活化处理，即可制得活性炭，其中最好的原料是椰子壳，其次是核桃壳和水果核。

活性炭吸附主要用来处理的常见有机物包括苯、甲苯、二甲苯、乙醚、煤油、汽油、光气、苯乙烯、恶臭物质、甲醛、己烷、庚烷、甲基乙基酮、丙酮、四氯化碳、萘、醋酸乙酯等气体。

活性炭纤维是20世纪60年代随着碳纤维工业而发展起来的一种活性炭新品种，近年来由于其在空气净化方面的应用受到了人们的广泛关注。它和普通的碳纤维相比，比表面积大（是普通碳纤维的几十甚至几百倍），碳化温度低，表面存在着多种含氧官能团。

活性炭纤维在表面形态和结构上与粒状活性炭（GAC）有很大差别。粒状活性炭含有大孔、中孔和微孔，而活性炭纤维则主要含大量微孔，微孔的体积占了总孔体积的90%左右，因此有较大的比表面积，多数为$800\sim1500m^2/g$。与粒状活性炭相比，活性炭纤维吸附容量大，吸附或脱附速度快，再生容易，而且不易粉化，不会造成粉尘二次污染，对于无机气体如SO_2、H_2S、NO_x等也有很强的吸附能力，吸附完全，特别适用于吸附去除10^{-6}、$10^{-9}g/m^3$量级的有机物，所以在室内空气净化方面有着广阔的应用前景。

普通活性炭对分子量小的化合物（如氨、硫化氢和甲醛）吸附效果较差，对这类化合物，一般采用浸渍高锰酸钾的氧化铝作为吸附剂，空气中的污染物在吸附剂表面发生化学反应，因此，这类吸附称为化学吸附，吸附剂称为化学吸附剂（chemisobent）。表5-22给出了浸渍高锰酸钾的氧化铝和活性炭吸附一些空气污染物效果的比较。可见，前者对

NO、SO$_2$、甲醛和 H$_2$S 去除效果较好，后者对 NO$_2$和甲苯去除效果较好[22]。

浸渍高锰酸钾的氧化铝和活性炭对一些空气污染物吸附效果比较　表 5-22

吸附量（%）	NO$_2$	NO	SO$_2$	甲醛	H$_2$S	甲苯
浸渍高锰酸钾的氧化铝	1.56	2.85	8.07	4.12	11.1	1.27
活性炭	9.15	0.71	5.35	1.55	2.59	20.96

（3）紫外灯杀菌 Ultraviolet germicidal irradiation（UVGI）

紫外线杀菌是通过紫外线照射，破坏及改变微生物的 DNA（脱氧核糖核酸）结构，使细菌当即死亡或不能繁殖后代，达到杀菌的目的。紫外光谱分为 UVA（315～400nm）、UVB（280～315nm）和 UVC（100～280nm），波长短的 UVC 杀菌能力较强，因为它更易被生物体的 DNA 吸收，尤以 253.7nm 左右的紫外线杀菌效果最佳。紫外线杀菌属于纯物理方法，具有简单便捷、广谱高效、无二次污染、便于管理和实现自动化的优点，值得一提的是紫外灯杀菌需要一定的作用时间，一般细菌在受到紫外灯发出的辐射数分钟后才死亡。鉴于此，紫外辐照杀菌对停留在表面上的微生物杀灭非常有效，对空气中的微生物则需要足够长的作用时间才能杀灭。医院中，紫外灯往往用于表面杀菌，而在有人员活动或停留的房间，紫外灯一般安置在房间上部，不直接照射到人。空气受人体或热源加热向上运动，或由外力推动，缓慢进入紫外辐照区，受辐照后的空气冷却后再下降到房间的人员活动区。在这一不断反复的过程中，细菌和病毒也会逐渐地被降低活性，直至灭杀[33]。

（4）臭氧净化方法

臭氧是已知的最强的氧化剂之一，其强氧化性、高效的消毒和催化作用使其在室内空气净化方面有着积极的贡献。臭氧的主要应用在于灭菌消毒，它可即刻氧化细胞壁，直至穿透细胞壁与其体内的不饱和键化合而杀死细菌，这种强的灭菌能力来源于其高的还原电位，表 5-23 列出了常见的灭菌消毒物质的还原电位，其中臭氧具有最高的还原电位。

常见的灭菌消毒物质的还原电位[33]　表 5-23

名　称	分子式	标准电极电位（V）	名称	分子式	标准电极电位（V）
臭氧	O$_3$	2.07	二氧化氯	ClO$_2$	1.50
双氧水	H$_2$O$_2$	1.78	氯气	Cl$_2$	1.36
高锰酸离子	MnO$_2$	1.67			

臭氧在消毒灭菌的过程中，还原成氧和水，在环境中不留残留物，同时它能够将有害的物质分解成无毒的副产物，有效地避免了二次污染，因此对于臭氧产品的开发，已使其在医院、公共场所、家庭灭菌等方面得到了广泛应用，取得很好的效益。

与一般的紫外线消毒相比，臭氧的灭菌能力要强得多，同时还能除臭，达到净化空气的目的。但同时由于臭氧的强氧化性，过高的臭氧浓度对人体的健康同样有着危害作用。当臭氧吸入人体体内后，能够迅速地转化为活性很强的自由基——超氧基 O$_2^-$，使不饱和脂肪酸氧化，从而造成细胞损伤，可使得人的呼吸道上皮细胞质过氧过程中花生四烯酸增多，进而引起上呼吸道的炎症病变。志愿者人体实验表明接触 176.4μg/m^{3}臭氧 2h 后，肺活量、用力肺活量和第一秒用力肺活量显著下降；浓度达到 294μg/m^3，80%以上的人感到眼和鼻黏膜刺激，100%的人出现头疼和胸部不适，因此我国在《室内空气质量标准》

中限定了臭氧浓度的上限（0.16mg/h），这是使用臭氧进行室内空气净化中应该注意的一个问题。

常见的臭氧发生技术主要有以下几类：

1）光化学法。光化学法也叫紫外线法，其产生臭氧的过程主要是利用光波中小于200nm的紫外线，使空气中的氧气分解聚合为臭氧，其优点是纯度高，对湿度和温度不敏感，具有很好的重复性，但由于目前紫外灯的电-光转换效率低，因此用此法产生臭氧产量低、耗电量大，不适合臭氧耗量大的地方使用。

2）电化学法。电化学法又称电解法，是利用直流电源电解或氧电解质产生臭氧气体。近年来发展的固态聚合物电解质（SPE）电极与金属氧化催化技术，能够使纯水电解得到14%以上高浓度的臭氧，大大促进了电解法制氧的发展，由于此法产生的臭氧浓度高、成分纯，因此应用前景看好。

3）电晕放电法。这种方法主要是利用交变高压电场，使得含氧气体产生电晕放电，电晕中的自由高能电子能够使得氧气转变为臭氧，但此法只能得到含有臭氧的混合气体，不能得到纯净的臭氧。由于其相对能耗较低，单机臭氧产量最大，因此目前被广泛应用。

除了上述成熟的空气净化方法外，近年来发展起一些新的空气净化方法，有的已获应用，有的还有待研究提高，下面对其中一些空气净化新方法作一简要介绍。

(1) 光催化净化原理和方法[25]

1）反应机理。光催化反应的本质是在光电转换中进行氧化还原反应。根据半导体的电子结构，当半导体（光催化剂）吸收一个能量大于其带隙能（E_g）的光子时，电子（e^-）会从价带跃迁到导带上，而在价带上留下带正电的空穴（h^+）。价带空穴具有强氧化性，而导带电子具有强还原性，它们可以直接与反应物作用，还可以与吸附在光催化剂上的其他电子给体和受体反应。例如空穴可以使 H_2O 氧化，电子使空气中的 O_2 还原，生成 H_2O_2、·OH 基团和 HO_2·，这些基团的氧化能力都很强，能有效地将有机污染物氧化，最终将其分解为 CO_2、H_2O，达到消除 VOCs 的目的。

一般采用纳米半导体粒子为光催化剂，这是因为：①通过量子尺寸限域造成吸收边的蓝移；②与体材料相比，量子阱中的热载流子冷却速度下降，量子效率提高；③纳米 TiO_2 所具有的量子尺寸效应使其导电和价电能级变成分立的能级，能隙变宽，导电电位变得更负，而价电电位变得更正，这些使其具备了更强的氧化还原能力，从而催化活性大大提高；④纳米粒子比表面积大，使粒子具有更强的吸附有机物的能力，这对催化反应十分有利，粒径越小，电子与空穴复合几率越小，电荷分离效果越好，从而提高催化活性[50]。

常见的光催化剂为 TiO_2，其光催化活性高，化学性质稳定、氧化还原性强、抗光阴极腐蚀性强、难溶、无毒且成本低，是研究应用中采用最广泛的单一化合物光催化剂。

TiO_2 晶型对催化活性的影响很大。其晶型有三种：板钛型（不稳定），锐钛型（表面对 O_2 吸附能力较强，具有较高活性），金红石型（表面电子-空穴复合速度快，几乎没有光催化活性）。以一定比例共存的锐钛型和金红石型混晶型 TiO_2 的催化活性最高。德国德古萨公司生产的 P25 型 TiO_2（平均粒径 30nm，比表面积 $50m^2/g$，30%金红石相，70%锐钛相）光催化活性高，其吸附能力是活性炭粉末强 2 倍（5.0 vs. 2.5 $\mu mol\ m^{-2}$），是研究中经常采用的一种光催化剂。

截至 1999 年，研究者对约 60 种气体的光催化反应进行了研究，其中大部分为有机气体，包括：甲醛、乙醛、乙烯、甲苯、二甲苯等。无机物较少，有氨、硫化氢、氮氧化物、臭氧、硫氧化物[53]。

纳米 TiO_2 材料在紫外光照射下发生的化学反应主要为：

反应 1：催化材料 $+h\nu \longrightarrow e^- + h^+$

反应 2：$h^+ + OH^- \longrightarrow \cdot OH$

反应 3：$e^- + O_2 \longrightarrow \cdot O_2^-$

反应 4：$\cdot O_2^- + H^+ \longrightarrow HO_2 \cdot$

反应 5：$2HO_2 \cdot \longrightarrow O_2 + H_2O_2$

反应 6：$O_2 + H_2O_2 \longrightarrow 2HO_2 \cdot$

对不同的污染物，具体反应过程不同。以甲醛为例，反应过程如下：

$$TiO_2 \xrightarrow{h\nu} e^- + h^+$$

氧化：

$$HCHO + H_2O + 2h^+ \longrightarrow HCOOH + 2H^+$$

$$HCOOH + 2h^+ \longrightarrow CO_2 + 2H^+$$

还原：

$$O_2 + 4e^- + 4H^+ \longrightarrow 2H_2O$$

$$HCHO + O_2 \xrightarrow[TiO_2]{h\nu} CO_2 + H_2O$$

有些研究者对 TiO_2 进行掺杂改性，提高了其光催化降解 VOCs 的效果[25,54-56]。

2）光源。由于光催化发生的条件是：$h\nu \geqslant E_g$，h 是普朗克常数，为 6.626×10^{-27} J·s，ν 是辐射光频率，E_g 是半导体材料价带和导带之间的能级差。可见，较高频率的辐射易产生光催化反应。对 TiO_2，$E_g = 3.2eV$，因此，一般在紫外光照射下光催化反应才能进行。

光催化反应器中采用的光源多为中压或低压汞灯。如前所述，紫外光谱分为 UVA（315～400nm）、UVB（280～315nm）和 UVC（100～280nm）。杀菌紫外灯波长一般在 UVC 波段，特别在 254nm。在应用中采用所谓黑光灯（black light lamp）和黑光蓝灯（black light blue lamp）效果较好，其辐射波长在 UVA 波段。185nm 以下的辐射会产生臭氧，而上述两种灯的辐射在 240nm 以上，故不会产生臭氧[52]。

如何有效地将 TiO_2 光催化降解有机污染物的反应扩展到可见光范围，是目前材料界的研究热点，但迄今可见光反应去除有机污染物效率还很低，与大规模实际应用还有较大距离。

3）反应器形式。光催化反应器形式为：流化床型、固定床型和蜂窝结构型等[25]。固定床具有较大连续表面积的载体，将催化剂负载其上，流动相流过表面发生反应。流化床多适合于颗粒状载体，负载后仍能随流动相发生翻滚、迁移等，但载体颗粒较 TiO_2 纳米粒子大得多，易与反应物分离，可用滤片将其封存在光催化反应器中而实现连续化处理。图 5-18 为蜂窝状反应器示意图，这类反应器流动阻力小，最有应用前景，目前市售的纳米光催化反应器多为此种形式。

目前，制约光催化获得大规模应用的瓶颈问题是：①会产生有害副产物[57]；②性能会衰减较快——俗称材料"中毒"或老化；③光催化净化效率不高；④耗能较高。这些问题需要今后深入研究。

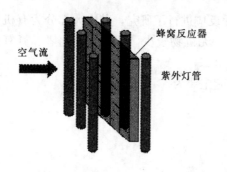

空气流

蜂窝反应器

紫外灯管

图 5-18 蜂窝反应器结构示意图

值得一提的是，目前市售的很多"光催化空气净化器"实际上只有吸附作用，不具有光催化功能。它们滥竽充数、鱼目混珠，欺骗消费者，也败坏了光催化的名声。

（2）低温等离子体净化原理和方法

等离子体是物质存在的第 4 种状态，是由电子、离子、原子、分子和自由基等粒子组成的集合体，具有宏观尺度的电中性和高导电性。等离子体中的离子、电子和激发态原子都是极活泼的反应性物种，使通常条件下难以进行或速度很慢的反应变得十分快速。脉冲电晕等离子体化学处理技术是 20 世纪 80 年代发展起来的一种空气污染控制新技术。利用高能电子（5eV～20eV）轰击反应器中的气体分子（NO_x、SO_x、O_2 和 H_2O 等）；经过激活、分解和电离等过程产生氧化能力很强的自由基（·OH、·HO_2）、原子氧（O）和臭氧（O_3）等，这些强氧化物质可迅速氧化掉 NO_x 和 SO_2，在 H_2O 分子作用下生成 HNO_3 和 H_2SO_4。

低温等离子体从宏观上看，是电荷呈中性的电离气体。凡对物质施加能量后，使其形态发生变化，从固体到液体再到气体；如再施加能量，最终能使气体的分子及其原子成为电离状态，这就是物质的第四态，即等离子状态。这种等离子体，即使气体压力很低，其电子温度仍很高，当其他粒子（如离子、中性粒子）的温度较低时，这种状态的等离子体就是低温等离子体。

通常采用电晕放电（Corona Discharge）或辉光放电产生低温等离子体。换言之，可以认为气体分子借助电能，使其处于电离或激发状态，以致化学反应性非常活泼。等离子体中含有电子、游离基、离子、紫外光和许多不同激活粒子，视不同气体介质而定。其生成反应示意如下式所示：

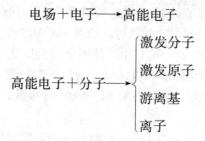

电场＋电子——→高能电子

高能电子＋分子——→ 激发分子 / 激发原子 / 游离基 / 离子

原子＋游离基＋分子——→反应生成物＋反应

脉冲电晕等离子体净化有机物甲苯技术是一种物理与化学相结合的新方法，其基本原理是利用脉冲放电形成非平衡等离子体，产生大量高能活性粒子，其中电子与甲苯分子碰撞；当电子具有的动能高于苯环中 C—C 键结合能时，苯环被打开，进而被氧化成二氧化碳和水。由于污染气体大多处于常温常压状态，需在常温常压下获得非平衡等离子体，因而要求不均匀外电场只加速电子，不加速离子，以控制气体温度不使其成为热等离子体。采用脉冲前沿极短、宽度很窄的高压脉冲电晕放电，是常温常压下得到非平衡等离子体最简单、有效的方法。

等离子体处理气相污染物包括 VOCs、CO、CO_2、H_2S、SO_2 和 NH_3 的过程如下：

①自由基产生

$$O_2 + e\ (3.6eV) \longrightarrow \cdot O + O^-$$

$$H_2O + e\ (5.09eV) \longrightarrow \cdot OH + H^-$$

$$O_3 + \cdot OH \longrightarrow \cdot HO_2 + O_2^-$$

②气体分子离解

$$O_2 + e(3.85eV) \longrightarrow CO + O^-$$

$$CO + e(11.12eV) \longrightarrow C + O$$

$$H_2S + e(3.8eV) \longrightarrow H + S$$

$$NH_3 + e(6.16eV) \longrightarrow N + H$$

$$NO_2 + e(6.17eV) \longrightarrow N + O$$

$$SO_2 + e(5.43eV) \longrightarrow S + O$$

③气体分子氧化分解

$$CO + \cdot OH \longrightarrow H_2O + CO_2$$

$$H_2S + \cdot OH \longrightarrow HS + H_2O$$

$$HS + O_3 \xrightarrow{H_2O} H_2SO_4$$

$$NH_3 + \cdot OH \longrightarrow H_2O + NH_2$$

$$NH_2 + O_3 \xrightarrow{H_2O} NHO_3$$

$$NO_2 + \cdot OH \xrightarrow{H_2O} HNO_3$$

$$SO_2 + \cdot OH \xrightarrow{H_2O} H_2SO_4$$

$$RCH_2CH_3 + \cdot OH \longrightarrow H_2O + RCOCH_3$$

$$RCOCH_3 + \cdot OH \longrightarrow H_2O + CO_2$$

上述过程是一个复杂的过程，由于自由基存在的时间极短，反应速度很快，因此要具体的确定某一个反应过程十分困难，随着对这类问题逐步深入的研究，人们将对此有进一步了解。

除了主要的催化氧化作用外，低温等离子体还有两个作用值得关注：

第一个作用是预荷电集尘。产生的大量电子和正负离子与空气中的颗粒发生非弹性碰撞，附着在上面，形成荷电粒子，它们在外加电场作用下向集尘极迁移，沉积其上，对于悬浮在空气中直径小于 $100\mu m$ 的总悬浮颗粒物（TSP）和直径小于 $10\mu m$ 的可吸入颗粒物（PM_{10}）能产生一定的净化效果。

第二个作用是能产生大量的负离子，这些负离子释放到室内空气中，一方面能够调节空气粒子平衡，有利于人体健康；另一方面还能有效清除空气中的污染物，当高浓度的负离子同空气中的有毒物质和灰尘等颗粒物碰撞后使其带负电，这些带负电的颗粒物又会吸引周围带正电的颗粒物（包括空气中的细菌、病毒和孢子等），增大积聚，最后这些颗粒物大到一定程度就会沉降到地面从而降低了被人体吸入体内的危险。

但等离子空气净化方法也会产生大量有害副产物，阻碍了其在室内空气净化方面的大规模应用。

(3) 植物净化

绿色植物除了能够美化室内环境外，还能改善室内空气质量。美国宇航局的科学家威廉·沃维尔发现绿色植物对居室和办公室的污染空气有很好的净化作用，他测试了几十种不同的绿色植物对几十种化学复合物的吸收能力，发现所测试的各种植物都能有效降低室内污染物的浓度。24 小时照明的条件下，芦荟吸收了 $1m^3$ 空气中所含的 90％的醛；90％的苯在常青藤中消失；而龙舌兰则可吞食 70％的苯、50％的甲醛和 24％的三氯乙烯；吊兰能吞食 96％的一氧化碳，86％的甲醛。威廉又做了大量的实验证实绿色植物吸入化学物质的能力来自于盆栽土壤中的微生物，而不主要是叶子。与植物同时生长在土壤中的微生物在经历代代遗传后，其吸收化学物质的能力还会加强。所以可以说绿色植物是普通家庭都能用得起的空气净化器。

另外有些植物还可以作为室内空气污染物的指示物，例如紫花苜蓿在 SO_2 浓度超过 0.3 ppm 时，接触一段时间后，就会出现受害的症状；贴梗海棠在 0.5ppm 的臭氧中暴露半小时就会有受害反应。香石竹、番茄在浓度为 0.05～0.1ppm 的乙烯下几个小时，花萼就会发生异常现象。因此利用植物对某些环境污染物进行检测是简单而灵敏的[28]。

上述去除室内污染的空气净化技术的特点和问题可参见表 5-24[57]。

主要空气净化技术比较

表 5-24

技术	去除污染物	现有文献结论汇总	问　题
过滤	颗粒物	对粒径范围为 0.1～4μm 的颗粒物具有显著的去除效果。 对于单独的过滤器而言，其并不能消除 VOCs，除非额外复合活性炭之类的物质	可能会滋生微生物，带来二次污染
吸附	VOCs，甲醛，臭氧，NO_x，SO_x 和 H_2S 等	吸附是对室内空气污染物有效的去除方式	大部分研究只停留在短期作用效果研究，缺乏长期的寿命测试与分析。 与 O_3 反应可产生异味和超细颗粒等污染
紫外杀菌	微生物	紫外杀菌对细菌、病毒和霉菌都具有很好的杀灭或抑制作用，但去除效果强烈依赖于光强、作用时间等影响因素	可能产生 O_3 和 NO_x

技术	去除污染物	现有文献结论汇总	问　题
臭氧氧化	臭气	臭氧可消除臭气，而且臭氧的存在会增强VOCs的催化氧化	臭氧易与室内其他气体发生氧化还原反应，产生有害物质，如超细颗粒等
催化氧化	VOCs、NOx、SOx、H2S等	大部分还限于实验室研究，其表面光催化氧化可降低绝大部分室内污染物（例如苯系物、甲醇、甲醛等）	光催化氧化VOCs会产生有害副产物，有甲醛、乙醛等，其部分副产物对人体有害
等离子体	VOCs和微生物等	等离子体技术可消除空气中的大部分VOCs和微生物污染，但同时会产生有害副产物（如O₃），因此等离子体空气净化如不对有害副产物做特别处理，并不适用于室内空气净化	可能产生O₃、NOx和其他二次污染。此外，耗能高
植物净化	VOCs	对VOCs的去除效率很低	会产生一些微生物污染；所提供的洁净空气量（CADR）往往很低，制约其在室内环境中的应用

2. 室内空气净化器性能及评价

空气净化器净化功能效果主要可用一次通过效率、洁净空气量等指标来评价。

（1）一次通过效率（single-pass efficiency）

一次通过效率的定义如下式所示：

$$\varepsilon = \frac{C_{inlet} - C_{outlet}}{C_{inlet}} \tag{5-16}$$

其中 C_{inlet} 表示空气净化器进风口平均浓度，C_{outlet} 表示出风口平均浓度。

（2）洁净空气量（clean air delivery rate，CADR）

洁净空气量则是表示空气净化器所能提供不含某一特定污染物的空气量（m³/h），它实际上是对污染物浓度的稀释效果。定义为净化器一次通过效率与通过净化器的空气流量的乘积，如下式所示：

$$CADR = G\varepsilon \tag{5-17}$$

其中 G 表示空气净化器的风量，m³/h。

（3）净化速率

另外也可用净化速率来表示净化器的性能。净化量表示产品单位时间净化某一特定污染物的数量（mg/h）。当空气净化器进口和出口浓度趋于稳定时，可用下式来表示净化速率：

$$\dot{m} = G\,(C_{inlet} - C_{outlet}) \tag{5-18}$$

由式（5-16）、（5-18），可得：

$$\dot{m} = G\varepsilon C_{inlet} \tag{5-19}$$

（4）有效度（effectiveness）

总的来说，一次通过效率和洁净空气量体现了空气净化器的自身特点，但并不能仅仅以这两个参数来直接判断空气净化器的优劣。由于空气净化器是应用于实际室内环境中，因此必须结合实际环境来进行综合评价。Nazaroff[58]提出使用有效度（effectiveness）来评价空气净化器的实用性能。

假设在没使用空气净化器前，室内污染物浓度为C_{ref}；而使用空气净化器后，室内污染物浓度降低为C_{ctrl}。则可定义有效度ε_{eff}为：

$$\varepsilon_{eff} = \frac{C_{ref} - C_{ctrl}}{C_{ref}} \tag{5-20}$$

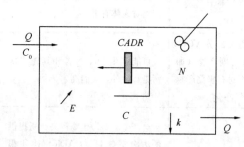

图 5-19　空气净化器有效度评估模式示意图

由上式可见，有效度的数值处于0和1之间，当有效度等于1时表示空气净化器把室内污染物浓度降低为0，达到理想性能；当有效度等于0时表示空气净化器的加入对室内污染状况没有任何改善。

假如在一个体积为V的房间里放置一台洁净空气量为$CADR$的空气净化器，而室外的通风量为Q，室外污染物浓度为C_0。室内污染物恒定的散发速率为E，污染物自然衰减系数为k，室内浓度为C，如图 5-19 所示。则可得到房间内污染物浓度的质量守恒方程：

$$V\frac{dC}{d\tau} = Q(C_0 - C) + E - (kV + CADR)C \tag{5-21}$$

考虑稳态情况下，即$\frac{dC}{d\tau} = 0$。

当$CADR = 0$时，

$$C_{ref} = \frac{C_0Q + E}{Q + kV} \tag{5-22}$$

当$CADR \neq 0$时，

$$C_{ctrl} = \frac{C_0Q + E}{Q + kV + CADR} \tag{5-23}$$

根据有效度的定义，可得：

$$\varepsilon_{eff} = \frac{CADR}{CADR + Q + kV} = \frac{f}{f+1} \tag{5-24}$$

其中定义：

$$f = \frac{CADR}{Q + kV} \tag{5-25}$$

图 5-20 表示了有效度与f之间的关系。

因此一次通过效率、洁净空气量等参数体现了空气净化器自身对化学污染物的性能。而有效度则更多体现了在实际应用中应该如何选用合适的空气净化器。

目前，空气净化器性能评价（包括我国颁布的空气净化器性能评价国家标准或行业

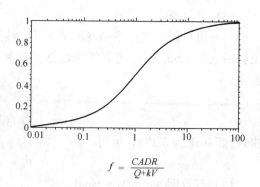

图 5-20　ε_{eff}与f的关系图

标准）存在盲点：只注重对目标污染物净化性能的评价，忽略了对可能产生的有害副产物的识别和健康危害评价，有时，由于有害副产物的产生，"净化"后的空气对人健康的危害会更大，可谓"驱狼引虎"。这是今后空气净化器性能评价应该注意的问题。值得一提的是，我国标准《空气净化器》GB/T 18801—2015 一定程度上关注了上述问题的解决。

第六节　室内材料和家具的污染源散发特性*

从源头治理室内空气污染，是治理室内空气污染的根本之法。如前所述，室内装饰装修材料（主要为人工复合板材和油漆）和家具是室内空气中甲醛和 VOCs 的主要来源，而家具又由人工复合板材制成。为此，有必要对人工复合板材及油漆（统称为室内材料）的甲醛和 VOCs 散发特性有所了解。

人们要了解室内材料的散发特性，一般关心以下问题：

（1）它们散发什么污染物？

（2）各种污染物散发速率多大？

（3）散发速率如何随时间变化？散发速率和散发量受何因素的影响？

（4）如何抑制室内材料污染物散发？

其中（1）、（2）是确定室内空气污染负荷的基础，如同暖通空调系统设计和控制中首先要确定"冷负荷"或"热负荷"，做到有的放矢；（3）、（4）一方面对确定"负荷"随环境条件（如温度、湿度）的变化有帮助，另一方面也是控制材料散发速率、发展低散发建材或绿色建材的基础。

研究室内材料挥发物散发特性的方法有两种：实验测定法、模型分析法。

一、室内材料散发特性的实验测定

实验测定材料的逐时散发特性是一种比较可靠的方法，在实现上述 1、2 目标时必不可少。目前测试散发最常用的方法就是环境舱测量法，为此美国和欧洲都制定了关于这种测量的标准，比如 ASTM（American Society for Testing and Materials）D5116—97 是测定关于建材有机物散发小室的标准[59]，ASTM D6670-01 是关于建材有机物散发的全尺度环境舱测试的标准[60]，而 ENV 13419 则是欧洲建立的一套散发测试小室标准[61]，下面分别对环境舱测定原理和相关情况做一简要介绍。

1. 测定原理

在假定环境舱内待测 VOC 浓度均匀的情况下，根据质量平衡，有以下方程：

$$V\frac{dC_a(t)}{dt} = R(t) - QC_a(t) - S(t) \tag{5-26}$$

式中　V——除去测试材料所占空间之外的环境舱体积，m^3；

　　　t——时间，h；

　$C_a(t)$——环境舱内在 t 时刻的 VOC 浓度，mg/m^3；

　$R(t)$——舱内散发源的散发速率，$mg/(m^2 \cdot h)$；

　　Q——供给环境舱的干净空气的流量，m^3/h；

　$S(t)$——汇项（如果是负的，就是再散发源项），这主要是由于舱内表面或风道对
　　　　　　VOC 的吸附或者解吸附作用所致，mg/h。

由上式可见，如果已知：环境舱容积和被测物体积，环境舱内壁对目标污染物吸附效

应可忽略，小室中空气均匀混合时，目标污染物逐时浓度 $C_a(t)$ 可测出，则可得舱内散发源的散发速率 $R(t)$。

2. 实验系统

实验中一般采用全尺寸环境舱和小尺寸环境舱进行。

（1）全尺寸环境舱（Full-scale environmental chamber）

所谓的全尺寸，是指环境舱的尺寸和实际中房间的尺寸一样，并且被测试材料也是按实际使用尺寸放入小室进行测试的。环境舱的环境条件（包括温度和湿度）也和实际材料使用时的一致。全尺寸环境舱的建立主要有以下几个用途：

①测试材料在应用过程中的散发速率；②发展由小尺寸测试结果推出大尺寸结果的方法；③研究源汇之间的相互影响以及验证源汇模型；④测试源散发和空气中其他组分之间的相互影响。

图 5-21 是美国 EPA（环境保护署）和 NRC（全国咨询中心）的全尺寸环境舱的示意图。

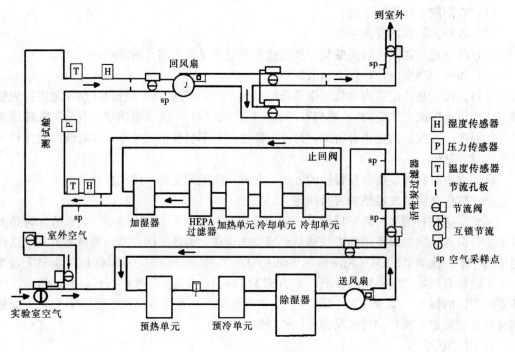

图 5-21 全尺寸环境舱设计示意图

图 5-22 是美国 Syracuse 大学建筑能源和环境系统实验室的全尺寸环境舱照片。该系统主要包括三部分：室内环境舱，用于测试材料 VOCs 散发，长宽高分别为 4.88m、3.66m 和 3.05m；室外气候室，用于模拟室外气候，尺寸分别为 1.98m、3.66m 和 3.05m；可活动隔离墙或测试壁，当仅需要隔离两个舱时，用隔离壁，而当需要模拟实际的围护结构时，则用测试墙。环境舱、空调系统及送风管道表面都由不锈钢制成，其对有机挥发物的吸附作用可忽略。在此环境室内，可以测定家具有害物散发特性、家用电器有害物散发特性和空气净化器净化性能。

（2）小尺寸环境舱（Small-scale environmental chamber）

小尺寸环境舱一般由几升到 $5m^3$，应该包括以下几部分：测试小室、干净空气产生系

图 5-22　美国 Syracuse 大学的建筑能源和环境系统的实验室（张建顺教授提供）

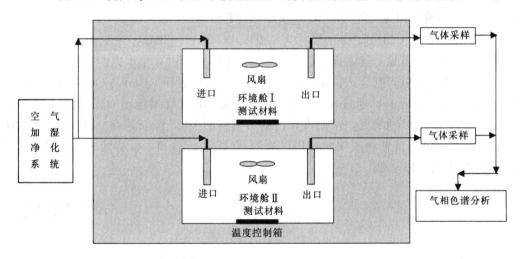

图 5-23　两小室小环境舱示意图

统、监测和控制系统、采样收集和分析设备、标准产生和校正系统，图 5-23 是一个两小室测量系统的示意图[59]。

ASTM D5116[59]给出了小室测量的设计标准，该标准规定测量小室应该具有不吸附、化学惰性、内部光滑和本身不散发污染物的特性。小环境舱必须有很好的空气混合性能，使得小室内的空气和来流空气充分混合。散发源表面应该和真实室内环境中表面风速相当（譬如 5～10cm/s）。温度控制可以用保温箱等恒温设备来实现，对于来流空气温度可用盘管控制。一般小室内没有灯光，如果灯光对散发的影响能够确定，则可提供照明，而灯光的强度应确保小室内壁温度没有明显变化。空气净化系统可以使用无油的压缩机把室外经过除湿和有机物过滤后的空气引进小室内部，对于大部分测试散发源来说，空气进口的某种 VOC 浓度不应超过 $2\mu g/m^3$，TVOC 浓度不应超过 $10\mu g/m^3$，在空气净化系统中该标准还对空气湿度控制进行了说明。此外，本标准还对环境测量和控制系统、数据收集和分析做了比较详尽的介绍，由于篇幅有限，这里不再详述。

由于小尺寸环境舱比全尺寸环境舱测试要经济，因此一般材料散发测试和研究实验都在小尺寸环境舱中进行。常见的测量环境舱有 1m³ 小室、CLIMPAQ（Chamber of Laboratory Investigation of Materials Pollution and Air Quality）和 FLEC（Field and Laboratory Emission Cell），下面分别予以简要介绍。

1）1m³ 小室。最初用于测试建材的甲醛散发特性，其尺寸为 1.020m×0.650m×1.500m，体积为 0.995m³。小室内壁及其内部所有部件均由电抛光的不锈钢制成，可使得来自表面的散发和吸附减至最小。小室的空气进口位于一个壁面的底部，空气进入小室之前先通过一个活性炭过滤器，以使得进入小室的空气中 VOC 浓度尽可能低，换气次数在 0.5~4.0h⁻¹ 之间，空气流量由流量计测量，另外为了控制小室内的湿度，空气还得通过一个加湿器，材料表面的气流速度在其中心上方 1cm 处测得。小室内部有一个空气循环装置，包括三部分：在距小室的底部 150mm 处一个打孔的平板，顶部有挡板，另外还有一个不锈钢轴流风扇。风扇把空气从打孔的平板下方抽到小室的顶部，小室顶部的两个挡板分配材料表面上方的气流。材料则放在小室的右上方。小室内部气体混合次数为每小时 100 次，这样可以尽可能使小室内 VOC 浓度趋于均一[47]。

2）CLIMPAQ。CLIMPAQ 的尺寸为 1.005×0.25×0.22m³，主要由玻璃制成，以减少 VOC 的吸附和散发，其内部容积为 50.9L，干净空气进入小室之前，其温度、湿度以及 VOC 浓度都被处理到合适范围，然后气流通过材料表面。由于 VOC 散发，主流气体的 VOC 浓度逐渐升高，通过在出口处取样用 GC/MS（气相色谱质谱仪）进行分析，可以测出出口处 VOC 的浓度，从而推算出测试材料的 VOC 散发速率。另外 CLIMPAQ 还有一个出口可供测试者利用嗅觉对出口处的 VOC 进行感知，以得到感知空气质量情况。图 5-24 为其工作原理图。

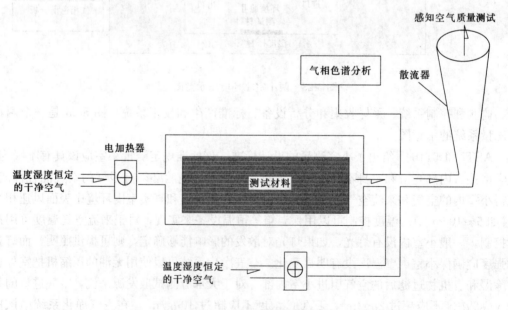

图 5-24　CLIMPAQ 测试原理图

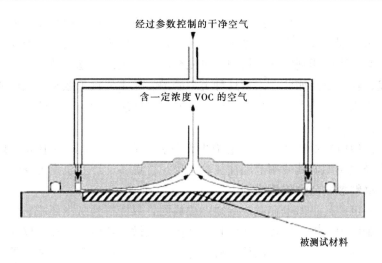

图 5-25 FLEC 散发测试装置剖面示意图

3）FLEC。是袖珍型散发测试装置，目前已被欧洲标准 EVN 13419 推荐[61]。图 5-25 是 FLEC 的一个剖面示意图，FLEC 由两部分组成：顶盖和下腔。其舱的内径为 15cm，体积为 35mL。当测试时，测试材料放置在下腔中，散发表面和顶盖构成一个锥形空间，被处理过的干净空气从顶盖的空气夹缝中被送入腔内，经过测试材料表面后，从 FLEC 中心的出口排出进行分析。FLEC 和其他方法相比主要有以下优点：①小巧且经济，②操作简便、节省时间，③温度、换气量、散发面积等容易控制。

二、室内材料散发特性的经验模型

根据实验数据拟合，可得室内材料散发特性经验模型。最常见的经验模型为一阶衰减模型[22]：

$$R(t) = R_0 e^{-kt} \tag{5-27}$$

式中　$R(t)$——污染物的逐时散发率，$mg/(m^2 \cdot h)$；

　　　t——时间，h；

　　　R_0——初始散发率，$mg/(m^2 \cdot h)$；

　　　k——一阶衰减常数，h^{-1}。

很大一部分源散发规律都可以用上述模型表示。研究表明，散发常数 $k > 0.2h^{-1}$ 的散发由对流传质控制，而 $k < 0.01h^{-1}$ 的散发由材料内部扩散传质控制。通常木料的涂漆、清漆、地板蜡和液态的粘结剂等就是属于对流传质控制的散发源，而地毯，油布，以及涂覆很久的涂料则是扩散控制的散发源。R_0 和 k 是一阶衰减方程中的两个表征常数，它们并不是直接测得，而是通过小室散发测量数据拟合得到。表 5-25 是一些实际材料的 R_0 和 k 的测量值。

一些常见的污染源 TVOCs 的散发率常数　　　　　　　　　　　　表 5-25

散发源	$R_0[mg/(m^2 \cdot h)]$	$k(h^{-1})$
木材涂料	17000	0.4
聚亚氨酯	20000	0.25
木地板蜡	20000	6.0
防腐晶体	14000	0(常散发速率)
干的干净衣物	1.6	0.03
液态粘结剂	10000	1.0

这些经验模型一般来说形式比较简单，应用起来比较方便，但是需要大量的实验数据支持，使用起来限制较多，而且也难于揭示污染物散发的物理本质。另外要将这些用小室数据得到的经验模型应用到实际建筑中，可能会出现很大的问题，特别是对于那些对流传质控制的散发过程，更是如此，因为这种类型的散发非常依赖于散发源表面的风速，而实际建筑和小室中表面风速可能会很不一样，因此实际建筑中同样的源的散发规律和小室中的会很不一样。

一阶衰减模型虽然形式简单，但它有两个缺点：R_0 和 k 需要用小室实验确定，实验花费高；作为经验模型，其使用范围往往难于确定。更多的经验模型可参阅文献 [62]。

三、室内材料散发特性传质模型

实验方法不可替代，但也存在一些缺点或局限：只能得到所测环境、条件和时间段下的散发速率，难以预测不同环境、条件和时间段下的散发特性。此外，仅凭实验数据，难以从中概括出共性规律。为此，以传质机理为基础，建立相关散发模型，了解室内材料污染物散发规律和特性就成了近十多年来室内材料散发领域的一个研究热点。这类模型的建立常常要借助于一些简化假定，并要求预知材料的物性（当然，它们也可以是通过实验确定材料相关散发物性的基础）。下面介绍一些典型的建材散发问题及其传质模型或传质分析。

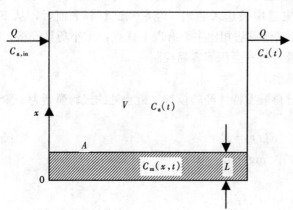

对人工复合材料，早期最有代表性的传质模型是 1994 年的 Little 模型[63]，其考虑的问题如图 5-26 所示：将一块表面积为 A，厚度为 L，初始材料中 VOC 浓度为 C_0 的建材放入一个体积为 V、通风量为 Q 的小室内。进口空气 VOC 浓度为 $C_{a,in}$。

图 5-26　Little 模型中散发情况描述示意

模型建立在以下几点假设基础上：①常物性，VOC 在建材内部的质量扩散系数 D，建材表面气相 VOC 浓度和材料相 VOC 浓度之间分离系数 K 是常数；②散发是扩散控制过程，建材表面的对流传质阻力可忽略；③小室内 VOC 充分混和，可当成单一浓度；④建材内 VOC 的初始浓度均一为 C_0。

建材内部 VOC 的浓度 $C_m(x, t)$ 方程、边界条件和初始条件为：

$$\frac{\partial^2 C_m(x,t)}{\partial x^2} = \frac{1}{D_m} \cdot \frac{\partial C_m(x,t)}{\partial t} \quad 0 < x < L, t > 0 \tag{5-28a}$$

$$\frac{\partial C_m}{\partial x} = 0 \quad x = 0, t > 0 \tag{5-28b}$$

$$C_m = KC_a \quad x = L, t > 0 \tag{5-28c}$$

$$C_m = C_0 \quad 0 \leqslant x \leqslant L, t = 0 \tag{5-28d}$$

小室内空气中 VOC 浓度方程为：

$$\frac{\mathrm{d}C_a(t)}{\mathrm{d}t}V = -D_m \cdot A \frac{\partial C_m(x,t)}{\partial x}\Big|_{x=L} - Q \cdot C_a(t) \tag{5-29}$$

上述方程的解析解为：

$$C_m(x,t) = 2C_0 \sum_{n=1}^{\infty} \left\{ \frac{\exp(-D\beta_n^2 t)(h - k\beta_n^2)\cos(\beta_n x)}{[L(h - k\beta_n^2) + \beta_n^2(L+k) + h]\cos(\beta_n L)} \right. \tag{5-30}$$

其中，$h = \dfrac{(Q/A)}{(D \cdot K)}$，$k = \dfrac{(V/A)}{K}$，$\beta_n$ 是下列超越方程的正根：

$$\beta_n \mathrm{tg}(\beta_n L) = h - k\beta_n^2 \tag{5-31}$$

用上述模型预测得到的室内 VOCs 浓度与实测值基本吻合。只是该模型在散发初始阶段经常低估、而在后期则高估小室内的 VOCs 浓度。上述模型的局限是，它的假设②、④的可行性没有分析，为此，文献［64～67］对此做了改进，不用此假设，取得了方程的解，例如文献［31］取消了 Little 模型中的假设②，考虑了对流传质阻力，得到了上述问题的解析解，模型计算结果和实验结果更接近（图 5-27）。

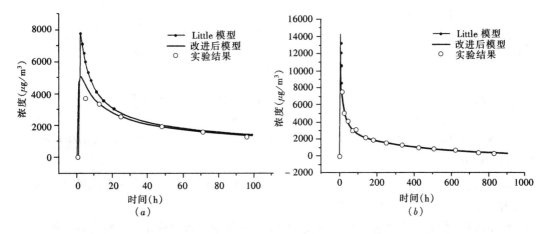

图 5-27　改进后的模型和 Little 模型及文献[70]的实验结果的比较
（a）TVOC，人工复合板 1；（b）TVOC，人工复合板 2

上述模型都只适用于单层材料的单面散发情况。Hu 等人提出了更为普适的多层材料双面散发模型[69]，藉该模型，可以讨论各层对散发特性的影响，并估算空间隔板和家具的散发特性。

当解析解难以得到时，还可采用数值方法。作为一般问题，数值方法具有很强的普适性，但它也有局限性：与解析方法比，有时容易"只见树木，不见森林"，即难以对散发影响因素间的联系做一目了然的描述。

人工复合材料散发有何共性规律？如何从实验结果预测使用条件下材料的散发情况？读者可参阅文献[70，71]；如何预测或测定材料散发特性参数（D、K、C_0），确定温度、材料结构等对它们的影响，读者可参阅文献[72-74]；如何控制室内材料散发，研制低散发建材，读者可参考文献[75]，在此不再详细介绍。

对油漆等涂层材料，早期最有代表性的传质模型是 1992 年的 VB 模型[76]，该模型给出了湿材料中 TVOC 的散发速率的表达式：

$$E = k_m \left(C_{v,0} \frac{M_T}{M_{T,0}} - C_a \right) \tag{5-32}$$

其中 k_m 为气相传质系数，m/h；$C_{v,0}$ 为在界面处的气相 TVOC 浓度，mg/m^3；M_T 为在材料中剩余的 TVOC 质量，mg/m^2；$M_{T,0}$ 为初始材料中的 TVOC 的质量，mg/m^2；C_a 为环境中的 TVOC 浓度，mg/m^3。

$$C_{v,0} = 10^3 \frac{P_0}{760} \frac{\overline{m}}{v_m} \tag{5-33}$$

其中，P_0 为 VOC 的蒸气压，mm Hg；$\overline{m}$ 为 TVOC 的平均分子量，g/mol；v_m 为 1atm 下每 mol 气体的体积，m^3/mol。

用此模型估计湿材料中 TVOC 的短期散发行为符合的很好，但它低估了长期的 TVOC 的散发率。并且其中的常数 k_m 在缺乏实验数据的情况下难于确定[68]。一些研究者对此做了不同程度的改进[62,68]，请感兴趣的读者阅读。

思 考 题

1. 请谈谈你对 TVOC 的看法。

2. 根据公式（5-1）和（5-2），请绘出 PD-ACC 的关系曲线和 C-PD 关系曲线，并作讨论。

3. 请说明提高室内空气质量的途径和方法。

4. 请说明目前传统空调在室内空气质量控制方面的局限和改进方法。

5. 请查文献，调查家用电器对室内空气质量的影响。

6. 假设测量小室中 VOC 浓度和大房间中的一样，请说明，为什么小室中建材散发速率会和大房间的不一样。

7. 有人试图通过建材一天的散发测试速率数据，预测其整个使用期内的散发速率，你认为可能吗？在什么条件下可能。

8. 请说明家里铺设的地毯对室内空气质量如何影响，地毯使用中应注意什么问题？

9. 请说明用纳米光催化处理室内有机挥发物的优点与缺点，在什么情况下应采用通新风的方式，在什么情况下应采用纳米光催化空气净化方式。

10. 在 SARS 肆虐期间，为安全起见，一些人在新风机中放置紫外灯杀毒灭菌，你对此有何评价？

计 算 题

1. 一个体积为 $150m^3$ 的教室二氧化碳初始浓度和室外二氧化碳浓度一样，均为 400ppm，上课铃声响了，25 个人进入教室，每个人二氧化碳产生量为 18L/h，教室的换气次数为 1.0/h。若忽略室内人体和物品体积，并忽略教室各表面及室内物品、人体表面对二氧化碳的吸附作用，问：

（1）请列出描述教室二氧化碳浓度变化的方程和初始条件；

（2）45 分钟后，教室中二氧化碳浓度为多少？

（3）二氧化碳浓度达到稳定后，需要多长时间，其浓度是多少？

2. 对一块厚度为 1cm 的均质平板建材，其中污染物对板材的扩散系数为 $10\sim12m^2/s$，问其中的污染物要散发掉 99% 需要多长时间？

本 章 符 号 说 明

A——建材散发面积

ACC——空气质量投票可接受度

Bi_m——传质毕渥数

C_0——建材中初始污染物浓度，mg/m^3建材，$\mu g/m^3$建材

C_a——空气中污染物浓度，mg/m^3，$\mu g/m^3$

$C_{a,in}$——送风中污染物浓度，mg/m^3

C_m——建材中的污染物浓度 mg/m^3建材，$\mu g/m^3$建材

$C_{v,0}$——固气界面处气体侧 TVOC 的浓度，mg/m^3

D_m——涂料层或者干材料中 VOCs 的扩散系数，m^2/s

E_g——带隙能，eV

h——普朗克常数，$6.62 \times 10^{-27} J \cdot s$

h_m——对流传质系数，m/s

K——分离系数，无量纲

k_m——传质散发模型中传质系数，m/h

k——经验模型中的衰减常数，h^{-1}

L——建材厚度，m

M_i——单位面积材料中剩余的第 i 种 VOC 质量，mg/m^2；

M_T——单位面积材料中剩余的 TVOC 质量，mg/m^2

$M_{T,0}$——单位面积材料中初始 TVOC 含量，mg/m^2

$\overline{m}$——多种 VOC 的平均分子量，g/mol

m_i——第 i 种 VOC 的分子量，g/mol。

$m(t)$——单位面积散发表面建材有机挥发物散发量，mg/m^2 或 $\mu g/m^2$

$R(t)$——单位面积散发表面建材有机挥发物散发速率，$mg/m^2 s$，$\mu g/m^2 s$

$\dot{M}$——污染物总的（全面积）散发速率，mg/s

P_0——VOC 蒸气压

PAQ——感知空气质量，dp

PD——对空气质量的不满意率

Q——空气流量或通风量，m^3/s

q——吸附量，g 吸附质/ g 吸附剂 或者 湿材料 VOC 的扩散通量，$mg/(m^2 \cdot s)$

q_m——饱和吸附量，g 吸附质/ g 吸附剂

t——时间，s

x——坐标，m

u——滤速，m/s

V——小室体积，m^3

v_m——1atm 下每 mol 气体的体积，m^3/mol

η——过滤器效率

U——辐射光频率，Hz

术 语 中 英 对 照

活性炭	activated carbon
空气净化	air cleaning
美国测试与材料协会	American Society for Testing and Materials（ASTM）
吸附	adsorption
细菌	bacteria
建筑相关疾病	building related illness（BRI）
二氧化碳	carbon dioxide
浓度	concentration
传质扩散系数	diffusion coefficient
（美国）环保署	Environmental Protection Agency（EPA）
散发	emission
暴露评价	exposure assessment
过滤器	filter
甲醛	formaldehyde
全尺寸环境舱	full-scale environmental chamber
真菌	fungus
霍奇金症	Hodgkin's disease
室内空气质量	indoor air quality
军团菌	legionella
军团病	legionnaires' disease
（美国）全国咨询中心	National Referral Center（NRC）
分离系数	partition coefficient
颗粒物	particle matter
感知空气质量	perceived air quality
光催化	photo catalytic oxidation（PCO）
等离子体	plasma
严重急性呼吸综合征	Severe Acute Respiratory Syndrome（SARS）
病态建筑综合征	sick building syndrome（SBS）
小尺寸环境室	small-scale environmental chamber
甲苯	toluene
总暴露评估方法	Total Exposure Assessment Methodology（TEAM）
总有机挥发物	total votatile organic compounds（TVOC）
紫外杀菌辐射	ultraviolet germicidal irradiation（UVGI）
病毒	virus
有机挥发物	volatile organic compounds（VOCs）
世界卫生组织	World Health Organization（WHO）

参 考 文 献

[1] Klepeis N E, Nelson W C, Ott W R et al.. The national human activity pattern survey (NHAPS): a resource for accessing exposure to environmental pollutions. Journal of Exposure Analysis and Environmental Epidemiology, 2001, 11(3): 231-252.

[2] Young M K, Stuart H and Roy M H. Concentrations and sources of VOCs in urban domestic and public microenvironments. Environmental Science & Technology, 2001, 35 (6): 997-1004.

[3] World Health Organization. Indoor air quality: organic pollutants. Report on a WHO meeting, EURO Report and Studies, 1989, 1-70.

[4] USEPA. Reducing risk: Setting priorities and strategies for environmental protection, U. S. Environmental Protection Agency, 1990.

[5] Wolkoff P, Clausen P A, Jensen B, Nielsen G D, Wilkins C K. Are we measuring the relevant indoor pollutants? Indoor Air, 1997, 7, 92106.

[6] Molhave L. Sick buildings and other buildings with indoor climate problems, Environment. International. , 1989, 15, 65-74.

[7] Weschler C J. Changes in indoor pollutants since the 1950s, Atmospheric Environment, 2009, 43 (1), 153-169.

[8] Weschler C J, Nazaroff W W. Semi-volatile organic compounds in indoor environments. Atmospheric Environment, 2008, 42(40), 9018-9040.

[9] U. S. Environmental Protection Agency. Sick building syndrome (SBS), Indoor Air Facts No. 4 (revised), 1991, Washington, DC.

[10] World Health Organization, 2002, The world health report 2002.

[11] Haymore C, Odom R. Economic effects of poor IAQ, EPA Journal. , 1993, 19(4): 28-29.

[12] 张舵. 全球近一半人遭受室内空气污染. 人民日报, 2004 年 12 月 30 日, 第 16 版.

[13] Fanger P O, Olesen B W. Indoor air more important for human health than outdoor air, in the Book "Bridging from Technology to Society", edited by Kristian S, Tine K, 65-73.

[14] Φie L, Hersoug L G, Madsen J Φ. Residential exposure to plasticizers and its possible role in the pathogenesis of asthma. Environ Health Persp, 1997, 105(9): 972−978.

[15] Bornehag C G, Sundell J, Weschler C J, et al. The association between asthma and allergic symptoms in children and phthalates in house dust: A nested case-control study. Euvironmental Health Perspectives, 2004, 112(14): 1393−1397.

[16] Li Y, Huang X, Yu I T S, Wong T W and Qian H. Role of air distribution in SARS transmission during the largest nosocomial outbreak in Hong Kong. Indoor Air, 2005(15): 83-95.

[17] Wang L X, Zhao B, Liu C, Lin H, Yang X and Zhang Y P. Indoor SVOC pollution in China: A review, Chinese Science Bulletin, 2010, 55(15): 1469-1478.

[18] Mumford J L, He X Z, Chapman R S, et al. Lung-cancer and indoor air pollution in Xuan-wei, China. Science, 1987, 235(4785): 217-220.

[19] Fanger P O. Air quality not just air quality, ASHRAE Journal, 1989, 31 (7): 46∼49.

[20] ASHEAE Public Review Draft 62-1989. Ventilation for acceptable indoor air quality. 1989.

[21] ASHEAE Public Review Draft 62-1989R. Ventilation for acceptable indoor air quality. 1996.

[22] Spengler J D, Samet J M, McCarthy J F. Indoor Air Quality Handbook. the 1st edition. New York: McGraw-Hill Companies, Inc. , 2001.

[23] Salthammer T, Mentese S, Marutzky R. Formaldehyde in the Indoor Environment, Chemical Re-

view，2010，110(4)：2536-2572.

[24] Fujishima A，Honda K. 1972. Electrochemical photolysis of water at a semi conductor electrode. Nature，238，37-38.

[25] Mo J H，Zhang Y P，Xu Q J，Lamson J J，Zhao R Y. Photocatalytic purification of volatile organic compounds in indoor air：a literature review，Atmospheric Environment，43(2009)．2229-2246.

[26] Billings J S. The principle of Ventilation and Heating and Their Practical Applications，2nd ed.，The Sanitary Engineer，New York，1984.

[27] Atkinson J，Chartier Y，Li Y，Pessoa-Silva C L，Seto W H. Natural Ventilation for Infection Control in Health-Care Settings，WHO Publications/Guidelines，in press.

[28] 周中平，赵寿堂，朱立，赵毅红. 室内污染检测与控制. 北京：化学工业出版社，2002.

[29] 修光利，赵一先，张大年. 办公室可吸入颗粒物污染初析. 上海科学，1999，18(5)：202～204.

[30] 王身忠. 室内氡污染及控制. 工业安全与防尘，1995，7：20.

[31] 张寅平，赵彬，成通宝等. 空调系统生物污染防治方法概述. 暖通空调与 SARS 特集，2003，33(4)：41～46.

[32] Summary of probable SARS cases with onset of illness from 1 November 2002 to 31 July 2003. www. wto. org. 2003. 12. 8.

[33] 朱天乐主编. 室内空气污染控制. 北京：化学工业出版社，2003.

[34] 姚敬劬，李新平. 建材放射性的来源及其防治. 国土资源科技管理，2002，19：38～40.

[35] 龚毅，吴呆. 暖通空调部件对室内空气质量影响分析. 制冷，1997，3：64～67.

[36] Robert Jennings Heinsohn，John M. Cimbala. Indoor Air Quality Engineering，Environment Health and Control of Indoor Pollutants，Marcel Dekker，Inc.，New York(Basel)，2003.

[37] Mcintyre. Indoor Climate. London：Applied Science Publisher，1980.

[38] 2013ASHRAE Handbook，Fundamentals (SI)，American Society of Heating，Refrigerating and Air-conditioning，Engineers，Inc.，1791 Tullie Circle，N. E.，Atalanta，GA 30329.

[39] Fang L，Clausen G，Fanger P O，Impact of temperature and humidity on the perception of indoor air quality. Indoor air，1998，8：80-90.

[40] 室内空气质量标准，GB/T 18883—2002.

[41] 崔九思主编. 室内环境检测仪器及应用技术. 北京：化学工业出版社，2004

[42] Salthammer T. Organic Indoor Air Pollutants：Occurrence，Measurement，Evaluation. Wiley-VCH，Germany，2009. 10，65-99.

[43] EPA，U. S. Exposure Factors Handbook. 1997.

[44] EPA，U. S. Dermal Exposure Assessment：Principles and Applications. EPA/600/8-91/011B，1992

[45] 杨克敌主编. 环境卫生学. 北京：人民卫生出版社(第五版)，2006.

[46] 徐东群主编. 居住环境空气污染与健康. 北京：化学工业出版社，2005.

[47] http：//www. epa. gov/iris/

[48] 公共场所卫生标准，GB 9663—1996～GB 9673—1996，GB 16153—1996.

[49] 室内装饰装修材料有害物质限量国家标准，GB 18580—2001 ～ GB 18588—2001，GB 6566—2001.

[50] 民用建筑室内污染环境控制规范，GB 50325—2001.

[51] 赵荣义，范存养，薛殿华，钱以明编. 空气调节. 第 3 版，北京：中国建筑工业出版社，1994.

[52] ASHRAE Research Project 1134-RP，Evaluation of Photocatalytic Air Cleaning Capability，A Literature Review & Engineering Analysis，Final Report，June 21，2001.

[53] Einaga H，Futamura S，Ibusuki T. Complete oxidation of benzene in gas phase by platinized titania

photocatalysts. Environmental Science & Technology, 2001, 35 (9): 1880~1884.

[54] Yoneyama H, Torimoto T. Titanium dioxide/adsorbent hybrid photocatalysts for photodestruction of organic substances of dilute concentrations. Catalysis Today, 2000, 58 (2-3): 133~140.

[55] Mo J H, Zhang Y P,. Xu Q J, Yang R. Effect of TiO2/adsorbent hybrid photocatalysts for toluene decomposition in gas phase, Journal of Hazardous Materials. 2009, 168(1), 276-281.

[56] Mo J H, Zhang Y P, Xu Q J, Zhu Y F, Lamson J J, Zhao R Y. Determination and risk assessment of by-products resulting from photocatalytic oxidation of toluene, Applied Catalysis B-Environmental. 89 (2009), 570-576.

[57] Zhang Y P, Mo J H, et al.. Effectiveness and problems of commonly-used indoor air cleaning techniques-A liferatare review, Indoor Air, under review.

[58] Nazaroff W W. Effectiveness of air cleaning technologies. Proceedings of Healthy Buildings, 2000, Finland, Vol. 2, 49-54.

[59] ASTM. Standard Guide for Small-Scale Environmental Chamber Determinations of Organic Emissions From Indoor Materials/Products, Designation D5116-97. American Society for Testing and Materials, 2001.

[60] ASTM. Standard Practice for Full-Scale Chamber Determination of Volatile Organic Emissions from Indoor Materials/Products, Designation D6670-01. American Society for Testing and Materials, 2001.

[61] Wolkoff P. An emission cell for measurement of volatile organic compounds emitted from building materials for indoor use-The field and laboratory emission cell FLEC, Gefahrstoffe Reinhaltung der Luft, 1996, 56 (4): 151-167.

[62] Guo Z S. Review of indoor emission source models. Part 1: overview. Environmental Pollution, 2002, 120 (3): 533-549.

[63] Little J C, Hodgson A T and Gadgil A J. Modeling emissions of volatile organic compounds from new carpets. Atmospheric Environment, 1994, 28 (2): 227~234.

[64] Huang H Y. Fariborz and Haghighat. Modeling of VOC emission from dry building materials. Building and Environment, 2002, 37 (12): 1349~1360.

[65] Xu Y, Zhang Y P. An improved mass transfer based model for analyzing VOC emissions from building materials. Atmospheric Environment, 2003, 37 (18): 2497~2505.

[66] Xu Y, Zhang Y P. A general model for analyzing VOC emission characteristics from building materials and its application. Atmospheric Environment, 2004, 38 (1): pp. 113~119.

[67] Deng B Q, Chang N K. An analytical model for VOCs emission from dry building materials,. Atmospheric Environment, 2004, 38(8): 1173-1180.

[68] Yang X. Study of Building Materials Emissions and Indoor Air Quality, Ph. D Dissertation. Massachusetts Institute of Technology, Cambridge, Massachusetts, 1999.

[69] Hu H P, Zhang Y P, Wang X K, Little J C. An analytical mass transfer model for predicting VOC emission from multi-layered building materials with convective surfaces on both sides. Interhational Journal. of Heat and Mass Transfer, 2007, 50: 2069-2077.

[70] Zhang Y P, Xu Y. Characteristics and formulae of VOC emissions from building materials. Inter. J. of Heat and Mass Transfer, 2003, 46 (25): 4877-4883.

[71] Qian K, Zhang Y P, Little J C, Wang X K. Dimensionless correlations to predict VOC emissions from dry building materials, Atmospheric Environment, 2007, 41(2): 352-359.

[72] Zhang Y P, Luo X X, Wang X K. Qian K. Influence of temperature on formaldehyde emission pa-

rameters of dry building materials, Atmospheric Environment, 2007, 41: 3203-3216.

[73] Xiong J Y, Zhang Y P, Wang X K. Chang D W. Macro-meso two scale model for predicting the VOC diffusion coefficients and emission characteristics of porous building material, Atmospheric Environment, 2008, 42: 5278-5290.

[74] Wang X K, Zhang Y P, Xiong J Y. Correlation between the solid/air partition coefficient and liquid molar volume for VOCs in building materials, Atmospheric Environment, 2008, 42: 7768-7774.

[75] 王新轲. 室内干建材 VOC 散发预测、测量及控制研究. 清华大学博士学位论文, 2008.

[76] Guo Z S, Tichenor B A. Fundamental mass transfer models applied to evaluation the emissions of vapor-phase organics from interior architectural coatings, Proceedings of the 1992 U. S. EPA/A&WMA International Symposium, 71-76.

第六章　室内空气环境营造的理论基础

在本书的第三、四、五章中已经分别介绍了热湿环境和室内空气质量，而如何营造满足舒适要求的室内热湿环境和保证空气质量，就涉及室内空气环境的营造理论与方法。一般而言，室内空气环境是通风空调系统通过送风口（机械通风）或建筑的开口（自然通风）将满足要求的空气送入建筑中，形成合理的气流组织，从而营造出需要的热湿环境和空气质量。

气流组织与室内空气环境的营造方法密不可分。一般来说，狭义的气流组织指的是上（下、侧、中）送上（下、侧、中）回或置换送风、个性化送风等具体的送回风形式，也称气流组织形式；而广义的室内气流组织，是指一定的送风口形式和送风参数所带来的室内气流分布（Air Distribution）。其中，送风口的形式包括风口（送风口、回风口、排风口）的位置、形状、尺寸，送风参数包括送风的风量、风速的大小和方向以及风温、湿度、污染物浓度等。因此，室内空气环境的营造方法就是通过创造良好的气流组织实现所需要的热湿环境和空气质量。

本章将着重介绍室内空气环境的营造方法，包括自然通风与机械通风，稀释法、置换法与局域保障法，室内空气环境的评价指标与测量方法等。

第一节　室内空气环境营造方法概述

一、室内空气环境的基本要求

室内空气环境质量是决定居住者健康、舒适的重要因素，人们一般对室内空气环境存在如下基本要求：

（1）满足室内人员对新鲜空气的需要。即使是在有空调的房间，如果没有新风的保证，人们长期处于密闭的环境内，容易产生胸闷、头晕、头痛等一系列病状，形成"病态建筑综合征"。因此，必须保证对房间的通风，使新风量达到一定的要求，才能保证室内人员的身体健康。

（2）保证室内人员的热舒适。研究表明，人员的热舒适和室内环境有很大关系。经过一定处理（除热、除湿）的空气，通过空调系统送到室内，可以保证室内人员对温度、湿度、风速等的要求，从而满足人员对热舒适的要求。

（3）保证室内污染物浓度不超标。室内空气污染物的来源多种多样，有从室外带入的污染物，如工业燃烧和汽车尾气排放的 NO_2、SO_2、臭氧等；有室内产生的污染物，如室内装饰材料散发的挥发性有机化合物、人体新陈代谢产生的 CO_2、家用电器产生的臭氧以及厨房油烟等其他污染物。室内污染物源可以散发到空间各处，在室内形成一定的污染物分布。大量的污染物在空间存在，会对人体健康产生不利影响。

符合上述基本要求的室内空气环境，通常需要合理的通风气流组织来营造。所谓通风，是指把建筑物室内污浊的空气直接或净化后排至室外，再把新鲜的空气补充进来，从而保持室内的空气环境符合卫生标准。好的通风系统不仅要能够给室内提供健康、舒适的环境，而且应使初投资和运行费用都比较低。因此根据室内环境的特点和需求，采取最恰当的通风系统和气流组织形式，实现优质高效运行，是室内空气环境营造最重要的内容。

二、常见的营造方法

室内空气环境常见的营造方法从实现机理上分为两种：自然通风和机械通风。

1. 自然通风

自然通风是指利用自然的手段（热压、风压等）来促使空气流动而进行的通风换气方式。它最大的特点是不消耗动力，或与机械通风相比消耗很少的动力，因而其首要优点是节能，并且占地面积小、投资少，运行费用低，其次是可以用充足的新鲜空气保证室内的空气质量。

自然通风主要依靠室内外风压或者热压的不同来进行室内外空气交换。如果建筑物外墙上的窗孔两侧存在压力差 ΔP，就会有空气流过该窗孔，空气流过窗孔时的阻力就等于 ΔP。

$$\Delta P = \zeta \frac{v^2}{2} \rho \tag{6-1}$$

式中 ΔP——窗孔两侧的压力差，Pa；

v——空气流过窗孔时的流速，m/s；

ρ——空气的密度，kg/m^3；

ζ——窗孔的局部阻力系数。

上式可改写为

$$v = \sqrt{\frac{2\Delta P}{\zeta \rho}} = \mu \sqrt{\frac{2\Delta P}{\rho}} \tag{6-2}$$

式中 μ——窗孔的流量系数，$\mu = \sqrt{\frac{1}{\zeta}}$，$\mu$ 值的大小与窗孔的构造有关，一般小于 1。

通过窗孔的空气量

$$Q = vF = \mu F \sqrt{\frac{2\Delta P}{\rho}} \tag{6-3}$$

$$G = \rho Q = \mu F \sqrt{2\Delta P \rho} \tag{6-4}$$

式中 F——窗孔的面积，m^2；

Q——空气体积换气量，m^3/s；

G——空气质量换气量，kg/s。

由上式可以看出，只要已知窗孔两侧的压力差 ΔP 和窗孔的面积 F 就可以求得通过该窗孔的空气量 G。G 的大小是随 ΔP 的增加而增加的。下面第二节将分析在自然通风条件下，ΔP 产生的原因和提高的途径。

2. 机械通风

相对于自然通风，机械通风是指利用机械手段（风机、风扇等）产生压力差来实现空气流动的方式。机械通风和自然通风相比，最大的优点是可控制性强。通过调整风口大小、风量等因素，可以调节室内的气流分布，达到比较满意的效果。

机械通风从实现方法上又大致分为三类：稀释法、置换法、局域保障法，根据不同的实现方法，形成了多种不同的通风形式。稀释法基于均匀混合的原理，用于保障整个空间的空气环境，由此产生了混合通风的形式；置换法基于活塞风置换的原理，主要保障工作区的空气环境，由此产生了置换通风的形式；局域保障法基于按需求保障的原理，主要保障有需求的局部区域的空气环境，在送风方面产生了个性化通风的形式，此外还产生了局部排风等形式。本章第三、四节将详细介绍稀释法、置换法和局域保障法这三种基本的室内环境营造方法。

第 二 节 自 然 通 风

一、热压作用下的自然通风

某建筑物如图 6-1 所示，在外围护结构的不同高度上设有窗孔 a 和 b，两者的高差为 h。假设窗孔外的静压力分别为 P_a、P_b，窗孔内的静压力分别为 P'_a、P'_b，室内外的空气温度和密度分别为 t_n、ρ_n 和 t_w、ρ_w。由于 $t_n > t_w$，所以 $\rho_n < \rho_w$。

如果我们首先关闭窗孔 b，仅开启窗孔 a。不管最初窗孔 a 两侧的压差如何，由于空气的流动，P_a 将会等于 P'_a。当窗孔 a 的内外压差 $\Delta P_a = (P'_a - P_a) = 0$ 时，空气停止流动。

根据流体静力学原理，这时窗孔 b 的内外压差为：

$$\Delta P_b = (P'_b - P_b) = (P'_a - gh\rho_n) - (P_a - gh\rho_w)$$
$$= (P'_a - P_a) + gh(\rho_w - \rho_n)$$
$$= \Delta P_a + gh(\rho_w - \rho_n)$$

(6-5)

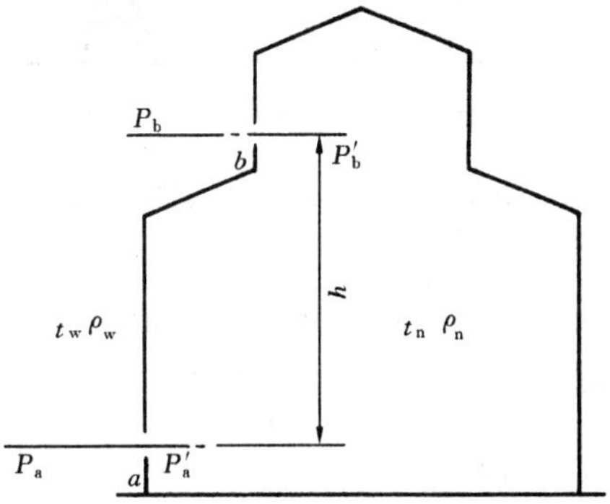

图 6-1 热压作用下自然通风

式中　ΔP_a、ΔP_b——窗孔 a 和 b 的内外压差，$\Delta P > 0$，该窗孔排风，$\Delta P < 0$，该窗孔进风；

　　　　g——重力加速度，m/s^2。

从公式（6-5）可以看出，在 $\Delta P_a = 0$ 的情况下，只要 $\rho_w > \rho_n$（即 $t_n > t_w$），则 $\Delta P_b > 0$。因此，如果窗孔 b 和窗孔 a 同时开启，空气将从窗孔 b 流出。随着室内空气的向外流动，室内静压逐渐降低，$(P'_a - P_a)$ 由等于零变为小于零。这时室外空气就由窗孔 a 流入室内，一直到窗孔 a 的进风量等于窗孔 b 的排风量时，室内静压才保持稳定。由于窗孔 a 进风，$\Delta P_a < 0$；窗孔 b 排风，$\Delta P_b > 0$。

根据公式（6-5）

$$\Delta P_b + (-\Delta P_a) = \Delta P_b + |\Delta P_a| = gh(\rho_w - \rho_n) \tag{6-6}$$

上式表明，进风窗孔和排风窗孔两侧压差的绝对值之和与两窗孔的高度差 h 和室内外的空气密度差 $\Delta\rho = (\rho_w - \rho_n)$ 有关，通常把 $gh(\rho_w - \rho_n)$ 称为热压。如果室内外没有空气温度差或者窗孔之间没有高差就不会产生热压作用下的自然通风。实际上，如果只有一个窗孔也仍然会形成自然通风，这时窗孔的上部排风，下部进风，相当于两个窗孔紧挨在一起。

二、余压的概念

为了便于今后的计算，把室内某一点的压力和室外同标高未受扰动的空气压力的差值称为该点的余压。仅有热压作用时，窗孔内外的压差即为窗孔内的余压，该窗孔的余压为正，则窗孔排风；如该窗孔的余压为负，则窗孔进风。

$$\Delta P'_x = P_{xa} + gh'(\rho_w - \rho_n) \tag{6-7}$$

式中　$\Delta P'_x$——某窗孔的余压，Pa；

$\quad\quad P_{xa}$——窗孔 a 的余压，Pa；

$\quad\quad h'$——窗孔 a 与某窗孔的高差，m。

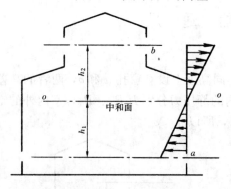

图 6-2　余压沿房间高度的变化

由上式可以看出，如果以窗孔 a 的中心平面作为一个基准面，任何窗孔的余压等于窗孔 a 的余压加上该窗孔与窗孔 a 的高差、重力加速度和室内外密度差三者的乘积。该窗孔与窗孔 a 的高差 h' 愈大，则余压值愈大。室内同一水平面上各点的静压都是相等的，因此某一窗孔的余压也就是该窗孔中心平面上室内各点的余压。在热压作用下，余压沿房间高度的变化如图 6-2 所示。余压值从进风窗孔 a 的负值逐渐增大到排风窗孔 b 的正值。在 O—O 平面上，余压等于零，这个平面称为中和面。位于中和面的窗孔上是没有空气流动的。

如果把中和面作为基准面，窗孔 a 的余压

$$P_{xa} = P_{x0} - h_1(\rho_w - \rho_n)g = -h_1(\rho_w - \rho_n)g \tag{6-8}$$

窗孔 b 的余压

$$P_{xb} = P_{x0} + h_2(\rho_w - \rho_n)g = h_2(\rho_w - \rho_n)g \tag{6-9}$$

式中　P_{x0}——中和面的余压（$P_{x0}=0$），Pa；

$\quad\quad h_1$、h_2——窗孔 a、b 至中和面的距离，m。

上式表明，某一窗孔余压的绝对值与中和面至该窗孔的距离有关，中和面以上的窗孔余压为正，中和面以下的窗孔余压为负。

对于多层和高层建筑，在热压作用下室外冷空气从下部门窗进入，被室内热源加热后由内门窗缝隙渗入走廊或楼梯间，在走廊和楼梯间形成了上升气流，最后从上部房间的门窗渗出到室外。

无论是楼梯间内还是在门窗处的热压均可认为是沿高度线性分布的，见图 6-3。沿高度方向有一个分界面，

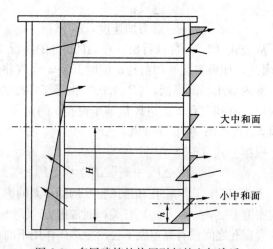

图 6-3　多层建筑的热压引起的空气渗透

大中和面

小中和面

上部空气渗出，下部空气渗入。这个分界面即上述的中和面，中和面上既没有空气渗出，也没有空气渗入。如果沿高度方向上的门窗缝隙面积均匀分布，则中和面应位于建筑物或房间高度的1/2处。如果外门窗上的小中和面移出了门窗的上下边界，则该外门窗就是全面向外渗出或全面向内渗入空气。

对于结构比较简单的多层建筑如图6-3所示，可以通过以下方程近似求得第i层通过外门窗渗入的空气总量，即渗入量与渗出量的差：

$$L'_a(total) = F_d^i \left[\frac{(\rho^i_{out} - \rho^i_l)H^i g}{\left(1 + \dfrac{1}{m^{1.5}}\right)} \right]^{1/1.5} \quad (m^3/h) \quad (6\text{-}10)$$

第i层通过外门窗进入到房间的室外空气净渗入量为：

$$L^i_a = F_d^i \frac{h^i}{Z^i} \left[(\rho^i_{out} - \rho^i_{in})h^i g \right]^{1/1.5} \quad (m^3/h) \quad (6\text{-}11)$$

式中　H——计算位置到大中和面的距离，在中和面下面为正，在上面为负，m；

　　　h——计算位置到小中和面的距离，在中和面下面为正，在上面为负，m；

　　　Z——外门窗的高度，m；

　　　ρ——空气密度，kg/m³；

　　　F_d——外门窗的当量孔口面积，m³/（h·Pa$^{1/1.5}$）；

　　　m——通往楼梯间的内门窗与外门窗的当量孔口面积之比；

下标 out——室外；

　　　in——室内；

　　　i——楼层；

　　　l——楼梯间。

三、风压作用下的自然通风

室外气流与建筑物相遇时，将发生绕流，经过一段距离后，气流才恢复平行流动，见图6-4。由于建筑物的阻挡，建筑物四周室外气流的压力分布将发生变化，迎风面气流受阻，动压降低，静压增高，侧面和背风面由于产生局部涡流，静压降低。和远处未受干扰的气流相比，这种静压的升高或降低统称为风压。静压升高，风压为正，称为正压；静压下降，风压为负，称为负压。风压为负值的区域称为空气动力阴影。

某一建筑物周围的风压分布与该建筑的几何形状和室外的风向有关。风向一定时，建筑物外围护结构上某一点的风压值可用下式表示：

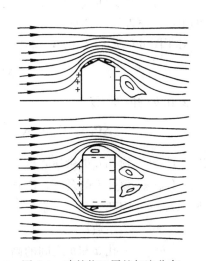

图6-4　建筑物四周的气流分布

$$P_f = K \frac{v_w^2}{2} \rho_w \quad (Pa) \quad (6\text{-}12)$$

式中　K——空气动力系数；

　　　v_w——室外空气速度，m/s；

　　　ρ_w——室外空气密度，kg/m³。

K 值为正，说明该点的风压为正值；K 值为负，说明该点的风压为负值。不同形状的建筑物在不同方向的风力作用下，空气动力系数分布是不同的。空气动力系数要在风洞内通过模型试验得到。

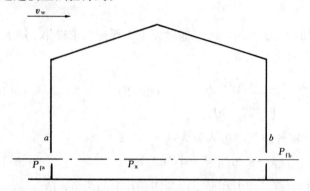

图 6-5　风压作用下的自然通风

同一建筑物的外围护结构上，如果有两个风压值不同的窗孔，空气动力系数大的窗孔将会进风，空气动力系数小的窗孔将会排风。图 6-5 所示的建筑，处在风速为 v_w 的风力作用下，由于 $t_n = t_w$，没有热压的作用。在风的作用下，迎风面窗孔的风压为 P_{fa}，背风面窗孔的风压为 P_{fb}（$P_{fa} > P_{fb}$），窗孔中心平面上的余压为 P_x。因为没有热压的作用，室内各点的余压均保持相等。

如果只开启窗孔 a，关闭窗孔 b，不管窗孔 a 内外的压差如何，由于空气的流动，室内的余压 P_x 逐渐升高，当室内的余压等于窗孔 a 的风压时（即 $P_x = P_{fa}$），空气停止流动。如果同时打开窗孔 a 和 b，由于 $P_{fa} > P_{fb}$，$P_x = P_{fa}$，所以 $P_x > P_{fb}$，空气将从窗孔 b 流出。随着空气的向外流动，室内的余压 P_x 下降，这时 $P_{fa} > P_x$，室外空气由窗孔 a 流入室内。一直到窗孔 a 的进风量等于窗孔 b 的排风量时，P_x 才保持稳定（$P_{fa} > P_x > P_{fb}$）。

四、风压、热压同时作用下的自然通风

某一建筑物受到风压热压的同时作用时，外围护结构上各窗孔的内外压差就等于各窗孔的余压和室外风压之差。

对于图 6-6 所示的建筑，窗孔 a 的内外压差

$$\Delta P_a = P_{xa} - K_a \frac{v_w^2}{2} \rho_w \tag{6-13}$$

窗孔 b 的内外压差

$$\Delta P_b = P_{xb} - K_b \frac{v_w^2}{2} \rho_w = P_{xa} + hg(\rho_w - \rho_n) - K_b \frac{v_w^2}{2} \rho_w \tag{6-14}$$

式中　P_{xa}——窗孔 a 的余压，Pa；

$\quad\quad P_{xb}$——窗孔 b 的余压，Pa；

$\quad K_a$、K_b——窗孔 a 和 b 的空气动力系数；

$\quad\quad h$——窗孔 a 和 b 之间的高差，m。

由于室外风的风速和风向是经常变化的，不是一个可靠的稳定因素。为了保证自然通风的设计效果，在实际计算时通常仅考虑热压的作用，风压一般不予考虑。但是

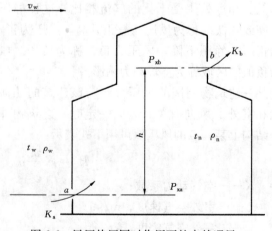

图 6-6　风压热压同时作用下的自然通风

必须定性地考虑风压对自然通风的影响。

对于一座大楼的自然通风，实际上可以看做一个通风流体网络系统。大楼内部各个空间或者空间内部各个区域可视为该通风网络中的各个节点，每个区域（节点）内部均假设空气充分混合，空气参数分布均匀一致；而将建筑中的门、窗等建筑开口视为该通风网络中连接各个节点的通风支路单元，从而由各个节点和各条支路组成了通风流体网络系统。国内外许多学者对这种流体网络系统的空气流动、压力分布进行了深入研究[1]，开发出了多区域网络模型，并开发出多种此类软件，其中比较著名的有 COMIS、CONTAM、BREEZE、NatVent、PASSPORTPlus、AIOLOS 等。实际设计中如有条件，可以在初步自然通风设计的基础上，采用该类流体网络模型软件对设计方案进行模拟评估并指导进一步优化设计。

五、自然通风的常见形式及优缺点

1. 自然通风的常见形式

（1）穿堂风。一般来说主要指房间的入口和出口相对，自然风能够直接从入口进入，通过整个房间后从出口穿出，如果进、出口间有隔断，这种风就会被阻挡，通风效果大打折扣。一般来说，进、出口间的距离应该是屋顶高度的 2.5～5 倍，见图 6-7。

（2）单面通风。当自然风的入口和出口在建筑的一个面的时候，这种通风方式被称为单面通风，单面通风通常有三种情况，见图 6-8。

（3）被动风井通风。被动风井通风系统已被广泛应用于斯堪的纳维亚（半岛）的很多建筑中，通常用于排出比较潮湿房间中的湿空气，也可用于改善室内空气质量。通过烟囱的气流被热压和风压共同驱动。

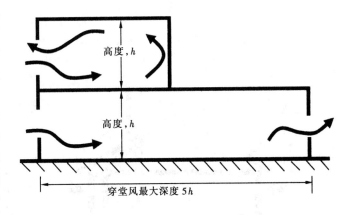

图 6-7 穿堂风示意图

图 6-9 是一个家庭住宅的通风设计构造简图。风井的尺寸通常在 100～150mm 之间，为了减少阻力损失，通常采用垂直风井，但弯头不应超过两个，而且不应有超过 45 度的弯头。在没有被加热的管道处，应该用保温材料包裹以防止结露。在每个需要排风的房间中都需要一个独立的风井以防止交叉污染，必须给补充空气留有进口，风井的最后出口应该处于室外的负压区。

（4）中庭通风。中庭在现代的一些办公楼中是一种常见的建筑构件，一般可以用中庭作为风井来实现自然通风，图 6-10 即是一个理想中庭通风的例子。中庭中气流组织一般比较复杂，可以用计算流体力学（CFD）技术来预测气流流动。

2. 自然通风的优点

自然通风的主要优点如下[2]：

（1）自然通风对于温带气候的很多类型的建筑都适用；

（2）自然通风比其他的机械通风系统经济；

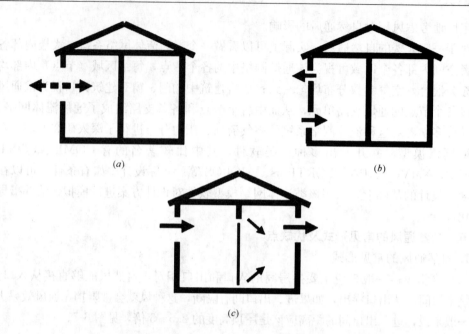

图 6-8　单面通风示意图

(a) 主要依靠空气的湍流脉动来进行室内外空气的交换；(b) 主要依靠热压或风压来
进行室内外空气交换；(c) 由于室内各部分之间的空隙而引起的穿堂风

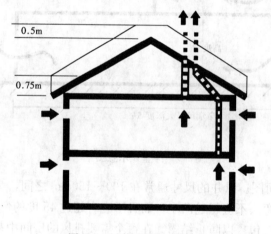

图 6-9　风井通风示意图

（3）如果开口的数量足够、位置合适，空气流量会较大；

（4）不需要专门的机房；

（5）不需要专门的维护。

3. 自然通风的不足

虽然自然通风有诸多优点，但如完全依赖它，也会有一些缺陷，主要表现为下面几点：

（1）通风量往往难于控制，因此可能会导致室内空气质量达不到预期的要求和过量的热损失；

（2）在大而深的多房间建筑中，自然通风难于保证新风的充分输入和平衡分配；

（3）在噪声和污染比较严重的地区，自然通风不适用；

（4）一些自然通风的设计可能会带来安全隐患，应预先采取措施；

（5）自然通风不适用那些恶劣气候环境的地区；

（6）自然通风往往需要居住者自己调整风口来满足需要，比较麻烦；

（7）目前的自然通风很少对进口空气进行过滤和净化；

（8）自然通风风道需要比较大的空间，经常受到建筑形式的限制。

212

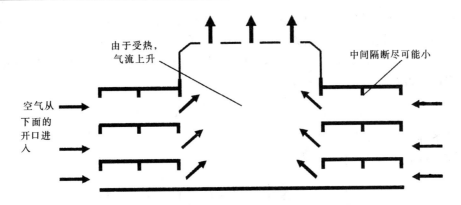

图 6-10　中庭通风示意图

自然通风量取决于风压和室内外温差的大小。尽管室外气象条件复杂，这两者不断变化，但是可以通过一定的建筑设计来使得通风量基本满足预定要求。一般来说，在室外气象条件和噪声符合要求的情况下，自然通风可以应用于以下建筑中：低层建筑、中小尺寸的办公室、学校、住宅、仓库、轻工业厂房和简易养殖场等。当然，由于自然通风的可控性低，风量可能不足，对于要求较高的建筑，通常需要机械通风来补充，有时可能需要完全依赖机械通风。

第三节　稀释法与置换法

一、稀释原理与稀释方程

所谓稀释原理，即向对象空间送入某种被控空气物理量含量低的空气与空间中较高含量的空气充分混合，以达到该物理量含量满足生活和工艺要求的目的。传统的建筑通风主要依据的就是稀释原理。

实际建筑稀释系统的形式多种多样，建筑特点、稀释空气入口（风口）的形式和个数、送风参数等情况千差万别。但是所有的情形都可以看成一定数量的送风口对一个体积为 V 的空间送风，空间中有污染源、热源和湿源，同时，又存在一定数量的出风口将空气排出，所有送风口风量的总和等于所有出风口风量的总和，空间保持质量平衡。对于某些特殊情况，污染源、热源和湿源都可以为 0。

多送风口、多回风口的空间也可以等价成为单送风口和单回风口的空间[3]。此时，通风量 Q 等于所有送风口风量的总和，等价的送风口和出风口浓度与各风口浓度的关系如下：

$$C_s = (\sum Q_i C_{si})/Q \tag{6-15}$$

$$C_e = (\sum Q_j C_{ej})/Q \tag{6-16}$$

式中　C_s——等价的送风口浓度，kg/m^3；

$\quad\quad C_e$——等价的出风口浓度，kg/m^3；

$\quad\quad C_{si}$——实际系统中第 i 个送风口处的浓度，kg/m^3；

$\quad\quad C_{ej}$——实际系统中第 j 个出风口处的浓度，kg/m^3。

注意：此处以浓度代表某种空气物理量，实际应用时，它可以是空气温度、湿度、组分浓度和污染物浓度等，故这是一个广义污染物的概念。

假设一个容积为 V 的空间内存在一个等价的送风口和一个等价的回风口，空气在此空间内均匀混合，设广义污染物散发速率为 $\dot{m}$，在通风前广义污染物浓度为 C_1，经过 τ 时间后空间内广义污染物浓度变为 C_2，送风中广义污染物的浓度是 C_s，通风量是 Q，则根据质量守恒可得：

$$V\frac{dC}{d\tau} = QC_s + \dot{m} - QC \tag{6-17}$$

初始条件为：$\tau=0$，$C=C_1$

上述方程的解为：

$$C_2 = C_1 \exp\left(-\frac{Q}{V}\tau\right) + \left(\frac{\dot{m}}{Q} + C_s\right)\left[1 - \exp\left(-\frac{Q}{V}\tau\right)\right] \tag{6-18}$$

上式称为稀释方程。可以看出，被稀释空间内广义污染物浓度按照指数规律增加或者减少，其增减速率取决于 Q/V，该值的大小反映了房间通风变化规律。

当 $\tau \to \infty$ 时，空间内污染物浓度 C_2 趋于稳定值 $\left(C_s + \dfrac{\dot{m}}{Q}\right)$。

为了方便地计算出在规定的时间 τ 内，达到要求浓度 C_2 所需的通风换气量，式（6-18）可变形如下：

$$\frac{QC_1 - \dot{m} - QC_s}{QC_2 - \dot{m} - QC_s} = \exp\left(\frac{Q}{V}\tau\right) \tag{6-19}$$

当 $\dfrac{Q}{V}\tau \ll 1$ 时，上式近似为：

$$\frac{QC_1 - \dot{m} - QC_s}{QC_2 - \dot{m} - QC_s} = 1 + \frac{Q}{V}\tau \tag{6-20}$$

可得：

$$Q = \frac{\dot{m}}{C_2 - C_s} - \frac{V}{\tau}\frac{C_2 - C_1}{C_2 - C_s} \tag{6-21}$$

此式被称为非稳定状态下的全面稀释所需换气量计算式。若将式中的 C_s 看成等价的单送风口浓度，则将式（6-15）代入，式（6-21）可写为多个送风口存在时的一般形式：

$$Q = \frac{\dot{m} + \Sigma Q_i C_{si}}{C_2} - \frac{V}{\tau}\left(1 - \frac{C_1}{C_2}\right) \tag{6-22}$$

二、稀释法常见送回风形式

不同的通风形式是室内空气环境营造方法在历史演进中不同阶段的产物。对于均匀的室内环境的追求产生了混合通风，就是将空气以一股或多股的形式从工作区外以射流形式送入房间，射入过程中卷吸一定数量的室内空气，随着送风气流的扩散，风速和温差会很快衰减。这种稀释方式主要通过送入的空气与空间内空气充分混合来实现，故称为混合通风（如图6-11所示），是稀释方法最基本的应用。在理想状态下，送风气流与室内空

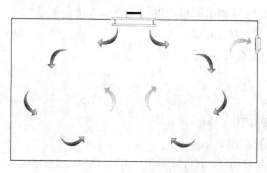

图6-11 典型混合通风示意图

气充分均匀混合，不考虑风口临近区域，可认为室内广义污染物浓度基本相同。让回流区在人的工作区附近，从而可以保证工作区的风速合适，温度比较均匀。

传统的通风空调方式大都采用混合通风，经过处理的空气以较大的速度送入房间内，带动室内空气与之充分混合，使得整个空间温度趋于均匀一致。与此同时，室内的污染物被"稀释"，但是到达工作区的空气已远不如送风口处的那样新鲜。图 6-12 给出了混合通风的原理示意图。在各种室内空气环境的营造方法中，混合通风得到了极其普遍的应用，如普通办公室、会议室、商场、厂房、体育场馆类高大空间等。

图 6-12 混合通风原理示意图[4]

混合通风的送风口形式多种多样，通常要按照空间的要求，对气流组织的要求和房间内部装饰的要求加以选择。常见的送风口类型主要有：喷口、百叶风口、条缝风口、散流器（方形、圆形和盘形）、旋流风口以及孔板等[5]。图 6-13 列出了部分常见的送风口形式。

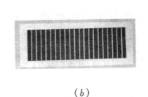
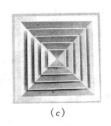

(a)　　　　　　　(b)　　　　　　　(c)

图 6-13 混合通风常见的送风口类型
(a) 喷口风口；(b) 条缝风口；(c) 散流器

决定空间气流组织的因素主要包括送风口位置、送风口类型、送风量、送风参数等。常见的混合通风的气流组织形式如图 6-14 所示。

图 6-14 (a) 中所列典型混合通风为上送上回形式，其特点是可将送排（回）风管道集中于空间的上部。由空间上部送入空气、由下部排出的"上送下回"送风形式（图 6-14b）也是传统的基本形式之一。上送下回气流分布形式的送风气流不直接进入工作区，有较长的与室内空气掺混的距离，能够形成比较均匀的温度场和速度场。实际上，常用的还有下送下回（图 6-14c）及侧送上、下回（图 6-14d）等多种送回风形式[6,7]。从上述的介绍可以看出混合通风多为上送风形式。

混合通风的设计方法比较成熟，一般是基于稀释方程根据通风需要（去除热、湿或污染物的需要）求解通风量，然后依据不同末端的射流特性公式，保证人员工作区域或其他

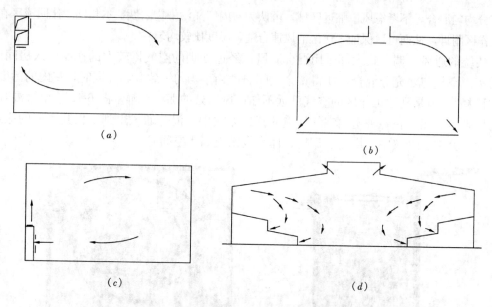

图 6-14 常见混合通风的气流组织形式

(a) 上送上回；(b) 上送下回；(c) 下送下回；(d) 侧送上、下回（体育馆）

有要求的空间内区域的空气参数达到要求即可。详情可在通风空调手册及暖通设计规范中查到，此处不再赘述。

虽然混合通风的适用范围很广，但是存在一定的缺点。为了消除整个空间的热湿负荷、降低污染物浓度等，混合通风需要对整个空间的污染物进行稀释处理，所以通常采用大风量、高风速送风，送风速度随着风量和负荷的增加而增加。而考虑到人员的舒适性及某些场所的工艺要求，有时会希望室内的温差能尽量小、风速能尽量低；此外，室内污染物被稀释的同时，到达工作区的空气已远不如送风口处的那样新鲜，这就使得人们开始着手研究能解决这些矛盾的其他通风形式。下面将对另一种典型的通风形式——置换通风进行详细介绍。

三、置换法与置换通风

置换通风分两类，一类是借助室内热源的热羽流形成近似活塞流进行室内空气的置换，这类形式的出口风速低，送风温差小，所以置换通风的送风量和送风面积较大，它的末端装置体积相对来说也较大，置换通风散流器按照安装位置可以分为嵌入地板式散流器（图 6-15a）、贴壁式散流器（图 6-15b）等；另一类常见于工艺用的洁净空间通风，如单向流（"层流"）洁净室，这类形式送风风速较大，风量也很大，借助送风的动量进行置换，常采用顶送下回或侧送侧回的形式，送风口一般为结合高效过滤器的孔板送风口。在实际应用中，一般将前者称为置换通风，而后者往往称为活塞通风或单向流（"层流"）通风。下面分别介绍。

1. 热羽流置换通风

充分混合后的空气很难避免被污染，于是继混合通风后出现了置换通风方式，就是将处理过的空气直接送入到人的工作区（呼吸区），使人率先接触到新鲜空气，从而改善呼吸区的空气品质。与混合通风稀释整个空间的污染物相比，置换通风稀释的仅仅是工作区所在的局部空间，目标更为明确，手段也更为直接。置换通风起源于 20 世纪 70 年代的北欧，最初应用于工业建筑，以后逐渐应用到其他领域，是一种较新的通风形式。与传统的

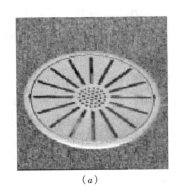 

（a）　　　　　　　　　　　　　（b）

图 6-15　置换通风常见散流器

（a）嵌入地板式散流器；（b）贴壁式散流器

混合通风相比，有着本质的区别，二者的比较见表 6-1。

两种通风形式的比较　　　　　　　　　　　　　　表 6-1

	混合通风	热羽流置换通风		混合通风	热羽流置换通风
目标	全室温湿度均匀	工作区舒适性	措施 4	风口掺混性好	风口扩散性好
动力	流体动力控制	浮力控制	流态	回流区为紊流区	送风区为层流区
机理	气流强烈掺混	气流扩散浮力提升	分布	上下均匀	温度/浓度分层
措施 1	大温差高风速	小温差低风速	效果 1	消除全室负荷	消除工作区负荷
措施 2	上送下回	下侧送上回	效果 2	空气质量接近于回风	空气质量接近于送风
措施 3	风口紊流系数大	送风紊流小			

　　置换通风可使人停留区具有较高的空气质量、热舒适性和通风效率，同时也可以节约建筑能耗。其工作原理是以极低的送风速度（0.25m/s 以下）将新鲜的冷空气由房间底部送入室内，由于送入的空气密度大而沉积在房间底部，形成一个凉空气湖。当遇到人员、设备等热源时，新鲜空气被加热上升，形成热羽流作为室内空气流动的主导气流，从而将热量和污染物等带至房间上部，脱离人的停留区。回（排）风口设置在房间顶部，热的、污浊的空气就从顶部排出。于是置换通风就在室内形成了低速、温度和污染物浓度分层分布的流场。图 6-16 给出了置换通风的原理示意图。

　　置换通风的送风口一般位于侧墙下部、地板甚至工位下部等，从散流器出来的气流在

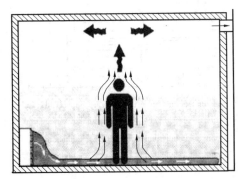 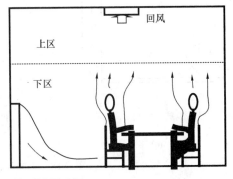

图 6-16　热羽流置换通风原理图

近地面形成一薄层空气层。为避免产生吹风感，必须严格控制送风速度。散流器出口处的空气流速主要取决于送风量、散流器类型等[8]。所以置换通风的送风速度约为 0.25m/s 左右，且多用于层高大于 2.4m，室内冷负荷小于 40W/m² 的空调系统[9]，而冷负荷较大的建筑，则需要有其他的辅助空调措施，如增设顶板冷却系统等。

置换通风具有以下几个优点：热舒适以及室内空气质量良好；噪声小；空间特性与建筑设计兼容性好；适应性强，灵活性大；能耗低，初投资少，运行费用低。同时也有不少缺点：在一些情况下，置换通风要求有较大的送风量；由于送风温度较高，室内湿度必须得到有效的控制；污染物密度比空气大或者与热源无关联时，置换通风不适用；置换通风的性能取决于屋顶高度，不适合于低层高的空间。

总而言之，置换通风是一种仅稀释工作区的室内空气环境营造方式，是对传统混合通风（充分稀释混合）的一种变革，值得在实际中研究和利用。

2. 单向流置换通风

高洁净度的洁净室为保证室内的颗粒浓度低于限定值，往往采用大风量顶送或侧送形成竖直方向或水平方向的活塞流，达到有效置换室内空气保证洁净度的目的，如图 6-17 所示。

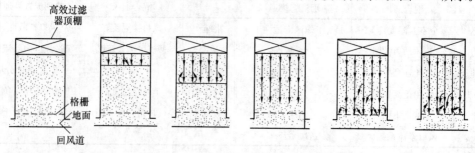

图 6-17 单向流置换通风原理示意图[10]

与热羽流置换通风不同，单向流置换通风需要大风量维持室内的活塞流动形式，实际应用包括垂直单向流和水平单向流两类。垂直单向流洁净室又包括顶送底回、顶送两侧回等形式。图 6-18 为垂直单向流和水平单向流洁净室的典型示例图。

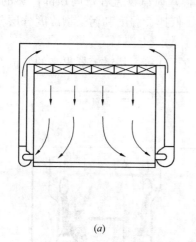

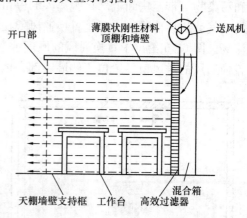

(a)　　　　　　　　　　　　　　(b)

图 6-18 单向流洁净室示意图[10]

(a) 垂直单向流；(b) 水平单向流

第四节　局域保障法

一、局域保障法的原理

在诸如冶金、建材、化工、纺织、造纸等工业生产中，生产设备会在车间局部地点产生大量的余热、余湿、尘杂和有害气体等工业有害物，如不加控制，将危及工作人员的身体健康，也会影响正常的生产过程。如果只是采用稀释法对整个车间进行通风换气，相应的通风设备和能耗就很大。防止工业有害物污染室内空气最有效的方法就是在有害物产生地点直接捕集、处理和排除，这种方法称为局部排除法。

对于一些面积较大、工作人员较少且位置相对固定的场合，只需要对工作人员工作的地点进行环境保障即可。如果采用稀释法则会造成很大能耗，这时可以采用局部送风方式；另外，局部送风方式情况下工作人员可以根据自己的舒适要求对送风参数进行调节，实现满足不同需求的个性化送风。

与稀释法全面保证室内环境不同，采用局部送排风方式保证局部环境达到要求空气参数的方法称为局域保障法。这里，局域保障法主要有局部送风和局部排除两种方式，本节将对这两种方式分别进行分析。

二、局部送风

实际室内环境中，不同的使用者在生理和心理反应、衣着量、活动水平以及对空气温湿度和速度的偏好方面，存在着很大的个体差异。传统的室内环境保障系统主要是采用稀释法，这种方法是在一个空调区域中创造一个均匀的环境，不能给不同局部位置提供不同的室内参数要求。对于混合通风的系统，送入的新风在到达人员呼吸区以前就已经在房间内受到污染；同时，为了保证人员的热舒适而使全房间的空气温度降低，会造成无谓的冷量耗费。相对而言，置换通风房间内的空气分层使得靠近地面区域的空气较洁净，温度也较低。然而由于人体下半部对空气流动比较敏感，置换通风环境下人们易产生冷风感，且当污染源集中在房间下部时，这种送风甚至会恶化室内空气质量。因此，为了实现室内环境保障系统的节能、舒适、空气质量和个性化要求，出现了局部送风方式。

1. 局部送风系统分类

局部送风是指将送风口和控制手段布置在人员工作区附近，从而便于单独和灵活控制的一种送风形式。近年来，局部送风系统的应用主要是在人体周围创造出所需的热环境和空气质量，使得每一位使用者能够控制其局部微环境，则可以为室内绝大多数使用者提供可接受的环境条件。局部送风又称个性化送风或工位空调。

局部送风系统按送风方式和末端风口布置的不同，可分为地板局部送风系统、工作台或隔板局部送风系统和顶部局部送风系统[11]。

（1）地板局部送风系统

地板局部送风系统（图6-19）与

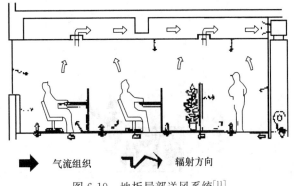

图6-19　地板局部送风系统[11]

传统的地板送风系统的主要区别在于：后者的送风口是从服务于整体空间考虑的，通常均匀分布于房间里；而前者的送风口通常安装在每个人的附近，承担局部环境的负荷，且个人可调节送风量和送风方向。

地板局部送风系统换气效率较高且污染物容易被上升的气流带走，在节约能源的同时可以保证呼吸区内具有良好的空气质量，但如果送风口处设计或调节不好导致风速过大时，离送风口近的区域易产生吹风感。

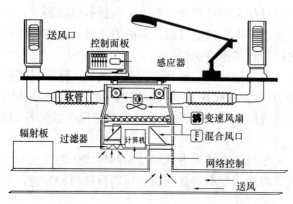

图 6-20 工作台局部送风系统[11]

（2）工作台或隔板局部送风系统

工作台或隔板局部送风系统（图 6-20），一般将送风口设置在工作台或隔板上，这样容易形成工作区小环境。当局部送风系统解决房间全部热负荷时，每个单元承担负荷过大，有时会出现房间舒适性难以保障的情况。采用局部送风和背景空调相结合的组合系统可以解决上述问题，它能较好地解决背景区和工作区的气流组织和温度分布，减少吹风感。常见的做法是在集中空调送风基础上增设工作台局部送风空调系统。

隔板送风系统通过隔板上的送风口直接把新风送到呼吸区域，实验表明，虽然与集中送风方式相比前者的总新风量减少了，但是到达人员呼吸区的新风量两者却相差不大，而且呼吸区污染物的数量也比集中送风方式减少。因此，工作台或隔板局部送风系统比集中送风系统从保证呼吸区空气质量和节约能源方面看均具有优势。

（3）顶部局部送风系统

顶部局部送风系统（图 6-21）将送风口位置设在人的头顶附近，从上往下形成工作区环境，可通过控制送风口来调节送风方向和送风量。

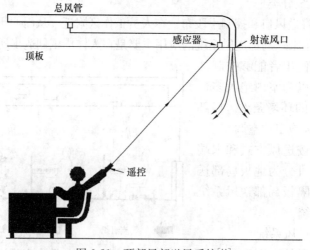

图 6-21 顶部局部送风系统[11]

2. 局部送风系统节能性分析

采用局部送风方式，将新风直接送到人的呼吸区，尽可能减少与周围空气的混合，可以更有效地提高新风的利用率，改善室内空气质量，因此，可以适当减少新风量，处理新风所需要的能耗也会减小。同时，局部送风系统能显著改善局部热环境，室内背景温度可以设定较高值。根据一项对受试者的实验研究结果，采用局部送风方式的夏季参数选用区域为：背景温度 26～30℃，相对湿度 30%～70%[12]。因此，局部送风能够在环境背景温度较高的情况下，显著改善局部的热环境。即便环境温度高达 30℃，仍然可以通过局部送风参数的适当组合，满足使用者的要求。由于局部送风方式下的背景温度设定值提高，因而冷负荷会大大降低。当室内设定温度从 24℃提高到 30℃时，总的冷负荷最高能够降低 35%～50%，因此局部送风方式是一种节能的空调方式[13、14]。

3. 局部送风系统的背景环境要求

根据局部送风的特点，目前大多采用局部送风与背景空调系统相结合的个体化空调系统，局部送风承担人体局部区域环境，而背景空调系统承担房间背景环境。

采用局部送风系统，人们会慢慢学会控制他们的局部环境以达到满意的参数要求，特别是他们在工作地点停留相对较长时间的情况下。然而，有时人们也会离开其工作地点，从事不同活动量的工作，这时就要求一定的背景温度。并且，当人们回到工作地点后，背景温度也会影响他们在工作区的热感觉。

人体附近的空气流动，也是影响人体热舒适的一个重要因素。当室内背景温度较高时，增加空气流动是有益的；而背景温度较低时，则可能导致不舒适的冷风感。当背景温度为 20℃时，来自前方和下方的气流比来自上方的气流会导致更高的冷风感；而当室温较高（26℃）时，即使气流速度高达 0.4m/s，来自前方的气流也很少导致冷风感。研究还发现，非等温射流导致的人体上部对流冷却，是从人体带走热量和在较高温度下保证人体可接受热感觉的一种有效途径。在较高温度下，部分人将会采用局部通风来冷却身体，或者提高气流速度，或者降低局部送风的温度。

局部通风产生的气流分布还取决于室内空气和局部送风气流的温差。在较高送风温差和较低风速时，送风会很快下降到桌面上，因此送出的新鲜空气不能直接到达人的呼吸区。所以，送风温差不能太大，一般不高于 6℃。

所以，背景环境的确定需要综合考虑人体在工作区域的舒适性、停留背景环境时间、局部送风温差要求、系统节能性等诸多因素的影响。

三、局部排除

局部排除是在热、湿、尘杂和有害气体产生地点直接把它们捕集起来，来控制有害物在室内的扩散和传播。设计完善的局部排除系统能在不影响生产工艺和操作的情况下，用较小的排风量获得最佳的有害物排除效果，保证室内工作区有害物浓度不超过国家卫生标准的要求。

1. 密闭罩

如图 6-22 所示，它把有害物源全部密闭在罩内，在罩上设有较小的工作孔，以观察罩内工作，并从罩外吸入空气，罩内污染空气由风机排出。它只需较小的排风量就能有效控制有害物的扩散，且排风罩气流不受周围气流的影响。它的缺点是操作人员不能直接进入罩内操作，有的还看不到罩内的工作情况。

2. 柜式排风罩

柜式排风罩如图 6-23 所示，它的结构形式与密闭罩相似，只是罩的一面全部或部分敞开。图 6-23（a）是小型通风柜，操作人员可把手伸入罩内工作，如化学实验室用的通风柜。图 6-23（b）是大型通风柜，操作人员直接进入柜内工作，它适用于喷漆、粉状物料装袋等生产工艺。

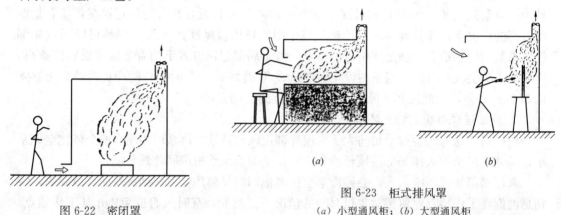

图 6-22　密闭罩

图 6-23　柜式排风罩
（a）小型通风柜；（b）大型通风柜

3. 外部吸气罩

由于工艺条件限制，生产设备不能密闭时，可把排风罩设在有害物源附近，依靠风机在罩口造成的抽吸作用，在有害物发散地点造成一定的气流运动，把有害物吸入罩内。这类排风罩统称为外部吸气罩，如图 6-24 所示。当污染气流的运动方向与罩口的吸气方向不一致时，需要较大的排气量。

4. 接受式排风罩

有些生产过程或设备本身会产生或诱导一定的气流运动，带动有害物一起运动，如高温热源上部的对流气流及砂轮磨削时抛出的磨屑及大颗粒粉尘所诱导的气流等。对这种情况，应尽可能把排风罩设在污染气流前方，让它直接进入罩内。这类排风罩称为接受罩，如图 6-25 所示。

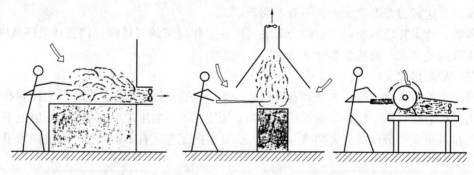

图 6-24　外部吸气罩

图 6-25　接受式排风罩

5. 吹吸式排风罩

由于生产条件的限制，有时外部吸气罩距有害物源较远，这样单纯依靠罩口的抽吸作用，要在有害物源附近造成一定的空气流动是困难的。对此可以采用如图 6-26 所示的吹吸式排风罩，它利用射流能量密度高、速度衰减慢的特点，用吹出气流把有害物吹向设在另一侧的吸风口。采用吹吸式通风可使排风量大大减小。在某些情况下，还可以利用吹出气流在有害物源周围形成一道气幕，像密闭罩一样使有害物的扩散控制在较小的范围内，保证局部排风系统获得良好的效果。

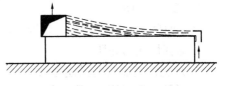

图 6-26　工业槽上的吹吸式排风罩

第五节　室内空气环境的评价指标

在一定的送回风形式下，建筑内部空间会形成某种具体的风速分布、温度分布、湿度分布、污染物浓度分布，有时又称为风速场（或流场）、温度场、湿度场、污染物浓度场，这些统称为气流组织。

根据通风（空调）的目的，可从三个方面来描述和评价气流组织：一是描述送风有效性的参数，主要反映送风能否有效到达考察区域以及到达该区域的空气新鲜程度；二是描述污染物排除有效性的参数，主要反映污染物到达考察区域的程度以及到达该区域所需要的时间；三是与热舒适关系密切的有关参数。当然，如果室内空气充分混合，那么就可以用一个集总的参数对房间的通风效果进行总体评价。虽然这仅是一种特例，但对气流组织的评价具有一定的参考价值。

气流组织的描述参数可以作为气流组织好坏的评价指标。这些指标对气流组织的设计有着重要的指导意义。设计者可以通过评价指标的好坏，来调整送风位置、送风量等条件，使室内的气流分布满足要求。

一、理想稀释与置换时的描述参数

1. 理想稀释时的描述参数

（1）换气次数

前面第三节中介绍过稀释方程，从方程解的表达式可以发现，被稀释空间内广义污染物浓度按照指数规律变化，其变化速率取决于 Q/V，该值的大小反映了房间通风变化规律，可将其定义为换气次数：

$$n = Q/V \tag{6-23}$$

式中　n——空间的换气次数，次/h；

　　　Q——通风量，m^3/h；

　　　V——房间容积，m^3。

换气次数是衡量空间稀释情况好坏，也就是通过稀释达到的混合程度的重要参数，同时也是估算空间通风量的依据。对于确定功能的空间，比如建筑房间，可以通过查相应的数据手册找到换气次数的经验值，根据换气次数和体积估算房间的通风换气量。

（2）名义时间常数

名义时间常数定义为房间容积 V 与通风量 Q 的比值：

$$\tau_n = V/Q \tag{6-24}$$

式中　τ_n——空间的名义时间常数，s；

Q——通风量，m^3/s。

名义时间常数在表达式上是换气次数的倒数（注意二者的单位不同），同样能用于评价空间稀释情况的好坏。

2. 理想活塞流时的描述参数

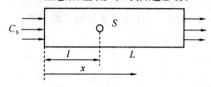

图 6-27　理想活塞流通风示意图

理想活塞流的示意图如图 6-27 所示，在理想活塞流情况下，送入的空气将完全占有原来位置上的空气，二者之间不发生质量和能量交换。此时，与理想稀释情况相比，污染物在空间的分布规律和气流组织的描述参数将具有不同的特点。

（1）理想活塞流时的污染物分布规律

如图 6-27 所示，活塞通风量为 Q，对应的断面风速为 v。假设空间初始浓度为 C_0，送风污染物浓度为 C_s，距离入口为 l 处存在强度为 S 的污染源，断面污染物分布均匀，此时空间中污染物分布只沿 x 方向变化，根据理想活塞流通风的原理，可得空间任意点 P 处污染物浓度 $C_p(x,t)$ 分布的表达式如下：

当 $0 \leqslant x < l$ 时；

$$C_p(x,t) = \begin{cases} C_0 & 0 \leqslant t \leqslant \dfrac{x}{v} \\ C_s & t > \dfrac{x}{v} \end{cases}$$

当 $l \leqslant x \leqslant L$ 时；

$$C_p(x,t) = \begin{cases} C_0 & 0 \leqslant t \leqslant \dfrac{x-l}{v} \\ C_0 + \dfrac{S}{Q} & \dfrac{x-l}{v} < t \leqslant \dfrac{x}{v} \\ C_s + \dfrac{S}{Q} & t > \dfrac{x}{v} \end{cases} \tag{6-25}$$

简言之，在活塞流下，当无污染源时，下游的浓度等于上游浓度；当有污染源时，污染源仅影响下游浓度，而不影响上游浓度。

（2）换气次数和名义时间常数

由于理想活塞流时，各断面空气流通面积相等，气流通过流道的时间等于流道长度除以气流速度。因此换气次数和名义时间常数可分别表示为：

$$n = Q/V = 3600v/L \tag{6-26}$$
$$\tau_n = V/Q = L/v \tag{6-27}$$

式中　v——理想活塞流时的空气流速，m/s；

　　　L——理想活塞流通道长度，m。

二、送风有效性的描述参数

1. 空气龄

空气龄的概念最早于 20 世纪 80 年代由 Sandberg 提出[15]。根据定义，空气龄是指空气进入房间的时间，如图 6-28 所示。在房间内污染源分布均匀且送风为全新风时，某点的空气龄越小，说明该点的空气越新鲜，空气质量就越好。它还反映了房间排除污染物的能力，平均空气龄小的房间，去除污染物的能力就强。由于空气龄的物理意义明显，因此作为衡量空调房间空气新鲜程度与换气能力的重要指标而得到广泛的应用。

从统计角度来看，房间中某一点的空气由不同的空气微团组成，这些微团的年龄各不相同，因此该点所有微团的空气龄存在一个概率分布函数 $f(\tau)$ 和累计分布函数 $F(\tau)$：

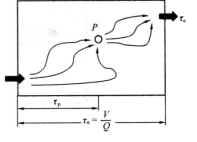

$$\int_0^\infty f(\tau)\mathrm{d}\tau = 1 \qquad (6-28)$$

累计分布函数与概率分布函数之间的关系为：

$$\int_0^\tau f(\tau)\mathrm{d}\tau = F(\tau) \qquad (6-29)$$

图 6-28　室内某点空气龄示意图

某一点的空气龄 τ_p 是指该点所有微团的空气龄的平均值：

$$
\begin{aligned}
\tau_\mathrm{p} &= \int_0^\infty \tau f(\tau)\mathrm{d}\tau \\
&= \int_0^\infty \tau F'(\tau)\mathrm{d}\tau = \int_0^\infty \tau \mathrm{d}F(\tau) = -\int_0^\infty \tau \mathrm{d}[1-F(\tau)] \\
&= -\tau[1-F(\tau)]\big|_0^\infty + \int_0^\infty [1-F(\tau)]\mathrm{d}\tau \\
&= \int_0^\infty [1-F(\tau)]\mathrm{d}\tau
\end{aligned}
\qquad (6-30)
$$

所谓空气龄的概率分布 $f(\tau)$，是指年龄为 τ 的空气微团在某点空气中所占的比例。**累计分布函数 $F(\tau)$ 是指年龄比 τ 短的空气微团所占的比例。**

传统上空气龄概念仅仅考虑房间内部，即房间进风口处的空气龄被认为是 0（100% 的新鲜空气）。为综合考虑包含回风、混风和管道内流动过程的整个通风系统的效果，清华大学提出了全程空气龄的概念，即指空气微团自进入通风系统起经历的时间；将房间入口处空气龄取为 0 而得到的空气龄称为房间空气龄[16、17]。较之房间空气龄，全程空气龄可看成绝对参数，不同房间的全程空气龄可进行比较。

与空气龄类似的时间概念还有空气从当前位置到离开出口的残留时间 τ_rl（residual lifetime）、反映空气离开房间时的驻留时间 τ_r（residence time）等，见图 6-29。对某一位置的空气微团，其空气龄、残留时间和驻留时间的关系为：

$$\tau_\mathrm{p} + \tau_\mathrm{rl} = \tau_\mathrm{r} \qquad (6-31)$$

对空气龄、残留时间，均可以求出它们在空间的体平均：

$$\bar{\tau}_\mathrm{p} = \frac{\int_0^V \tau_\mathrm{p}\mathrm{d}v}{V} = \frac{\sum \tau_{\mathrm{p}i}V_i}{V} \qquad (6-32)$$

$$\bar{\tau}_\mathrm{rl} = \frac{\int_0^V \tau_\mathrm{rl}\mathrm{d}v}{V} = \frac{\sum \tau_{\mathrm{rl}i}V_i}{V} \qquad (6-33)$$

式中　$\tau_{\mathrm{p}i}$，$\tau_{\mathrm{rl}i}$——分别是空间第 i 部分的空气龄和残留时间，s；

　　　V_i——空间第 i 部分的体积，m³。

对于一个通风房间来说，体平均的空气龄越小，说明房间里的空气从整体上来看越新鲜。在理想活塞流通风条件下，驻留时间就等于房间的名义时间常数：$\tau_\mathrm{r} = \tau_\mathrm{n} = V/Q$。

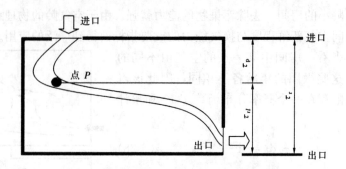

图 6-29　空气龄、残留时间和驻留时间的关系

2. 换气效率

对于理想"活塞流"的通风条件，房间的换气效率最高。此时，房间的平均空气龄最小，它和出口处的空气龄、房间的名义时间常数存在以下的关系：

$$\bar{\tau}_p = \frac{1}{2}\tau_e = \frac{1}{2}\tau_n \tag{6-34}$$

因此，可以定义新鲜空气置换原有空气的快慢与活塞通风下置换快慢的比值为换气效率[3,17]：

$$\eta_a = \frac{\tau_n}{2\bar{\tau}_p} \times 100\% \tag{6-35}$$

式中　$\bar{\tau}_p$——房间空气龄的平均值，s。

根据换气效率的定义式可知，$\eta_a \leqslant 100\%$。换气效率越大，说明房间的通风效果越好。典型通风形式（图 6-30）的换气效率如下：活塞流，$\eta_a = 100\%$；全面孔板送风，$\eta_a \approx 100\%$；单风口下送上回，$\eta_a = 50\% \sim 100\%$。

与房间总体换气效率相对应，房间各点的换气效率可用下式定义：

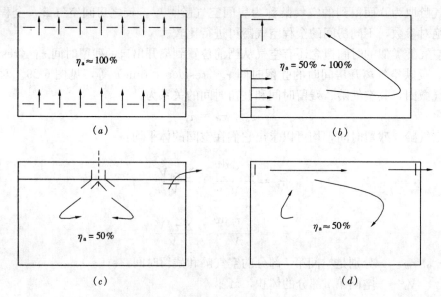

图 6-30　不同通风方式下的换气效率

（a）近似活塞流；（b）下送上回；（c）顶送上回；（d）上送上回

$$\eta_i = \frac{\tau_n}{\tau_p} \times 100\% \tag{6-36}$$

式中　τ_p——房间某一点的空气龄，s。

3. 送风可及性

为评价短时间内的送风有效性，清华大学于 2003 年提出了送风可及性（Accessibility of SupplyAir：ASA）[18]的概念，它能反映送风在任意时刻到达室内各点的能力。

假设通风系统送风中包含某种指示剂（例如某种污染物或者示踪气体），并且室内没有该指示剂的发生源，那么室内空气会逐渐含有这种送风指示剂。送风可及性定义为：

$$ASA(x,y,z,T) = \frac{\int_0^T C(x,y,z,\tau)\mathrm{d}\tau}{C_s T} \tag{6-37}$$

式中　$ASA(x,y,z,T)$——无量纲数，在时段 T 时，室内位置为 (x, y, z) 处的送风可及性；

　　　　$C(x,y,z,\tau)$——在时刻 τ 室内 (x, y, z) 处的指示剂浓度；

　　　　C_s——送风的指示剂浓度；

　　　　T——从开始送风所经历的时段，也就是用于衡量通风系统动态特性的有限时段，s。

送风可及性反映了在给定的时间内从一个送风口送入的空气到达考察点的程度，它是一个不大于 1 的正数。可及性的数值越大，反应该风口对 (x,y,z) 点的贡献越大。根据可及性的物理意义，稳态下，也就是时间无限长时，可及性反映的是在向室内的全部送风中，单独风口的贡献所占的比例。也容易推知，稳态下所有风口对 (x,y,z) 点的可及性之和等于 1。图 6-31 展示的是一个典型上送下回的混合通风环境，其送风可及性随时间的演变过程见图 6-32。

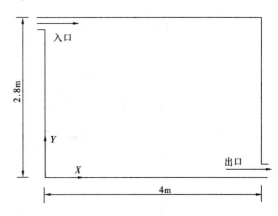

图 6-31　通风房间示意图

送风可及性只与流场相关，当流动形式确定时，可及性也相应确定。当室内没有某种组分的源存在时，那么由该组分在各风口的输入速率及相应的可及性即可预测室内该组分的动态的输运过程[19]。

三、污染物排除有效性的描述参数

1. 污染物含量和排空时间

污染物主要包括固体颗粒、微生物和有害气体。据报道，室内的有害气体高达 300 多种[7]。除了常见的挥发性有机物（VOC）、甲醛、氡等有害气体外，一些无害物质如 CO_2 的量过多也会对人体产生不利影响。浓度是衡量室内污染物的直接标志。目前，对污染物浓度的控制主要是针对某一种污染物，规定浓度的上限值。

体平均浓度是某一空间污染物浓度的平均反映，其定义式如下：

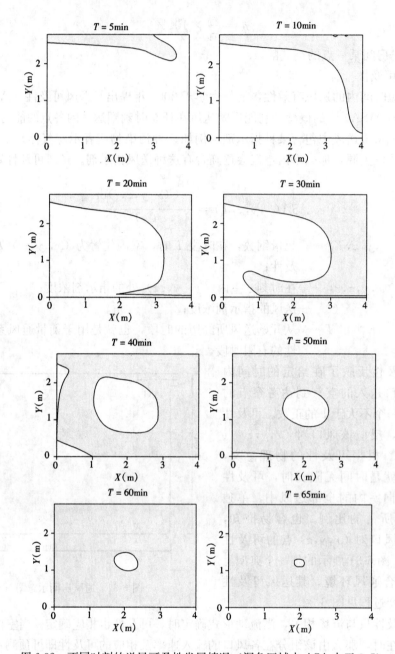

图 6-32　不同时刻的送风可及性发展情况（深色区域内 ASA 大于 0.5）

$$\overline{C} = \frac{\displaystyle\int_0^V C_p \mathrm{d}\upsilon}{V} = \frac{\sum C_{pi} V_i}{V} \tag{6-38}$$

式中　C_{pi}，V_i——分别是空间第 i 部分的浓度和体积。

对一个通风房间来说，当初始状况时房间内无污染物且送风中不含该污染物时，房间的污染物存在下述质量平衡关系：

$$\dot{m}\tau - Q\int_0^\tau C_e(\tau)\mathrm{d}\tau = M(\tau) \tag{6-39}$$

即在 τ 时间内产生的污染物减去在时间 τ 内自排风口排出的污染物等于该时刻房间内的污染物总量。其中，$\dot{m}$ 为房间内污染源散发速率，$M(\tau)$ 表示 τ 时刻房间内的污染物总量。

对上式两侧求导，得

$$\dot{m} - QC_e(\tau) = \frac{\partial M(\tau)}{\partial \tau} \tag{6-40}$$

在稳定状态时，出口浓度等于房间内产生的污染物量和通风量的比值，即

$$C_e(\infty) = \frac{\dot{m}}{Q} \tag{6-41}$$

将式（6-46）代入式（6-45），进行积分，可得稳定状态下房间污染物的总量：

$$M(\infty) = Q \cdot \int_0^\infty \left[C_e(\infty) - C_e(\tau) \right] \mathrm{d}\tau \tag{6-42}$$

对于均匀混合的情况，房间各处的污染物浓度处处相等。对于实际中非均匀混合的情况，污染物浓度在各处存在差异，不同通风形式下的房间污染物总量也不同。例如，若排风口接近污染源，则房间污染物总量较小，反之则较大。因此，房间的污染物总量在一定程度上也反映了房间内气流组织的情况。

在房间污染物总量的基础上，定义排空时间为稳定状态下房间污染物的总量除以房间的污染物产生率[3]，即

$$\tau_t = \frac{M(\infty)}{\dot{m}} \tag{6-43}$$

排空时间反映了一定的气流组织形式排除室内污染物的相对能力。排空时间越大，说明这种形式排除污染物的能力越小，它和污染源的位置有关，而和污染源的散发强度无关。污染源越靠近排风口，排空时间越小。

2. 排污效率与余热排除效率

设房间内部污染物浓度的体平均值为 $\overline{C}$，排空时间可以写成：

$$\tau_t = \frac{\overline{C} \cdot V}{\dot{m}} \tag{6-44}$$

将名义时间常数的定义 $\tau_n = \frac{V}{Q}$ 以及式 $C_e(\infty) = \frac{\dot{m}}{Q}$ 代入上式，可得

$$\tau_t \cdot C_e = \overline{C} \cdot \tau_n$$

定义排污效率为：

$$\varepsilon = \frac{\tau_n}{\tau_t} = \frac{C_e}{\overline{C}} \tag{6-45}$$

即排污效率等于房间的名义时间常数和污染物排空时间的比值，或出口浓度和房间平均浓度的比值。

在进口空气带有相同的污染物时，记入口浓度为 C_s（图 6-33），则此时排污效率定义式为：

$$\varepsilon = \frac{C_e - C_s}{\overline{C} - C_s} \tag{6-46}$$

排污效率也可定义成基于房间污染物最大浓度的形式：

$$\varepsilon = \frac{C_e - C_s}{C_{\max} - C_s} \tag{6-47}$$

以上两种排污效率的定义都是对整个房间而言，对房间内任一点，也可求出各点的排污效率：

$$\varepsilon_p = \frac{C_e - C_s}{C_p - C_s} \tag{6-48}$$

此处 C_p 是指房间内任一点的浓度。

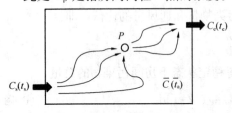

图 6-33 室内排污（热）示意图

排污效率是衡量稳态通风性能的指标，它表示送风排除污染物的能力。对相同的污染物，在相同的送风量时能维持较低的室内稳态浓度，或者能较快地将室内初始浓度降下来的气流组织，那么它的排污效率高。影响排污效率的主要因素是送排风口的位置（气流组织形式）和污染源所处位置。

当把余热也当成一种污染物时（图 6-33），就能得到余热排除效率（又称为投入能量利用系数）。与污染物排除效率不同的是，当考察余热的排除效率时，通常仅关心工作区的温度，而不是整个室内空间的温度。

余热排除效率用温度来定义，用来考察气流组织形式的能量利用有效性。其定义式为：

$$\eta_t = \frac{t_e - t_s}{\bar{t}_a - t_s} \tag{6-49}$$

式中　$\bar{t}_a, t_e, t_s$ ——工作区平均温度，排风温度和送风温度。

不同的气流组织形式，即使产生相同的舒适性，消耗的能源也存在着差异。当 $\bar{t}_a < t_e$ 时，$\eta_t > 1$；反之，$\eta_t < 1$。在不同的气流组织形式中，下送上回的形式 η_t 较高，一般排风温度高于平均温度，因此 η_t 一般大于 1，说明下送上回的气流组织形式能量利用效率较高。

3. 污染物年龄

房间内某点的污染物年龄也是该点排出污染物有效程度的指标。某点的污染物年龄是指污染物从产生到当前时刻的时间。类似的，还有污染物驻留时间的概念，即污染物从产生到离开房间的时间。

和空气龄类似，房间中某一点的污染物由不同的污染物微团组成，这些微团的年龄各不相同。因此该点所有污染物微团的污染物年龄存在一个概率分布函数 $A(\tau)$ 和累计分布函数 $B(\tau)$。累计分布函数与概率分布函数之间的关系为：

$$\int_0^\tau A(\tau)\mathrm{d}\tau = B(\tau) \tag{6-50}$$

某一点污染物微团的污染物年龄 τ_{cont} 是指该点所有污染物微团的污染物年龄的平均值：

$$\tau_{cont} = \int_0^\infty \tau A(\tau)\mathrm{d}\tau \tag{6-51}$$

与空气龄不同的是，某点的污染物年龄越短，说明污染物越容易来到该点，则该点的空气质量比较差。反之，污染物年龄越大，说明污染物越难达到该点，该点的空气质量较好。

4. 污染源可及性

为评价室内突然释放某种污染物时，这种污染物源在有限时段内对室内环境的影响，定义了影响程度的量化指标——污染源可及性（Accessibility of Contaminant Source：ACS)[20]。假设送风不包括这种污染物，则空间某点的污染源可及性定义式如下：

$$ACS(x,y,z,T) = \frac{\int_0^T C(x,y,z,\tau)\mathrm{d}\tau}{\overline{C}T} \tag{6-52}$$

$\overline{C}$ 是稳态下回风口处的平均污染物浓度，其值为：

$$\overline{C} = \sum_i S_i/Q$$

式中　　$ACS(x,y,z,T)$——无量纲数，在时段 T 时，室内位置为 (x,y,z) 处的污染源可及性；

$C(x,y,z,\tau)$——在时刻 τ 室内 (x,y,z) 处的污染物浓度，kg/m³；

S_i——该污染物在室内某处的发生源，编号为 i，kg/s；

Q——送风体积流量，m³/s；

T——从污染物开始扩散时所经历的时段，也就是用于衡量污染物动态影响效果的有限时段，s。

污染源可及性反映了污染物源在任意时段内对室内各点的影响程度。由于室内某点的浓度可能高于排风口处稳态平均浓度 $\overline{C}$，因此 ACS 可能大于 1。图 6-35 展示的是如图 6-31 所示混合通风环境引入一个污染源（图 6-34）时的污染源可及性随时间的变化过程。

当污染物源位于送风口处时，$ASA(x,y,z,T) = ACS(x,y,z,T)$，即污染源可及性等于送风的可及性。

污染源可及性也只与污染源的位置和流场相关。当各风口某种组分的浓度为 0 时，由该组分在空间中源的散发速率及相应的可及性即可预测室内各点该组分的浓度变化过程，可用于指导如何在任意时段内通过通风系统去除污染物的影响[20]。

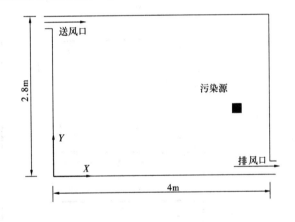

图 6-34　通风房间及污染物位置示意图

四、空气扩散性能和均匀性指标

常见的热舒适描述方法，包括 PMV（Predicted Mean Vote）、PD（Percentage Dissatisfied）、PPD（Predicted Percentage of Dissatisfied）、有效温度 ET（Effective Temperature）、标准有效温度 SET、热舒适投票 TCV（Thermal Comfort Vote），以及过渡活动状态的热舒适指标：相对热指标 RWI（Relative Warmth Index）和热损失率 HDR（Heat Deficit Rate）等，这些指标在第四章"人体对热湿环境的反应"中已有详细的介绍，这里仅介绍其他与气流组织相关的热舒适描述参数：不均匀系数和空气扩散性能指标 $ADPI$ 等。

1. 不均匀系数

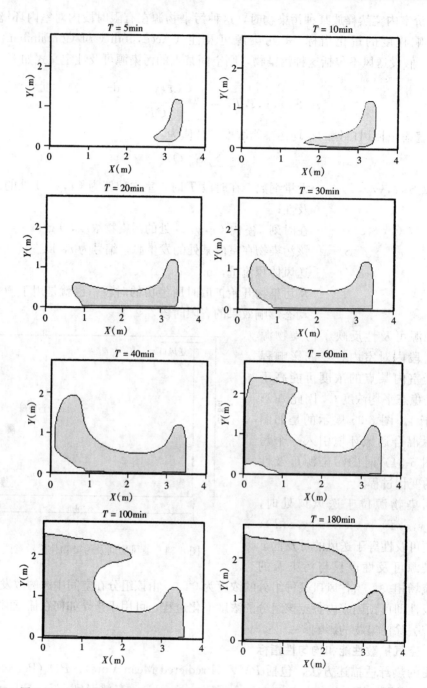

图 6-35　不同时刻 T 的污染源可及性发展情况（深色区域内 ACS 大于 1.0）

在室内各点，温度、风速等均有不同程度的差异，这种差异可以用"不均匀系数"指标来评价。

在工作区内选择 n 个测点，分别测得各点的温度和风速，求其算术平均值为：

$$\bar{t} = \frac{\sum t_i}{n} \tag{6-53}$$

$$\bar{u} = \frac{\sum u_i}{n} \tag{6-54}$$

均方根偏差为：

$$\sigma_t = \sqrt{\frac{\sum(t_i - \bar{t})^2}{n}} \tag{6-55}$$

$$\sigma_u = \sqrt{\frac{\sum(u_i - \bar{u})^2}{n}} \tag{6-56}$$

则不均匀系数的定义为：

$$k_t = \frac{\sigma_t}{\bar{t}} \tag{6-57}$$

$$k_u = \frac{\sigma_u}{\bar{u}} \tag{6-58}$$

这里，速度不均匀系数 k_u、温度不均匀系数 k_t 都是无量纲数。k_t、k_u 的值越小，表示气流分布的均匀性越好。

2. 空气扩散性能指标（$ADPI$）

空气扩散性能指标（$ADPI$：Air Diffusion Performance Index）定义为满足规定风速和温度要求的测点数与总测点数之比。对舒适性空调而言，相对湿度在较大范围内（30％～70％）对人体舒适性影响较小，可主要考虑空气温度与风速对人体的综合作用。根据实验结果，有效温度差与室内风速之间存在下列关系：

$$\Delta ET = (t_i - t_n) - 7.66(u_i - 0.15) \tag{6-59}$$

式中　ΔET——有效温度差，℃；

　　　t_i，t_n——工作区某点的空气温度和给定的室内设计温度，℃；

　　　u_i——工作区某点的空气流速，m/s。

并且认为当 ΔET 在 -1.7～$+1.1$ 之间多数人感到舒适，因此，空气扩散性能指标（$ADPI$）的定义式如下：

$$ADPI = \frac{-1.7 < \Delta ET < 1.1 \text{ 的测点数}}{\text{总测点数}} \times 100\% \tag{6-60}$$

$ADPI$ 的值越大，说明感到舒适的人群比例越大。在一般情况下，应使 $ADPI$ ≥80％。

第六节　主要评价指标的测量方法

在众多的气流组织评价指标当中，除了少数基本的分布参数指标，例如温度、湿度、风速、浓度等，可以使用相应的传感器直接测量出来，大多数指标必须以这些基本分布参数作为媒介，在测得基本分布参数的基础上进行分析或计算。对于这些基本参数的测量方法，将有专门的热工测量基础课进行讲解，这里仅介绍利用示踪气体方法测量的有关指标。

一、常见示踪气体及释放方法

利用示踪气体研究建筑物空气分布与渗透特性是通风实验测量的重要手段，在国外已有四十多年的历史。示踪气体的目的是准确标识室内空气流动特性，因此必须具有被动特性，即能够完全跟随空气流动，所以一般密度与空气相近。同时，作为在实验研究中的气体，必须具有可测性，即能够使用现有仪器比较方便地测量出气体的浓度。另外，实验中应用的示踪气体需要具有稳定性，一般情况下不与空气及其他物质发生物理或化学反应，以及无毒性等。常见的示踪气体包括甲烷、SF_6、二氧化碳等。

常用的示踪气体释放方法有三种[21]：

（1）脉冲法（the pulse method）：在释放点释放少量的示踪气体，记录测量点处示踪气体浓度随时间的变化过程。

（2）上升法（the step-up method）：在释放点连续释放固定强度源的示踪气体，记录测量点处示踪气体浓度随时间的变化过程。

（3）下降法（或衰减法）（the step-down method or decay method）：房间中示踪气体的浓度达到平衡状态后，停止释放示踪气体，记录测量点处示踪气体浓度随时间的变化过程。

二、换气次数的测量

一般使用两种示踪气体方法来测量换气次数：上升法和下降法。

在上升法中，根据质量平衡可得到风量 Q 和示踪气体释放速率 $\dot{m}$、出口浓度 C_e 的关系为：

$$Q = \frac{\dot{m}}{C_e} \tag{6-61}$$

因此在已知示踪气体释放速率 $\dot{m}$ 的情况下，通过测量出口浓度可以得出房间的通风量，而由换气次数的定义可知，对于确定的房间，体积一定，测出房间通风量后即可求得换气次数。

在下降法中，经过一段时间后，房间排风口在 τ 时刻的示踪气体浓度 C_e 和名义时间常数 τ_n、房间的初始浓度 C_0 的关系为：

$$C_e = C_0 e^{-\frac{\tau}{\tau_n}} \tag{6-62}$$

如果已知房间初始浓度 C_0，测出 τ 时刻排风口的浓度，通过上式即可求得名义时间常数 τ_n，进而得到换气次数。若 C_0 未知，可以测出 τ_1、τ_2 两个时刻的排风口浓度，通过比例关系消除 C_0，进而得到换气次数。需要说明的是，该方法适用于室内混合比较均匀的情形。当室内混合较差或存在非常显著的分布特征时，不同的测点位置和不同的时间段选取，可能会导致较大的结果差异[22]。

三、空气龄与送风可及性的测量

1. 空气龄

测量中，根据示踪气体的释放点和测量点的不同，可以测量出不同的指标。若释放点在送风口，测量点在空间任一位置，可以测量出该点的空气龄。此时，在第五节中所述的三种释放方法下，该点空气龄的概率分布函数或累计分布函数如下：

脉冲法：

$$f(\tau) = \frac{C_p(\tau)}{\int_0^\infty C_p(\tau)\mathrm{d}\tau} = \frac{C_p(\tau)}{(m/Q)} \tag{6-63}$$

上升法：

$$F(\tau) = \frac{C_p(\tau)}{C_p(\infty)} = \frac{C_p(\tau)}{(\dot{m}/Q)} \tag{6-64}$$

下降法：

$$1 - F(\tau) = \frac{C_p(\tau)}{C_p(0)} \tag{6-65}$$

式中　$C_p(\tau)$——测点处 τ 时刻示踪气体浓度；

　　　Q——送风量；

　　　m——脉冲法释放的示踪气体的质量；

　　　$\dot{m}$——上升法中示踪气体的释放速率。

于是，用示踪气体方法测量出的该点的空气龄的计算公式为：

脉冲法：

$$\tau_p = \frac{\int_0^\infty \tau C_p(\tau)\mathrm{d}\tau}{\int_0^\infty C_p(\tau)\mathrm{d}\tau} = \frac{\int_0^\infty \tau C_p(\tau)\mathrm{d}\tau}{(m/Q)} \tag{6-66}$$

上升法：

$$\tau_p = \int_0^\infty \left[1 - \frac{C_p(\tau)}{C_p(\infty)}\right]\mathrm{d}\tau = \int_0^\infty \left[1 - \frac{C_p(\tau)}{(\dot{m}/Q)}\right]\mathrm{d}\tau \tag{6-67}$$

下降法：

$$\tau_p = \frac{\int_0^\infty C_p(\tau)\mathrm{d}\tau}{C_p(0)} \tag{6-68}$$

2. 送风可及性

送风可及性的测量根据定义式（6-37）实现。具体测量过程为：将示踪气体在送风口处以恒定的浓度释放（当测量单个送风口可及性时，在该送风口处释放；当测量几个送风口的总体可及性时，在这些送风口处等浓度同时释放），在时间段 $0 \sim T$ 内，以一定的时间间隔连续测量空间任意一点处的示踪气体浓度，将测得的一系列浓度值，代入公式（6-37）即可求得所关注送风口的送风可及性。

四、污染物年龄与污染源可及性的测量

1. 污染物年龄

若释放点在房间内部，测量点在空间任一位置，可以测量出房间内部存在相应污染源时该点的污染物年龄。此时污染物年龄的概率分布函数或累计分布函数如下：

脉冲法：

$$A(\tau) = \frac{C_p(\tau)}{\int_0^\infty C_p(\tau)\mathrm{d}\tau} \tag{6-69}$$

上升法：

$$B(\tau) = \frac{C_p(\tau)}{C_p(\infty)} \tag{6-70}$$

下降法：

$$1 - B(\tau) = \frac{C_\mathrm{p}(\tau)}{C_\mathrm{p}(0)} \tag{6-71}$$

若释放点在房间内部，测量点在出风口处，可以测量出污染物的驻留时间。此时污染物驻留时间的概率分布函数或累计分布函数如下：

脉冲法：

$$A(\tau) = \frac{C_\mathrm{e}(\tau)}{\int_0^\infty C_\mathrm{e}(\tau)\mathrm{d}\tau} = \frac{C_\mathrm{e}(\tau)}{(m/Q)} \tag{6-72}$$

上升法：

$$B(\tau) = \frac{C_\mathrm{e}(\tau)}{C_\mathrm{e}(\infty)} = \frac{C_\mathrm{e}(\tau)}{(\dot{m}/Q)} \tag{6-73}$$

下降法：

$$1 - B(\tau) = \frac{C_\mathrm{e}(\tau)}{C_\mathrm{e}(0)} \tag{6-74}$$

2. 污染源可及性

污染源可及性的测量根据定义式（6-52）实现。具体测量过程为：将示踪气体在关注的污染源位置以恒定速率释放（当测量单个污染源的污染源可及性时，在该污染源位置处释放；当测量多个污染源的总体污染源可及性时，在这些污染源位置处以实际的释放比例同时释放），在时间段 $0 \sim T$ 内，以一定的时间间隔连续测量空间任意一点处的示踪气体浓度，将测得的一系列浓度值，代入公式（6-52）即可求得关注污染源位置的污染源可及性。

五、换气效率和排污效率的测量

1. 换气效率

可以由示踪气体方法测出房间的换气效率和房间各点的换气效率。

根据房间换气效率的定义可知，测出房间的名义时间常数和房间平均空气龄可以很快求得房间的换气效率。名义时间常数即为换气次数的倒数，因此名义时间常数的测量方法和换气次数的测量方法相同。而对于房间平均空气龄 $\overline{\tau}_\mathrm{p}$，可以用以下公式测量：

脉冲法：

$$\overline{\tau}_\mathrm{p} = \frac{1}{2} \cdot \frac{\int_0^\infty \tau^2 C_\mathrm{e}(\tau)\mathrm{d}\tau}{\int_0^\infty \tau C_\mathrm{e}(\tau)\mathrm{d}\tau} \tag{6-75}$$

上升法：

$$\overline{\tau}_\mathrm{p} = \frac{\int_0^\infty \tau \cdot \left(1 - \dfrac{C_\mathrm{e}(\tau)}{C_\mathrm{e}(\infty)}\right)\mathrm{d}\tau}{\int_0^\infty \left(1 - \dfrac{C_\mathrm{e}(\tau)}{C_\mathrm{e}(\infty)}\right)\mathrm{d}\tau} \tag{6-76}$$

下降法：

$$\overline{\tau}_\mathrm{p} = \frac{\int_0^\infty \tau \cdot C_\mathrm{e}(\tau)\mathrm{d}\tau}{\int_0^\infty C_\mathrm{e}(\tau)\mathrm{d}\tau} \tag{6-77}$$

而房间各点的换气效率在测出房间名义时间常数和该点的空气龄之后，根据定义式（6-36）即可求得。

2. 排污效率

由排污效率的定义式可知，测出进风口、考察区域和排风口的示踪气体浓度值即可求得各种定义下的排污效率。

本 章 符 号 说 明

$A(\tau)$——污染物年龄的概率分布函数

$ACS(x,y,z,T)$——在时段 T，室内位置为 (x,y,z) 处的污染源可及性

$ASA(x,y,z,T)$——在时段 T 时，室内位置为 (x,y,z) 处的送风可及性

$B(\tau)$——污染物年龄的累计分布函数

C——污染物或示踪气体的浓度，kg/m^3 或 kg/kg

C_e——出风口浓度，kg/m^3

C_{ej}——实际系统中第 j 个出风口处的浓度，kg/m^3

C_{max}——房间污染物最大浓度，kg/m^3

$C_p(\tau)$——空间中某一点的浓度，kg/m^3

C_s——送风口浓度，kg/m^3

C_{si}——实际系统中第 i 个送风口处的浓度，kg/m^3

C_0——房间初始浓度，kg/m^3

$\overline{C}$——房间内部污染物浓度的体平均，kg/m^3

$f(\tau)$、$F(\tau)$——空气龄的概率分布函数和累计分布函数

F——窗孔的面积，m^2

G——质量通风量，kg/s

H——高度，m

k_u，k_t——速度不均匀系数、温度不均匀系数

m——脉冲法释放的示踪气体的质量，kg

$\dot{m}$——污染物或示踪气体源散发速率，kg/s

$M(\tau)$——τ 时刻房间污染物的总量，kg

n——房间的换气次数，次/h

Q——体积通风量，m^3/s 或 m^3/h

S_i——污染物在室内某处的发生源，编号为 i，kg/s

T——用于衡量通风系统动态特性的有限时段，从开始送风时或从污染物开始扩散时计算，s

t_i，t_n，t_w——工作区某点的空气温度、室内空气温度和室外空气温度，℃

$\overline{t}_i$，t_e，t_s——工作区平均温度、排风温度和送风温度，℃

u_i——工作区某点的空气流速，m/s

V——房间容积，m^3

V_i——空间第 i 部分的体积，m^3

ΔET——有效温度差，K

ΔP ——窗孔两侧的压力差，Pa

$\Delta P'_{x}$ ——某窗孔的余压，Pa

$\varepsilon, \varepsilon_{p}$ ——房间整体排污效率和某点的排污效率

η_{t} ——余热排除效率（又称投入能量利用系数）

η_{a}, η_{i} ——房间平均的和房间某点的换气效率

ζ ——窗孔的局部阻力系数

ρ ——空气密度，kg/m^3

ρ_{n}, ρ_{w} ——室内空气密度和室外空气密度，kg/m^3

τ ——时间变量，s

τ_{n} ——房间的名义时间常数，s

$\bar{\tau}_{p}$ ——房间空气龄的平均值，s

$\tau_{p}, \tau_{rl}, \tau_{r}$ ——空气龄、残留时间和驻留时间，s

τ_{pi}, τ_{rli} ——空间第 i 部分的空气龄和残留时间，s

τ_{cont} ——污染物年龄，s

τ_{t} ——排空时间，s

下标：

s, e ——分别表示送风口和出风口

i, j ——楼层，或者中送风口和出风口的序号

in ——室内

l ——楼梯间

out ——室外

p ——房间内某一点的值

思　考　题

1. 自然通风的驱动力是什么？有何特点？一般应用于哪些场合？

2. 试证明：具有一个入口和出口的任意通风形式的房间，其出口平均空气龄等于名义时间常数。

3. 用下降法测量通风房间的空气龄和平均空气龄，请推导平均空气龄的计算公式：

$$\bar{\tau}_{p} = \frac{\int_{0}^{\infty} \tau C_{e}(\tau) d\tau}{\int_{0}^{\infty} C_{e}(\tau) d\tau}$$

4. 对于一个入口和出口的通风房间，室内有污染源且有搅拌风扇保持各处参数相同，试计算该通风房间的换气效率和排污效率。

5. 试分析采用示踪气体测量空气龄的三种释放方法的优缺点：（1）脉冲法；（2）上升法；（3）下降法（或衰减法）。

6. 稳态通风情况下，在空间均布的单位体积源作用时，室内污染物浓度的分布规律与房间空气龄的分布规律一样吗？

7. 在活塞风作用下，假设通风断面上的污染物浓度一样，试分析下列三种情况下的排空时间和排污效率：（1）污染源位于入口；（2）污染源位于正中部；（3）污染源位于出

口处。

8. 试分析第 7 题中三种情况下污染物龄在空间中的分布，并与空气龄的分布进行对比。

9. 对于第 7 题的三种情形，假设存在搅拌风扇使污染物在空间均匀混合，排空时间又是多少？换气效率是多少？排污效率是多少？

术语中英对照

污染源可及性	ACS，accessibility of contaminant source
送风可及性	ASA，accessibility of supply air
空气扩散性能指标	ADPI：Air Diffusion Performance Index
空气龄	Air age or age of air
气流组织	Air distribution，flow pattern
换气效率	Air exchange efficiency
计算流体力学	CFD，computational fluid dynamics
污染物年龄	Contaminant age
穿堂风	Cross ventilation
置换通风	Displacement ventilation
机械通风	Mechanical ventilation
混合通风	Mixing ventilation
自然通风	Natural ventilation
个性化送风	Personalized ventilation
脉冲法	Pulse method
驻留时间	Residence time
残留时间	Residual lifetime
单面通风	Single-sided ventilation
热压通风	Stack ventilation
上升法	Step-up method
下降法（或衰减法）	Step-down method or decay method
"工位—背景"空调	Task/Ambient conditioning
示踪气体	Tracer gas
排空时间	Turn-over time

参 考 文 献

[1] 章宇峰. 自然通风与建筑热模型耦合模拟研究［硕士学位论文］. 清华大学，2004 年 5 月.

[2] Spengler J D，Samet J M，McCARTHY J F. Indoor Air Quality Handbook（the 1st edition），McGraw－Hill Companies，Inc.，2001，1. 7.

[3] Sandberg M. Ventilation efficiency as a guide to design. ASHRAE Transactions，1983，89(2B)：455-479.

[4] 李强民，邓伟鹏. 排除人员活动区内人体释放污染物的有效通风方式——置换通风. 暖通空调，

2004，34(2)：1—4.

[5] 赵彬，李先庭，彦启森. 室内空气流动数值模拟的风口模型综述. 暖通空调，2000，30(5)：33—37.

[6] 何天祺等. 供暖通风与空气调节. 重庆：重庆大学出版社，2003. 3：178.

[7] 曾涛. 体育建筑设计手册. 北京：中国建筑工业出版社，2001：207.

[8] Nielsen P. V. Velocity distribution in a room ventilated by displacement ventilation and wall-mounted air terminal devices. Energy Buildings, 2000，31：179—187.

[9] Xing H. Measurement and calculation of the neutral height in a room with displacement ventilation. Building and Environment，2002，37：961—967.

[10] 许钟麟. 空气洁净技术原理(第三版). 北京：科学出版社，2003.

[11] 郑洪男，端木琳，张晋阳. 日本工位空调系统的研究与应用. 制冷空调与电力机械，2005，26(1)：58—61.

[12] 李俊. 个性送风特性及人体热反应研究 [博士学位论文]. 清华大学，2004 年 4 月.

[13] Zhao Rongyi, Xia Yizai, Li Jun. New conditioning strategies for improving the thermal environment. Proceedings of International symposium on building and urban environmental engineering, Tianjin, 1997, pp. 6—11.

[14] Bauman, F. S., Carter, T. G., Baughman, A. V., Arens, E. A. Field study of the impact of a desktop task/ambient conditioning system in an office building. ASHRAE Transactions, 1998, 104(1)：1153—1171.

[15] Sandberg M, Sjoberg M. The Use of Moments for Assessing Air Quality in Ventilated Rooms. Building and Environment, 1983, 18(4)：181—197.

[16] Li Dongning, Li Xianting, Yang Xudong, Dou Chunpeng. Total air age in the room ventilated by multiple air — handling units：Part 1, An algorithm. ASHRAE transactions, 2003, 109 (2)：829—836.

[17] Li Xianting, Li Dongning, Yang Xudong, Yang Jianrong. Total air age：an extension of the air age concept. Building and Environment, 2003, 38 (11)：1263—1269.

[18] Li Xianting, Zhao Bin. Accessibility：a new concept to evaluate the ventilation performance in a finite period of time. Indoor Built and Environment, 2004，13(4)：287—294.

[19] Yang Jianrong, Li Xianting, Zhao Bin. Prediction of transient contaminant dispersion and ventilation performance using the concept of accessibility. Energy and Buildings, 2004, 36(3)：293—299.

[20] Zhao Bin, Li Xianting, Chen Xi, Huang Dongtao. Determining ventilation strategy to defend indoor environment against contamination by integrated accessibility of contaminant source (IACS). Building and Environment, 2004, 39(9)：1031—1038.

[21] 李先庭，王欣，李晓锋，朱颖心. 用示踪气体方法研究通风房间的空气年龄. 暖通空调，2001，31(4)：79—81.

[22] 朱奋飞，邵晓亮，李先庭. 关于示踪气体法测量房间换气量的探讨. 暖通空调(增刊)，2008，38：61—66.

第七章 建 筑 声 环 境

人们生活在充满声音的世界里，人们离不开声音。人对外部世界信息的感觉，30％是通过听觉得到的，如语言交流、音乐欣赏、识别事物等。这时，声音对接收者来说是需要的，要求听得清楚，听得好。但并非所有的声音对接收者而言都是需要的，有些声音令人厌烦，对人有干扰，甚至是有害的，称之为噪声。噪声会干扰休息和睡眠，干扰语言交流，干扰学习和工作，强烈的噪声会损害人的听觉和身体健康，这就需要降低噪声和噪声的干扰与危害，这是噪声控制问题。

对于新建的建筑，我们要通过设计解决很多声环境问题，包括：

1．剧院、音乐厅、电影院、报告厅、多功能厅和大容积非演出性厅堂的室内声环境设计；

2．建筑围护结构材料的隔声问题；

3．室内空调设备、机械设备等产生的噪声的控制；

4．开敞式办公房间的噪声控制；

5．室外环境噪声对人的干扰等。

对于建筑环境与设备工程专业的学生来说，建筑声环境学就是研究建筑环境中的噪声控制问题，学习的重点是声音产生与传播的基本原理和噪声控制。

第一节 建筑声环境的基本知识

声音的产生与传播过程包括三个基本因素：声源、传声途径和接收者。声源（通常是振动的物体）向其周围的介质（通常是空气）辐射声能，声能以介质中的声波形式传播。声波通过传声途径（室外大气、房间中的空气、墙壁、楼板等）传播，最后通过空气传到接收者的耳朵，引起听觉而被感知。人耳对声音的感觉有三个表征量：音量大小、音调的高低与音色的不同，而这都与声音的物理特性密切相关。

一、声波的基本物理性质

1．声波和波动方程

建筑环境中的声波主要是在空气中传播的声波。声源的振动引起它周围的空气交替地被压缩和舒张，并向四周传播。当空气受到压缩，压强就增大，而空气舒张时，压强就降低。因此声波实质上是空气压强在静态压强水平上起伏变化的过程。所以，空气中的声波是一种压强波。因为声波而引起的空气压强的变化量称为声压 p。

声压是空气压强的变化量而不是空气压强本身，空气压强 P_a 是在静压强 P_0 上叠加变化量声压 p，声压 p 相对于静压强 P_0 是一个很微小的量。大气静压强是 10^5 Pa 的量级，而声压 p 是 $10^{-5} \sim 10$ Pa 的量级。声音的传播是压力波的传播而不是空气质点的输运，空气质点只是在它原来的平衡位置来回振动。压力波传播速度是声速，而空气质点的振动速度对应的是声音的强弱。

如果把空气看做是理想气体，即忽略空气的黏滞性和热传导，空气中的声压 p 满足下述波动方程：

$$\frac{\partial^2 p}{\partial t^2} = c^2 \left(\frac{\partial^2 p}{\partial x^2} + \frac{\partial^2 p}{\partial y^2} + \frac{\partial^2 p}{\partial z^2} \right) \tag{7-1}$$

对于一维传播的声压 p，则上述三维波动方程简化为一维波动方程：

$$\frac{\partial^2 p}{\partial t^2} = c^2 \frac{\partial^2 p}{\partial x^2} \tag{7-2}$$

此方程的通解称为达朗贝尔（D'Alembert）解：

$$p(x,t) = f_1(x-ct) + f_2(x+ct) \tag{7-3}$$

f_1 和 f_2 为任意形式的函数。

现在讨论解的物理概念，先看 $f_1(x-ct)$，在 $t=0$ 时为：$p(x,0)=f_1(x)$，在 x 方向上确定了一个声压 p 的初始分布。在 $t=t^*$（$t^*>0$）时，观察 $x^*=x+ct^*$ 处的声压 $p(x^*, t^*)$ 为：

$$p(x^*,t^*) = f_1(x^*-ct^*) = f_1(x+ct^*-ct^*) = f_1(x) = p(x,0) \tag{7-4}$$

这就是说，在 $t=t^*$ 时刻，$x^*=x+ct^*$ 处的状态和 $t=0$ 时刻，x 处的状态相同，"波"从 x 处经过时间 t^* 传到了 x^* 处了。传播的距离是 $x^*-x=x+ct^*-x=ct^*$，而传播的时间是 t^*，则传播的速度是 $ct^*/t^*=c$。所以波动方程中的系数 c 是声波状态的传播速度，也就是声速。$f_1(x-ct)$ 表示了一个沿 x 轴正方向传播的波，而 $f_2(x+ct)$ 表示了一个沿 x 轴负方向传播的波。达朗贝尔解说明在初始时刻的一个扰动分别沿 x 轴正方向和负方向以速度 c 传播。

2. 声速

声波在介质中的传播速度，即声速，主要取决于介质本身的物理特性，也和温度等因素有关。空气中的声速 c 与空气的压强和密度有关：

$$c = \sqrt{\frac{\gamma P_0}{\rho_0}} \tag{7-5}$$

式中　c——空气中的声速，m/s；

P_0——空气静压强，通常取 101325Pa；

γ——气体常数，对于空气 $\gamma=1.4$；

ρ_0——空气密度，$P_0 = 1.29 \times \frac{273}{T_a}$ kg/m³，其中 T_a 为空气温度，K。

因此，空气中的声速可表示为：

$$c = 331.4 \sqrt{\frac{T_a}{273}} \tag{7-6}$$

常温下（15℃）空气中的声速可取为 340m/s。

声波在不同的介质中传播速度不同，当温度为 0℃时，不同介质中的声速为：

松木：3320m/s　　　　　软木：500m/s

钢：　5000m/s　　　　　水：　1450m/s

3. 简谐声波、频率与波长

设一维波动方程的解的形式是：

$$p(x,t) = P_m \cos \frac{2\pi}{\lambda}(x-ct) \tag{7-7}$$

式中 λ 为波长，m。令频率 $f=c/\lambda$（Hz），则解可写成：

$$p(x,t) = P_m\cos\left(2\pi ft - \frac{2\pi}{\lambda}x\right) \qquad (7\text{-}8)$$

如果位置 x 固定，声压随时间的变化是一个余弦函数，即频率为 f 的简谐函数。人耳在该处听到的是一个简谐音（又称纯音），这样的声波被称为简谐声波，是声波中最简单、最基本的形式。描述一个简谐声波只需频率 f 和声压幅值 P_m 两个独立变量，f 确定了它的音调，而声压幅值 P_m 确定了声音的强弱，即响度的大小。简谐声波的频率越高，其波长就越短。常温下空气中的声速约为 340m/s，则 100Hz 的简谐声波波长为 3.4m，而 4000Hz 的声波，波长为 8.5cm。

人耳能听到的声波频率范围约在 20～20000Hz 之间，低于 20Hz 的声波称为次声，高于 20000Hz 的称为超声。次声和超声都不能被人耳听到。

4. 声音信号和频谱

人耳接收到的空气中声压随时间的变化称为声音。简谐声波的声压随时间变化的规律是一个简谐函数，亦称做纯音信号：

$$p(t) = P_m\cos(2\pi ft + \varphi) \qquad (7\text{-}9)$$

其中 φ 称为初相，随空间位置不同而异。

另有一种信号称为周期性信号，即每隔一确定的周期 ΔT，信号就重复一遍：

$$p(t) = p(t + n\Delta T) \qquad (7\text{-}10)$$

其中 n 为正整数。对于周期性信号，可进行傅立叶级数展开为一系列简谐函数的和：

$$p(t) = A_0 + \sum_{n=1}^{\infty} A_n\cos(2\pi nf_0 t + \varphi_n) \qquad (7\text{-}11)$$

其中，f_0 称为基频，A_0 称做直流分量。

每一个简谐分量 i 对应的是各自的声压幅值 A_i、初相 φ_i 和谐频 $f_i=nf_0$。如果以横坐标作为频率 f，纵坐标作为声压幅值 p（或声压级），画出某种声音的频谱图，则各简谐分量都对应着 $f=f_i$ 处的一条竖直线，竖直线的高度与幅值 A_i 对应。一个单一频率的简谐声音（纯音），其频谱图是位于该频率坐标处的一条竖直线。

周期性声信号又称为复音，如管弦乐器发出的声音。其频谱图可以表示为在基频 f_0 和 $2f_0$、$3f_0$、……nf_0……处的一系列高矮不等的竖直线（图 7-1），称为线状谱，又称为

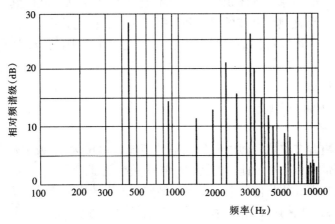

图 7-1 基频为 440Hz 的小提琴频谱图

离散谱。复音音调的高低取决于基频，而音色取决于谐频分量的构成。

人们所认为的噪声，一般不是周期性信号，不能用离散的简谐分量的叠加来表示，而是包含着连续的频率成分，表示为连续谱（图 7-2）。

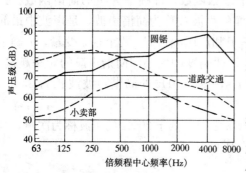

图 7-2 几种噪声的频谱

在通常的声学测量中将声音的频率范围分成若干个频带，以便于工作。精度要求高时，频带带宽可以缩窄；简单测量时，可以将频带带宽放宽。

在建筑声学中，频带划分通常是以各频带的频程数 n 相等来划分。频程数 n 可表示为：$\frac{f_2}{f_1} = 2^n$，频程数 n 为正整数或分数，n 是几就是几个倍频程。一个倍频程相当于音乐上一个八度音。某个频带的宽度若为 n 个倍频程，则此频带上界频率 f_2 是其下界频率 f_1 的 2^n 倍，f_2 和 f_1 相差 n 个倍频程。建筑声学中一般工程性测量最常用的是间距为一个倍频程的倍频带。各个频带通常用其中心频率 $f_c = \sqrt{f_1 f_2}$ 来表示。

国际标准化组织 ISO 和我国国家标准对倍频带划分的标准规定为：中心频率为 31.5、63、125、250、500、1000、2000、4000、8000 及 16000Hz。

对于连续谱的噪声，在某个频带范围内，其强度用频带声压级来表示。将各个频带的频带声压级用直方图或用中心频率与频带声压级值的坐标点的连线（折线）表示，得到频带声压级谱。图 7-2 给出的就是一个倍频带谱的示例。

5. 波阵面与声线

声波从声源出发，在同一个介质中按一定方向传播，在某一时刻，波动所达到的各点的包络面，即空间中相位相同的相邻点构成的面，称为波阵面。波阵面为平面的称为"平面波"，波阵面为球面的称为"球面波"。

一个置于管端作频率为 f 的往复简谐振动的活塞，向管子中的空气辐射的就是频率为 f 的简谐平面波。平面波的声压幅值 P_m 即波的强度在传播过程中没有衰减。

一个置于原点的小球，其体积以 f 频率作胀缩简谐振动，则向其周围的空气辐射的是频率为 f 的简谐球面波。其波的强度随传播距离 r 成反比关系衰减。

用"声线"表示声波传播的途径。在各向同性的介质中，声线是直线且与波阵面相垂直。

二、声音的计量

1. 声功率、声强和声压

（1）声功率 W

声功率是指声源在单位时间内向外辐射的声能，单位为 W 或 μW。声源声功率有时指的是在某个频带的声功率，此时需注明所指的频率范围。

声功率不应与声源的其他功率相混淆。例如扩声系统中所用的放大器的电功率通常是几百瓦以至上千瓦，但扬声器的效率很低，它辐射的声功率可能只有零点几瓦。电功率是声源的输入功率，而声功率是声源的输出功率。

在声环境设计中，大都认为声源辐射的声功率是属于声源本身的一种特性，不因环境条件的不同而改变。表 7-1 中列出了几种声源的声功率。一般人讲话的声功率是很小的，稍微提高嗓音时约 $50\mu W$；即使 100 万人同时讲话，也只是相当于一个 50W 电灯泡的功率。

几种不同声源的声功率 表 7-1

声 源 种 类	声 功 率	声 源 种 类	声 功 率
喷气飞机	10000W	钢琴	$2000\mu W$
气 锤	1W	女高音	$1000\sim7200\mu W$
汽 车	0.1W	对 话	$20\mu W$

（2）声强 I

声强是衡量声波在传播过程中声音强弱的物理量，单位是 W/m^2。声场中某一点的声强，是指在单位时间内，该点处垂直于声波传播方向上的单位面积所通过的声能。

在无反射声波的自由场中，点声源发出的球面波，均匀地向四周辐射声能。因此，距声源中心为 r 的球面上的声强为：

$$I = \frac{W}{4\pi r^2} \tag{7-12}$$

式中 W 是声源声功率，W。

因此，对于球面波，声强与点声源的声功率成正比，与距声源的距离平方成反比，见图 7-3（a）。对于平面波，声线互相平行，声能没有聚集或离散，声强与距离无关，见图 7-3（b）。例如指向性极强的大型扬声器就是利用这一原理进行设计的，其声音可传播十几千米远。在实际工作中，指定方向的声强难以测量，通常是测出声压，通过计算求出声强和声功率。

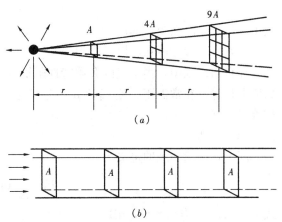

（3）声压 p

所谓声压，是指介质中有声波传播时，介质中的压强相对于无声波时介质静压强的改变量，单位为 Pa。任一点的声压都是随时间而不断变化的，每一瞬间的

图 7-3 声能通过的面积与距离的关系
（a）球面波；（b）平面波

声压称瞬时声压，某段时间内瞬时声压的均方根值称为有效声压。如未说明，通常所指的声压即为有效声压。

声压与声强有着密切的关系。在自由声场中，某处的声强和该处声压的平方成正比，而和介质密度与声速的乘积成反比，即：

$$I = \frac{p^2}{\rho_0 c} \tag{7-13}$$

2. 声功率级、声强级、声压级及其叠加

人耳对声音是非常敏感的，人耳刚能听见的下限声强为 $10^{-12}\,\mathrm{W/m^2}$，下限声压为 $2\times10^{-5}\,\mathrm{Pa}$，称做可听阈；而使人能忍受的上限声强为 $1\,\mathrm{W/m^2}$，上限声压为 $20\,\mathrm{Pa}$，称做烦恼阈（见图 7-7）。可看出，人耳的容许声强范围为 1 万亿倍，声压相差也达 100 万倍。同时，声强与声压的变化与人耳感觉的变化也是与它们的对数值近似成正比，因此引入了"级"的概念。

（1）级的概念与声压级

所谓级是做相对比较的量。如声压以 10 倍为一级划分，声压比值写成 10^n 形式，从可听阈到烦恼阈可划分为 $10^0\sim10^6$ 共七级。n 就是级值，但又嫌过少，所以以 20 倍之，把这个区段的声压级划分为 $0\sim120$ 分贝（dB）。即：

$$L_p = 20\lg\frac{p}{p_0} \tag{7-14}$$

式中　L_p——声压级，dB；

p_0——参考声压，以可听阈 $2\times10^{-5}\,\mathrm{Pa}$ 为参考值。

从上式可以看出：声压变化 10 倍，相当于声压级变化 20dB。

（2）声强级

声强级也是以可听阈作为参考值，表示为：

$$L_1 = 10\lg\frac{I}{I_0} \tag{7-15}$$

式中　L_1——声强级，单位 dB；

I_0——参考声强，以可听阈 $10^{-12}\,\mathrm{W/m^2}$ 为参考值。

在自由声场中，当空气的介质特性阻抗 ρ_0c 等于 $400\,\mathrm{N\cdot s/m^3}$ 时，声强级与声压级在数值上相等。在常温下，空气的 ρ_0c 近似为 $400\,\mathrm{N\cdot s/m^3}$，因此通常可认为二者的数值相等。

（3）声功率级

同上，声功率级的定义为：

$$L_W = 10\lg\frac{W}{W_0} \tag{7-16}$$

式中　L_W——声功率级，dB；

W_0——参考声功率，$10^{-12}\,\mathrm{W}$。

（4）声级的叠加

当几个不同的声源同时作用于某一点时，若不考虑干涉效应，该点的总声强是各个声强的代数和，即：

$$I = I_1 + I_2 + \cdots\cdots + I_n \tag{7-17}$$

而它们的总声压（有效声压）是各声压的平方和开根值，即：

$$p = \sqrt{p_1^2 + p_2^2 + \cdots\cdots + p_n^2} \tag{7-18}$$

声压级叠加时，不能进行简单的算术相加，而要求按对数运算规律进行。n 个声压级为 L_{p1} 的声音叠加，总声压级为：

$$L_\mathrm{p} = 20\lg\frac{\sqrt{np_1^2}}{p_0} = L_\mathrm{p1} + 10\lg n \tag{7-19}$$

从上式可以看出，两个数值相等的声压级叠加时，声压级会比原来增加 3dB。这一结论同样适用于声强级与声功率级的叠加。

此外，可以证明，两个声压级分别为 L_p1 和 L_p2（设 $L_\mathrm{p1}\geqslant L_\mathrm{p2}$），其叠加的总声压级为：

$$L_\mathrm{p} = L_\mathrm{p1} + 10\lg\left[1 + 10^{-(L_\mathrm{p1}-L_\mathrm{p2})/10}\right] \tag{7-20}$$

声压级的叠加计算亦可利用图 7-4 进行。由图 7-4 查出声压级差（$L_\mathrm{p1}-L_\mathrm{p2}$）所对应的附加值，将它加在较高的那个声压级上，即可求得总声压级。如果两个声压级差超过 15dB，则附加值很小，可以略去不计。声强级、声功率级的叠加亦可用上述方法进行。对于同一声源不同倍频程的声级也可以用同样方法叠加出一个声级数值，参见例 7-1。

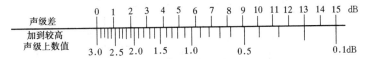

图 7-4 声压级的差值与增值的关系

【例 7-1】 测得某机器的噪声频带声压级如下：

倍频程的中心频率（Hz）	63	125	250	500	1000	2000	4000	8000
声压级（dB）	90	95	100	93	82	75	70	70

试求上述 8 个倍频程的总声压级。

【解】 声压级的大小依次为 100，95，93，90，82，……（dB），利用图 7-4 依次逐个叠加。

$$
\left.\begin{matrix}100\\95\end{matrix}\right]{-}101.2\left.\begin{matrix}\\93\end{matrix}\right]{-}101.8\left.\begin{matrix}\\90\end{matrix}\right]{-}102.1\approx102\mathrm{dB}
$$

其余未叠加的声压级的差值均超过 15dB，附加值很小，可见总声压级主要决定于前 4 个数值，其余的作用不大，可以不再计入。

对于 n 个声压级 $L_{\mathrm{p}i}$（$i=1,2,\cdots\cdots,n$）叠加，也可以用下式直接计算总声压级：

$$L_\mathrm{p} = 10\lg\left(10^{\frac{L_\mathrm{p1}}{10}} + 10^{\frac{L_\mathrm{p2}}{10}} + \cdots\cdots + 10^{\frac{L_\mathrm{pn}}{10}}\right) \tag{7-21}$$

3. 声源的指向性

声源在辐射声音时，声音强度分布的一个重要特性为指向性。

当声源的尺度比波长小得多时，可以看做无方向性的"点声源"，在距声源中心等距离处的声压级相等。当声源的尺度与波长相差不多或更大时，它就不能看做是点声源，而应看成有许多点声源的组成，叠加后各方向的辐射就不一样，因而具有指向性，在距声源中心等距离的不同方向的空间位置处的声压级不相等。声源尺寸比波长大得越多，指向性就越强。

一种声源指向性的表示方法是以具有相同声功率的无方向性的点声源形成的声压场 L_{p0}（r）作参考值，在离实际声源相同距离 r 处，某个方向（θ，φ）的实际声压级 L_p（r，θ，φ）与参考声压级 L_{p0}（r）之差，称为该点的指向性指数 DI，单位为 dB。指向性指数 DI 的分布往往需要通过现场实测来获得。

另一种声源指向性指标叫做指向性因数 Q，定义为实际声强 I（r，θ，φ）与上述参考声场的声强 I_0（r）的比值。它与指向性指数 DI 存在这样的关系：$DI = 10\lg Q$。

当无方向性点声源在完整的自由空间时，指向性因数 Q 等于 1；如果无方向性点声源贴近一个界面如墙面或地面，声能辐射到半个自由空间时，Q 等于 2；在室内两界面交角处（1/4 自由空间）时，Q 等于 4；在三个界面交角处（1/8 自由空间）时，Q 等于 8。如果声源不是点声源，则其指向性因数与声源面积 S_0 及频率 f 都有关，见图 7-5。

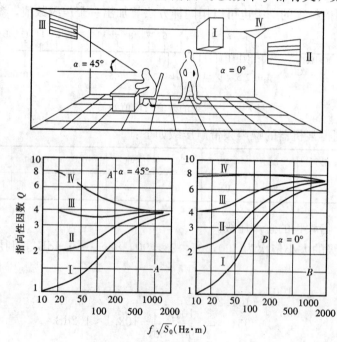

Ⅰ～Ⅳ是声源的 4 种位置：

Ⅰ. 房间中央、突出部分（自由空间）　　Ⅲ. 墙角

Ⅱ. 墙（顶棚）中央；　　　　　　　　　Ⅳ. 三面交角上

图 7-5　声源在空间里的指向性因数 Q

第二节　人体对声音环境的反应原理与噪声评价

一、人的主观听觉特性

尽管人对声音的主观要求是十分复杂的，与年龄、身体条件、心理状态等因素有着密切的关系，但最低的要求则是比较一致的，即想听的声音要能听清，不需要的声音则应降低到最低的干扰程度。为了了解人们听觉上的主观要求，首先要了解听觉机构与声音影响听觉的一些主观因素。

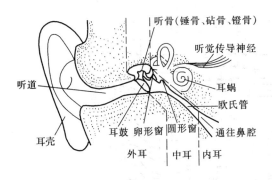

图 7-6　人耳结构示意图

1. 听觉机构

人耳是声波最终的接收者。人耳可以分成三个主要部分：外耳、中耳与内耳（图 7-6）。声波通过听道使耳鼓在声波激发下振动，推动中耳室内的听骨，听骨的振动通过卵形窗，使淋巴液运动，引起耳蜗基底膜振动，形成神经脉冲信号，通过听觉传导神经传到大脑听觉中枢，引起听觉。

通常声压级在 120dB 左右，人就会感到不舒服；130dB 左右耳内将有痒的感觉；达到 140dB 时耳内会感到疼痛；当声压级继续升高，会造成耳内出血，甚至听觉机构损坏。图 7-7 中给出的是正常青年人的最小自由场可听阈、烦恼阈和痛阈。

2. 听觉特性

（1）人耳的频率响应与等响曲线

人耳对声音的响应并不是在所有频率上都是一样的。人耳对 2000～4000Hz 的声音最敏感；在低于 1000Hz 时，人耳的灵敏度随频率的降低而降低；而在 4000Hz 以上，人耳的灵敏度也逐渐下降。这也就是说，相同声压级的不同频率的声音，人耳听起来是不一样响的。

以连续纯音做试验，取 1000Hz 的某个声压级，如 40dB 作为参考标准，则听起来和它同样响的其他频率纯音的各自声压级就构成一条等响曲线，并称之为响度级为 40 方（Phon）的等响曲线。依次改变参考用的 1000Hz 纯音的声压级，就可以得到一组等响曲线。图

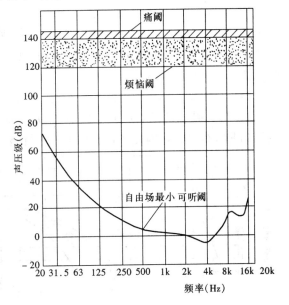

图 7-7　人耳的听觉范围

7-8 所示即为一组等响曲线，它是对大量健康人在自由场中测试的统计结果，由 ISO（国际标准化组织）于 1964 年确定的。

某一频率的某个声压级的纯音，落在多少方的等响曲线上，就可以知道它的响度级是多少。从图中不仅可以看出人耳对不同频率的响应是不同的，而且可以看出人耳的频率响应还与声音的强度有关系；等响曲线在声压级低时变化快，斜率大，而在高声压级时就比较平坦，这种情况在低频尤为明显。

测量声音响度级与声压级时所使用的仪器称为"声级计"。在声级计中设有 A、B、C、D 四套计权网络。A 计权网络是参考 40 方等响曲线，对 500Hz 以下的声音有较大的衰减，以模拟人耳对低频不敏感的特性。C 计权网络具有接近线性的较平坦的特性，在整个可听范围内几乎不衰减，以模拟人耳对 85 方以上的听觉响应，因此它可以代表总声压

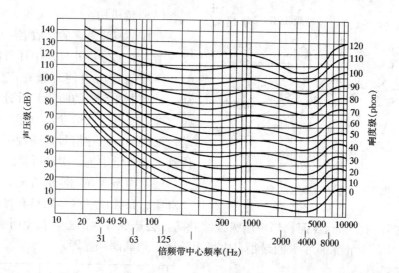

图 7-8　等响曲线

级。B 计权网络介于两者之间，但很少使用。D 计权是用于测量航空噪声的。它们的频率特性如图 7-9 所示。

用声级计的不同网络测得的声级，分别称为 A 声级、B 声级、C 声级和 D 声级，单位是 dB（A）、dB（B）、dB（C）和 dB（D）。通常人耳对不太强的声音的感觉特性与 40 方的等响曲线很接近，因此在音频范围内进行测量时，多使用 A 计权网络。

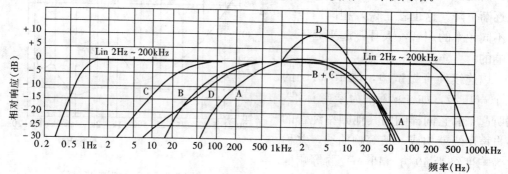

图 7-9　A、B、C、D 计权网络

（2）掩蔽效应

人们在安静环境中听一个声音可以听得很清楚，即使这个声音的声压级很低时也可以听到，即人耳对这个声音的听阈很低。如果存在另一个声音（称为"掩蔽声"），就会影响到人耳对所听声音的听闻效果，这时对所听的声音的听阈就要提高。人耳对一个声音的听觉灵敏度因为另一个声音的存在而降低的现象叫"掩蔽效应"，听阈所提高的分贝数叫"掩蔽量"，提高后的听阈叫"掩蔽阈"。因此，一声音能被听到的条件是这个声音的声压级不仅要超过听者的听阈，而且要超过其所在背景噪声环境中的掩蔽阈。一个声音被另一个声音所掩蔽的程度，即掩蔽量，取决于这两个声音的频谱、两者的声压级差和两者达到听者耳朵的时间和相位关系。

通常，频率相近的声音掩蔽效果显著；掩蔽音的声压级越高，掩蔽量越大，掩蔽的频率范围越宽；掩蔽音对比其频率低的声音掩蔽作用小，而对比其频率高的声音掩蔽作用大。图 7-10 给出的是中心频率为1200Hz 的窄带噪声的掩蔽谱。

掩蔽效应说明了背景噪声的存在会干扰有用声信号（如语言）的通信。但有时可以利用掩蔽效应，用不敏感的噪声去掩蔽敏感而又不希望听见的声音。

（3）双耳听闻效应（方位感）

同一声源发出的声音传至人耳时，由于到达双耳的声波之间存在一定的时间差、位相差和强度差，使人耳能够知道声音来自哪个方向。双耳的这种辨别声源方向的能力称为方位感。方位感很强的声音更能吸引人的注意力，即使多个声源同时发声，

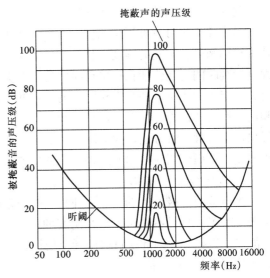

图 7-10　中心频率为 1200Hz 的窄带噪声的掩蔽谱

人耳也能分辨出它们各自所在的方向，甚至在声音很多的情况下，某一声音（直达声和反射声）在不同时刻到达双耳，人耳仍能判断它们是来自同一声源的声音。因此，往往声源方位感明显的噪声也更容易引起人心理上的烦躁，而无明确方位感的噪声则易被人忽略。所以，在利用掩蔽效应进行噪声控制时，应尽量弱化掩蔽声声源的方位感。

（4）听觉疲劳和听力损失

人们在强烈噪声环境里经过一段时间后，会出现听阈提高的现象，即听力有所下降。如果这种情况持续时间不长，则在安静环境中停留一段时间，听力就会逐渐恢复。这种听阈暂时提高，事后可以恢复的现象称为听觉疲劳。如果听阈的提高即听力下降是永久性不可恢复的，则称为听力损失。一个人的听力损失通常用他的听阈比公认的正常听阈高出的分贝数表示。

在声压级提高到听力损失后的听阈以上时，神经感觉性损失者感到的响度增加比正常人耳快，在声压级提高到一定数值后，就恢复得和正常人耳感到的响度一样了，这种现象叫做响度复原。这说明那种认为听力已经受损的人受强噪声的影响要小一些的看法是不可靠的。人耳的灵敏度通常随年龄的增长而降低，尤其对高频降低得更快，而且男性对高频的灵敏度随年龄增长而降低要比女性快。

二、噪声的评价

噪声的标准定义是：凡是人们不愿听的各种声音都是噪声。因此，一首优美的歌曲对欣赏者是一种享受，而对一个下夜班需要休息的人则是引起反感的噪声。交通噪声在白天人们还可以勉强接受或容忍，而对夜间需要休息的人则是无法忍受的。

噪声的危害是多方面的，除了前面提到的可以造成听觉疲劳和听力损失，引起多种疾病以外，还会影响人们正常的工作与生活，降低劳动生产率。在嘈杂的环境中，人们心情烦躁，工作容易疲劳，反应也迟钝。噪声对于精密加工或脑力劳动的人影响更为明显。有研究者对打字、排字、速记、校对等工种进行过调查，发现随着噪声的增加，差错率有上升的趋势。由于噪声的心理作用，分散了人们的注意力，还容易引起工伤事故。

此外，特别强烈的噪声还能损坏建筑物，影响仪器设备的正常运行。

噪声评价是对各种环境条件下的噪声作出其对接收者影响的评价，并用可测量计算的评价指标来表示影响的程度。噪声评价涉及的因素很多，它与噪声的强度、频谱和时间特性（持续时间、起伏变化和出现时间等）有关，与人们的生活和工作的性质以及环境条件有关，与人的听觉特性和人对噪声的生理和心理反应有关，还与测量条件和方法、标准化和通用性的考虑等因素有关。早在 20 世纪 30 年代，人们就开始了噪声评价的研究，先后提出过上百种评价方法，被国际上广泛采用的就有二十几种。现在的研究趋势是如何合并和简化。下面介绍最常用的几种噪声评价方法及其评价指标：

1. A 声级 L_A（或 L_{pA}）

A 声级由声级计上的 A 计权网络直接读出，用 L_A 或 L_{pA} 表示，单位是 dB（A）。A 声级反映了人耳对不同频率声音响度的计权，此外 A 声级同噪声对人耳听力的损害程度也能对应得很好，因此是目前国际上使用最广泛的环境噪声评价方法。对于稳态噪声，可以直接测量 L_A 来评价。

用下列公式可以将一个噪声的倍频带谱转换成 A 声级：

$$L_A = 10\lg \sum_{i=1}^{n} 10^{(L_i + A_i)/20} \tag{7-22}$$

式中　L_i——倍频带声压级，dB；

A_i——各频带声压级的 A 响应特性修正值，dB，其值可由表 7-2 查出。

倍频带中心频率对应的 A 响应特性（修正值）　　　表 7-2

倍频带中心频率	A 响应（对应于 1000Hz）	倍频带中心频率	A 响应（对应于 1000Hz）
31.5	−39.4	1000	0
63	−26.2	2000	+1.2
125	−16.1	4000	+1.0
250	−8.6	8000	−1.1
500	−3.2		

2. 等效连续 A 声级

对于声级随时间变化的噪声，其 L_A 是变化的，不能直接用一个 L_A 值来表示。因此，人们提出了在一段时间内能量平均的等效声级方法，称做等效连续 A 声级，简称等效声级：

$$L_{Aeq,T} = 10\lg\left[\frac{1}{t_2 - t_1}\int_{t_1}^{t_2} 10^{L_A(t)/10} dt\right] \tag{7-23}$$

式中 $L_A(t)$ 是随时间变化的 A 声级。等效声级的概念相当于用一个稳定的连续噪声，其 A 声级值为 $L_{Aeq,T}$ 来等效变化噪声，两者在观察时间内具有相同的能量。

一般在实际测量时，多半是间隔读数，即离散采样的，因此，上式可改写为

$$L_{Aeq,T} = 10\lg\left[\sum_{i=1}^{n} T_i 10^{L_{Ai}/10} \Big/ \sum_{i=1}^{N} T_i\right] \tag{7-24}$$

式中，L_{Ai} 是第 i 个 A 声级测量值，相应的时间间隔为 T_i，N 为样本数。当读数时间间隔 T_i 相等时，上式变为：

$$L_{\mathrm{Aeq,T}} = 10\lg\left[\frac{1}{N}\sum_{i=1}^{n}10^{L_{\mathrm{Ai}}/10}\right] \tag{7-25}$$

建立在能量平均概念上的等效连续 A 声级，被广泛地应用于各种噪声环境的评价。但它对偶发的短时的高声级噪声不敏感。

3. 昼夜等效声级 L_{dn}

一般噪声在晚上比白天更容易引起人们的烦恼。根据研究结果表明，夜间噪声对人的干扰约比白天大 10dB 左右。因此，计算一天 24h 的等效声级时，夜间的噪声要加上 10dB 的计权，这样得到的等效声级称为昼夜等效声级。其数学表达式为：

$$L_{\mathrm{dn}} = 10\lg\left[\frac{1}{24}(15\times10^{L_{\mathrm{d}}/10} + 9\times10^{(L_{\mathrm{n}}+10)/10})\right] \tag{7-26}$$

式中 L_{d}——为白天（07：00～22：00）的等效声级，dB（A）；

L_{n}——为夜间（22：00～7：00）的等效声级，dB（A）。

4. 累积分布声级 L_{X}

实际的环境噪声并不都是稳态的，比如城市交通噪声，是一种随时间起伏的随机噪声。对这类噪声的评价，除了用 $L_{\mathrm{Aeq,T}}$ 外，常常用统计方法。累积分布声级就是用声级出现的累积概率来表示这类噪声的大小。累积分布声级 L_{X} 表示 $X\%$ 测量时间的噪声所超过的声级。例如 $L_{10}=70\mathrm{dB}$，表示有 10% 的测量时间内声级超过 70dB，而其他 90% 时间的噪声级低于 70dB。通常在噪声评价中多用 L_{10}、L_{50}、L_{90}。L_{10} 表示起伏噪声的峰值，L_{50} 表示中值，L_{90} 表示背景噪声。英、美等国以 L_{10} 作为交通噪声的评价指标，而日本用 L_{50}，我国目前用 $L_{\mathrm{Aeq,T}}$。

当随机噪声的声级满足正态分布条件，等效连续 A 声级 $L_{\mathrm{Aeq,T}}$ 和累积分布声级 L_{10}、L_{50}、L_{90} 有以下关系：

$$L_{\mathrm{Aeq,T}} = L_{50} + \frac{(L_{10}-L_{90})^2}{60} \tag{7-27}$$

5. 噪声评价曲线 NR 和 NC、PNC 曲线

尽管 A 声级能够较好地反映人对噪声的主观反应，但单值 A 声级不能反映噪声的频谱特性。A 声级相同的声环境，频谱特性可能会很不同，有的可能高频偏多，有的可能低频偏多。因此，国际标准化组织 ISO 提出了噪声评价曲线（NR 曲线），它的特点是强调了噪声的高频成分比低频成分更为烦扰人这一特性，故成为一组倍频程声压级由低频向高频下降的倾斜线，每条曲线在 1000Hz 频带上的声压级即叫做该曲线的噪声评价数。噪声评价曲线广泛用于评价公众对户外环境噪声反应评价，也用做工业噪声治理的限值，见图7-11。图中每一条曲线用一个 NR 值表示，确定了 31.5～8000Hz 共 9 个倍频带声压级值 L_{p}。

用 NR 曲线作为噪声允许标准的评价指标，确定了某条曲线作为限值曲线，就要求现场实测噪声的各个倍频带声压级值不得超过由该曲线所规定的声压级值。例如剧场的噪声限值定为 NR25，则在空场条件下测量背景噪声（空调噪声、设备噪声、室外噪声的传入等），63、125、250、500、1000、2000、4000 和 8000Hz 共 8 个倍频带声压级分别不得超过 55、43、35、29、25、21、19 和 18dB。

NR 数与 A 声级有较好的相关性，它们之间有如下近似关系：$L_{\mathrm{A}}=\mathrm{NR}+5\mathrm{dB}$。

NC 曲线（Noise Criterion Curves）是 Beranek 于 1957 年提出的，1968 年开始实施，

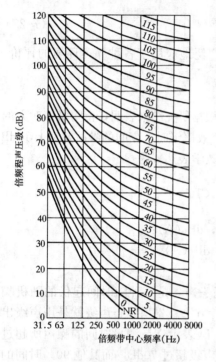

图 7-11　噪声评价曲线 NR

ISO 推荐使用的一种评价曲线，对低频的要求比 NR 曲线苛刻。与 A 声级和 NR 曲线有以下近似关系：$L_A = NC + 10dB$，$NC = NR - 5$。

PNC（Preferred Noise Curves）是对 NC 曲线进行的修正，对低频部分更进一步进行了降低。与 NC 曲线有以下近似关系：$PNC = 3.5 + NC$。

NC 曲线以及 PNC 曲线适用于评价室内噪声对语言的干扰和噪声引起的烦恼，见图 7-12。

三、噪声允许标准和法规

我国现已颁布与建筑室内声环境有关的主要噪声标准有：《声环境质量控制》GB 3096、《民用建筑隔声设计规范》GB 50118、《工业企业噪声控制设计规范》GB/T 50087、卫生部与劳动部联合颁布的《工业企业噪声卫生标准（试行草案）》等。此外，在各类建筑设计规范中，也有一些有关噪声限值的条文。

在《民用建筑隔声设计规范》GB 50118 中规定了住宅、学校、医院和旅馆等不同类型建筑的室内允许噪声级，见附录 7-1[4]。《剧场建筑设计规范》和《电影院建筑设计规范》中规定了观众席噪声，在《办公建筑设计规范》中规定办公用房、会议室、接待室、电话总机房、计算机房、阅览室的噪声标准。关于室内噪声级测量方法见附录 7-2。

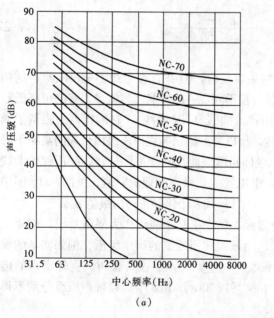

（a）

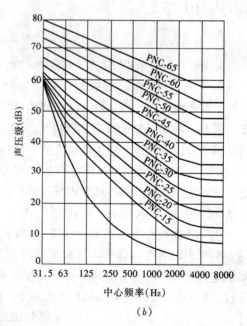

（b）

图 7-12　NC 曲线和 PNC 曲线

（a）NC 曲线；（b）PNC 曲线

第三节　声音传播与衰减的原理

一、声波遇到边界面和障碍物时的传播规律

1. 声波的绕射与反射

（1）声波的绕射

当声波在传播途径中遇到障碍物时，不再是直线传播，而是能绕过障碍物的边缘，改变原来的传播方向，在障碍物的后面继续传播，这种现象称为绕射。图 7-13（a）、（b）给出的是平面波与球面波遇到障碍物时绕射的示意。

（2）声波的反射与散射

当声波在传播过程中遇到一块尺寸比波长大得多的平面障板时，声波将被反射。如声源发出的是球面波，经反射后仍是球面波，见图 7-14。此时，反射遵循几何反射定律：

1）入射线、反射线和反射面的法线在同一平面内。

2）入射线和反射线分别在法线的两侧。

3）反射角等于入射角。

当声波入射到表面起伏不平的障碍物上，而且起伏的尺度和波长相近时，声波不会产生定向的几何反射，而是产生散射，声波的能量向各个方向反射。

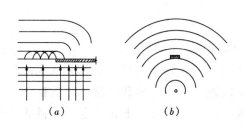

图 7-13　声波的绕射图
（a）平面波的绕射；（b）球面波的绕射

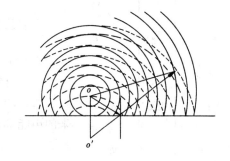

图 7-14　声波的反射

图 7-15 给出了声波遇到不同尺度的障碍物时，产生的反射、绕射与散射的情况。由 A 至 E 反映了障碍物相对波长的尺度由大至小。

2. 声波的透射与吸收

在进行室内噪声控制时，必须了解各种材料的隔声、吸声特性，从而合理地选用材料。

当声波入射到建筑构件（如墙、顶棚）时，声能的一部分被反射，一部分透过构件，还有一部分由于构件的振动或声音在其内部传播时介质的摩擦或热传导而被损耗，通常称之为材料的吸收，如图 7-16 所示。

根据能量守恒定律，若单位时间内入射到构件上的总声能为 E_0，反射的声能为 E_ρ，构件吸收的声能为 E_α，透过构件的声能为 E_τ，则互相间有如下的关系：

$$E_0 = E_\rho + E_\alpha + E_\tau \tag{7-28}$$

透射声能与入射声能之比称为透射系数，记作 τ；反射声能与入射声能之比称为反射

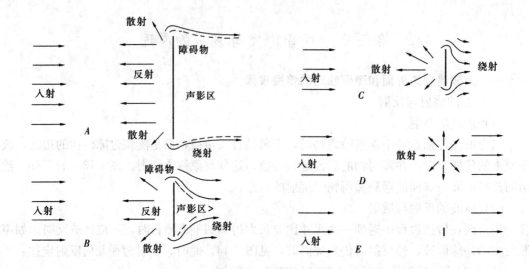

图 7-15 声波遇到障碍物的传播规律

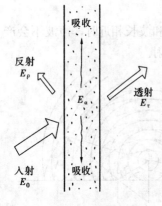

图 7-16 声能的反射、
透射与吸收

系数，记做 ρ，即：

$$透射系数 \qquad \tau = \frac{E_\tau}{E_0} \qquad (7-29)$$

$$反射系数 \qquad \rho = \frac{E_\rho}{E_0} \qquad (7-30)$$

人们常把 τ 值小的材料称为"隔声材料"，把 ρ 值小的称为"吸声材料"。实际上构件的吸收只是 E_α，但从入射波与反射波所在的空间考虑问题，常把透过和吸收的即没有反射回来的声能都看成是被吸收了，就可用下式来定义材料的吸声系数 α：

$$\alpha = 1 - \rho = \frac{E_0 - E_\rho}{E_0} \qquad (7-31)$$

二、声音在室外空间的传播

1. 声音在自由场中的传播

自由场是一种无反射和无吸收的理想声场。在自由场中，点声源辐射的声波以球面波向外传播，声强随着接收点与声源距离 r 的增加而衰减，声压级按下述公式计算：

$$L_\mathrm{p} = L_\mathrm{w} + 10\lg \frac{1}{4\pi r^2} \qquad (7-32)$$

式中　r——声波传播的距离，m。

上式也可改写为：

$$L_\mathrm{p} = L_\mathrm{w} - 20\lg r - 11 \qquad (7-33)$$

接收点的声强与点声源的距离平方成反比，即距离每增加 1 倍衰减 6dB，称为自由场球面波发散衰减的"平方反比定律"。

线声源（如车流密集车流量稳定的高速公路交通噪声、节数很多的列车的轮轨噪声）

在自由场中的衰减规律是：接收点的声强与声源的距离成反比，距离每增加 1 倍衰减 3dB。

2. 声音在传播过程中的衰减

（1）发散衰减 A_{div}

即随着传播距离的增加，声波的能量散布在越来越大的面积上，声强也就越来越弱，这就是点声源声波传播过程中的发散衰减。由式（7-33）得：

$$A_{div} = 20\lg r + 11 \qquad (dB) \tag{7-34}$$

（2）大气吸收衰减 A_{atm}

声波在大气中传播，除了发散衰减外，还会因为大气对声能的吸收而引起附加衰减。大气吸收与大气温度、湿度有关，也和声波的频率有关，高频声衰减大，低频声衰减小。大气吸收引起的附加衰减是：

$$A_{atm} = \alpha_{atm} r/100 \qquad (dB) \tag{7-35}$$

表 7-3 给出的是倍频带噪声的大气吸收衰减系数 α_{atm}。

倍频带噪声大气吸收衰减 α_{atm}（dB/100m）　　　　　　表 7-3

大气温度 （℃）	相对湿度 （%）	倍 频 带 中 心 频 率 （Hz）							
		63	125	250	500	1000	2000	4000	8000
10	70	0.01	0.04	0.10	0.19	0.37	0.97	3.28	11.7
20	70	0.01	0.03	0.11	0.28	0.50	0.90	2.29	7.66
30	70	0.01	0.03	0.10	0.31	0.74	1.27	2.31	5.93
15	20	0.03	0.6	0.12	0.27	0.82	2.82	8.88	20.2
15	50	0.01	0.5	0.12	0.22	0.42	1.08	3.62	12.9
14	80	0.01	0.3	0.11	0.24	0.41	0.83	2.37	8.28

（3）地面吸收衰减 A_{grd}

当声波沿着地面传播，因为地面吸收会对声波产生附加衰减。衰减情况与地面形态有关，如硬质地面的广场、草地、林地等对声波有不同的衰减，同时也和声波的频率有关。因为地面状况太复杂，只有一些实验数据和经验公式可参考。例如，声波在厚的草地和低矮灌木丛上传播，可以用以下经验公式估算：

$$A_{grd} = (0.18\lg f - 0.13)r \qquad (dB) \tag{7-36}$$

声波穿过树林传播引起的衰减与树木的种类、种植的疏密以及落叶与否有关，可以从浓密树林的 20dB/100m 到只有稀疏树干的 3dB/100m。

（4）其他衰减 A_{oth}

在声波传播过程中，遇到障碍物如屏障、建筑物、构筑物以及地形的变化会发生反射、绕射和吸收，从而引起衰减。这些可以通过查找相关的资料（大多是经验公式和数据）作出附加衰减量（dB）的估算，计入 A_{oth}。

于是，当已知声源的声功率级 L_w 和指向性指数 DI 时，就可以计算离声源距离 r 处的声压级 L_p：

$$L_p = L_w + DI - A_{div} - A_{atm} - A_{grd} - A_{oth} \tag{7-37}$$

3. 气象条件的影响

室外大气中，风速在高度方向上的分布，通常是近地面风速小，随着高度的增加，风速也增加。这就形成在声源的上风向，声音传播速度是静风状态下空气中的声速减去风速，其梯度分布是近地面处大而随高度的降低减小；而在下风向正相反，声音传播速度是静风状态下空气中的声速加上风速，其梯度分布是近地面处小而随高度增大。

大气的温度会随高度而变化，而声速随空气温度有少量递增。所以声速在高度方向上也有相应的梯度变化。

三、声音在室内空间中的传播

1. 室内声场

声波在一个被界面（墙、地板、顶棚等）围闭的空间中传播时，受到各个界面的反射与吸收，这时所形成的声场要比无反射的自由场复杂得多。

在室内声场中，接收点处除了接收到声源辐射的"直达声"以外，还接收到由房间界面反射而来的反射声，包括一次反射、二次反射和多次反射，见图7-17。

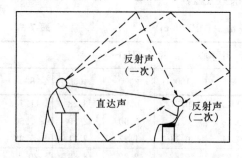

图 7-17 室内声音传播示意图

由于反射声的存在，室内声场的显著特点是：

（1）距声源相同距离的接收点上，声音强度比在自由声场中要大，且不随距离的平方衰减。

（2）声源在停止发声以后，声场中还存在着来自各个界面的迟到的反射声，声场的能量有一个衰减过程，产生所谓"混响现象"。

2. 扩散声场的假定

从物理学上讲，室内声场是一个波动方程在三维空间和边界条件下的求解问题，因为房间形状和界面声学特性的复杂性，难以用数学物理方法求得解析解。于是就发展了统计处理的方法，首先是对室内声场作出扩散声场的假定：

（1）声能密度在室内均匀分布，即在室内任一点上，声音强度都相等；

（2）在室内任一点上，声波向空间各个方向传播的概率是相同的。

3. 平均吸声系数

基于扩散声场的假定，在室内界面上，不论吸声材料位于何处，其对声场能量的吸收效果都相同，即声波与某界面接触的概率，与该界面的面积成正比，而与其位置无关。于是，可以对不同界面的吸声系数进行面积加权平均，求得房间界面的平均吸声系数 $\bar{\alpha}$。这样，不同面积不同吸声系数的各个界面对声场的吸收作用的总和也就等同于所有界面具有相同的吸声系数 $\bar{\alpha}$ 对声场的作用，用公式表示：

$$\bar{\alpha} = \frac{S_1\alpha_1 + S_2\alpha_2 + S_3\alpha_3 + \cdots + S_n\alpha_n}{S_1 + S_2 + S_3 + \cdots + S_n} = \frac{\sum S_i\alpha_i}{\sum S_i} = \frac{A}{S} \tag{7-38}$$

式中　S_i——第 i 个界面的面积，m^2；

　　　α_i——第 i 个界面的吸声系数；

　　　S——房间界面的总面积，m^2；

A——房间界面的总吸声量，$A = \sum S_i\alpha_i$，m^2。

4. 室内声场的衰减过程

当室内声场在声源激发下处于稳态，即声源单位时间辐射的声能与房间界面单位时间吸收的声能相等时，设声场的稳态声能密度（单位体积中包含的声能，J/m^3）为 D_0。此时，让声源突然停止发声，声源不再提供声能，直达声消失，但反射声还存在。反射声在传播过程中，每与房间界面碰撞一次，即被界面吸收一次。从统计平均来看，所有反射声每平均与界面碰撞一次，房间声能被吸收掉 $\bar{\alpha}$ 倍，声能密度衰减为 $D_0(1-\bar{\alpha})$。

声波在房间中传播，在与界面发生一次反射之后，到下一次反射所经过的距离的统计平均，即平均和界面碰撞一次所经历的传播路程，称为平均自由路程 P。在一般形状的房间内，平均自由程 $P = \dfrac{4V}{S}$，V 为房间容积（m^3），S 为房间界面总面积（m^2）。于是，在单位时间里，声波与房间界面的碰撞次数（反射次数）为 $n = \dfrac{c}{P} = \dfrac{cS}{4V}$。

碰撞 n 次，也就是单位时间内，房间声能密度衰减为：

$$D_0(1-\bar{\alpha})^n = D_0(1-\bar{\alpha})^{(cS/4V)} \tag{7-39}$$

因此，房间声能密度随时间 t 的衰减为：

$$D_t = D_0(1-\bar{\alpha})^{(cS/4V)t} \tag{7-40}$$

声级随时间衰减的量是：$\Delta L(t) = 10\lg\dfrac{D_0}{D_t} = -\dfrac{10cS}{4V}t\lg(1-\bar{\alpha})$（dB） $\tag{7-41}$

5. 混响时间与混响公式

室内声场声级在声源停止发声后衰减 60dB 的时间称为混响时间，记为 T 或 T_{60}。

由衰减公式（7-41），令 $\Delta L(t) = 60$dB，声速 c 取 340m/s，并把常用对数 $\lg$ 换成自然对数 $\ln$，即可求得混响时间 T_{60}：

$$T_{60} = -\dfrac{0.161V}{S\ln(1-\bar{\alpha})} \tag{7-42}$$

式中　T_{60}——混响时间，s；

　　　V——房间的容积，m^3；

　　　S——室内界面总面积，m^2；

　　　$\bar{\alpha}$——室内界面平均吸声系数。

这就是依林混响公式。如果对 $-\ln(1-\bar{\alpha})$ 进行幂级数展开，

$$-\ln(1-\bar{\alpha}) = \bar{\alpha} + \bar{\alpha}^2/2 + \bar{\alpha}^3/3 + \bar{\alpha}^4/4 + \cdots\cdots$$

当 $\bar{\alpha}$ 较小（$\bar{\alpha} < 0.2$）时，取级数的第一项 $\bar{\alpha}$，则依林混响公式可改写为适用于房间界面吸声较小混响时间较长的情况的赛宾混响公式：

$$T_{60} = 0.161V/(S\bar{\alpha}) = 0.161V/A \tag{7-43}$$

上述混响理论以及由此导出的混响时间计算公式，将复杂的室内声场处理得十分简单。其前提条件是：（1）声场是一个完整的空间；（2）声场是完全扩散的。但在实际的声场中，有时不能完全满足上述假定，衰减曲线也有不呈直线，混响时间的计算值与实际值亦会产生偏差。

四、室内声场的稳态分布

1. 室内声场稳态分布公式

在上述混响公式推导时，假定在稳态条件下，室内的声能密度是各点相同的，但在实际房间中，距声源较近处的声能密度比远处要大，这是因为在声源近处的接收点比离声源较远处接收点接收到的直达声大得多的缘故。为求得在稳态条件下距声源不同距离的声能密度，需要单独计算直达声产生的声能密度。假定声源是无指向性的，距接收点的距离为 r，则直达声产生的声能密度为：

$$D_d = \frac{W}{4\pi r^2 c} \tag{7-44}$$

式中　D_d——直达声的声能密度，J/m^3；

假定直达声经过室内表面一次反射之后在室内均匀扩散，其声能密度为 D_s，这部分声能来源于声源发声后经一次反射之后的声功率 $W(1-\overline{\alpha})$，声音在室内单位时间内的反射次数为 $cS/4V$。因此，反射声的声能密度为：

$$D_s = \frac{4W}{cS\overline{a}}(1-\overline{\alpha}) \tag{7-45}$$

式中　D_s——反射声的声能密度，J/m^3；

声源发声后，室内达到稳态时的全部声能密度为：

$$D_0 = D_d + D_s = \frac{W}{c}\left[\frac{1}{4\pi r^2} + \frac{4(1-\overline{\alpha})}{S\overline{\alpha}}\right] \tag{7-46}$$

相应的声强为：　$I = W\left[\frac{1}{4\pi r^2} + \frac{4(1-\overline{\alpha})}{S\overline{\alpha}}\right] = W\left[\frac{1}{4\pi r^2} + \frac{4}{R}\right]$ $\tag{7-47}$

其中 $R = \dfrac{S\overline{\alpha}}{1-\overline{\alpha}}$，称做"房间常数"。考虑声源在房间中的位置所带来的辐射指向性因素 Q（参见图 7-5），则可以得到室内某点的稳态声压级：

$$L_p = L_w + 10\lg\left(\frac{Q}{4\pi r^2} + \frac{4}{R}\right) \tag{7-48}$$

2. 混响半径

根据室内稳态声压级的计算公式，室内的声能密度由两部分构成：第一部分是直达声，相当于 $\dfrac{Q}{4\pi r^2}$ 表述的部分；第二部分是反射声（包括第一次及以后的反射声），即 $4/R$ 表述的部分。可以设想，在离声源较近处 $\dfrac{Q}{4\pi r^2} > \dfrac{4}{R}$，离声源较远处 $\dfrac{Q}{4\pi r^2} < \dfrac{4}{R}$，前者直达声大于反射声，后者反射声大于直达声。在直达声的声能密度与反射声的声能密度相等处，距声源的距离称做"混响半径"，或称"临界半径"，即此处有：

$$r_0 = \sqrt{\frac{QR}{16\pi}} = 0.14\sqrt{QR} \tag{7-49}$$

式中　r_0——混响半径，m。

当我们以加大房间的吸声量来降低室内噪声时，接收点若在混响半径 r_0 之内，由于接收的主要是声源的直达声，所以效果不大；如接收点在 r_0 之外，即远离声源时，接收的主要是反射声，加大房间的吸声量，R 变大，$4/R$ 变小，就有明显的减噪效果。

第四节　材料与结构的声学性能

一、材料和结构的声学特性

材料和结构的声学特性是指它们对声波的作用特性。声波入射到物体上会产生反射、吸收和透射，材料和结构的声学特性正是从这三方面来描述的。需要指出的是，物体对声波的这三方面的作用是物体在声波激发下振动而产生的。材料和结构的声学特性与入射声波的频率和入射角度有关。

"吸声"和"隔声"是两种不同的控制噪声的方法。隔声是利用隔层把噪声源和接受者分隔开；吸声是声波入射到吸声材料表面上被吸收，降低了反射声。界面吸声对直达声起不到降低的作用。另外，两种方法采用的材料特性不同，厚重密实的材料隔声性能好，如混凝土墙；松散多孔的材料吸声系数较高，如玻璃棉。

二、吸声材料和吸声结构

1. 吸声材料的吸声系数和吸声量

材料与结构的吸声特性和声波入射角度有关。声波垂直入射到材料和结构表面的吸声系数，称为"垂直入射（或正入射）吸声系数"，以 α_0 表示。当声波斜向入射时，入射角为 θ，这时的吸声系数称为斜入射吸声系数 α_θ。在建筑声环境中，出现上述两种声入射的情况是较少的，而普遍的情形是声波从各个方向同时入射到材料和结构表面。如果入射声波在半空间中均匀分布，即入射角在 $0°$ 到 $90°$ 之间均匀分布，同时入射声波的相位是无规的，则称这种入射状况为"无规入射"或"扩散入射"。这时材料和结构的吸声系数称为无规入射吸声系数或扩散入射吸声系数，以 α_T 表示。在室内声学设计中通常用 α_T，而在消声器设计中用 α_0。

同一种材料和结构对于不同频率的声波有不同的吸声系数，α_0 和 α_T 都和频率有关。工程上通常采用 125、250、500、1000、2000、4000Hz 六个频率的吸声系数来表示某一种材料和结构的吸声频率特性。有时也把 250、500、1000、2000Hz 四个频率吸声系数的算术平均值称为"降噪系数"（NRC），用在吸声降噪时粗略地比较和选择吸声材料。

附录 7-3 中给出了各种材料和结构的吸声系数测量值。因为材料性能的离散性、施工误差，以及测试条件的差异，表中所列的测量值有的不具备很好的重复性。所以，如果需要精确地了解吸声构件的吸声特性，最好直接测量试件。

用以表征某个具体吸声构件的实际吸声效果的量是吸声量，它和吸声构件的面积有关：

$$A = \alpha S \tag{7-50}$$

式中　A——吸声量，m^2；

　　　S——吸声构件的围蔽面积，m^2。

2. 吸声材料和吸声结构的分类

吸声材料和吸声结构的种类很多。根据材料的外观、构造特征、吸声机理加以分类，如表 7-4 所列。通常情况下，材料外观特征和吸声机理有着密切的联系，同类材料和结构具有大致相似的吸声频率特性。不同种类的材料和结构可以结合使用，例如，在穿孔板的背面填多孔材料，可发挥不同种类吸声材料和结构的优势。

主要吸声材料的种类 表 7-4

名　称	示　意　图	例　子	主要吸声特性
多孔材料		矿棉、玻璃棉、泡沫塑料、毛毡	本身具有良好的中高频吸收能力，背后留有空气层时还能吸收低频
板状材料		胶合板、石棉水泥板、石膏板、硬质纤维板	吸收低频比较有效
穿孔板		穿孔胶合板、穿孔石棉水泥板、穿孔石膏板、穿孔金属板	一般吸收中频，与多孔材料结合使用时吸收中高频，背后留大空腔还能吸收低频
成型天花吸声板		矿棉吸声板、玻璃棉吸声板、软质纤维板	视板的质地而别，密实不透气的板吸声特性同硬质板状材料，透气的同多孔材料
膜状材料		塑料薄膜、帆布、人造革	视空气层的厚薄而吸收低中频
柔性材料		海绵、乳胶块	内部气泡不连通，与多孔材料不同，主要靠共振有选择地吸收中频

（1）多孔吸声材料

多孔吸声材料是普遍应用的吸声材料，其中包括各种纤维材料：玻璃棉、超细玻璃棉、岩棉、矿棉等无机纤维，以及棉、毛、麻、草质或木质纤维等有机纤维。纤维材料很少直接以松散状使用，通常用黏着剂制成毡片或板材，如玻璃棉毡（板）、岩棉板、矿棉板、草纸板、木丝板、软质纤维板等等。微孔吸声砖等也属于多孔吸声材料。如果泡沫塑料中的孔隙相互连通并通向外表，也可作为多孔吸声材料。

1）多孔材料的吸声机理。多孔吸声材料具有良好吸声性能的原因，是因为多孔材料具有大量内外连通的微小空隙和孔洞。当声波入射到多孔材料上，声波能顺着微孔进入材料内部，引起空隙中空气的振动。由于空气的黏滞阻力、空气与孔壁的摩擦和热传导作用等，使相当一部分声能转化为热能而被损耗。因此，只有孔洞对外开口，孔洞之间互相连通，且孔洞深入材料内部，才可以有效地吸收声能。某些隔热保温材料如聚苯和加气混凝土等，内部也有大量气孔，但大部分单个闭合，互不连通。因此它们可以作为隔热保温材料，但吸声效果却不好。

2）影响多孔材料吸声系数的因素。多孔材料一般对中高频声波具有良好的吸声作用。图 7-18 表示了不同厚度和密度的超细玻璃棉的吸声系数。从图中可看出，随着厚度增加，中低频吸声系数显著增加，高频变化不大。厚度不变，增加密度，也可以提高中低频吸声

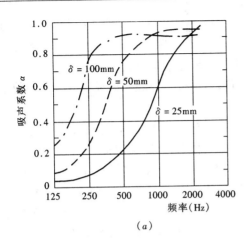
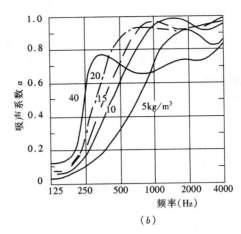

图 7-18 不同厚度和密度的超细玻璃棉的吸声系数

(a) 密度为 27kg/m³ 超细玻璃棉厚度变化对吸声系数的影响；

(b) 5cm 厚超细玻璃棉密度变化对吸声系数的影响

系数，不过比增加厚度的效果小。

多孔材料的吸声性能还和安装条件密切有关。当多孔材料背后留有空腔时，对中低频吸声性能比材料实贴在硬底面上会有所提高，见图 7-19。

在实际使用中，对多孔材料会做各种表面处理。为了尽可能地保持原来材料的吸声特性，饰面应具有良好的透气性。例如用金属格网、塑料窗纱、玻璃丝布等罩面，对多孔材料的吸声性能影响不大。但使用穿孔板作为面层时，低频吸声系数会有所提高；使用薄膜面层，中频吸声系数有所提高。所以多孔材料覆盖穿孔板、薄膜罩面，实际上是一种复合吸声结构。

多孔材料用在有气流的场合，如通风管道和消声器内，要防止材料的飞

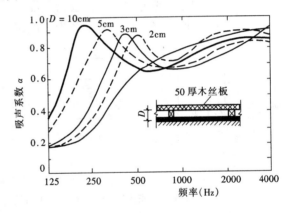

图 7-19 背后空气层厚度对吸声性能影响的实例

散。对于棉状材料，如超细玻璃棉，当气流速度达到每秒几米时，可用玻璃丝布、尼龙丝布等做护面层；当气流速度大于 20m/s 时，则还要外加金属穿孔板面层。

(2) 共振吸声结构

建筑空间的围蔽结构和空间中的物体，在声波激发下会发生振动，振动的结构和物体由于自身内部摩擦和与空气的摩擦，会把一部分能量转变成热能，从而消耗声能，产生吸声效果。结构和物体有各自的固有频率，当声波频率与结构和物体的固有频率相同时，就会发生共振。这时，结构和物体的振动最强烈，从而损耗能量也最多。因此，吸声系数在共振频率处为最大。

一种常有的看法认为：声场中振动着的物体，尤其是薄板和一些腔体，在共振时会放大声音，如同乐器的共鸣，其实这是一种误解。因为乐器的共鸣现象是一个把机械能通过

263

激发物体振动转化为声能的过程。此时如果共鸣腔的固有频率和机械振动源的频率接近，就可以尽可能地把较大份额的机械能转化为声能。而共振吸声是一个把声能转化为机械能，最终转变为热能的过程，其动力源来自于声能，能量的量级远远小于前者。

利用共振原理设计的共振吸声结构一般有两种：一种是空腔共振吸声结构，一种是薄板吸声结构。

1）空腔共振吸声结构。这是结构中间封闭有一定体积的空腔，并通过有一定深度的小孔和声场空间连通，其吸声机理可以用亥姆霍兹共振器来说明。图 7-20（a）为共振器示意图。当孔的深度 l 和孔径 d 比声波波长小得多时，孔颈中的空气柱可以看做是质量块来处理。封闭空腔 V 的体积比孔颈大得多，起着空气弹簧的作用，整个系统类似于图7-20（b）所示的弹簧振子。当外界入射声波频率 f 和系统固有频率 f_0 相等时，孔颈中的空气柱就由于共振而产生剧烈振动，在振动中，空气柱和孔颈侧壁摩擦而消耗声能。亥姆霍兹共振器的共振频率 f_0 可用下式计算：

$$f_0 = \frac{c}{2\pi}\sqrt{\frac{S}{V(l+\delta)}} \tag{7-51}$$

式中　S——颈口面积，m^2；

　　　V——空腔容积，m^3；

　　　l——孔颈深度，m；

　　　δ——开口末端修正量，m；因为颈部空气柱两端附近的空气也参加振动，所以要对 l 加以修正；对于直径为 d 的圆孔，$\delta=0.8d$。

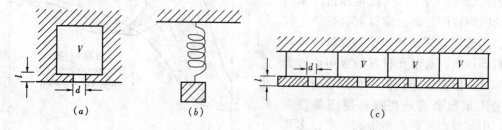

图 7-20　空腔共振吸声结构

（a）亥姆霍兹共振器示意图；（b）机械类比系统；（c）穿孔板吸声结构

亥姆霍兹共振器在共振频率附近吸声系数较大，而共振频率以外的频段，吸声系数下降很快。吸收频带窄和共振频率较低，是这种吸声结构的特点，因此较少单独采用。在某些噪声环境中，噪声频谱在低频有十分明显的峰值时，可采用亥姆霍兹共振器组成吸声结构，使其共振频率和噪声峰值频率相同，在此频率产生较大吸收。

各种穿孔板、狭缝板背后设置空气层形成吸声结构，也属于空腔共振吸声结构。这类结构取材方便，并有较好的装饰效果，所以使用较广泛，见图 7-21。常用的有穿孔的石膏板、胶合板、钢板、铝板等。

穿孔板吸声结构相当于许多并列的亥姆霍兹共振器，每一个开孔和背后的空腔对应，见图 7-20（c）。穿孔板吸声结构的共振频率是：

$$f_0 = \frac{c}{2\pi}\sqrt{\frac{P}{L(l+\delta)}} \tag{7-52}$$

式中 L——板后空气层厚度，m；

l——板厚，m；

P——穿孔率，即穿孔面积与总面积之比，圆孔正方形排列时，$P = \dfrac{\pi}{4}\left(\dfrac{d}{B}\right)^2$；圆孔

等边三角形排列时 $P = \dfrac{\pi}{2\sqrt{3}}\left(\dfrac{d}{B}\right)^2$；其中 d 为孔径，B 为孔中心距。

穿孔板结构在共振频率附近有最大的吸声系数，偏离共振峰越远，吸声系数越小。为了在较宽的频率范围内有较高的吸声系数，一种办法是在穿孔板后铺设多孔材料，来增加空气运动的阻力。这样做共振频率会向低频少量偏移，而整个吸声频率范围的吸声系数会显著提高，见图 7-22。如果穿孔的孔径小于 1mm，称为微穿孔板。孔小则周界与截面之比就大，孔内空气与孔颈壁擦阻力就大，同时微孔中

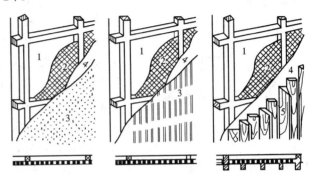

图 7-21　穿孔板组和共振吸声结构实例

1—空气层；2—多孔吸声材料；3—穿孔板；

4—布（玻璃布）等护面层；5—木板条

空气黏滞性损耗也大。微穿孔板常用薄金属板，它比未铺吸声材料的一般穿孔板结构具有较好的吸声特性。

2）薄板共振吸声结构。把胶合板、硬质纤维板、石膏板、金属板等板材周边固定在框架上，连同板后的封闭空气层，也构成振动系统。

建筑中薄板结构共振频率多在 $80\sim300\text{Hz}$ 之间，其吸声系数约为 $0.2\sim0.5$，因而可以作为低频吸声结构。如果在板内侧填充多孔材料或涂刷阻尼材料，可增加板振动的阻尼损耗，提高吸声效果，见图 7-23。

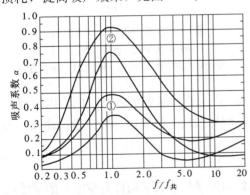

图 7-22　穿孔板共振吸声结构的吸声特性

①背后空气层内不填多孔吸声材料；

②背后空气层内填（$25\sim50$）mm 厚玻璃棉等吸声材料

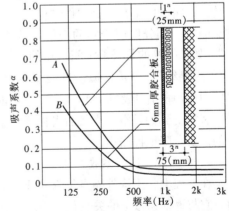

图 7-23　薄板共振吸声结构的吸声特性

A 为薄板背后填充多孔材料；B 为无填充材料

大面积的抹灰吊顶、架空木地板、玻璃窗、木板墙裙等也相当于薄板共振吸声结构，

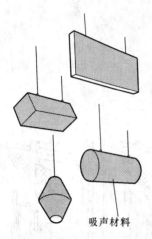

图 7-24　空间吸声体

对低频有较大的吸收作用。

（3）其他吸声结构

1）空间吸声体。室内的吸声处理，除了把吸声材料和结构安装在室内各界面上，还可以用前面所述的吸声材料和结构做成放置在建筑空间内的吸声体。空间吸声体有两个或两个以上的面与声波接触，有效的吸声面积比投影面积大得多，空间吸声体多用单个吸声量来表示其吸声性能。

空间吸声体可以根据使用场合的具体条件，设计成各种形状（如平板形、锥形、球形或不规则形状），可收到良好的声学效果。图 7-24 就是几种空间吸声体的示例。

2）强吸声结构。在消声室、强噪声的设备用房等特殊场合，吸声尖劈是常用的强吸声结构，如图 7-25 所示。用棉状或毡状多孔吸声材料，如超细玻璃棉、玻璃棉等填充在框架中，并蒙以玻璃丝布或塑料窗纱等罩面材料制成。对吸声尖劈的吸声系数要求在 0.99 以上，这在中高频时容易达到，而低频时则较困难，达到此要求的最低频率称为"截止频率" f_c，并以此表示尖劈的吸声性能。

强吸声结构中，除了吸声尖劈以外，还有平铺多孔材料，只要厚度足够大，也可做到在宽频带中有强吸收。这时，若从外表面到材料内部其密度从小逐渐增大，则可以获得类似尖劈的吸声性能。

三、隔声和构件的隔声特性

建筑的围护结构受到外部声场的作用或直接受到物体撞击而发生振动，就会向建筑空间辐射声能，于是空间外部的声音会通过围护结构传到建筑空间中来，这叫做"传声"。围护结构会隔绝一部分作用于它的声能，这叫做"隔声"。如果隔绝的是外部空间声场的声能，称为"空气声隔绝"；若是使撞击的能量辐射到建筑

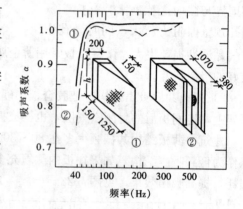

图 7-25　吸声尖劈的吸声特性
材料：玻璃棉；密度 40kg/m³
①是单尖劈及对应特性曲线；②是双尖劈的能看懂

空间中的声能有所减少，称为"固体声或撞击声隔绝"。这和隔振的概念不同，因为前者接受者接受到的是空气声，后者接受者感受到的是固体振动。但隔振可以减少振动或撞击源的撞击，降低撞击声。

1. 隔声量与透射系数

在工程上常用构件隔声量 R（dB）或称为透射损失 TL 来表示构件对空气声的隔绝能力，它与透射系数 τ 的关系是：

$$R = 10\lg \frac{1}{\tau} \tag{7-53}$$

若一个构件透过的声能是入射声能的千分之一，即 $\tau = 0.001$，则 $R = 30$dB。一般说来，隔声量 R 与声波的入射角有关。

同一结构对不同频率的入射声波有不同的隔声量。在工程应用中，常用中心频率为125～4000Hz 的六个倍频带的隔声量来表示某一个构件的隔声性能。有时为了简化，也用单一数值表示构件的隔声性能。图 7-26 给出的是部分构件的平均隔声量，也就是各频带隔声量的算术平均。

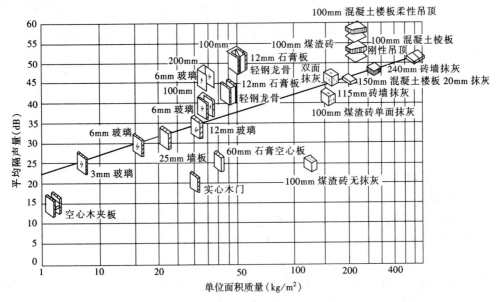

图 7-26　部分构件的平均隔声量

2. 单层匀质密实墙的空气声隔绝特性

单层匀质密实墙的隔声性能和入射声波的频率 f 有关，还取决于墙本身的单位面积质量、刚度、材料的内阻尼以及墙的边界条件等因素。严格地从理论上研究单层匀质密实墙的隔声是相当复杂和困难的。如果忽略墙的刚度、阻尼和边界条件，只考虑质量效应，则在声波垂直入射时，可从理论上得到墙的隔声量 R_0 的计算公式：

$$R_0 = 20\lg \frac{\pi m f}{\rho_0 c} = 20\lg m + 20\lg f - 43 \tag{7-54}$$

式中　m——墙体的单位面积质量，又称面密度，kg/m^2；

$\quad\quad \rho_0$——空气的密度，取 $1.18kg/m^3$；

$\quad\quad c$——空气中的声速，取 344m/s。

如果声波是无规入射，则墙的隔声量 R 大致比正入射时的隔声量低 5dB。

上面的式子说明墙的单位面积质量越大，隔声效果越好，单位面积质量每增加一倍，隔声量增加 6dB，同时还可看出，入射声频率每增加一倍，隔声量也增加 6dB，上述规律通常称为"质量定律"。

上述理论公式是在一系列假设条件下导出的，一般来说实测值往往比理论值偏小。墙的单位面积质量每增加一倍，实测隔声量增加约为 4～5dB；入射声频率每增加一倍，实测隔声量约增加 3～5dB。

3. 双层墙的空气声隔绝特性

从质量定律可知,单层墙重量增加了一倍,实际隔声量增加却不到 6dB。显然,靠增加墙的厚度来提高隔声量是不经济的。如果把单层墙一分为二,做成双层墙,中间留有空气间层。空气间层可以看做是与两层墙板相连的"弹簧",声波入射到第一层墙板时,使墙板发生振动,此振动通过空气间层传至第二层墙板,再由第二层墙板向邻室辐射声能。由于空气间层的弹性变形具有减振作用,传递给第二层墙体的振动大为减弱,从而提高了墙体总的隔声量。这样墙的总重量没有变,而隔声量却比单层墙有了显著提高。

在双层墙空气间层中填充多孔材料(如岩棉、玻璃棉等),可以在全频带上提高隔声量。

第五节 噪声的控制与治理方法

一、噪声控制的原则与方法

1. 噪声控制原则

噪声污染是一种造成空气物理性质变化的暂时性污染,噪声源停止发声,污染立即消失。噪声的防治主要是控制声源的输出和噪声的传播途径,以及对接收者进行保护。

(1)声源的噪声控制

降低声源噪声辐射是控制噪声最根本和最有效的措施。在声源处即使只是局部地减弱了辐射强度,也可使控制中间传播途径中或接收处的噪声变得容易。可通过改进结构设计、改进加工工艺、提高加工精度等措施来降低噪声的辐射,还可以采取吸声、隔声、减振等技术措施,以及安装消声器等控制声源的噪声辐射。

(2)在传声途径中的控制

1)利用噪声在传播中的自然衰减作用,使噪声源远离安静的地方;2)声源的辐射一般有指向性,因此,控制噪声的传播方向是降低高频噪声的有效措施;3)建立隔声屏障或利用隔声材料和隔声结构来阻挡噪声的传播;4)应用吸声材料和吸声结构,将传播中的声能吸收消耗;5)对固体振动产生的噪声采取隔振措施,以减弱噪声的传播。

在建筑总图设计时应按照"闹静分开"的原则对噪声源的位置合理地布置。例如将高噪声的空调机房和冷热源机房尽量与办公室、会议室、客房分开。高噪声的设备尽可能集中布置,便于采取局部隔离措施。

另外,改变噪声传播的方向或途径也是很重要的一种控制措施。例如,对于辐射中高频噪声的大口径管道,将它的出口朝向上空或朝向野外;对车间内产生强烈噪声的小口径高速排气管道,则将其出口引至室外,使高速空气向上排放,这样在改善室内声环境的同时也避免严重影响室外声环境。

(3)在接收点的噪声控制

为了防止噪声对人的危害,可在接收点采取以下防护措施:1)佩戴护耳器,如耳塞、耳罩、防噪头盔等;2)减少在噪声中暴露的时间。

合理地选择噪声控制措施是根据投入的费用、噪声允许标准、劳动生产效率等有关因素进行综合分析而确定的。

2. 城市噪声控制

城市噪声是建筑环境噪声的一个重要来源。控制住城市噪声，就可以把影响建筑声环境的外部干扰降到最低。城市噪声主要来自于交通噪声、工厂噪声、施工噪声和社会生活噪声。

通过在城市规划中避免交通噪声和工厂噪声干扰居住区、利用临街的建筑物作为后面建筑的防噪屏障，严格施工噪声管理等措施，可控制城市噪声对居住区的影响。

对居住区的锅炉房、水泵房、变电站等应采取消声减噪措施，并将它们布置在小区边缘角落处，使之与住宅有适当的防护距离。

3. 室内设备噪声控制

(1) 改革工艺和操作方法来降低噪声

对工艺过程进行研究，用低噪声工艺代替高噪声工艺。例如，用低噪声的焊接替代高噪声的铆接、用无声的液压替代高噪声的锤打等均可收到 20～40dB（A）的降噪效果。此外，工厂中的高压蒸汽排气放空噪声大，影响范围广，如果将蒸汽回收，不但可以消除噪声，而且还可以降低能耗。

(2) 降低噪声源的激振力

设备运转时，由于不间断的撞击和摩擦，或由于动平衡不完善，会造成机械振动和辐射噪声。如果提高机械加工及装配和动平衡的精度，减少撞击和摩擦，适当地提高机壳的刚度，采取阻尼减振垫等措施来减弱机器表面的振动，均可降低噪声的辐射。对于高压、高速流体，可通过减少在管内和管道口的障碍物、增加导流片降低气流出口处的速度，改变流体的喷嘴结构等措施降低其噪声。

(3) 降低噪声辐射部件对激振力的响应

发声系统的固有频率与激振力频率相同或接近时，系统将最有效地传递振动和辐射噪声。应将系统的固有频率远离激振力频率，使辐射部件对激振力的响应减弱，达到降低噪声辐射效率之目的。通过上述措施不仅能够降低设备的噪声，而且能够提高设备的机械性能和延长寿命。

二、吸声降噪

在内表面采用清水砖墙、抹灰墙面或水磨石地面等硬质材料的房间里，人听到的不只是由声源发出的直达声，还会听到经各个界面多次反射形成的混响声。在直达声与混响声的共同作用下，当离开声源的距离大于混响半径时，接收点上的声压级要比在自由场中同一距离处高出 10～15dB。如在室内吊顶或墙面上布置吸声材料，可使混响声减弱，这时，人们主要听到的是直达声，那种被噪声包围的感觉将明显减弱。这种利用吸声原理降低噪声的方法称为吸声降噪。

1. 吸声降噪量的计算

由稳态声压级计算公式（7-48），可推出吸声处理前后该点的"声级差"或称"降噪量"：

$$\Delta L_{p} = L_{p1} - L_{p2} = 10 \lg \left[\left(\frac{Q}{4\pi r^{2}} + \frac{4}{R_{1}} \right) \Big/ \left(\frac{Q}{4\pi r^{2}} + \frac{4}{R_{2}} \right) \right] \tag{7-55}$$

当以直达声为主时，即 $Q/4\pi r^{2} \gg 4/R$，则 $\Delta L_{p} \approx 0$。

当以混响声为主时，即 $Q/4\pi r^{2} \ll 4/R$，则有：

$$\Delta L_\mathrm{p} = 10\lg \frac{R_2}{R_1} = 10\lg \left(\frac{\overline{\alpha_2}}{\overline{\alpha_1}} \cdot \frac{1-\overline{\alpha_1}}{1-\overline{\alpha_2}} \right) \tag{7-56}$$

一般室内在吸声处理以前$\overline{\alpha_1}$很小，所以$\overline{\alpha_1} \cdot \overline{\alpha_2} \ll \overline{\alpha_1} < \overline{\alpha_2}$，可以忽略，上式即可简化为：

$$\Delta L_\mathrm{p} = 10\lg \frac{\overline{\alpha_2}}{\overline{\alpha_1}} = 10\lg \frac{A_2}{A_1} = 10\lg \frac{T_1}{T_2} \tag{7-57}$$

式中　$\overline{\alpha_1}$、$\overline{\alpha_2}$——处理前后房间的平均吸声系数；

　　　R_1、R_2——处理前后的房间常数；

　　　A_1、A_2——处理前后房间的总吸声量，m^2；

　　　T_1、T_2——处理前后房间的混响时间，s。

2. 吸声降噪法的使用原则

（1）吸声降噪只能降低混响声，不可能把房间内的噪声全吸掉，靠吸声降噪很难把噪声降低 10dB 以上。

（2）吸声降噪在靠近声源、直达声占主导地位的条件下，发挥的作用很小。

（3）在室内原来的平均吸声系数很小的时候，做吸声降噪处理的效果明显，否则效果不明显。

三、隔声

用构件将噪声源与接收者分开，隔离空气对噪声的传播，从而降低噪声污染的程度，是噪声控制的一项基本措施，应用范围也较广。适当的隔声设施，能降低噪声 20～50dB。这些设施包括采用隔声的墙或楼板等构件、隔声罩、隔声屏障等。

1. 隔声构件的综合隔声量

如果一个隔声构件是由多种隔层或分构件形成的组合构件时，其隔声量应按照综合隔声量计算。设一个组合隔声构件由几个分构件组成，各个分构件自身的透射系数为τ_i，面积是S_i，平均透射系数是：

$$\overline{\tau} = \frac{S_1\tau_1 + S_2\tau_2 + \cdots + S_n\tau_n}{S_1 + S_2 + \cdots + S_n} \tag{7-58}$$

则组合构件的综合隔声量$\overline{R}$的计算公式是：

$$\overline{R} = 10\lg \frac{1}{\overline{\tau}} \quad (\mathrm{dB}) \tag{7-59}$$

式中　$\overline{\tau}$——平均透射系数；

　　　τ_i——第 i 个分构件的透射系数；

　　　$S_i\tau_i$——第 i 个分构件的透射量。

【例 7-2】　某墙面积为 $20m^2$，墙上有一门，面积 $2m^2$。墙体的隔声量为 50dB，门的隔声量为 20dB。求该墙的综合隔声量。

【解】　分构件数 $n=2$，墙体 $R_1=50$dB，$S_1=18m^2$，门 $R_2=20$dB，$S_2=2m^2$，由式 (7-58) 和式 (7-59)，有：

$$\overline{\tau} = \frac{S_1 \times 10^{-R_1/10} + S_2 \times 10^{-R_2/10}}{S_1 + S_2} = \frac{18 \times 10^{-5} + 2 \times 10^{-2}}{18 + 2} = 0.001009$$

$$R = 10\lg \frac{1}{\tau} = 10\lg \frac{1}{0.001009} = 30\text{dB}$$

综合隔声量只有 30dB，比墙体隔声量降低了 20dB。因此，组合隔声构件的设计通常采用"等透射量"原理，即使每个分构件的透射量 $S_i\tau_i$ 大致相等，以防止其中一个薄弱环节可能大大降低综合隔声量。

2. 缝和小孔对隔声的影响

一堵隔声量为 50dB 的墙，若在上面开了一个面积为墙面积 1‰的洞，如果孔洞为全透射，综合隔声量降低到 30dB；若在上面开一个面积为墙面积 1‰的洞，则墙的综合隔声量降低到 20dB。因此，当隔层上有小孔时，隔声效果将会受到影响。

孔的透射问题的详细计算是非常复杂的，涉及衍（绕）射、阻尼等因素。小孔对波长比孔尺度长的声波透射系数比较低，但对波长比较短的声波透射系数就很高。对于近似低频条件，即隔层厚度 d 和孔的半径 r 均比波长小得多的情况，小孔的透射系数可用下式估算：

$$\tau \approx \left(\frac{m}{n}\right)\frac{r^2}{l_e^2} \tag{7-60}$$

式中，隔层的有效厚度 $l_e \approx d + 1.6r$，m 为与声场特性有关的常数，n 是与孔的位置有关的常数，见表 7-5。

小孔的透射系数计算中 m 与 n 的选取   表 7-5

m		n	
无规入射	16	孔在三面的交角	0.5
		孔在两面交界的棱线上	1
垂直入射	8	孔在隔层中间	2

当频率较高时，若隔层有效厚度为声波半波长的整数倍，小孔内声波传播产生纵向共振，隔声量有较大降低。图 7-27 为在 15cm 厚的墙上，穿有不同直径的孔时，隔声量降低的情况。注意到因共振而使隔声量有较大损失的频率大约在 1000Hz 和 2000Hz 处，大体上对应于有效厚度为半波长的频率。

关于缝隙的情况，性质与小孔有类似之处。通过上述分析可知，由于声波的衍（绕）射作用，孔和缝隙会大幅度降低组合墙的隔声量。门窗的缝隙、各种管道的孔洞、隔声罩焊缝不严密的地方，都是透声较多之处，故应堵严各种缝隙和孔洞。

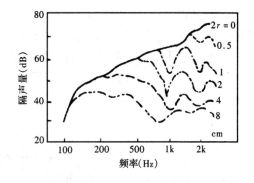

图 7-27　小孔对隔声的影响

3. 房间的噪声降低值

噪声通过墙体传至邻室的声压级为 L_{p2}，而发声室的声压级为 L_{p1}，两室的声压级差值 $\Delta L_p = L_{p1} - L_{p2}$。$\Delta L_p$ 值是判断房间噪声降低的实际效果的最终指标。ΔL_p 值的大小首先取决于隔墙的隔声量 R，同时，还与接收室的总吸声量 A 以及隔墙的面积 S 有关。其关系为：

$$\Delta L_p = L_{p1} - L_{p2} = R + \lg \frac{A}{S} \tag{7-61}$$

从式中可以看出，同一种隔墙当墙面积与接收室房间的总吸声量不同时，噪声降低值是不同的。因此，除了提高隔墙的隔声量之外，增加接收房间的吸声量与缩小隔墙面积，也是降低房间噪声的有效措施。

4. 撞击声的隔绝

撞击声的产生是由于振动源撞击楼板，楼板受撞而振动，并通过房屋结构的刚性连接而传播，最后振动结构向接收空间辐射声能形成空气声传给接收者。撞击声的隔绝措施主要有：

（1）减弱振动源撞击楼板引起的振动。可通过振动源治理和采取振动源隔振，也可以在楼板上面铺设弹性面层。常用的材料是地毯、橡胶板、地漆布、塑料地面、软木地面等，通常对中高频的撞击声级有较大的改善。

（2）阻隔振动在建筑结构中的传播。通常可在楼板面层和承重结构之间设置弹性垫层来达到，这种做法通常称为"浮筑楼面"。常用的弹性垫层材料有岩棉板、玻璃棉板、橡胶板等。

（3）阻隔振动结构向接收空间辐射的空气声。在楼板下做封闭的隔声吊顶可以减弱楼板向楼下房间辐射的空气声，吊顶内若铺上吸声材料会使隔声性能有所提高。如果吊顶和楼板之间采用弹性连接，则隔声能力比刚性连接要高。

四、减振和隔振

振动的干扰对人体、建筑物和设备都会带来直接的危害，而且振动往往是撞击噪声的重要来源。

振动对人体的影响可分为全身振动和局部振动。人体能感觉到的振动按频率范围分为低频振动（30Hz以下）、中频振动（30~100Hz）和高频振动（100Hz以上）。对于人体最有害的振动频率是与人体某些器官固有频率相吻合的频率。这些固有频率为：人体在6Hz附近，内脏器官在8Hz附近，头部在25Hz附近，神经中枢在250Hz附近。

物体的振动除了向周围空间辐射在空气中传播的声波外，还通过其基础或相连的固体结构传播声波。如果地面或工作台有振动，会传给工作台上的精密仪器而导致作业精密度下降。

对于振动的控制，除了对振动源进行改进，减弱振动强度外，还可以在振动传播途径上采取隔离措施，用阻尼材料消耗振动的能量并减弱振动向空间的辐射。因此振动的控制方法可分为隔振和阻尼减振两大类。

1. 隔振

机器设备运转时，其振动会通过基础向地面四周传播。为了降低振动的影响，可在机器设备与基础之间插入弹性元件，以减弱振动的传递。隔离振动源（机器）的振动向基础的传递，称积极隔振；隔离基础的振动向

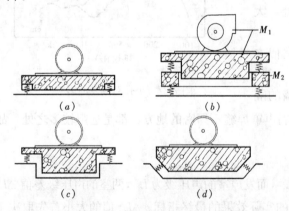

图 7-28 几种隔振基础的形式

(a) 平板式；(b) 双层钢筋混凝土基座板隔振系统；

(c) 下垂式；(d) 会聚式

仪器设备（甚至是房屋，如消声室）的传递，称消极隔振。

隔振的主要措施是在设备上安装隔振器或减振结构，使设备与基础之间的刚性连接变成弹性连接，从而避免振动造成的危害。隔振器主要包括金属弹簧、橡胶隔振器、空气弹簧等。隔振垫主要有橡胶隔振垫、软木、酚醛树脂玻璃纤维板和毛毡。图 7-28 给出了几种隔振基础的形式。

如果某个产生振动的设备与一个固有频率为 f_0 的构件相连，振源频率是 f，则通过这个构件传导出去的振动动力占振源输入动力的百分比称做振动传递比 T。它们存在以下关系：

$$T = \left| \frac{1}{(f/f_0)^2 - 1} \right| \tag{7-62}$$

式中　T——振动传递比；

　　　f——振源频率；

　　　f_0——隔振结构的固有频率。

隔振结构的固有频率比振源频率越低，振动传递比就越小，隔振效果就越好。隔振结构固有频率与隔振器的振源频率越接近，振动传递比就越大。二者相等时，振动传递比达到无穷大，出现共振，见图 7-29。隔振器就是选择其固有频率远远低于振源频率的材料或构件制成的，如金属弹簧、橡胶隔振垫、软木等。除了为转动设备加隔振基础以外，在因转动而产生振动的风机、水泵的出口与管道连接处加软管连接，也是隔振的一种方式。

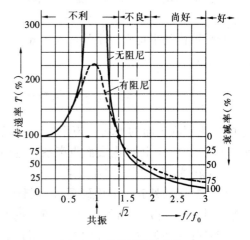

图 7-29　隔振器隔振原理

2. 阻尼减振

（1）减振原理：固体振动向空间辐射声波的强度，与振动的幅度、辐射体的面积和声波频率有关。各类输气管道、机器外罩的金属薄板本身阻尼很小，而声辐射效率很高。降低这种振动和噪声，普遍采用的方法是在金属薄板结构上喷涂或粘贴一层高内阻的黏弹性材料，如沥青、软橡胶或高分子材料。由于阻尼层的作用，薄板振动的能量耗散在阻尼中，一部分振动能量转变为热能。这种使振动和噪声降低的方法称阻尼减振。

（2）阻尼材料和阻尼减振措施：用于阻尼减振的材料，必须是具有很高的损耗因子的材料，如沥青、天然橡胶、合成橡胶、油漆和很多高分子材料。

在振动板件上附加阻尼的常用方法有自由阻尼层结构和约束阻尼层结构两种。将一定厚度的阻尼材料粘贴或喷涂在金属板的一面或两面形成自由层结构。当金属板受激发产生弯曲振动时，阻尼层随之产生周期性的压缩与拉伸，由阻尼层的高黏滞性内阻尼来损耗能量。阻尼层的厚度为金属板厚度的 2～5 倍。阻尼层除了减振作用外，还同时增加了薄板的单位面积质量，因而增大了传声损失。约束阻尼层结构是在基板和阻尼材料上再附加一层弹性模量较高的起约束作用的金属板。当板受到振动而弯曲变形时，原金属层与附加的约束层的弹性模量比阻尼层大得多，上下两层的相应弯曲基本保持并行，从而使中间的阻尼层产生剪切形变，以消耗振动能量，提高阻尼减振效果。

五、隔声罩

许多设备，如风机、制冷压缩机、发电机、电动机等都可以采用隔声罩降低其噪声的干扰。采用隔声罩来隔绝机器设备向外辐射噪声，是在声源处控制噪声的有效措施。隔声罩通常是兼有隔声、吸声、阻尼、隔振、通风和消声等功能的综合体，根据具体使用要求，也可使隔声罩只具有其中几项功能。

1. 隔声罩的隔声原理

隔声罩的作用是把声源发出的声能封闭在隔声罩内，尽可能地在罩内消耗掉，减少其向外的传播。隔声罩的降噪效果通常用插入损失 IL 来表示。它表示在罩外空间测点处，加罩前后的声压级差值，这就是隔声罩实际的降噪效果。插入损失的大小，首先与隔声罩所用材料（结构）的隔声量有关，同时，还与隔声罩内的平均吸声系数有关。因为有了隔声罩，在罩内增加了混响声能，使罩内的各点的总声压级提高，所以罩内必须增加吸声量。

如果罩内的平均吸声系数远大于隔声罩的平均透射系数，即 $\bar{\alpha} \gg \bar{\tau}$，隔声罩插入损失的计算公式为：

$$IL = 10\lg \frac{\bar{\alpha} + \bar{\tau}}{\bar{\tau}} \approx 10\lg \frac{\bar{\alpha}}{\bar{\tau}} = R + 10\lg \bar{\alpha} \qquad (7\text{-}63)$$

式中，$\bar{\alpha}$ 为罩内表面的平均吸声系数，$\bar{\tau}$ 为罩的平均透射系数，R 为罩的综合隔声量。当 $\bar{\alpha} \approx 0$ 时，IL 为 0，因此内表面吸声系数过小的罩子，降噪效果很差。

2. 隔声罩的主要结构及效果

（1）封闭的外壳。采用硬质板材制作，如 $1.5 \sim 2mm$ 厚的钢板、胶合板、纸面石膏板等。对于需要散热的设备，隔声罩上的通风管道应采取消声措施。

（2）外壳加阻尼层，壳内侧敷设吸声材料。阻尼层可用特制的阻尼漆、沥青加纤维织物或纤维材料，吸声材料通常为玻璃棉或泡沫塑料。

（3）罩与基础间加隔振器，以防止机器的振动传给隔声罩。

隔声罩采用了三种不同处理方式时的隔声效果如图 7-30 所示。图 7-31 给出的是降低机器噪声的各种措施与效果示意。

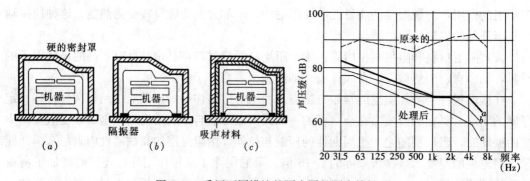

图 7-30　采用不同措施的隔声罩的隔声特性

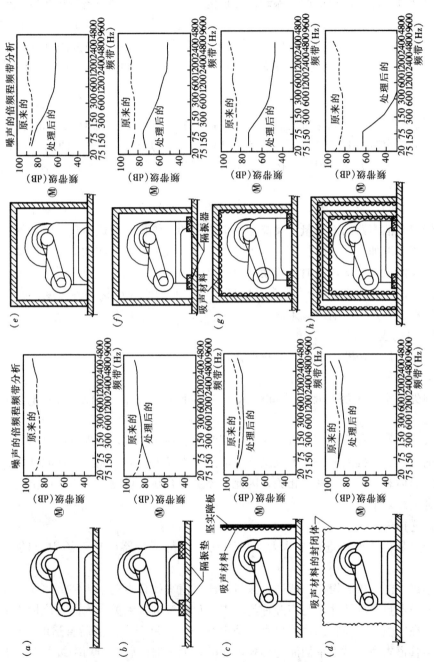

图 7-31 降低机器噪声的各种措施与效果

275

六、消声器——气流噪声控制

1. 气流噪声的产生与消声器

气流噪声主要是由于气体被风机高速剪切、在管道中流动形成湍流、在管道出口处高速喷射，以及气流流动使管道产生振动而形成的，例如空调处理设备传出来的气流噪声以及送风口产生的噪声。有的气流噪声声级很大，如电站排气放空的噪声，其声级高达130～140dB，而且是以高频为主的啸叫声。在风机噪声中，噪声声级最大的频率通常是叶片扰动空气的频率。如叶轮的转速为 m 转/分钟（r/min），叶片数为 z，则其频率 f 为：

$$f = \frac{mz}{60} \quad (\text{Hz}) \tag{7-64}$$

消声器是一种可使气流通过而能降低噪声的装置。对于消声器有三方面的基本要求：一是有较好的消声频率特性；二是空气阻力损失小；三是结构简单，使用寿命长，体积小，造价低。以上三方面，根据具体要求可以有所侧重，但这三方面的基本要求是缺一不可的。

上述三方面的要求又是互相影响、互相制约的。如缩小通道面积，即缩小声音传播的面积，既能提高消声器的消声量，又能缩小消声器的总体积。但通道过小时，气流阻力增加，将使气流速度加大，这时将产生再生噪声，即气流激发管壁或构件产生振动而再次产生噪声。当噪声控制要求较高时，应使气流速度低一些。如在一般空调通风主风道中风速为6～8m/s，出口处应为2m/s。消声器的密封性、使用的吸声材料的密度、厚度与护面层的加工等都会严重影响消声效果。

2. 消声量的表示方法

消声量是评价消声器性能优劣的重要指标。

（1）插入损失

插入损失是指在声源与测点之间插入消声器前后，在某一固定点所测得的声压级之差。

用插入损失作为评价量的优点是比较直观实用、易于测量，是现场测量消声器消声效果最常用的方法。但插入损失值不仅决定于消声器本身的性能，而且与声源种类、末端负载以及系统总体装置的情况密切相关，因此，该量适合在现场测量中用来评价安装消声器前后的综合消声效果。

（2）传递损失

传递损失是指消声器进口端入射声的声功率级与消声器出口端透射声的声功率级之差。

声功率级不能直接测得，一般通过测量声压级值来计算声功率级和传递损失。传递损失反映了消声器自身的特性，与声源种类、末端负载等因素无关。因此，该量适用于理论分析计算和在实验室中检验消声器自身的消声性能。如果消声器前后管道的截面积相等，也就是说，管道内声波是以平面波的形式传递的，消声器前后的声功率级差就等其声压级差。因此后面所提到的消声器的消声量可以用消声器的传递损失计算出来。对于消声器前后管道的截面积相等的情况，消声器的消声量就等于传递损失。

3. 消声器原理及种类

消声器种类很多，但根据其消声原理，大致可分为阻性消声器和抗性消声器两大类。

根据其消声原理的不同，不同种类的消声器有不同的频率作用范围。

（1）阻性消声器

设有一均匀、无限长的管道，如果管壁为刚性，即不吸收声能，则平面声波沿管道传播时就不会有衰减。当管壁有一定吸声性能时，声波沿管壁传播的同时就会伴随着衰减。阻性消声器的原理是利用布置在管内壁上的吸声材料或吸声结构的吸声作用，使沿管道传播的噪声迅速随距离衰减，从而达到消声的目的，对中、高频噪声的消声效果较好。

阻性消声器的种类很多，按气流通道的几何形状可分为直管式、片式、折板式、迷宫式、蜂窝式、声流式和弯头式等，见图 7-32。

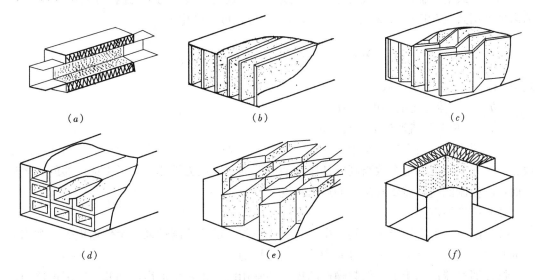

图 7-32　不同类型的阻性消声器形式示意图

（a）管式消声器；（b）片式消声器；（c）折板式消声器；
（d）蜂窝式消声器；（e）声流式消声器；（f）消声弯头

1）直管式消声器。在直管（方管或圆管）内壁装贴吸声材料，就是一种最简单的直管式消声器。直管式消声器的消声量可按下式进行计算：

$$\Delta L_{\mathrm{p}} = \varphi_{\mathrm{a}} \frac{PL}{S} \tag{7-65}$$

式中　ΔL_{p}——消声量，dB；

φ_{a}——消声系数，它与阻性材料的吸声系数有关，通常按表 7-6 取值；

P——通道有效断面的周长，m；

L——消声器的有效长度，m；

S——气流通道的横断面面积，m²。

<table>
<tr><td colspan="7" align="center">消声系数 φ_{a} 与吸声系数 α_0 的关系</td><td align="right">表 7-6</td></tr>
<tr><td>α_0</td><td>0.10</td><td>0.20</td><td>0.30</td><td>0.40</td><td>0.50</td><td colspan="2">0.6～1.0</td></tr>
<tr><td>φ_{a}</td><td>0.11</td><td>0.24</td><td>0.39</td><td>0.55</td><td>0.75</td><td colspan="2">1.0～1.5</td></tr>
</table>

上式反映了如下规律：吸声材料的表面积和吸声系数越大，气流通道的有效面积越

小，消声量就越大。

如果通道断面尺寸过大时，高频声波以窄声束形式沿通道传播，致使消声量急剧下降。如将消声系数明显下降时的频率定义为上限失效频率 f_c，则：

$$f_c = 1.8 \frac{c}{D} \tag{7-66}$$

式中 D——通道断面边长平均值，m。

2）片式阻性消声器。为了增加直管式阻性消声器的消声量，一般常将整个通道分成若干小通道，做成蜂窝式或片式阻性消声器。

如果片式消声器的每个气流通道的宽度相同，这时，每个通道的消声频谱相同，计算消声量仍用式（7-65）。但对片式消声器的计算公式可以简化为：

$$\Delta L_p = \varphi_a \frac{PL}{S} \approx \varphi_a \frac{2nhL}{nha} = 2\varphi_a \frac{L}{a} \tag{7-67}$$

式中 n——气流通道个数；

h——气流通道的高度，m；

a——单个气流通道的宽度，m。

片式消声器的消声量与每个通道的宽度有关，宽度越小，消声量越大，而与通道的个数、高度无关，但通道个数与高度却影响消声器的空气动力性能。为了保证足够的有效流通面积以控制流速，需要有足够的通道高度与个数。

（2）抗性消声器

抗性消声器不使用吸声材料，主要是利用声阻抗的不连续性来产生传输损失，利用声音的共振、反射、叠加、干涉等原理达到消声目的。

抗性消声器适用于中、低频噪声的控制，常用的有扩张室消声器和共振腔消声器两大类。常用的形式有干涉式、膨胀式和共振式等。

1）扩张室消声器。借助于管道截面的突然扩张和收缩，声波在传递过程中产生反射、叠加、干涉，从而达到消声目的。

2）共振消声器。借助共振腔，利用声阻抗失配，使沿管道传播的噪声在突变处发生反射、干涉等现象；空腔孔颈空气柱由于共振而激烈运动，消耗能量，腔内空气起弹簧缓冲作用，以达到消声目的，适宜控制低、中频噪声，见图7-33。空腔共振吸声结构的原理以及共振频率的计算方法可参见前面的"共振吸声结构"。

（3）阻抗复合式消声器

在消声性能上，阻性消声器和抗性消声器有着明显的差异。前者适宜消除中、高频噪声，而后者适宜消除中、低频噪声。但在实际应用中，宽频带噪声是很常见的，即低、中、高频的噪声都很高。为了在较宽的频率范围内获得较好的消声效果，通常采用宽频带的阻抗复合式消声器。它将阻性与抗性两种不同的消声原理，结合具体的噪声源特点，通过不同的结构复合方式恰当地进行组合，形成了不同形式的复合消声器。

图7-34是两种内表面敷设了吸声材料的扩张室消声器，是一种阻抗复合式消声器。图7-35则是一个用膨胀珍珠岩构筑的阻-共-扩复合式消声器，从其消声频谱可以看到它有着较宽频带的消声能力。

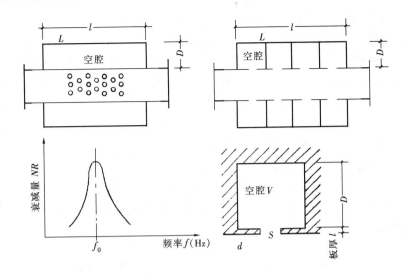

图 7-33 共振消声器

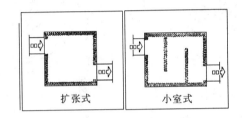

图 7-34 阻抗复合式消声器

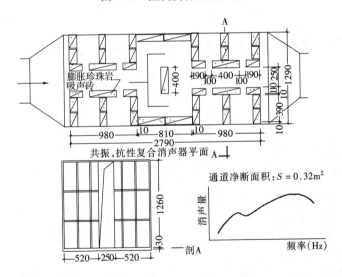

图 7-35 用膨胀珍珠岩构筑的阻-共-扩复合式消声器

七、掩蔽效应在噪声控制中的应用

在某些情况下，可以用某种设备产生背景噪声来掩蔽不受欢迎的噪声，这种人工制造的噪声通常比喻为"声学香水"，用它可以抑制干扰人们宁静气氛的声音并提高工作效率。

这种主动式控制噪声的方法对大型开敞式办公室是很有意义的。

适合的掩蔽背景声具有这样的特点：无表达含义、响度不大、连续、无方位感。低响度的空调通风系统噪声、轻微的背景音乐、隐约的语言声往往是很好的掩蔽背景声。在开敞式办公室或设计有绿化景观的公共建筑的门厅里，也可以利用通风和空调系统或水景的流水产生的使人易于接受的背景噪声，以掩蔽电话、办公用设备或较响的谈话声等不希望听到的噪声，创造一个适宜的声环境，也有助于提高谈话的私密性。

在噪声允许的标准范围内，提高背景噪声水平还有另一好处，就是可以降低隔声构件的隔声量，其原理在图7-36中示出。例如，外部70dB的噪声，经过构件传入室内后，需降到比背景噪声低时，才能听不到，即降至15dB，则构件的隔声量为70－15＝55dB。图中也表明，如果背景噪声提高到35dB，这样还属于人们所允许的范围，则很经济的隔声量40dB的构件即可满足要求。

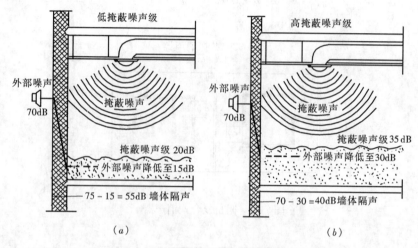

图7-36 在允许范围内提高室内背景噪声，可减少降低外部噪声的费用

本 章 符 号 说 明

A——吸声量，dB

c——空气中的声速，m/s

DI——指向性指数，dB

D_0——稳态声能密度，单位体积中包含的声能，J/m^3；

D_d——直达声的声能密度，J/m^3

D_S——反射声的声能密度，J/m^3

E_0——入射声能，W

E_ρ——反射声能，W

E_α——吸收声能，W

E_τ——透射声能，W

f——频率，Hz

f_0——共振频率，Hz

f_c——上限失效频率，Hz

I——声强，W/m^2

IL——插入损失，dB

L_A——A 声级，dB

$L_{Aeq,T}$——等效连续 A 声级，dB

L_I——声强级，dB

L_p——声压级，dB

L_W——声功率级，dB

L_X——累积分布声级，dB

m——转速，rpm

n——正整数

p——声压，Pa

P_0——空气静压强，通常取 101325Pa

P_m——声压幅值，Pa；

r——声波传播的距离，m

r_0——混响半径，m

R——房间常数，无量纲

R——隔声量，dB

$\bar{R}$——综合隔声量，dB

S_0——声源面积，m^2

S——房间吸声界面的总面积，m^2

S_i——第 i 个吸声界面的面积，m^2

t——时间，s

T_a——空气的温度，K

T——周期，s

T——振动传递比，无量纲

T_{60}——混响时间，s

Q——指向性因素，无量纲

W——声功率，W

V——容积，m^3

α——吸收系数，无量纲

$\bar{\alpha}$——室内界面平均吸收系数，无量纲

φ_a——消声系数，无量纲

λ——波长，m

γ——气体常数，对于空气 $\gamma = 1.4$

ρ_0——空气密度，kg/m^3

ρ——反射系数，无量纲

τ——透射系数，无量纲

$\bar{\tau}$——平均透射系数，无量纲

思　考　题

1. 试证明在自由场中 $L_p = L_w - 20 \lg r - 11$，式中 L_w 为声源声功率级，L_p 为距声源距离 r 处的声压级。

2. 要求距广场上的扬声器 40m 远处的直达声声级不小于 80dB，如把扬声器看做是点声源，它的声功率至少为多少？声功率级是多少？

3. 有一车间尺寸为 $12\text{m} \times 40\text{m} \times 6\text{m}$，1000Hz 时的平均吸声系数为 0.05，一机器的噪声声功率级为 96dB，试计算距机器 10m 处与 30m 处的声压级。并计算其混响半径为多少？当平均吸声系数改为 0.5 时，再计算上述两点处的声压级与混响半径有何变化？

4. 多孔吸声材料具有怎样的吸声特性？随着材料密度、厚度的增加其吸声特性有何变化？试以超细玻璃棉为例予以说明。

5. 选用同一种吸声材料衬贴的消声管道，管道断面面积为 0.2m^2，试问选用圆形、正方形和 1∶5 及 2∶3 两种矩形断面，哪一种产生的衰减量最大，哪一种最小，二者相差多少？

6. 两个声压级为 0dB 的噪声合成的噪声是否仍然听不见？

7. 等响曲线与 NR、NC 曲线有什么异同？

8. 为什么微孔不连通的多孔材料吸声效果不好？

9. 风道弯头为什么有消声作用？为了减少阻力，在风道弯头里加了导流叶片，弯头的消声能力会有什么变化？为什么？

10. 扩张式消声器为什么有消声作用？

11. 房间在何种条件下房间声压级与声源声功率级之间的关系是 $L_p = L_w + 10 \lg \left(\dfrac{1}{4\pi r^2} \right)$？

术 语 中 英 对 照

空气动力噪声	aerodynamic noise
声学	acoustics
声波	acoustic wave, sound wave
环境噪声	ambient noise, environmental noise
振幅	amplitude
A 声级	A-weighted sound pressure level
背景噪声	background noise
消声弯头	bend muffler
中心频率	center frequency
噪声控制标准	criteria for noise control
分贝	decibel, dB
指向性因数	directivity factor
指向性指数	directivity index, directional gain
等效［连续 A］声级	equivalent [continuous A] sound level

频程	frequency interval
高频噪声	high-frequency noise
阻抗复合消声器	impedance muffler
低频噪声	low-frequency noise
微穿孔板消声器	micro punch plate muffler
中频噪声	mid-frequency noise
消声器	muffler, sound absorber, deafener
噪声自然衰减量	natural attenuation quantity of noise
固有频率	natural frequency
噪声	noise
噪声控制	noise control
噪声评价 NC 曲线	noise criterion curve [s], NC-curve [s]
噪声评价 NR 曲线	noise rating number
倍频程	octave, octave band
噪声评价 PNC 曲线	preferred noise criteria curve [s], PNC-curve [s]
抗性消声器	reactive muffler
再生噪声	regenerative noise
阻性消声器	resistive muffler
共振	resonance
共振频率	resonant frequency
房间吸声量	room absorption
橡胶隔振器	rubber shock absorber
隔声	sound insulation
吸声	sound absorption
消声	sound attenuation, noise reduction, sound deadening
消声量	sound deadening capacity
吸声材料	sound absorption material, absorbent
吸声系数	sound absorption coefficient, acoustic absorptivity
声强级	sound intensity level
声级	sound level
掩蔽声	sound mask
声功率级	sound power level
声压级	sound pressure level
声源	sound source
弹簧隔振器	spring shock absorber
传递率	transmissibility
振动	vibration
隔振	vibration isolation
隔振器	vibration isolator, isolator

参 考 文 献

［1］ 秦佑国，王炳麟编著. 建筑声环境(第二版). 北京：清华大学出版社，1999.

［2］ 西安冶金建筑学院，华南工学院，重庆建筑工程学院，清华大学编. 建筑物理(第二版). 北京：中国建筑工业出版社，1987.

［3］ 中国建筑科学院建筑物理研究所，清华大学，同济大学等编. 建筑声学设计手册. 北京：中国建筑工业出版社，1987.

［4］ 民用建筑隔声设计规范 GB 50118—2010. 北京：中国建筑工业出版社，2010.

［5］ Erich Schild 著，岳文其等译. 建筑环境物理学. 北京：中国建筑工业出版社，1987.

［6］ Smith B J etc. Acoustic and Noise Control. Longman Group Limited，1982.

［7］ Cyril M Harris. Handbook of Noise Control. McGRAW-Hill，1979.

［8］ 赵荣义，范存养，薛殿华，钱以明编. 空气调节(第三版). 北京：中国建筑工业出版社，1994.

第八章　建　筑　光　环　境

人们的生活时时刻刻离不开光。光引起人的视觉，人才能看清周围的环境。据研究，人从外界获得的信息约有 80% 来自光和视觉。建筑光环境指的是由光（照度水平和分布，照明的形式和颜色）与颜色（色调、饱和度、颜色分布和显色性）在建筑室内建立的与房间（空间）形状有关的生理和心理环境，是建筑环境中的一个非常重要的组成部分。

人对光环境的需求和他从事的活动有密切关系。在进行生产、工作和学习的场所，适宜的照明可以振奋人的精神、提高工作效率、保证产品质量、保障人身安全与视力健康。因此，充分发挥人的视觉效能是营建这类光环境的主要目标。而在居住、休息、娱乐和公共活动的场合，光环境的首要作用则在于创造舒适优雅、活泼生动或庄重严肃的特定环境气氛，使光环境对人的精神状态和心理感受产生积极的影响。

此外，建筑照明能耗是建筑节能的关键环节。国内外的统计数据都表明，在现代的办公建筑与大型百货商场，照明能耗均约占整个建筑能耗的三分之一左右。因此，在保证满足室内光环境要求的条件下，最大限度地降低照明能耗，对于建筑领域节能减排具有非常重要的社会意义和经济效益，也是建筑环境与能源应用工程专业的重要任务。

为了创造令人满意的室内光环境，同时又要避免过高的建筑能耗，就必须充分了解不同类型的采光、照明设备和方法的性能特点与能耗特点。本章介绍了与建筑光环境有关的基本概念和理论，此外，对采光设施、控光材料、照明设备与形式、计算方法等也有介绍，以期读者正确了解光环境的设计原理，并初步掌握光环境的设计与控制方法。

第一节　光 的 性 质 与 度 量

光是以电磁波形式传播的辐射能。电磁辐射的波长范围很广，只有波长在 380nm 至 760nm 的这部分辐射才能引起光视觉，称为可见光（简称光）。波长短于 380nm 的是紫外线、X 射线、γ 射线、宇宙线，长于 760nm 的有红外线、无线电波等等，它们与光的性质不同，人眼是看不见的（图 8-1）。

不同波长的光在视觉上形成不同的颜色，例如 700nm 的光呈红色，580nm 呈黄色，470nm 呈蓝色。单一波长的光呈现一种颜色，称为单色光。日光和灯光都是由不同波长的光混合而成的复合光，它们呈白色或其他颜色。将复合光中各种波长辐射的相对功率量值按对应波长排列连接起来，就形成该复合光的光谱功率分布曲线，它是光源的一个重要物理参数。光源的光谱组成不但影响光源的表观颜色，而且决定被照物体的显色效果。

一、基本光度单位及相关关系

光环境的设计和评价离不开定量的分析和说明，这就需要借助于一系列的物理光度量来描述光源与光环境的特征。常用的光度量有光通量、照度、发光强度和（光）亮度。

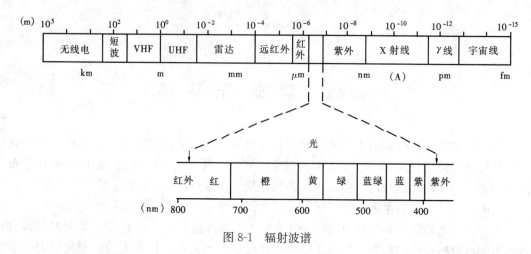

图 8-1 辐射波谱

1. 光通量

辐射体单位时间内以电磁辐射的形式向外辐射的能量称为辐射功率或辐射通量（W）。光源的辐射通量中可被人眼感觉的可见光能量（波长 380～780nm）按照国际约定的人眼视觉特性评价换算为光通量，其单位为流明（lumen，lm）。

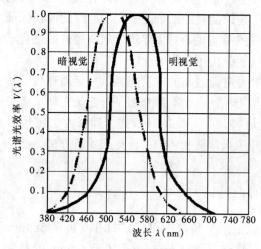

图 8-2 单色光谱视效率

人眼对不同波长单色光的视亮度感受性也不一样，这是光在视觉上反映的一个特征。在光亮的环境中（适应亮度＞3cd/m^2，亮度单位见后文），辐射功率相等的单色光中人眼看起来感觉波长 555nm 的黄绿光最明亮，并且明亮程度向波长短的紫光和长波的红光方向递减。国际照明委员会（CIE）根据大量的实验结果，把 555nm 定义为同等辐射通量条件下，视亮度最高的单色波长，用 λ_m 表示。将波长为 λ_m 的辐射通量与视亮度感觉相等的波长为 λ 的辐射通量的比值，定义为波长 λ 的单色光的光谱光视效率（也称视见函数），以 $V(\lambda)$ 表示。也就是说，波长 555nm 的黄绿光 $V(\lambda)=1$，其他波长的单色光 $V(\lambda)$ 均小于 1（图 8-2），这就是明视觉光谱光视效率。在较暗的环境中（适应亮度＜0.03cd/m^2 时），人的视亮度感受性发生变化，以 $\lambda=510$nm 的蓝绿光最为敏感。按照这种特定光环境条件确定的 $V(\lambda)$ 函数称为暗视觉光谱光视效率（图 8-2）。

光视效能 $K(\lambda)$ 是描述光能和辐射能之间关系的量，它是与单位辐射通量相当的光通量，最大值 K_m 在 $\lambda=555$nm 处。根据一些国家权威实验室的测量结果，1977 年国际计量委员会决定采用 $K_m=683$lm/W，也就是波长 555nm 的光源，其发射出的 1W 辐射能折合成光通量为 683lm。

根据这一定义，如果有一光源，其各波长的单色辐射通量为 $\Phi_{e,\lambda}$，则该光源的光通量为：

$$\Phi = K_{\mathrm{m}} \int \Phi_{\mathrm{e},\lambda} V(\lambda) \mathrm{d}\lambda \tag{8-1}$$

式中　Φ——光通量，lm；

$\Phi_{\mathrm{e},\lambda}$——波长为 λ 的单色辐射能通量，W；

V（λ）——CIE 标准光度观测者明视觉光谱光视效率；

K_{m}——最大光谱光视效能＝683lm/W。

在照明工程中，光通量是说明光源发光能力的基本量。例如，一只耗电 40W 的白炽灯发射的光通量为 370lm，而一只耗电 40W 的荧光灯发射的光通量为 2800lm，是白炽灯的 7 倍多，这是由它们的光谱分布特性决定的。

2. 照度

照度是受照平面上接受的光通量的面密度，符号为 E。若照射到表面一点面元上的光通量为 $\mathrm{d}\Phi$（lm），该面元的面积为 $\mathrm{d}A$（m²），则有：

$$E = \frac{\mathrm{d}\Phi}{\mathrm{d}A} \tag{8-2}$$

照度的单位是勒克斯（lux，lx）。1lx 等于 1lm 的光通量均匀分布在 1m² 表面上所产生的照度，即 1lx＝1lm/m²。勒克斯是一个较小的单位，例如：夏季中午日光下，地平面上的照度可达 10^5 lx；在装有 40W 白炽灯的书写台灯下看书，桌面照度平均为 200～300lx；月光下的照度只有几个勒克斯。

3. 发光强度

点光源在给定方向的发光强度，是光源在这一方向上单位立体角元内发射的光通量，符号为 I，单位为坎德拉（Candela，cd），其表达式为：

$$I = \frac{\mathrm{d}\Phi}{\mathrm{d}\Omega} \tag{8-3}$$

式中的 Ω 为立体角，其定义见图 8-3。以任一锥体顶点 O 为球心，任意长度 r 为半径作一球面，被锥体截取的一部分球面面积为 S，则此锥体限定的立体角 Ω 为：

$$\Omega = \frac{S}{r^2} \tag{8-4}$$

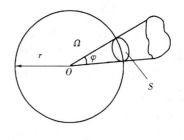

图 8-3　立体角的定义

立体角的单位是球面度（sr）。当 $S = r^2$ 时，$\Omega = $ 1sr。因为球的表面积为 $4\pi r^2$，所以立体角的最大数值为 4πsr。

坎德拉是我国法定单位制与国际 SI 制的基本单位之一，其他光度量单位都是由坎德拉导出的。1979 年 10 月第 10 届国际计量大会通过的坎德拉定义如下："一个光源发出频率为 540×10^{12} Hz（相当于空气中传播的波长为 555nm）的单色辐射，若在一定方向上的辐射强度为 $\frac{1}{683}$ W/sr，则光源在该方向上的发光强度为 1cd。"

发光强度常用于说明光源和照明灯具发出的光通量在空间各方向或在选定方向上的分布密度。如一只 40W 白炽灯泡发出 370lm 的光通量，它的平均发光强度为 $370/4\pi =$ 31cd。如果在裸灯泡上面装一盏白色搪瓷平盘灯罩，灯的正下方发光强度能提高到80～

100cd，如果配上一个合适的镜面反射罩，则灯下方的发光强度可以高达数百坎德拉。在这两种情况下，灯泡发出的光通量并没有变化，只是光通量在空间的分布更为集中了。

4. 光亮度（亮度）

光源或受照物体反射的光线进入眼睛，在视网膜上成像，使人们能够识别它的形状和明暗。视觉上的明暗知觉取决于进入眼睛的光通量在视网膜物像上的密度——物像的照度。这说明，确定物体的明暗要考虑两个因素：（1）物体（光源或受照体）在指定方向上的投影面积——这决定物像的大小；（2）物体在该方向上的发光强度——这决定物像上的光通量密度。根据这两个条件，可以建立一个新的光度量——光亮度。

光亮度简称亮度，单位是尼特（nit，nt），$1nt=cd/m^2$。其定义是发光体在某一方向上单位面积的发光强度，以符号 L_θ 表示，其定义式为（图8-4）：

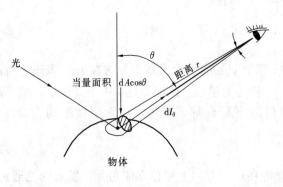

图 8-4　亮度的定义

$$L_\theta = \frac{dI_\theta}{dA\cos\theta} \tag{8-5}$$

式（8-5）所定义的亮度是一个物理亮度，它与视觉上对明暗的直观感受还有一定的区别。例如同一盏交通信号灯，夜晚看的时候感觉要比白天看的时候亮得多。实际上，信号灯的亮度并没有变化，只是眼睛适应了晚间相当低的环境亮度的缘故。由于眼睛适应环境亮度，物体明暗在视觉上的直观感受就可能会比它的物理亮度高一些或低一些。我们把直观看去一个物体表面发光的属性称为"视亮度"（Brightness 或 Luminosity），这是一个心理量，没有量纲。它与"光亮度"这一物理量有一定的相关关系。

亮度还有一个较大的单位为熙提（stilb，sb），$1sb=10^4nt$，相当于 $1cm^2$ 面积上发光强度为 1cd。太阳的亮度高达 2×10^5 sb，白炽灯丝的亮度约为 300～500sb，而普通荧光灯表面的亮度只有 0.6～0.8sb，无云蓝天的亮度范围在 0.2～2.0sb。

5. 基本光度单位之间的关系

（1）发光强度与照度的关系

如果点光源发光强度为 I，光源与被照面的距离为 r，被照面的法线与光线的夹角为 α，如图 8-5 所示，则被照面的照度 E 为：

$$E = \frac{I}{r^2}\cos\alpha \tag{8-6}$$

线光源是点光源的积分叠加，面光源是线光源的积分叠加。求解线光源与面光源在被照面上照度的计算原理是相同的。

（2）亮度与照度的关系

如果面光源的亮度为 L，面积为 A，与被照面形成的立体角为 ω，光源与被照面的距离为 r，被照面的法线与光线的夹角为 α，光源的法线与光线的夹角为 θ，如图 8-6 所示，

则被照面的照度 E 为：

$$E = L\omega\cos\alpha = L\frac{A\cos\theta\cos\alpha}{r^2} \tag{8-7}$$

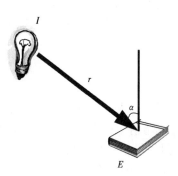

图 8-5　光源发光强度与
被照面照度之间的关系

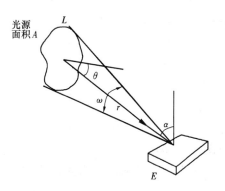

图 8-6　光源亮度与被照面照度之间的关系

二、光的反射与透射

借助于材料表面反射的光或材料本身透过的光，人眼才能看见周围环境中的人和物。也可以说，光环境就是由各种反射与透射光的材料构成的。

辐射由一个表面返回，组成辐射的单色分量的频率没有变化，这种现象叫做反射。

光线通过介质，组成光线的单色分量频率不变，这种现象称为透射。

光在传播过程中遇到新的介质时，会发生反射、透射与吸收现象：一部分光通量被介质表面反射（Φ_ρ），一部分透过介质（Φ_τ），余下的一部分则被介质吸收（Φ_a），见图 8-7。根据能量守恒定律，入射光通量（Φ_i）应等于上述三部分光通量之和：

$$\Phi_i = \Phi_\rho + \Phi_\tau + \Phi_a \tag{8-8}$$

将反射、吸收与透射光通量与入射光通量之比，分别定义为光反射比 ρ、光吸收比 α 和光透射比 τ，则有：

$$\rho + \tau + \alpha = 1 \tag{8-9}$$

光线经过介质反射和透射后，它的分布变化取决于材料表面的光滑程度、材料内部的分子结构及其厚度。

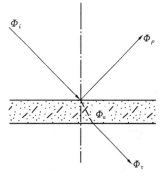

图 8-7　光通量的反射、
透射与吸收

透射比为零的材料是非透光材料，而玻璃、晶体、某些塑料、纺织品、水等都是透光材料，能透过大部分入射光。材料的透光性能还同它的厚度密切相关，比如，非常厚的玻璃或水可能是不透光的，而一张极薄的金属膜或许是透光的，至少可以是半透光的。附录 8-1 给出了不同类型常用材料的 ρ 和 τ 值。通过对不同材料的光学性质有所了解，就可以在光环境设计中正确运用每种材料的不同控光性能，获得预期的光环境控制效果。

反射与透光材料分为两类，一类是定向反射或透射材料，另一类为扩散反射或透射材料。

1. 定向反射与透射

光线经过反射或透射后，光分布的立体角不变，定向反射的规律为：（1）入射光线与反射光线以及反射表面的法线同处于一个平面内；（2）入射光与反射光分居法线两侧，入射角等于反射角，如镜子和抛光的金属表面等都属于定向反射材料。

若透光材料的两个表面彼此平行，则透过的光线方向和入射光方向将保持一致。在入射光的背面，光源与物像清晰可见，只是位置有所平移，见图 8-9（a）。这种材料称为定向透射材料。平板玻璃等就属于定向透射材料。

2. 扩散反射与透射

（1）均匀扩散

均匀扩散材料的特点是反射光或透射光的分布与入射光方向无关，反射光或透射光均匀地分布在所有方向上。从各个角度看，被照表面或透射表面亮度完全相同，看不见光源形象，见图 8-8（b）与图 8-9（b）。反射光或者透射光的最大发光强度在垂直于表面的法线方向，其余方向的光强同最大光强之间有以下称做"朗伯余弦定律"的关系（参见图8-10）：

$$I_\theta = I_0 \cos\theta \tag{8-10}$$

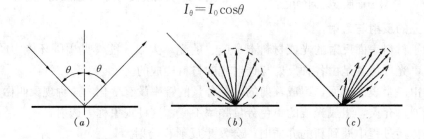

图 8-8　反射光的分布形式
（a）定向反射；（b）均匀扩散反射；（c）定向扩散反射

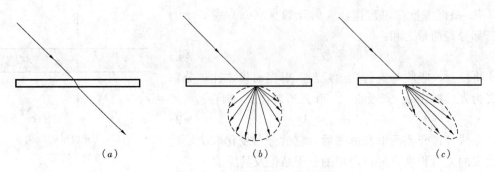

图 8-9　透射光的分布形式
（a）定向透射；（b）均匀扩散透射；（c）定向扩散透射

式中　I_θ——反射光或透射光与表面法线夹角为 θ
　　　　　方向的光强，cd；

　　　I_0——反射光或透射光在表面法线方向的最大光强，cd；

　　　θ——反射光线或透射光与表面法线方向的夹角。

氧化镁、硫酸钡和石膏等均为理想的均匀扩散反射材料，大部分无光泽的建筑饰面材料，如粉刷涂料、乳胶漆、无光塑料墙纸、陶板面砖等也可近似地看做均匀扩散反射材料；乳白玻璃的整个透光面亮度均匀，完全看不见背侧的光源和物像，是均匀扩散透射材料。

（2）定向扩散

某些材料同时具有定向和扩散的性质，它在定向反射或透射方向上具有最大的亮度，在其他方向上也有一定的亮度，见图 8-8（c）和图 8-9（c）。在光的反射或透射方向可以看到光源的大致形状，但轮廓不像定向材料那样清晰。具有这种性质的材料称定向扩散反射或透射材料。这种性质的反光材料有光滑的纸、粗糙的金属表面、油漆表面等。磨砂玻璃为典型的定向扩散透射，在背光的一侧仅能看见光源模糊的影像。

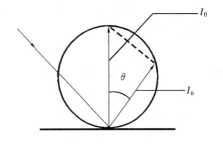

图 8-10　均匀扩散反射材料
的光强分布与亮度分布

第二节　视　觉　与　光　环　境

一个优良的光环境，应能充分发挥人的视觉功效，使人轻松、安全、有效地完成视觉作业，同时又在视觉和心理上感到舒适满意。

为了设计这样的环境，首先需要了解人的视觉机能，研究有哪些因素影响视觉功效和视觉舒适、如何发生影响。据此建立评价光环境质量的客观（物理）标准，并作为设计的依据和目标。

一、眼睛与视觉特征

1. 视觉

视觉形成的过程可分解为四个阶段：

（1）光源（太阳或灯）发出光辐射；

（2）外界景物在光照射下产生颜色、明暗和形体的差异，相当于形成二次光源；

（3）二次光源发出不同强度、颜色的光信号进入人眼瞳孔，借助眼球调视，在视网膜上成像；

（4）视网膜上接受的光刺激（即物像）变为脉冲信号，经视神经传给大脑，通过大脑的解释、分析、判断而产生视觉；

上述过程表明，视觉的形成既依赖于眼睛的生理机能和大脑积累的视觉经验，又和照明状况密切相关。人的眼睛和视觉，就是长期在天然光照射下演变进化的。

2. 眼睛的构造与亮度阈限

眼睛大体是一个直径 25mm 的球状体。它有一个外保护层，位于眼球前方的部分是透明的，叫做角膜。角膜的背后是虹膜。虹膜是一个不透明的"光圈"，中央有一个大小可变的洞叫瞳孔，光线经过瞳孔进入眼睛。瞳孔直径的变化范围为 2～8mm，视野的亮度增强，瞳孔变小；亮度减小，瞳孔放大。虹膜后面的水晶体起着自动调焦成像的作用，保证在远眺或近视时都能在视网膜上形成清晰的像。

眼球内壁约 2/3 的面积为视网膜，是眼睛的感光部分。视网膜上有两种感光细胞：锥状细胞和杆状细胞。

杆状细胞对于光非常敏感，但是不能分辨颜色。在眼睛能够感光的亮度阈限（约为 $10^{-6} cd/m^2$）至 $0.03 cd/m^2$ 左右的亮度范围内，主要是杆状细胞起作用，称为暗视觉。在暗视觉条件下，景物看起来总是模糊不清、灰茫茫一片。

锥状细胞对于光不甚敏感，在亮度高于 $3cd/m^2$ 时，锥状细胞才充分发挥作用，这时称为明视觉。锥状细胞有辨认细节和分辨颜色的能力，这种能力随亮度增加而达到最大。所有的室内照明，都是按照明视觉条件设计的。

当适应亮度处在 $0.03\sim3cd/m^2$ 之间时，眼睛处于明视觉和暗视觉的中间状态，称为中间视觉。一般道路照明的亮度水平，相当于中间视觉的条件。

对于在眼中长时间出现的大目标，视觉阈限亮度为约为 $10^{-6}cd/m^2$。目标越小，或呈现时间越短，越需要更高的亮度才能引起视知觉。

视觉上可以忍受的亮度上限为 16sb，超过这个值，视网膜会因辐射过强而受到损伤。

3. 视野与视场

当头和眼睛不动时，人眼能察觉到的空间范围叫视野（图 8-11），分为单眼视野和双眼视野。单眼视野即单眼的综合视野在垂直方向约有 130°，向上 60°，向下 70°，水平方向约180°。两眼同时能看到的视野即双眼视野较小一些，垂直方向与单眼相同，水平方向约有 120°的范围。在视轴 1°～1.5°范围内具有最高的视觉敏锐度，能分辨最细小的细部，称做中心视野；从视野中心往外 30°范围，视觉清晰度较好，称做近背景视野，这是观看物件总体时最有利的位置。人们通常习惯于站在离展品高度的 2.0～1.5 倍距离处观赏展品，就是为了使展品处于视觉清晰区域内。

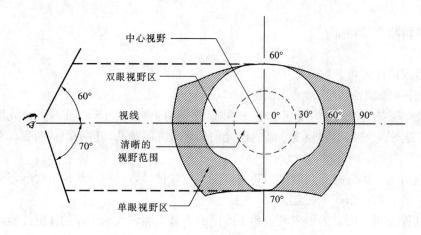

图 8-11 视野范围

人眼进行观察时，总要使观察对象的精细部分处于中心视野，以便获得较高的清晰度。但是眼睛不能有选择地取景，摒弃他不想看的东西。中心视野与周围视野的景物同时都在视网膜上反映出来，所以周围环境的照明对视觉功效也会产生重要影响。

观察者头部不动但眼睛可以转动时，观察者所能看到的空间范围称视场。视场也有单眼视场和双眼视场之分。

4. 对比感受性（对比敏感度）

任何视觉目标都有它的背景，例如，看书时白纸是黑字的背景，而桌子又是书本的背景。目标和背景之间在亮度或颜色上的差异，是我们在视觉上能认知世界万物的基本条件。

亮度对比，是视野中目标和背景的亮度差与背景（或目标）亮度之比，符号为 C，即

$$C = \frac{|L_0 - L_b|}{L_b} = \frac{\Delta L}{L_b} \tag{8-11}$$

式中　L_0——目标亮度，一般面积较小的为目标，cd/m^2；

　　　　L_b——背景亮度，面积较大的部分作背景，cd/m^2。

人眼刚刚能够知觉的最小亮度对比，称为阈限对比，记作$\overline{C}$。阈限对比的倒数，表示人眼的对比感受性，也叫对比敏感度，符号为S_c。

$$S_c = \frac{1}{\overline{C}} = \frac{L_b}{\Delta L} \tag{8-12}$$

S_c 不是一个固定不变的常数，它随照明条件而变化，同观察目标的大小和呈现时间也有关系。在理想条件下，视力好的人能够分辨 0.01 的亮度对比，也就是对比感受性最大可达到 100。

图 8-12 说明对比感受性随背景亮度变化的相关关系。它是 Blacwell 对一组 20~30 岁的青年做实验获得的平均结果。由曲线可以看到，S_c 随 L_b 而上升，到 $350cd/m^2$ 左右接近最大值。此后 S_c 上升比较缓慢，当背景亮度超过 $5000cd/m^2$ 时，由于形成眩光而使 S_c 下降。

5. 视觉敏锐度

需要分辨的细节尺寸对眼睛形成的张角称做视角。d 表示需要分辨的物体的尺寸，l 为眼睛角膜到视看物件的距离（见图 8-13），则视角 α 可用下式计算：

$$\alpha = tg^{-1}\frac{d}{l} \cong \frac{d}{l} \text{ 弧度} = 3438\frac{d}{l} \text{ 分} \tag{8-13}$$

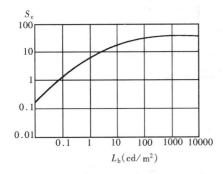

图 8-12　对比感受性与背景亮度的关系

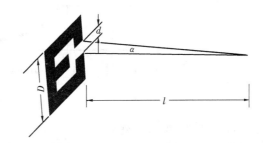

图 8-13　视角的定义

人凭借视觉器官感知物体的细节和形状的敏锐程度，称视觉敏锐度，在医学上也称为视力。视觉敏锐度等于刚刚能分辨的视角 α_{min} 的倒数，它表示了视觉系统分辨细小物体的能力：

$$V = \frac{1}{\alpha_{min}} \tag{8-14}$$

视觉敏锐度随背景亮度、对比、细节呈现时间、眼睛的适应状况等因素而变化。在呈现时间不变的条件下，提高背景亮度或加强亮度对比，都能改善视觉敏锐度，看清视角更小的物体或细节。

6. 视觉速度

从发现物体到形成视知觉需要一定的时间。因为光线进入眼睛，要经过瞳孔收缩、调视、适应、视神经传递光刺激、大脑中枢进行分析判断等复杂的过程，才能形成视觉印象。良好的照明可以缩短完成这一过程所需要的时间，从而提高工作效率。

我们把物体出现到形成视知觉所需时间的倒数，称为视觉速度（$1/t$）。实验表明，在照度很低的情况下，视觉速度很慢；随着照度的增加（100～1000lx）视觉速度提高很快；但照度水平达到1000lx以上，视觉速度的变化就不明显了。

7. 视觉适应

视觉适应是指眼睛由一种光刺激到另一种光刺激的适应过程，是眼睛为适应新环境连续变化的过程。在这种过程中包含着锥状细胞和杆状细胞之间的转换过程，所以需要一定的时间，这个时间称为适应时间。适应时间与视场变化前后的状况，特别是与现场亮度有关。视觉适应可分为暗适应、明适应和色适应。暗适应是眼睛从明到暗的适应过程。当人们从亮环境走到黑暗处时，就会产生一个原来看得清楚，突然变得看不清楚，经过一段时间才由看不清楚东西到逐渐看得清楚的变化过程。这个过程经历的时间称为暗适应时间，暗适应最初15min内视觉灵敏度变化很快，以后就较为缓慢，半小时后灵敏度可提高到10万倍，但要达到完全适应需要35min至1h。明适应是从暗到明的适应过程，明适应时间较短，约有2～3min，参见图8-14。

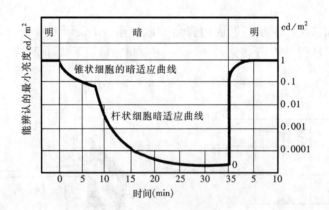

图8-14　眼睛的适应过程

二、颜色对视觉的影响

颜色问题是较为复杂的问题，因为颜色不是一个单纯的物理量，还包括心理量。颜色问题涉及物理光学、生理学、心理学以及心理物理学等学科的理论。

1. 颜色的形成

颜色来源于光。可见光包含的不同波长单色辐射在视觉上反映出不同的颜色。直接看到的光源的颜色称表观色。光投射到物体上，物体对光源的光谱辐射有选择地反射或透射对人眼所产生的颜色感觉称物体色，物体色由物体表面的光谱反射比或透射比和光源的光谱组成共同决定。表8-1是各种颜色的波长和光谱的范围。

光谱颜色波长及范围 表8-1

颜　色	波　长（nm）	范　围（nm）	颜　色	波　长（nm）	范　围（nm）
红	700	640～750	绿	510	480～550
橙	620	600～640	蓝	470	450～480
黄	580	550～600	紫	420	400～450

2. 颜色的度量

颜色包含有彩色和无彩色两大类。任何一种有彩色的表观颜色，都可以按照三个独立的主观属性分类描述，这就是色调（也称色相）、明度和彩度（也叫饱和度）。

色调是各种颜色彼此区分的特性。各种单色光在白色背景上呈现的颜色，就是光谱色的色调。

明度是指颜色相对明暗的特性，彩色光的亮度愈高，人眼愈感觉明亮，它的明度就愈高。物体色的明度则反映为光反射比的变化，反射比大的颜色明度高，反之明度低。

彩度指的是彩色的纯洁性，可见光谱的各种单色光彩度最高，光谱色掺入白光成分愈多，彩度愈低。

无彩色包括白色、黑色和中间深浅不同的灰色。它们只有明度的变化，没有色调和彩度的区别。

定量的表色系统是用于精确地定量描述颜色的。目前国际上使用较普遍的表色系统有孟塞尔表色系统及 CIE1931 标准色度系统。它们不但用符号和数字规定了千万个颜色品种，而且在不同程度上揭示了颜色形成和组合的科学规律。

孟塞尔（A. H. Munsell）创立的表色系统按颜色的三个基本属性：色调（H）、明度（V）和彩度（C）对颜色进行分类与标定。它是目前国际通用的物体色表色系统。

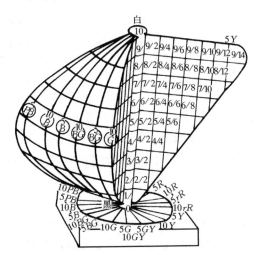

图 8-15 孟塞尔颜色立体图

图 8-15 是说明这一表色系统的颜色立体图。中央轴代表无彩色（中性色）明度等级，理想白色为 10，理想黑色为 0，共有感觉上等距离的 11 个等级。颜色样品离开中央轴的水平距离，代表彩度的变化。中央轴上的彩度为 0，离开中央轴愈远，彩度愈大。

色调不同的颜色其最大彩度是不一样的，个别最饱和的颜色彩度可达 20。颜色立体水平剖面各个方向表示十种孟塞尔色调，包括红（R）、黄（Y）、绿（G）、蓝（B）、紫（P）五种主色调和黄红（YR）、绿黄（GY）、蓝绿（BG）、紫蓝（PB）和红紫（RP）五种中间色调。为了对色调的差异划分更详细，每种色调又分为 10 个等级，主色调与中间色调的等级都定为 5。

孟塞尔表色系统对一种颜色的表示方法是先写出色调 H，然后写明度值 V，再在斜线后面写出彩度 C，即 HV/C。例如，标号为 10Y8/12 的颜色，其色调是黄与绿黄的中间色，明度值为 8，彩度 12。无彩色用 N 表示，只写明度值，斜线后不写彩度，即 NV/。例如 N7/就表示明度值为 7 的中性色（无彩色）。

国际照明委员会（CIE）1931 年推荐的"CIE 标准色度系统"是比孟塞尔表色系统的用途要广泛得多的另一种表色方法。它不但能标定光源色，还能标定物体色，而且通过色度计算能预测两种颜色混合或光源改变后物体呈现的颜色，这一系统为颜色的物理测量奠定了基础。"CIE 标准色度系统"的特点是用严格的数学方法来计算和规定颜色。使用这一系统，任何一种颜色都能用两个色坐标在色度图上表示出来，但在计算上比较复杂。

3. 颜色产生的心理效果

颜色是正常人一生中一种重要的感受，在工作和学习环境中，需要颜色不仅是因为它的魅力和美感，还为个人提供正常的情绪上的排遣。一个灰色的环境几乎没有外观感染力，它趋向于导致人们主观上的不安、内在的紧张和乏味。另一方面，颜色也可使人放松、激动和愉快。而且人的大部分心理上的烦恼都可以归因于内心的精神活动，好的颜色刺激可给人的感官以一种振奋的作用，从而从恐怖和忧虑中解脱出来。良好的光环境离不开颜色的合理设计，颜色对人体产生的心理效果直接影响到光环境的质量。

色性相近的颜色对个体视觉的影响及产生的心理效应的相互联系、密切相通的性质称色感的共通性，它是颜色对人体产生的心理感受的一般特性，如表8-2所示。

色 感 的 共 通 性 表 8-2

心理感受	左趋势	积 极 色			中性色		消 极 色			右趋势
明暗感	明亮	白	黄	橙	绿、红	灰	灰	青	紫	黑	黑暗
冷热感	温暖		橙	红	黄	灰	绿	青	紫	白	凉爽
胀缩感	膨胀		红	橙	黄	灰	绿	青	紫		收缩
距离感	近		黄	橙	红		绿	青	紫		远
重量感	轻盈	白	黄	橙	红	灰	绿	青	紫	黑	沉重
兴奋感	兴奋	白	红	橙红	黄绿红紫	灰	绿	青绿	紫青	黑	沉静

有实验表明，手伸到同样温度的热水中，多数受试者会说，染成红色的热水要比染成蓝色的热水温度高。在车间操作的工人，在青蓝色的场所工作，15℃时就感到冷，在橙红色的场所中，11℃时还不感觉到冷，主观温差效果最多可达 3～4℃。在黑色基底上贴上大小相同的 6 个实心圆，分别是红、橙、黄、绿、青、紫六色，实际看起来，前三色的圆有跳出之感，后三色有缩进之感。比如，法国的白、红、蓝三色国旗做成 30：33：37 时，才会产生三色等宽的感觉。

明度对轻重感的影响比色相大，明度高于 7 的颜色感觉轻，低于 4 的颜色感觉重。其原因一是波长对眼睛的影响，二是颜色联想，三是颜色爱好引起的情绪反映。有很多与下面的例子类似的情形：同样重量的包装袋，若采用黑色，搬运工人说又重又累，但采用淡绿色，工作一天后，搬运工感到不十分累。又如吊车和吊灯表面，常采用轻盈色，以有利于使人感到心理上的平衡和稳定。

歌德把颜色分为积极色（或主动色）与消极色（或被动色）。主动色能够产生积极的、有生命力的和努力进取的态度，而被动色表现不安的、温柔的和向往的情绪。如黄、红等暖色、明快的色调加上高亮度的照明，对人有一种离心作用，即把人的组织器官引向环境，将人的注意力吸引到外部，增加人的激活作用、敏捷性和外向性。这种环境有助于肌肉的运动和机能，适合于从事手工操作工作和进行娱乐活动的场所。灰、蓝、绿等冷色调加上低亮度的照明对人有一种向心的作用，即把热闹从环境引向本人的内心世界，使人精神不易涣散，能更好地把注意力集中到难度大的视觉作业和脑力劳动上，增进人的内向性，这种环境适合需要久坐的、对眼睛和脑力工作要求较高的场所，如办公室、研究室和精细的装配车间等。

三、视觉功效

人借助视觉器官完成视觉作业的效能，叫做视觉功效（Visual performance）。一般用完成作业的速度和精度来定量评价视觉功效，它既取决于作业固有的特性（大小、形状、位置、细节与背景的颜色和反射比），也取决于照明。

关于视觉功效的研究，通常在控制识别时间的条件下，对视角、亮度（或照度）和亮度对比同视觉功效之间的关系进行实验研究，为制定合理的光环境设计标准寻求科学依据。

识别几率是一种视觉生理阈限的量度，定义为正确识别的次数与识别总次数的比率。图 8-16 表示了识别几率在 95% 时，照度、视角、亮度对比三者之间的关系。从图中曲线可以看出：

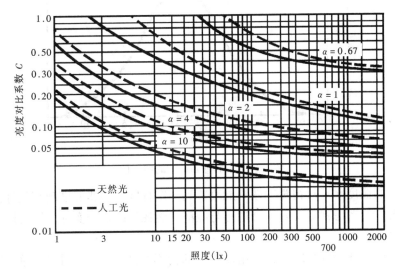

图 8-16 视觉功效曲线

（1）视看对象在眼睛处形成的视角 α 不变时，如亮度对比 C 下降，则需要增加照度才能保持相同的识别几率；也就是说，亮度对比不足时，可用增加照度来弥补。反之，也可提高亮度对比来弥补照度的不足。

（2）亮度对比不变时，视角越小，需要的照度越高。同样，照度一定时，视角越小，需要的亮度对比越大。

（3）在相同的亮度对比条件下，识别相同视角作业所需的天然光照度要明显低于人工光的照度。或者说在相同照度条件下，在天然光环境中可识别的亮度对比要比人工光环境中的低。但在观看大的目标的时候，这种差别不明显。

四、舒适光环境的要素与评价标准

舒适的光环境应当具有以下四个要素。

1. 适当的照度水平

人眼对外界环境明亮差异的知觉，取决于外界景物的亮度。但是，规定适当的亮度水平相当复杂，因为它涉及各种物体不同的反射特性。所以，实践中还是以照度水平作为照明的数量指标。

（1）照度标准

不同工作性质的场所对照度值的要求不同，适宜的照度应当是在某具体工作条件下，大多数人都感觉比较满意而且保证工作效率和精度均较高的照度值。研究人员对办公室和车间等工作场所在各种照度条件下感到满意的人数百分比做过大量调查。发现随着照度的增加，感到满意的人数百分比也在增加，最大值约处在 $1500\sim3000$lx 之间，见图 8-17。照度超过此数值，对照度满意的人反而越少，这说明照度或亮度要适量。物体亮度取决于照度，照度过大，会使物体过亮，容易引起视觉疲劳和眼睛灵敏度的下降。如夏日在室外看书时，若物体亮度超过 16sb，就会感到刺眼，不能长久坚持工作。

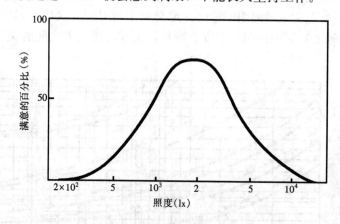

图 8-17 人们感到满意的照度值

因此，提高照度水平对视觉功效只能改善到一定程度，并非照度越高越好。所以，确定照度水平要综合考虑视觉功效、舒适感与经济、能耗等因素。实际应用的照度标准大都是折中的标准。

任何照明装置获得的照度，在使用过程中都会逐渐降低。这是由于灯的光通量衰减，灯、灯具和室内表面污染造成的。这时，只有换用新灯，清洗灯具，甚至重新粉刷室内表面，才能恢复原来的照度水平。所以，一般不以初始照度作为设计标准，而采取维持照度，即在照明系统维护周期末所能达到的最低照度来制订标准。

根据韦勃定律，主观感觉的等量变化大体是由光量的等比变化产生的。所以，在照度标准中以 1.5 左右的等比级数划分照度等级，而不采取等差级数。CIE 建议的照度等级为 20—30—50—75—100—150—200—300—500—750—1000—1500—2000—3000—5000 等。附录 8-2[3] 给出了一些我国民用建筑照度的标准值。

（2）照度分布

照度分布应该满足一定的均匀性。视场中各点照度相差悬殊时，瞳孔就经常改变大小以适应环境，引起视觉疲劳。

评价工作面上的光环境水平，照度均匀度和照度一样都是非常重要的因素。照度均匀度是指工作面上的最低照度与平均照度之比，也可认为是室内照度最低值与平均值之比。我国建筑照明设计标准[3]规定办公室、阅览室等工作房间的照度均匀度不应低于 0.7，作业面邻近周围的照度均匀度不应小于 0.5，房间内交通区域和非作业区域的平均照度一般不应小于工作区平均照度的 1/3。

2. 舒适的亮度比

人的视野很广，在工作房间里，除工作对象外，作业面、顶棚、墙、窗和灯具等都会进入视野，它们的亮度水平构成了周围视野的适应亮度。如果它们与中心视野亮度相差过大，就会加重眼睛瞬时适应的负担，或产生眩光，降低视觉功效。此外，房间主要表面的平均亮度，形成房间明亮程度的总印象；亮度分布使人产生对室内空间的形象感受。所以，室内主要表面还必须有合理的亮度分布。

在工作房间，作业近邻环境的亮度应当尽可能低于作业本身亮度，但最好不低于作业亮度的 1/3。而周围视野（包括顶棚、墙、窗户等）的平均亮度，应尽可能不低于作业亮度的 1/10。灯和白天窗户的亮度，则应控制在作业亮度的 40 倍以内。墙壁的照度达到作业照度的 1/2 为宜。为了减弱灯具同其周围顶棚之间的对比，特别是采用嵌入式暗装灯具时，顶棚表面的反射比至少要在 0.6 以上，以增加反射光。顶棚照度不宜低于作业照度的 1/10，以免顶棚显得太暗。

3. 适宜的色温与显色性

光源的颜色质量常用两个性质不同的术语来表征，即光源的色表和显色性。色表是灯光本身的表观颜色，而显色性是指灯光对其照射的物体颜色的影响作用。光源色表和显色性都取决于光源的光谱组成，但不同光谱组成的光源可能具有相同的色表，而其显色性却大不相同。同样，色表完全不同的光源可能具有相等的显色性。因此，光源的颜色质量必须用这两个术语同时表示，缺一不可。

（1）光源的色表与色温

人对光色的爱好同照度水平有相应的关系，1941 年 Kruithoff 根据他的实验，首先定量地提出了光色舒适区的范围，后人的研究进一步证实了他的结论，见图 8-18。

光源的色表常用色温定量表示。当一个光源的光谱与黑体在某一温度时发出的光谱相同或相近时，黑体的热力学温度就称做该光源的色温。黑体辐射的光谱功率分布完全取决于它的温度。在 800～900K 温度下，黑体辐射呈红色；3000K 为黄白色；5000K 左右呈白色，接近日光的色温；在 8000～10000K 之间为淡蓝色。由图 8-18 可见，随着色温的提高，人所要求的舒适照度也相应提高。对于色温为 2000K 的蜡烛，照度为 10～20lx 就可以了；而对于色温为 5000K 以上的荧光灯，照度在 300lx 以上才感到舒适。附录 8-3 给出了部分天然和人工光源的色温。

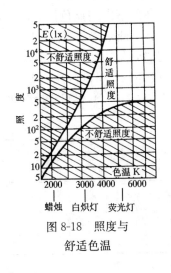

图 8-18　照度与
舒适色温

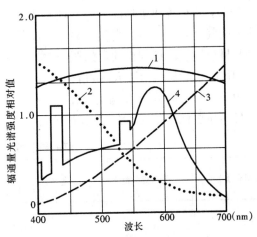

图 8-19　不同的光源的光谱功率分布
1—日光；2—晴天空；3—白炽灯；4—日光色荧光灯

一个光源发出的光经常是由许多不同波长单色辐射组成的，每个波长的辐射功率也不一样。光源的各单色辐射功率按波长的分布称做光源的光谱功率分布（或称光谱能量分布），它决定了光的色表和显色性能。图 8-19 是日光、晴天天空光、白炽灯和荧光灯四种光源的相对光谱功率分布曲线。由图 8-19 可见，光源的光谱功率分布不同导致其色表不同。日光、晴天天空光等天然光均为连续光谱。热辐射光源如白炽灯，其光谱功率分布与黑体辐射非常相近，也是连续光谱。因此，用色温来描述它们的色表很恰当。而非热辐射光源，如荧光灯、高压钠灯等，它们的光谱功率分布形式与黑体辐射相差甚大，光谱是不连续的，有多个峰值存在。严格地说，不应当用色温来描述这类光源的色表，但是允许用与某一温度黑体辐射最接近的颜色来近似地确定这类光源的色温，称为相关色温。

CIE 将室内照明常用的光源按其色温分成三类。表 8-3 给出了这三种分类与各自的用途。

光源的色表类别与用途　　　　　　　　　　　　　　　　　表 8-3

色表类别	色　表	相关色温（K）	用　途
1	暖	<3300	客房、卧室、病房、酒吧
2	中间	3300～5300	办公室、教室、商场、诊室、车间
3	冷	>5300	高照度空间、热加工车间

（2）显色性

物体颜色随照明条件的不同而变化。物体在待测光源下的颜色同它在参照光源下的颜色相比的符合程度，定义为待测光源的显色性。

由于人眼适应日光光源，因此，以日光作为评定人工照明光源显色性的参照光源。CIE 及我国制订的光源显色性评价方法，都规定相关色温低于 5000K 的待测光源以相当于早晨或傍晚时日光的完全辐射体作为参照光源；色温高于 5000K 的待测光源以相当于中午日光的组合昼光作为参照光源。

从室内环境的功能角度出发，光源的显色性具有重要作用。印染车间、彩色制版印刷、美术品陈列等要求精确辨色的场所要求良好的显色性；顾客在商店选择商品、医生察看病人的气色，也都需要真实地显色。此外，有研究表明，在办公室内用显色性好的灯，达到与显色性差的灯同样满意的照明效果，照度可以减低 25%，节能效果显著。

CIE 取一般显色指数 R_a 做指标来评价灯的显色性。显色指数的最大值定为 100。一般认为在 100～80 范围内，显色性优良；$R_a=79～50$ 显色性一般；$R_a<50$ 显色性较差。据此将灯的显色性能分为 5 类，并提出了每一类显色性能适用的范围（表 8-4），供设计时参考。

灯的显色类别与适用范围　　　　　　　　　　　　　　　　表 8-4

显色类别	显色指数范围	色　表	应　用　示　例	
			优　先　采　用	允　许　采　用
I_A	$R_a \geqslant 90$	暖 中间 冷	颜色匹配 临床检验 绘画美术馆	

显色类别	显色指数范围	色 表	应 用 示 例	
			优 先 采 用	允 许 采 用
I_B	$80{\leqslant}R_a{<}90$	暖 中间	家庭、旅馆 餐馆、商店、办公室 学校、医院	
		中间 冷	印刷、油漆和纺 织工业、需要的 工业操作	
II	$60{\leqslant}R_a{<}80$	暖 中间 冷	工业建筑	办公室 学校
III	$40{\leqslant}R_a{<}60$		显色要求低的工业	工业建筑
IV	$20{\leqslant}R_a{<}40$			显色要求低的工业

虽然高显色指数的灯是理想的选择，如白炽灯，但是这类灯的光效不高。反之，光效很高的普通高压钠灯的显色指数又很低，所以，实际的选择应当显色性与光效两者兼顾。

开发显色性与光效俱优的新节能光源始终是光源研究致力的目标。

4. 避免眩光干扰

当直接或通过反射看到灯具、窗户等亮度极高的光源，或者在视野中出现强烈的亮度对比时（先后对比或同时对比），我们就会感受到眩光。眩光可以损害视觉（失能眩光），也能造成视觉上的不舒适感（不舒适眩光），这两种眩光效应有时分别出现，但多半是同时存在着。对室内光环境来说，控制不舒适眩光更为重要。只要将不舒适眩光控制在允许限度以内，失能眩光也就自然消除了。

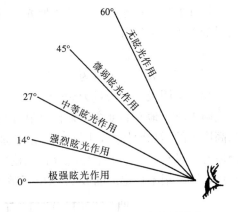

图 8-20 光源位置对眩光的影响

眩光效应同光源的亮度与面积成正比，同周围环境亮度成反比，随光源对视线的偏角而变化。光源位置对眩光的影响见图 8-20，其中 0°视线方向为水平线。多个光源产生的总眩光效应为单个光源的眩光效应之和。

第三节 天 然 采 光

天然采光的意思是利用天然光源来保证建筑室内光环境。在良好的光照条件下，人眼才能进行有效的视觉工作。尽管利用天然光和人工光都可以创造良好的光环境，但单纯依靠人工光源（即电光源）需要耗费大量常规能源，间接造成环境污染，不利于生态环境的可持续发展。而天然采光则是对太阳能的直接利用，将适当的昼光引进室内照明，可有效降低建筑照明能耗。

近年来的许多研究表明，太阳的全光谱辐射，是人们在生理上和心理上长期感到舒适满意的关键因素。此外，窗户在完成天然采光的同时，还可以满足室内人员与自然界视觉沟通的心理需求。无窗的房间容易控制室内热湿与洁净水平，节省空调能耗，但不能满足室内人员与外界环境接触的心理需要。在室内有良好光照的同时，让人能透过窗户看见室外的景物，是保证人的工作效率、身心舒适健康的重要条件。因此，建筑物充分利用天然光照明的意义，不仅在于获得较高的视觉功效、节能环保，而且还是一项长远的保护人体健康的措施。无论从环境的实用性还是美观的角度，采用被动或主动的手段，充分利用天然光照明是实现建筑可持续发展的路径之一，有着非常重要的意义。

一、天然光源的特点

1. 天然光源

天然光就是室外昼光，其强弱变化不定。如果不了解在任一给定时刻的建筑基址上有多少昼光可以利用，我们就不可能对天然光环境进行正确的设计和预测。

太阳是昼光（Daylight）的光源。部分日光（Sunlight）通过大气层入射到地面，它具有一定的方向性，会在被照射物体背后形成明显的阴影，称为太阳直射光。另一部分日光在通过大气层时遇到大气中的尘埃和水蒸气，产生多次反射，形成天空扩散光，使白天的天空呈现出一定的亮度，这就是天空扩散光（Skylight）。扩散光没有一定的方向，不能形成阴影。昼光是直射光与扩散光的总和。

地面照度来源于直射光和扩散光，其比例随太阳高度与天气而变化。通常，按照天空云量的多少将天气分为三类：

（1）晴天——云量为0~3；

（2）多云天——云量为4~7；

（3）全阴天——云量为8~10。

晴天时，地面照度主要来自直射日光，直射光在地面形成的照度占总照度的比例随太阳高度角的增加而加大，阴影也随之愈加明显。全阴天时室外天然光全部为天空扩散光，物体背后没有阴影，天空亮度分布比较均匀且相对稳定。多云天介于二者之间，太阳时隐时现，照度很不稳定。图8-21给出了晴天时天空直射光与扩散光的照度变化。

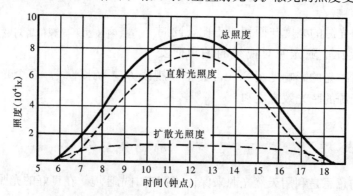

图8-21　天空直射光与扩散光随时间的照度变化

在采光设计中提到的天然光往往指的是天空扩散光，它是建筑采光的主要光源。由图

8-21 可知，直射光强度极高，而且逐时有很大变化。为防止眩光或避免房间过热，工作房间常需要遮蔽直射光，所以在采光计算中一般不考虑直射光的作用，而是把全阴天空看做是天然光源。但是，由于直射光所能提供的光能要远远大于扩散光，如果能够动态控制直射光的光路，并能够在其落到被照面之前将其有效扩散，则直射光也是非常好的天然光源。

2. 天然光的光谱能量分布特征

天然光是太阳辐射的一部分，它具有光谱连续且只有一个峰值的特点，见图 8-19。人们长期生活在天然光下，天然光是人们生活中习惯的光源。近年来的许多研究表明，太阳的全光谱辐射是人们在生理上和心理上长期感到舒适满意的关键因素。而人工光的光谱由于其发光机理各不相同，其光谱分布也不相同。大多数人工光源的光谱分布有两个以上的峰值，且不连续，如图 8-19 的荧光灯，容易引起视觉疲劳。人眼像透镜一样要形成色差，对于全光谱的白光而言，眼睛聚焦时，黄色光的焦点正好落在蓝光和红光的焦点之间，在视网膜上形成了平衡状态，不易产生视觉疲劳；当采用特殊峰值光谱成分的光照明时，峰值光谱对应的颜色的焦点与白光对应的聚焦位置相差很远，眼睛的聚焦位置需要加以调节，就很容易产生视觉疲劳。一般来讲，光谱能量分布较窄的某种纯颜色的光源照明质量较差，光谱能量分布较宽的光源照明质量较好。前者的视觉疲劳高于后者。光谱成分不佳引起视觉疲劳是由于有明显的色差的缘故。因此，人们总希望人工光尽量接近天然光，不仅要求光谱分布接近或基本相同，并且也只有一个峰值，还要求有接近的光色感觉。

二、天然采光设计原理

1. 天然光环境的评价方法

采光设计标准是评价天然光环境质量的评价准则，也是进行采光设计的主要依据。我国现行的采光设计标准为 2014 年发布的《建筑采光设计标准》GB/T 50033—2014[2]。

天然光强度高，变化快，不好控制，这些特点使天然光环境的质量评价方法和评价标准有许多不同于人工照明的地方。最常用的评价指标就是采光系数。

（1）采光系数（Daylight Factor）

在利用天然光照明的房间里，室内照度随室外照度而时刻变化着。因此，在确定室内天然光照度水平时，必须把它同室外照度联系起来考虑。通常我们不以照度绝对值，而以采光系数作为天然采光的数量指标。采光系数法最早由 Waldram 在 1923 年提出，后经 BRS、LBNL、MIT 和 SERI 等学术机构研究发展，最终由 CIE 采用，作为天然采光评价的一种主要方法。

采光系数是指在室内参考平面上的某点水平照度 E_n，由直接或间接地接收来自假定和已知天空亮度分布的天空漫射光而产生的照度与同一时刻该天空半球在室外无遮挡水平面上产生的天空漫射光照度 E_w 之比，以百分数表示为：

$$C = \frac{E_n}{E_w} \times 100\%$$ 　　　　　（8-15）

式中　E_n——室内某一点的天然光照度，lx；

　　　　E_w——与 E_n 同一时间，室外无遮挡的天空漫射光在水平面上产生的照度，lx。

传统定义在给定的全阴天条件天空亮度分布下，计算点和窗户的相对位置、窗户的几何尺寸确定以后，无论室外照度如何变化，计算点的采光系数是保持不变的。要求室内某点在天然采光条件下达到的照度，只要把采光系数乘以当时的室外天空扩散光照度就行了。

应当指出，实际上在晴天或多云天气，不同方位上的天空亮度有差别；因此，按照上述简化的采光系数概念计算的结果与实测的采光系数值会有一定的偏差。

（2）采光系数标准

作为采光设计目标的采光系数标准值，是根据视觉工作的难度和室外的有效照度确定的，指的是在规定的室外天然光设计照度下，满足视觉功能要求时的采光系数值。

表 8-5 列出了我国不同作业场所工作面上的采光系数标准值和室内天然光照度标准值。其中室内天然光照度标准值指的是对应于规定的室外天然光设计照度值和相应的采光系数标准值的参考平面上的照度值。在 2014 年新颁布的《建筑采光设计标准》GB /T 50033—2014 中，修改了原标准中侧面采光以采光系数最低值为标准值、顶部采光采用平均值作为标准值的做法。新标准统一采用采光系数平均值作为标准值（对于侧面采光，采光系数平均值一般为最低值的 3 倍）。这里，原有的室外有效照度或者室外临界照度的概念也取消了，取而代之的是室外天然光设计照度值（表 8-6）。在采用采光系数作为采光评价指标的同时，还给出了相应的室内天然光照度值，这样一方面可与视觉工作所需要的照度值相联系，而且还便于和照明标准规定的照度值进行比较。在已知工作场所采光系数标准值的情况下，可根据室外天然光设计照度值求得室内天然光照度标准值，室外天然光设计照度值是根据我国的光气候状况，考虑到天然光利用的合理性，以及与照明标准的协调性确定的室外设计照度值。

视觉作业场所工作面上的采光数标准值和室内天然光照度标准值　　　　　　表 8-5

采光等级	侧面采光		顶部采光	
	采光系数标准值（%）	室内天然光照度标准值（lx）	采光系数标准值（%）	室内天然光照度标准值（lx）
I	5	750	5	750
II	4	600	3	450
III	3	450	2	300
IV	2	300	1	150
V	1	150	0.5	75

注：1. 工业建筑参考平面取距地面 1m，民用建筑取距地面 0.75m，公用场所取地面。

　　2. 表中所列采光系数标准值适用于我国 III 类光气候区，采光系数标准值是按室外设计照度值 15000lx 制定的。

　　3. 采光标准的上限值不宜高于上一采光等级的级差，采光系数值不宜高于 7%。

之所以采用采光系数平均值约束建筑采光设计，原因是不仅能反映出采光的平均水平，也更方便理解和使用。研究表明，窗地比与采光系数平均值（C_{ave}）呈近似线性关系，采光系数最低值（C_{min}）与窗地比无线性关系。对于标准全阴天，真正对应建筑师采光方案合理性的判定是平均照度，其与窗地比存在近似的线性关系，不同形状的房间也因此对应不同的合理窗地比。用采光系数平均值作为标准值既能反映一个工作场所总的采光状况，又能将采光系数与窗地面积比直接联系在一起。此外，采用采光系数平均值和平均照度可以将计算和评定侧窗采光和天窗采光的参数统一在一起，方便二者之间的综合比较和对接。采用采光系数平均值和平均照度同时方便结合照明标准及节能标准的相关参数，为统一考虑采光均匀度和照明均匀度提供了可能。

顶部采光原标准就是采用的采光系数平均值。考虑到当前一些遮阳材料的使用和建筑遮挡的日趋严重，对其采光系数标准值作了些调整，调整后的室内天然光照度值与照明标准的照度值基本一致。

表 8-5 是研究者针对常规几何尺寸的房间参考平面高度的采光系数平均值进行了大量的数据模拟和分析论证得到的。研究案例包括不同进深（4.5～16.8m）、不同层高（2.2～11.8m）以及不同开间/进深比（0.6、1、1.5）的多种房间尺寸中的 9 种开窗情况所对应的采光系数平均值，其中，原始模拟模型包括 69 种房间尺寸，每种房间针对 9 种开窗方式（窗高系数 0.2，0.4，0.6；窗宽系数 0.5，0.7，0.9 排列组合）进行模拟计算，共获得原始模拟模型 621 个。随后利用线性插值和公式辅助推导等方法扩充至 1800 例不同情况下的采光系数平均值。

表 8-5 表明，随着采光等级的提高，侧面采光和顶部采光的采光系数标准值越来越接近，这是因为窗地面积比不同，采光区的有效进深会不同，在窗地面积比小时，有效进深大，采光均匀度很差，侧面采光和顶部采光的采光系数标准值相差较大，随着窗地面积比的增大，采光有效进深减少，采光均匀度提高，采光系数标准值也就越来越接近。

2. 我国的光气候特点与光气候分区

影响室外地面照度的气象因素主要有太阳高度角、云量、日照率等，我国地域辽阔，同一时刻南北方的太阳高度角相差很大。从日照率看来，由北、西北往东南方向逐渐减少，而以四川盆地一带为最低；从云量看来，自北向南逐渐增多，四川盆地最多；从云状看，南方以低云为主，向北逐渐以高、中云为主。这些均说明，南方以天空扩散光照度占优，北方以太阳直射光为主（西藏为特例），并且南北方室外平均照度差异较大。

为了进行天然采光设计，需要了解各地的临界照度。《建筑采光设计标准》GB/T 50033—2013 将全国分为五类光气候区（图 8-22），根据各地区室外年平均总照度长年累计值的高低，分别采用不同的室外临界照度，见表 8-6；并且以第Ⅲ区为基准（室外天然光设计照度值 15000lx）来确定采光系数标准。实际上，表 8-5 给出的是第Ⅲ区的采光系数，其他光气候区的采光系数标准值则等于第Ⅲ区的采光系数标准乘以该地区的光气候系数 K，见表 8-6。例如拉萨地区属于第Ⅰ光气候分区，第Ⅱ区采光等级，建筑侧面采光时的采光系数最低值是 2.55（3 乘以 0.85），由于室外天然光设计照度值是 18000lx，所以室内天然光照度就是 459lx。

光 气 候 系 数 K   表 8-6

光气候分区	Ⅰ	Ⅱ	Ⅲ	Ⅳ	Ⅴ
K 值	0.85	0.90	1.00	1.10	1.20
室外天然光设计照度值 E_s（lx）	18000	16500	15000	13500	12000

3. 不同采光口形式的特征及其对室内光环境的影响

天然采光的形式主要有侧面采光和顶部采光，即在侧墙上或者屋顶上开采光口采光。

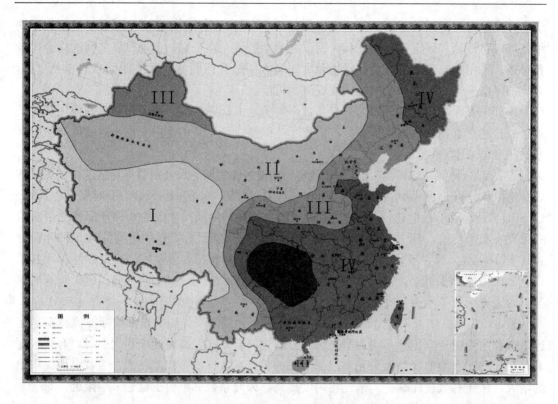

图 8-22　我国的光气候分区图

（注：按天然光年平均总照度（klx）Ⅰ. $E_q \geqslant 45$，Ⅱ. $40 \leqslant E_q < 45$，

Ⅲ. $35 \leqslant E_q < 40$，Ⅳ. $30 \leqslant E_q < 35$，Ⅴ. $E_q < 30$）

　　另外也有采用反光板、反射镜等，通过光井、侧高窗等采光口进行采光的形式。不同种类的采光口设置和采用不同种类的玻璃，形成的室内照度分布有很大的不同。前面介绍过，室内的照度水平是很重要的，但照度分布也是室内光环境质量的一个非常重要的指标。

　　窗的面积越小，获得天然光的光通量就越少。但相同窗口面积的条件下，窗户的形状和位置对进入室内的光通量的分布有很大的影响。如果光能集中在窗口附近，可能会造成远窗处照度不足需要进行人工照明，而近窗处因为照度过高造成不舒适眩光故需拉上窗帘，结果是仍然需要人工照明。这样就失去了天然采光的意义了。因此，对于一般的天然采光空间来

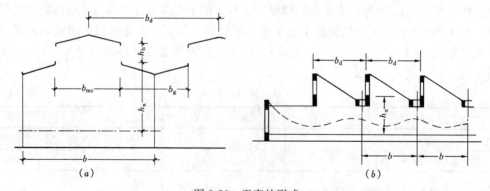

图 8-23　天窗的形式

（a）矩形天窗；（b）锯齿形天窗

说，尽量降低近采光口处的照度，提高远采光口处的照度，使照度尽量均匀化是有意义的。

顶窗形成的室内照度分布比侧窗要均匀得多。顶部采光常采用锯齿形天窗、矩形天窗（见图 8-23）和平天窗。很多大型空间如商用建筑的中庭、体育场馆、高大车间等常采用天窗采光，但侧窗采光仍然是最容易实现并最常用的采光方式。

图 8-24 给出的是不同形状的侧窗形成的光线分布示意。在侧窗面积相等、窗台标高相等的情况下，正方形窗口获得的光通量最高，竖长方形次之，横长方形最少。但从照度均匀性角度看，竖长方形在进深方向上照度均匀性好，横长方形在宽度方向上照度均匀性好。

除了窗的面积以外，侧窗上沿或者下沿的标高对室内照度分布的均匀

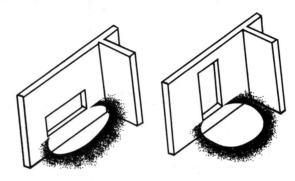

图 8-24　不同形状的侧窗形成的光线分布

性也有着显著影响。图 8-25 是侧窗高度变化对室内照度分布的影响示意图。从图 8-25（a）可以看出，随着窗户上沿的下降、窗户面积的减小，室内各点照度均下降。但由图 8-25（b），提高窗台的高度，尽管窗的面积减小了，导致近窗处的照度降低，却对进深处的照度影响不大。

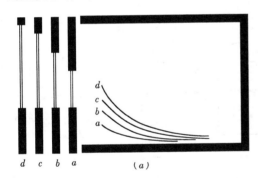 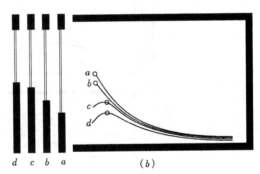

图 8-25　侧窗高度变化对室内照度分布的影响
（a）窗上沿高度对照度分布的影响；（b）窗台高度对室内照度分布的影响

图 8-26 是面积相同的侧窗不同布置对室内照度分布的影响示意。影响房间进深方向上的照度均匀性的主要因素是窗位置的高低。由图 8-26（a）、（b）、（c）的对比可见，窗面积相同的情况下，高窗形成的室内照度分布比较均匀，即近窗处比较低，远窗处相对比较高。而图（a）的低窗和图（c）中分割成多个的窄条窗形成的照度分布均匀性要差很多。

图 8-27 是不同透光材料对室内照度分布的影响示意。不同类型的透光材料对室内照度分布也有重要的影响。采用扩散透光材料如乳白玻璃、玻璃砖，或者采用将光线折射到顶棚的定向折光玻璃，都有助于使室内的照度分布均匀化。

三、天然采光设计计算简介

天然采光设计的步骤根据不同设计阶段的目标不同而异。在建筑设计阶段，需按照《建筑采光设计标准》的要求与初步拟定的建筑条件，估算开窗面积。如果窗子的位置、尺寸和构造

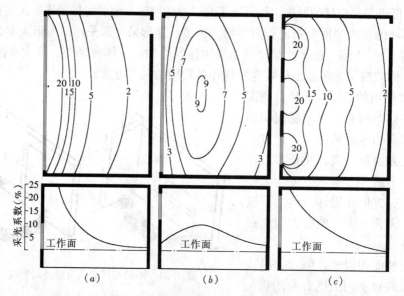

图 8-26 面积相同的侧窗不同布置对室内照度分布的影响

(a) 低窗；(b) 高窗；(c) 多个窄条窗

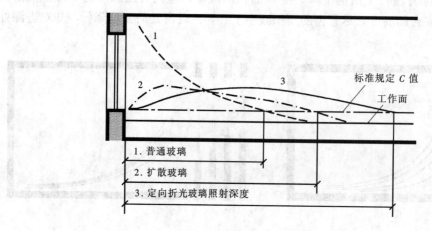

图 8-27 不同透光材料对室内照度分布的影响

已经基本确定，就需要通过较详细的计算来检验室内天然光照度水平是否达到了规定标准。

世界各国使用的采光计算方法多达数十种，如流明法、采光系数法、光通量传输法等。这些方法各有优劣，但按照计算目标可归纳为两类：一类是集总参数计算法，通常是利用简便的计算来检验一个房间的采光系数基准值；另一类是分布参数计算法，能求出室内各点的采光系数，并可通过室外天空光的逐时变化，求出室内各点的天然光照度的逐时分布。后一类方法计算工作量相当大，需要通过计算机模拟来实现，在第五节中有介绍。在一般设计工作中，设计人员多采用集总参数计算法并利用直观的计算图表曲线来进行设计计算。

在不考虑太阳直射条件下，室内天然光来源于三个途径：天空扩散光、室外反射光和室内的反射光。室外反射光是指地面与环境等反射面反射的天空光；而在房间深处不能得到天空光或者室外反射光直接照射的地点，其形成的照度主要来自室内反射光。所以，室内一点的采光系数 C 也是由三个分量组成，即采光系数的天空分量 C'_d、室外反射分量

$C_{\text{out,ref}}$ 与室内反射分量 $C_{\text{in,ref}}$:

$$C = C'_d + C_{\text{out,ref}} + C_{\text{in,ref}} \tag{8-16}$$

室内给定平面上某点采光系数的天空分量 C'_d,是该点的天空光照射照度与天空半球在室外无遮挡水平面上产生的照度之比,是采光系数的主体。

室内给定平面上某点采光系数的室外反射分量,是该点直接由室外反射面得到的天然光照度与整个天空在无遮挡的室外水平面上产生的照度之比。由于室外表面比较复杂,所以在一般的采光计算中常忽略不计室外反射分量,或假定室外反射分量为天空分量的 10%,不再单独进行计算。

采光系数的室内反射分量,是在给定平面上的一点从室内反射面上得到的天然光照度与整个天空在室外水平面上产生的照度之比。

在实际应用中,往往采用线算图的方式来计算室内某点的采光系数,并据此来确定采光口的大小。图 8-28 给出的是侧窗的采光系数线算图,图中纵坐标 C'_d 是侧窗窗洞口的采光系数天空分量,横坐标中的 B 是室内计算点 P 至窗的距离,h_c 是窗高。l 是房间宽度(即有窗的墙的长度),b 是房间的进深,见图 8-29。

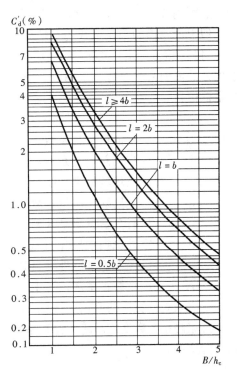

图 8-28 侧窗采光线算图

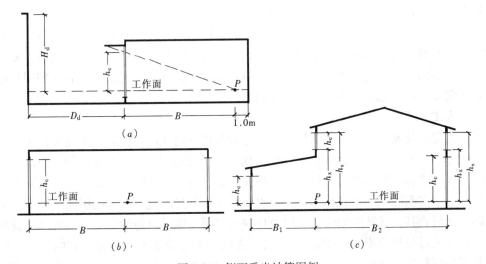

图 8-29 侧面采光计算图例

(注:H_d 是窗对面遮挡物在工作面以上的平均高度,D_d 是遮挡物至窗口的距离,h_x 是工作面至窗下沿的高度,h_s 是工作面至窗上沿的高度)

按采光标准的规定，侧窗采光需要计算室内采光系数的最低值。一般取距内墙 1m 的计算点作为采光系数的最低值点。例如，有一房间进深 6m，有窗的外墙长 9m，窗高 2m，计算点距内墙 1m，由图 8-28，侧窗洞口采光系数 $C'_d = 1.65$。

但上面获得的采光系数还不是最终的结果。还要考虑室内反射分量的作用、窗采用的透光材料性能的影响、窗间墙的挡光、室外遮挡物的作用等影响。如果已经求得室内最低照度处的窗洞采光系数，采用以下修正公式就可以求得反映了上述因素影响的室内采光系数最低值：

$$C_{\min} = C'_d \times K_\tau \times K'_\rho \times K_c \times K_\omega \tag{8-17}$$

式中　C'_d——侧窗洞口采光系数；

K_τ——窗户的总透光系数，与窗框的类型与材料、断面大小、透光材料的透射比以及环境污染程度有关，见附录 8-4；

K'_ρ——室内反射光增量系数，与房间尺度、单侧还是双侧采光、墙内表面的反射比有关，见附录 8-5；

K_ω——室外遮挡物挡光折减系数，与遮挡物距窗口的距离、高度、窗高等有关，已经考虑了室外反射分量的作用，见附录 8-6；

K_c——窗宽修正系数，等于总窗宽占墙长的比例，$K_c = \Sigma b_c / l$，b_c 为窗宽。

顶窗采光的算法与侧窗采光的算法类似，除采用的图表以及一些系数的求法不同以外，窗宽修正系数变成高跨比修正系数，室外遮挡物挡光折减系数变成矩形天窗挡风板的挡光折减系数。

第四节　人　工　照　明

天然光具有很多优点，但它的应用受到时间和地点的限制。建筑物内不仅在夜间必须采用人工照明，在某些场合，白天也需要人工照明。人工照明的目的是按照人的生理、心理和社会的需求，创造一个人为的光环境。人工照明主要可分为工作照明（或功能性照明）和装饰照明（或艺术性照明）。前者主要着眼于满足人们生理上、生活上和工作上的实际需要，具有实用性的目的；后者主要满足人们心理、精神上和社会上的观赏需要，具有艺术性的目的。在考虑人工照明时，既要确定光源、灯具、安装功率和解决照明质量等问题，还需要同时考虑相应的供电线路和设备。

一、人工光源

人工光源按其发光机理可分为热辐射光源和气体放电光源。前者靠通电加热钨丝，使其处于炽热状态而发光；后者靠放电产生的气体离子发光。人工光源发出的光通量与它消耗的电功率之比称该光源的发光效率，简称光效，单位为 lm/W，是表示人工光源节能性的指标。由于照明能耗不可忽视，第一节也介绍了良好光环境的要素，因此评价人工光源的指标包括反映其能耗特性的光效，以及反映其照明性能的显色性。表 8-7 给出了我国生产的电光源色温与显色指数，图 8-30 给出了常见人工光源的光通量与光效的关系，曲线上的数字是灯的功率（W）。天然光的光效大概在 95～105lm/W 左右，因此比绝大多数的室内使用的人工光源的光效都高。

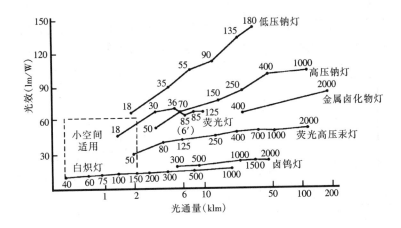

图 8-30 各种光源发出的光通量和光效的关系

我国生产的电光源色温与显色指数   表 8-7

光 源 名 称	色 温（K）	R_a
白炽灯（100W）	2800	95～100
镝灯（1000W）	4300	85～95
荧光灯（日光色 40W）	6700	70～80
荧光高压汞灯（400W）	5500	30～40
高压钠灯（400W）	2000	20～25

下面介绍几种常用光源的构造和发光原理。

1．热辐射光源

（1）普通白炽灯：白炽灯是一种利用电流通过细钨丝所产生的高温而发光的热辐射光源。图 8-19 的曲线 3 给出了白炽灯的光谱功率分布，图 8-31 给出不同灯丝温度的白炽灯的光谱分布情况。可以看出白炽灯光谱功率分布是连续性分布的，这一点与天然光有共性，所以与其他人工光源相比，它具有良好的显色性。但从图 8-19 可以看到，它发出的可见光长波部分的功率较大，短波部分功率较小，因此与天然光相比，其光色偏红。所以，白炽灯并不适用于对颜色分辨要求很高的场所。

白炽灯的光效不高，仅在 12～20lm/W 左右，也就是说，只有 2％～3％的电能转化为光能，97％以上的电能都以热辐射的形式损失掉了。此外，白炽灯灯丝亮度很高，易形成眩光。

白炽灯还具有其他一些光源所不具备的优点，如无频闪现象，适用于不允许有频闪现象的场合；灯丝小，便于控光，以实现光的再分配；调光方便，有利于光的调节；开关频繁程度对寿命影响小，适应于频繁开关的场所。此外还有体积小，构造简单，价格便宜，使用方便等优点。所以白炽灯仍是一种广泛使用的光源。

（2）卤钨灯：普通白炽灯的灯丝在高温下会造成钨的汽化，汽化后的钨粒子附着在灯的外玻璃壳内表面，使之透光率下降。将卤族元素，如碘、溴等充入灯泡内，它能和游离态的钨化合成气态的卤化钨。这种化合物很不稳定，在靠近高温的灯丝时会发生分解，分解出的钨重新附着在灯丝上，而卤族又继续进行新的循环，这种卤钨循环作用消除了灯泡的黑化，延缓了灯丝的蒸发，将灯的发光效率提高到 20lm/W 以上，寿命也延长到 1500h 左右。卤钨循环必须在高温下进行，要求灯泡内保持高温，因此，卤钨灯要比普通白炽灯体积小得多。卤钨灯的光色与光谱功率分布与普通白炽灯类似。

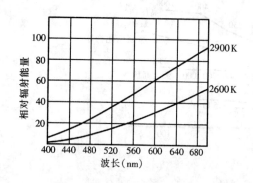

图 8-31　白炽灯的光谱分布特性

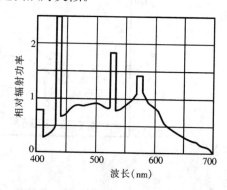

图 8-32　荧光灯（日光色）的光谱分布特性

2. 气体放电光源

（1）荧光灯：荧光灯是一种低压汞放电灯。直管型荧光灯灯管内两端各有一个密封的电极，管内充有低压汞蒸气和少量帮助启燃的氩气。灯管内壁涂有一层荧光粉，当灯管两极加上电压后，由于气体放电产生紫外线，紫外线激发荧光粉发出可见光。荧光粉的成分决定荧光灯的光效和颜色。根据不同的荧光粉成分，产生不同的光色，故可制成接近天然光光色，显色性良好的荧光灯。荧光灯的光效高，一般可达 60lm/W，有的甚至可达 100lm/W 以上。寿命也很长，优质产品为 8000h，有的寿命已达到 10000h 以上。图 8-32 是荧光灯的光谱分布特性曲线。

荧光灯发光面积大，管壁负荷小，表面亮度低，寿命长，广泛用于办公室、教室、商店、医院和高度小于 6m 的工业厂房，但荧光灯与所有气体放电光源一样，其光通量随着交流电压的变化而产生周期性的强弱变化，使人眼观察旋转物体时产生不转动或倒转或慢速旋转的错觉，这种现象称频闪现象，故在视看对象为高速旋转体的场合不能使用。为适应不同的照明用途，除直管型荧光灯外，还有"U"形、环型荧光灯、反射型荧光灯等异型荧光灯。

（2）荧光高压汞灯：荧光高压汞灯发光原理与荧光灯相同，只是构造不同，灯泡壳有两种：透明泡壳和涂荧光粉层。由于它的内管中汞蒸气的压力为 1～5 个大气压而得名。荧光高压汞灯具有光效高（一般可达 50lm/W）、寿命长（可达 5000h）的优点，其主要缺点是显色性差，主要发绿、蓝色光。在此灯照射下，物体都增加了绿、蓝色调，使人不能正确分辨颜色，故该灯通常用于街道、施工现场和不需要认真分辨颜色的大面积照明场所。图 8-33 是荧光高压汞灯的光谱分布特性。

（3）金属卤化物灯：金属卤化物灯的构造和发光原理与荧光高压汞灯相似，区别在于灯的内管充有碘化铟、碘化钪、溴化钠等金属卤化物、汞蒸气、惰性气体等，外壳和内管之间充氮气或惰性气体，外壳不涂荧光粉。由电子激发金属原子，直接发出与天然光相近的可见光，光效可达 80lm/W 以上。金属卤化物灯与汞灯相比，不仅提高了光效，显色性也有很大改进，寿命一般为 8000～10000h。由于其光效高、光色好、单灯功率大，适用于高大厂房和室外运动照明。小功率的金卤灯（35W、70W）常用于商店和室外照明。图 8-34 是金属卤化物灯的光谱分布特性。

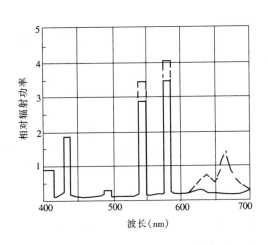

图 8-33　荧光高压汞灯的光谱分布特性

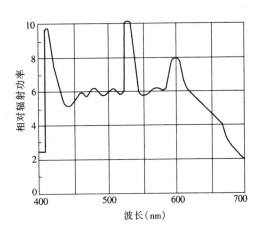

图 8-34　金属卤化物灯（日光色镝灯）
的光谱分布特性

（4）高压钠灯：高压钠灯内管中含 99% 的多晶氧化铝半透明材料，有很好的抗钠腐蚀能力。管内充钠、汞蒸气和氙气，汞量是钠量的 2～3 倍。氙气的作用是起弧，汞蒸气则起缓冲剂和增加放电电抗的作用，仍然是由钠蒸气发出可见光。随着钠蒸气气压的增高，单色谱线辐射能减小，谱带变宽，光色改善。高压钠灯已成为目前一般照明应用的电光源中光效最高（120lm/W）、寿命最长的灯（20000h 以上）。除了上述优点，高压钠灯的透雾能力也很强，因此，在街道照明方面，高压钠灯的应

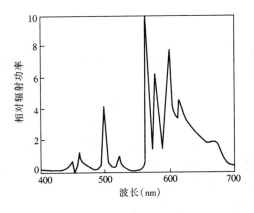

图 8-35　高压钠灯的光谱分布特性

用非常普及，在高大厂房也有应用高压钠灯的实例。图 8-35 是高压钠灯的光谱分布特性。

（5）低压钠灯：低压钠灯是钠原子在激发状态下发出 589.0nm 和 589.6nm 的单色可见光，故不用荧光粉，光效最高可达 300lm/W，市售产品大约为 140lm/W。由于低压钠灯发出的是单色光。所以在它的照射下物体没有颜色感，不能用于区别颜色的场所，在室内极少使用。但由于 589.0nm 和 589.6nm 的单色光接近人眼最敏感的 555.0nm 的黄绿光，透雾性很强，故常用于灯塔的指示灯和航道、机场跑道的照明，可获得很高的能见度和节能效果。

（6）紧凑型荧光灯：从上述各种电光源的优缺点中可看出，光效与显色性之间是相互矛盾的，除了金属卤化物灯光效与显色性均好以外，其他灯的高光效是以牺牲显色性为代价的；另外，光效高的灯往往单灯功率大，因而光通量也大，这使它们无法在小空间使用。为此，近年来出现了一些功率小、光效高、显色性较好的新光源，如紧凑型荧光灯，即所谓的节能灯，其体积和 100W 普通白炽灯相近，显色性指数在 63～85 的范围内，色温范围比较大，为 2700～6400 K，单灯光通量在 425～1200lm 范围内。由于采用稀土三

基色荧光粉和电子镇流器，比采用卤素荧光粉和电磁式镇流器的普通荧光灯光效要高，可达 70lm/W。灯头也被做成白炽灯那样，附件安装在灯内，适用于低、小空间的照明，可以直接替代白炽灯。

3. 半导体光源

半导体发光二极管，简称 LED，是采用半导体材料制成的，可直接将电能转化为光能、电信号转换成光信号的发光器件。传统的 LED 主要用于信号显示领域，如建筑物航空障碍灯、航标灯、汽车信号灯、仪表背光照明。由于蓝光和白光 LED 及大功率（1～5W）LED 研制成功，目前在建筑物室内外照明中的应用日益广泛。

LED 具有功耗低、抗振动、绿色环保（不含汞）、寿命长、发热量低等特点。目前市场上销售 LED 灯具光效一般在 75～128lm/W，远远高于白炽灯，同时显色性指数也可保持在 75～82 之间，而最高可达到 300lm/W 左右的水平，但价格不菲。如果能够解决 LED 的显色性和价格等问题，LED 会在将来的照明领域发挥重要作用。

二、灯具

灯具是光源、灯罩及其附件的总称，分为装饰灯具和功能灯具两种。功能灯具是指满足高效、低眩光要求而采用控光设计的灯罩，以保证把光源的光通量集中到需要的地方。

任何材料制成的灯罩都会吸收部分光通量，光源本身也会吸收少量灯罩的反射光，因此灯具有一个效率问题。灯具效率被定义为在规定条件下测得的灯具发射的光通量与光源发出的光通量之比，其值小于 1.0，与灯罩开口大小、灯罩材料的光学性能有关。所以，在考虑人工照明的节能问题的时候，不仅要考虑光源的光效，而且同时还应考虑灯具效率。

灯具类型主要有直接型、扩散型和间接型三大类。直接型是光源直接向下照射，上部灯罩用反射性能良好的不透光材料制成。扩散型灯具用扩散型透光材料罩住光源，使室内的照度分布均匀。间接型灯具是用不透光反射材料把光源的光通量投射到顶棚，再通过顶棚扩散反射到工作面，从而避免了灯具的眩光。实际上，多数的灯具都是上述两种或三种方式的灵活结合，例如直接型的在顶棚上的暗装灯具在下部开口处加设磨砂玻璃等扩散透光罩以增加光的扩散作用。

灯具在使用过程中会产生大量的热量，将灯具和空调末端装置结合在一起可得到较好的节能效益。这种将灯具与回风末端相结合的装置主要有吊顶压力通风和管道通风两类。它均通过灯具回风，由回风系统带走灯具产生的大部分热量，使这些热量不进入室内空间，从而减小空调设备的负荷，同时又使灯具内的灯处于最佳工作状态（28℃左右），可以提高光效并达到节能的目的。这种灯具与空调末端装置结合的方式有三种，见图 8-36。

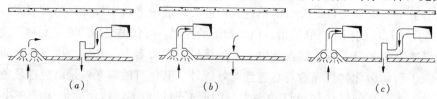

图 8-36 灯具与空调末端装置的结合
(a) 管道送风，吊顶回风；(b) 吊顶送风，管道回风；(c) 管道送风，管道回风

三、照明方式

在照明设计中，照明方式的选择对光质量、照明经济性和建筑艺术风格都有重要的影响。合理的照明方式应当既符合建筑的使用要求，又和建筑结构形式相协调。

正常使用的照明系统，按其灯具的布置方式可分为四种照明方式，见图 8-37。

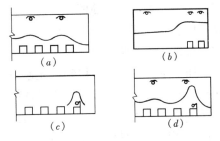

图 8-37　不同照明方式及照度分布
(a) 一般照明；(b) 分区一般照明；
(c) 局部照明；(d) 混合照明

1. 一般照明

在工作场所内不考虑特殊的局部需要，以照亮整个工作面为目的的照明方式称一般照明。一般照明时，灯具均匀分布在被照面上空，在工作面形成均匀的照度。这种照明方式适合于工作人员的作业对象位置频繁变换的场所，以及对光的投射方向没有特殊要求，或在工作面内没有特别需要提高视度的工作点，或工作点很密的场合。但当工作精度较高，要求的照度很高或房间高度较大时，单独采用一般照明，就会造成灯具过多，功率过大，导致投资和使用费太高。

2. 分区一般照明

同一房间内由于使用功能不同，各功能区所需要的照度值不相同，这时需首先对房间进行分区，再对每一分区做一般照明，这种照明方式称分区一般照明。例如在大型厂房内，会有工作区与交通区的照度差别，不同工段间也有照度差异；在开敞式办公室内有办公区和休息区之别，两区域对照度和光色的要求均不相同。这种情况下，分区一般照明不仅满足了各区域的功能需求，还达到了节能的目的。

3. 局部照明

为了实现某一指定点的高照度要求，在较小范围或有限空间内，采用距离作业对象近的灯具来满足该点照明要求的照明方式称局部照明。如车间内的车床灯、商店里的重点照明射灯以及办公桌上的台灯等均属于局部照明。由于这种照明方式的灯具靠近工作面，故可以在少耗费电能的条件下获得较高的照度。为避免直接眩光，局部照明灯具通常都具有较大的遮光角，照射范围非常有限，故在大空间单独使用局部照明时，整个环境得不到必要的照度，造成工作面与周围环境之间的亮度对比过大，人眼一离开工作面就处于黑暗之中，易引起视觉疲劳，因此是不适宜的。

4. 混合照明

工作面上的照度由一般照明和局部照明合成的照明方式称混合照明。混合照明是一种分工合理的照明方式，在工作区需要很高照度的情况下，常常是一种最经济的照明方法。这种照明方式适合用于要求高照度或要求有一定的投光方向，或工作面上的固定工作点分布稀疏的场所。

为保证工作面与周围环境的亮度比不致过大，获得较好的视觉舒适性，一般照明提供的照度占总照度的比例在 60% 以上为宜。

四、照明设计计算

照明设计计算是人工光环境设计的一个重要环节。当明确了设计要求，选择了合适的照明方式、光源和灯具，确定了所需要的照度和各种质量要求后，通过照明计算可求出所需要的灯具数量和光源功率；或反过来，在已经初步确定照明设计的条件下，验证所做的照明设计是否符合照度标准要求。

照明设计计算的内容范围很广，包括照度、亮度、眩光、经济与节能分析等，而且计算方法也很多，这里简要介绍通过利用系数计算室内照度的方法。利用系数法考虑了直射光和反射光两部分所产生的照度，计算结果为水平工作面上的平均照度。该法适用于灯具均匀布置的一般照明以及利用墙和顶棚作反光面的场合。

如果定义工作面上得到的光通量为有效光通量 Φ_u，灯具的个数为 N，每个灯具内的光源光通量为 Φ，则灯具的利用系数 C_u 的定义为有效光通量 Φ_u 与室内所有光源发出的总光通量 $N\Phi$ 的比值。C_u 与灯具类型（灯具效率与配光）、灯具间隔、各内壁面反射比、房间的长宽以及灯具到工作面的距离有关，可根据设计条件由灯具厂商提供的灯具技术文件中查得。

灯具内光源的光通量与工作面照度之间的关系为：

$$\Phi = \frac{EA}{NC_u K} \tag{8-18}$$

式中　E——工作面的平均照度，lx；

　　　A——工作面的面积，m^2；

　　　Φ——每个灯具内的光源光通量，lm；

　　　N——灯具数量；

　　　C_u——利用系数；

　　　K——维护系数。

维护系数是考虑灯具在使用过程中会受到污染，光源的输出光通量会逐渐衰减，因此光通量会下降，所以在照明设计中要把初始照度适当提高而提出的修正系数，可通过《建筑照明设计标准》查得相应的数值。

第五节　天然采光的数学模型 *

无论是采用前面所介绍的采光系数法计算某时刻的室内照度，还是采用分布参数模型计算室内各点天然采光的照度分布，都必须知道该时刻该方向上的室外无遮挡的天空扩散光在水平面上产生的照度。下面就介绍几种常用的天空亮度分布模型，以及采用采光系数法做室内照度计算时需要用到的光气候数据。

一、天空亮度分布模型

为了在采光设计中应用标准化的光气候数据，国际照明委员会（CIE）根据世界各地对天空亮度观测的结果，提出了三种天空亮度分布的数学模型，供设计者选择。这三种模型是：均匀天空亮度分布模型、CIE 全阴天空模型和 CIE 晴天天空模型。

1. 均匀天空亮度分布模型

这是一种假想的、理论上的天空状况。只有在简化的采光设计中，才考虑用这种各方向亮度一致的天空作为设计条件。

2. CIE 全阴天空模型

这种天空模型的特点是天空亮度不再是均匀分布，而是从天顶到水平面呈函数分布，在同一高度的不同方位上亮度相等，但是从地平面到天顶的不同高度上有以下的亮度变化规律：

$$L_\theta = L_Z\left(\frac{1+2\sin\theta}{3}\right) \tag{8-19}$$

式中　L_θ——离地面 θ 角处天空微元的亮度，见图8-38，cd/m^2；

　　　　L_Z——天顶亮度（$\theta=90°$），参见式（8-30），cd/m^2；

　　　　θ——高度角，度。

从上式推算，天顶亮度约为地平线附近天空亮度的3倍，图8-39给出了平均亮度相等的均匀天空模型与CIE全阴天空模型的天空亮度分布的区别。

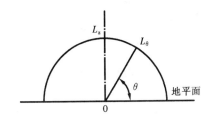

图 8-38　全阴天模型各变量之间的关系

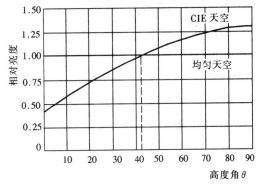

图 8-39　两种模型的天空亮度分布比较

CIE标准全阴天空适用于最低限度条件的采光设计。它符合世界各地对实际全阴天空观测的结果，数学表达式简单，应用广泛。我国也采用这类天空作为采光设计的依据。

3. CIE 晴天天空

晴天天空的亮度分布相当复杂，与太阳高度和方位两个因素有关。晴天同阴天相反，除去太阳附近的天空最亮以外，通常在地平线附近的天空要比天顶亮；与太阳相距约 $90°$ 高度角的对称位置上，天空亮度最低。图8-40是一个典型的晴天天空亮度分布图（符合 CIE 标准晴天天空亮度分布函数，设 $L_Z=1$）。

下面就是 CIE 标准晴天天空亮度分布函数表达式：

$$L_p = L_Z\frac{(0.91+10\exp(3\delta)+0.45\cos^2\delta)(1-\exp(-0.32/\cos\varepsilon))}{(0.91+10\exp(-3Z_s)+0.45\cos^2Z_s)(1-\exp(0.32))} \tag{8-20}$$

式中　L_p——天空微元的亮度，cd/m^2；

　　　　L_Z——天顶亮度，参见式（8-31），cd/m^2；

　　　　ε——天顶与天空微元间的角度；

　　　　Z_s——太阳的天顶角，见图8-41；

　　　　δ——太阳与天空微元之间的角度，$\delta=\arccos(\cos Z_s\cos\varepsilon+\sin Z_s\sin\varepsilon\cos\varepsilon)$。

4. 通用天空亮度分布的数学模型

为了在采光设计过程中给出一个统一的计算天空亮度的方法，CIE 近年发表了 CIE 标准通用天空亮度分布的数学模型[4]。天空任一微元的亮度 L_p 与天顶亮度 L_Z 的亮度比表示为：

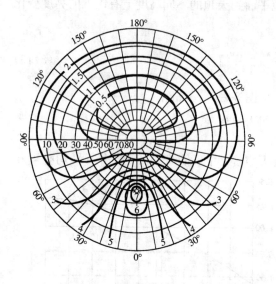

图 8-40　晴天天空亮度分布
（太阳高度角 40°，方位角 0°）

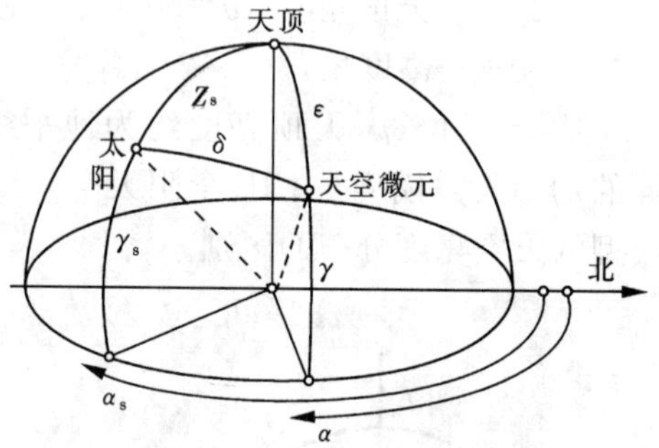

图 8-41　天空亮度分布模型的变量定义

$$\frac{L_p}{L_z} = \frac{f(\delta)\varphi(\varepsilon)}{f(Z_s)\varphi(0)} \tag{8-21}$$

式（8-21）中各变量意义同式（8-20）。

f 函数是与天空元素相对亮度随它离太阳的角距离变化相关的散射特征曲线：

$$f(\delta) = 1 + c\left[\exp(d\delta) - \exp\left(d\,\frac{\pi}{2}\right)\right] + e\cos^2\delta \tag{8-22}$$

另一个函数为：

$$\varphi(\varepsilon) = 1 + a\exp(b/\cos\varepsilon), 0 \leqslant \varepsilon < \frac{\pi}{2} \tag{8-23}$$

整理到同一个式子中，则可得到与式（8-20）相似的形式：

$$L_p = L_Z \frac{[1 + c\exp(d\delta) - c\exp\left(d\,\frac{\pi}{2}\right) + e\cos^2\delta][1 + a\exp(b/\cos\varepsilon)]}{[1 + c\exp(dZ_s) - c\exp\left(d\,\frac{\pi}{2}\right) + e\cos^2 Z_s][1 + a\exp(b)]} \tag{8-24}$$

式（8-24）中 a、b 为亮度分级参数，c、d、e 为散射特征曲线参数，其数值见表8-8。表中的"类型"编号是指 CIE 对各类不同天空亮度分布类型规定的编号。除表中列出的类型以外，传统的全阴天空被规定为第 16 种天空亮度分布类型，与 CIE 标准全阴天空（第 1 种类型）在接近地平线部分有较大的亮度差别，前者偏高。

二、光气候数据资料

1. 太阳直射光产生的照度

（1）直射光穿过大气层到达地面所形成的法线方向照度为：

通用天空亮度分布的数学模型的标准参数　　　　　　　　　　　　　　　　　　　**表 8-8**

类型	a	b	c	d	e	亮度分布的描述
1	4.0	−0.70	0	−1.0	0	CIE 标准全阴天空，各方位亮度均匀，亮度向天顶逐级增加
5	0	−1.0	0	−1.0	0	均匀亮度天空
12	−1.0	−0.32	10	−3.0	0.45	CIE 标准晴天空，低亮度浑浊度
13	−1.0	−0.32	16	−3.0	0.30	CIE 标准晴天空，被污染的大气

$$E_{dn} = E_{xt}\exp(-am) \tag{8-25}$$

式中　E_{dn}——直射光法线照度，lx；

　　　E_{xt}——大气层外太阳照度，年平均值为 133.8klx；

　　　a——大气层消光系数，见表 8-9；

　　　m——大气层质量，同第二章，$m = \dfrac{1}{\sin\beta}$；

　　　β——太阳高度角。

（2）地平面的直射光照度 E_{dH}：

$$E_{dH} = E_{dn}\sin\beta \tag{8-26}$$

（3）垂直面上的直射光照度 E_{dv}

$$E_{dv} = E_{dn}\cos\alpha_i \tag{8-27}$$

式中　E_{dH}——地平面的直射光照度，lx；

　　　E_{dv}——垂直面的直射光照度，lx；

　　　α_i——太阳入射角，它是垂直两法线与太阳射线间的角度

$$a_i = \arccos(\cos\beta\cos A_Z) \tag{8-28}$$

　　　A_Z——太阳与垂直面法线间的平面方位角，见图 8-42。

2. 天空扩散光产生的照度

由天空扩散光对地面产生的照度可以用下式计算：

$$E_{kh} = A + B(\sin\beta)^C \tag{8-29}$$

式中　E_{kh}——天空扩散光在地平面上产生的照度，lx；

　　　A——日出和日落时的照度，klx；

　　　B——太阳高度角照度系数，klx；

　　　C——太阳高度角照度指数。

式（8-29）中的 A、B、C 常数值取决于天气是晴天、多云天还是全阴天，可由表 8-9 选择。

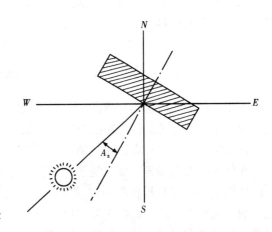

图 8-42　方位角的定义

计算昼光照度用的常数　　　　　　　　　　　　　　　　表 8-9

天　空　状　况	a	A (klx)	B (klx)	C
晴天	0.21	0.80	15.5	0.5
多云天	0.80	0.30	45.0	1.0
全阴天	*	0.30	21.0	1.0

注　*：无直射日光 $E_{dn}=0$

3. 天顶亮度

天顶亮度的绝对值常用实际观测获得的经验公式计算，下面是美国国家标准局根据常年实测天空亮度的初步结果提出的公式（1983）：

全阴天空

$$L_z = 0.123 + 10.6\sin\beta \qquad (8-30)$$

晴天天空

$$L_z = 0.5139 + 0.0011\beta^2 \qquad (8-31)$$

式中　L_z——天顶亮度，kcd/m^2。

【例 8-1】　求北京夏至中午 12 点晴天天空产生的地平面照度（太阳高度角为 73°30′）。

【解】　查表 8-9 计算照度用的常数：$A=0.8$，$B=15.5$，$C=0.5$。已知 $\beta=73°30′$。将计算代入公式（8-29）可得地平面照度为：

$$E_{kh} = 0.8 + 15.5(\sin73°30′)^{0.5} = 15.98klx$$

全阴天时，地平面照度为：$E_{kh}=0.3+21（\sin73°30′）^{1.0}=20.44klx$

利用上述天空模型，可以求出不同时间的室外水平面照度，然后根据室内某些代表点的采光系数求出这些代表点的照度。还可以利用上述天空模型求出不同时间、不同朝向的窗口上的照度，从而求出通过窗口的天然光的光通量。然后通过射线追踪法，求出室内各点的照度分布。目前美国的建筑能耗模拟软件 DOE-2、EnergyPlus 以及我国的建筑能耗模拟软件 DeST 采用了上述类型的天空模型，并求得室内代表点的照度，从而求得照明能耗及带来的照明得热。

第六节　光环境控制技术的应用

利用天然采光以达到有效减少照明能耗的目的是可能的，但利用天然采光往往又会与为减少夏季空调冷负荷而采用的遮阳手段相矛盾。如果能够在恰当控制天然采光量的基础上保证遮阳，就能够在有效减少照明能耗的同时又能够降低日射带来的空调冷负荷。

充分利用天然采光，要点是要有足够大的采光口、避免眩光以及保证照度均匀度。图 8-43 给出了利用反光板在不同建筑室内进行天然采光的例子及原理示意，基本原则是不限于利用天空扩散光，而是充分利用太阳的直射光，用反光装置将直射光反射到顶棚，通过顶棚材料的散射得到较均匀的一般照明。图 8-44 是在办公空间利用固定反光板的照片，如图 8-45 模拟结果所示，这样不仅可以充分利用通过有限的采光口有限地进行天然采光，而且避免了眩光，保证了照度均匀度。

图 8-43 利用反光镜或反光板将直射光反射到顶棚的方法

图 8-44 固定反光板在办公建筑中的应用

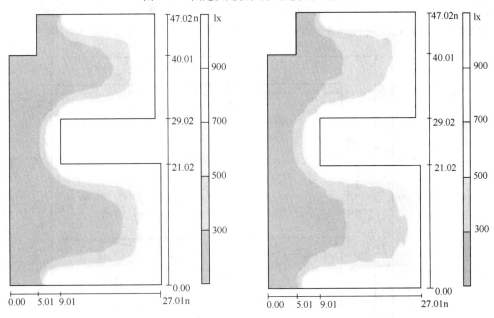

图 8-45 办公室有无反光板工作面亮度分布对比（左-无反光板；右-有反光板）

固定式的反光装置不能追踪太阳的光线，因此不能更加有效地利用日光。主动追踪太阳移动轨迹搜集直射光，并通过采光口反射到室内是一种主动的采光方法。图 8-46 给出的是一个根据太阳高度角自动调整反光板角度反射直射光的例子。外围护结构上的反光板会根据太阳高度角的变化调整角度，以保证把直射光反射到大楼内的中庭里进行采光。

图 8-46　根据太阳高度角自动调整反光板角度反射直射光

充分利用天然光可以减少白天室内照明的电耗，这对于大进深的建筑，如开放式办公室建筑是非常有意义的，但这需要把天然采光与人工照明优化控制相结合。图 8-47 给出的例子是优先用百叶控制天然光照度，然后灯具根据照度测量的结果进行连续调控，根据天然采光不足的程度进行补充人工光，使得整个室内空间都获得均匀的照度。这样就可

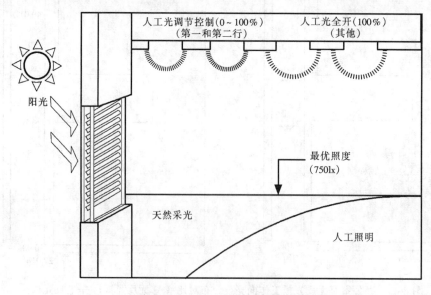

图 8-47　天然采光、遮阳与人工照明联合控制的示意

以有效地节省照明能耗,节省的份额甚至可以达到 40%。

除上述利用固定反光板、自动追踪太阳光反光板以及百叶天然采光与人工照明联合控制方法以外,目前还有很多新的天然采光形式,如各种平面、凹面或凸面反光镜、光导管、凸透镜加光纤集光系统等,限于篇幅,不再一一介绍。

本 章 符 号 说 明

A_z——太阳与垂直面法线间的平面方位角,deg

a——大气层消光系数,无量纲

C——亮度对比,采光系数,无量纲

E——照度,lx

E_{dn}——直射日光法线照度,lx

E_{xt}——大气层外太阳照度,年平均值为 133.8klx

E_{dH}——地平面的直射日光照度,lx

E_{dv}——垂直面的直射日光照度,lx

K_m——最大光谱光视效能,$K_m = 683 lm/W$

I——发光强度,cd

L——亮度,nt,sb

m——大气层质量,无量纲

R_a——显色指数,无量纲

S——对比敏感度,无量纲

$V(\lambda)$——CIE 标准光度观测者明视觉光谱光视效率,无量纲

α——光吸收比,无量纲

α_i——太阳入射角,垂直两法线与太阳射线间的角度,deg

β——太阳高度角,deg

ρ——光反射比,无量纲

τ——光透射比,无量纲

Φ——光通量,lm

$\Phi_{e,\lambda}$——波长为 λ 的单色辐射能通量,W

思 考 题

1. 人工照明与天然采光在舒适性和建筑能耗方面有何差别?

2. 光通量与发光强度、亮度与照度的关系和区别是什么?

3. 在照明设计中要达到节能的目的需要考虑哪些因素?

4. 在天然采光设计中主要考虑的是太阳直射光、扩散光还是总辐射照度?为什么?直射光和扩散光有何区别?

术 语 中 英 对 照

吸收比、吸收系数	absorptance
空调式灯具	air handling luminaire

表观颜色	apparent color
遮光板	baffle
视亮度	brightness
坎德拉（亮度单位）	candela
彩度	Chroma
色品（色度）	chromaticity
国际照明委员会（缩写）	CIE
晴天空	clear sky
显色性	color rendering
显色指数	color rendering index
色温	Color temperature
对比显现因数	contrast rendering factor
对比感受性（对比敏感度）	contrast sensitivity
昼光（天然光）	daylight
采光系数（昼光因数）	daylight factor
天然采光（昼光照明）	daylighting
漫反射	diffuse reflection
直接眩光	direct glare
失能眩光	disability glare
气体放电灯	discharge lamp
室外反射分量	externally reflected component
荧光灯	fluorescent lamp
一般照明	general lighting
眩光	glare
高压汞灯	high-pressure mercury lamp
高压钠灯	high-pressure sodium lamp
照度	illuminance
白炽灯	incandescent lamp
室内反射分量	internally reflected component
半导体发光二极管	light-emitting diode，LED
照明	lighting
明度	lightness
局部照明	local lighting
分区一般照明	localized general lighting
（遮光）格栅	louver
流明	lumen
（照明）灯具	luminaire
灯具效率	luminaire efficiency
光亮度	luminance

亮度比	luminance ratio
（光源的）光效	luminous efficacy （of a source）
光环境	luminous environment
光通量	luminous flux
发光强度	luminous intensity
勒克斯	lux
金属卤化物灯	metal halide lamp
孟塞尔表色系统	Munsell color system
全阴天空	overcast sky
多云天空	partly cloudy sky
明视觉	photopic vision
反射比、反射系数	reflectance
反射眩光	reflected glare
暗视觉	scotopic vision
天空分量	sky component
天空光	sky light
天窗	skylight
光谱能量分布	spectral energy distribution
光谱光视效率	spectral luminous efficiency
视觉速度	speed of vision
扩散反射	spread reflection
日光	sunlight
阈限对比（临界对比）	threshold contrast
顶部采光	top lighting
透射比、透射系数、透射率	transmittance
卤钨灯	tungsten-halogen lamp
均匀漫反射	uniform diffuse reflection
照度均匀度	uniformity of illuminance
可见度	visibility
视觉敏锐度	visual acuity
视角	visual angle
视野	visual field
视觉功效	visual performance
可见光	visual radiation
视觉	vision
工作面	work plan

参 考 文 献

[1]   詹庆旋 . 建筑光环境 . 北京：清华大学出版社，1988.

［2］　中华人民共和国国家标准. 建筑采光设计标准 GB/T 50033—2014. 北京：中国建筑工业出版社，2014.

［3］　中华人民共和国国家标准. 建筑照明设计标准 GB 50034—2013. 北京：中国建筑工业出版社，2013.

［4］　Spatial Distribution of Daylight-CIE Standard General Sky，CIE S 011/E，2003.

［5］　华南理工大学 主编. 建筑物理. 广州：华南理工大学出版社，2002.

第九章　工业建筑的室内环境要求[*]

在工业生产过程中散发的各种有害物，如粉尘、有害蒸汽和气体以及余热和余湿等，如果不加控制，会使室内和室外的空气环境受到污染和破坏。另外，空气中悬浮污染物包括粉尘、烟雾、微生物及花粉，在危害工作人员身体健康的同时，也会影响正常的生产过程。现代科学与工业生产技术的发展，对空气洁净度提出了极为严格的要求，以保证生产过程和产品品质的高精度、高纯度和高成品率。现代生物医学的发展，提出了空气中细菌数量的控制要求，以保证医药、制剂、医疗食品等不受感染和污染，这对保证人体健康具有重要意义。本章将着重讨论室内空气环境对一些典型生产过程所产生的影响，以及一些相关标准。

1950 年能过滤粒径大于 $0.5\mu m$ 尘粒的高效过滤器的问世，是洁净技术发展史中一座重要的里程碑。在这之前，人们对洁净技术的探索已经将近一个世纪。19 世纪 40 年代，农业化肥、染料与制药工业等先后在德国得到发展，同时钢铁、石油、机械与电力工业技术已达到了相当水平。但工业生产所要求的机械加工精度直到 1900 年仅为 $10\mu m$，尚无控制灰尘污染的要求。19 世纪中叶，医学方面外科手术中首先出现为防止感染而向室内喷洒石碳酸的事例，控制微生物污染的洁净室概念开始萌芽。

1950 年以后，美国领先在军事工业和人造卫星领域建立了一批利用高效过滤器的洁净室，并将其广泛应用于航空、航海的导航装置、加速器、微型轴承、电子仪器等工业制造领域。

20 世纪 70 年代的工业洁净室在陆续完善其标准、理论、设备与构造的基础上，得到了广泛应用。在工业发达国家如美国、日本等的多种行业中，例如：精密机械与仪表制造业以微型轴承、陀螺仪、光学仪器等为代表；电子工业以集成电路、换能管等为代表；制药工业以抗生素、动物实验等为代表；化学工业以微缩胶片为代表；食品工业以酿造、乳制品为代表，分别广泛地使用了洁净室。我国在此间采用洁净技术的重点产业是电子工业。1973 年开始在北京设计建设了一座按照国际通用洁净级别的集成电路生产厂房。

第一节　室内环境对典型工艺过程的影响机理

一、棉纺织工业

棉纺织工业是以纯棉或棉与化学纤维混纺为原料的加工业。棉纤维具有吸湿和放湿性能，对空气湿度比较敏感。棉纤维的含湿量直接影响纤维强度，也影响纤维之间和纤维与机械之间相互摩擦产生的静电大小，与纺织工艺和产品质量关系密切。棉纤维外表有一层棉蜡，当温度低于 18.3℃时棉蜡硬化，会影响纺纱工艺；当温度高于 18.3℃时棉蜡软化，纤维变得润滑柔软，可纺性增强。化纤原料中除纤维素、人造纤维吸湿性比较强以外，合成纤维吸湿功能较差。因此，纯棉与混纺车间的温湿度要求有一定的差别。总之，纺织车间温湿度以保证工艺需要的相对湿度为主，温度以满足工人的劳动卫生需要和保持相对稳定即可。

二、半导体器件

半导体材料提纯是发展半导体器件的重要基础。材料种类很多，其中由于硅的资源丰富，高温特性良好，器件效率较高，成为当前固态器件使用的主要材料。半导体材料硅必须具有较高的纯度以及按一定方向整齐均匀排列的晶格，因此需要将工业硅进行提纯，然后拉制成单晶才能使用。由于大规模和超大规模集成电路的工艺需要，在提高单晶硅质量方面首先遇到的是纯度问题。为了得到高纯度的硅材料，原料和中间媒介的高纯度与生产环境的洁净度就成为影响产品质量的一个突出问题。

由于超大规模集成电路的发展，推动了计算机设备的高密度化和小型化。为提高集成度，除需要设法缩小芯片尺寸外，还要依赖于减小每个元件尺寸。芯片上的电路尺寸变得越小，图形更复杂，线条更为精细。这对生产使用的各种材料与介质纯度、各工序的加工精度和生产环境的洁净度提出了更高的要求。

从控制污染的角度出发，尘粒对集成电路所造成的缺陷可以大体分为三种。第一是对表面的污染，在工艺处理中存留在芯片的表层。第二是基片内侵入不纯物，到达一定浓度之后，足以使大规模集成电路成为次品。第三是造成图形缺陷。产生图形缺陷概率最高的工序是包括腐蚀在内的照相制版工艺。一般认为，包括影响可靠性的缺陷在内，尘粒的粒径必须小到所用最小图形尺寸的五分之一至十分之一，才有把握避开影响。图 9-1 表示了不同集成度的最小尺寸影响成品率的灰尘粒径范围。

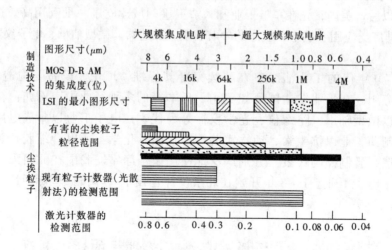

图 9-1　不同集成度的最小尺寸影响成品率的灰尘粒径范围（粒径 μm）

三、胶片

感光胶片是由感光乳剂与其支持体片基构成。主要生产工序包括片基制造、乳剂置备、涂布与整理。胶片上经常出现的诸如斑点、条道、划伤及灰雾等弊病，往往与环境的净化及尘埃的污染有密切的联系。就危害胶片的尘埃性质来看又可以把它们分为惰性和活性尘埃两类。惰性尘埃是指对乳化剂不起化学作用的尘粒，它对胶片的危害是阻碍胶片感光、形成斑点、降低解像力和引起胶片划伤。不论是在乳剂层内部还是片基表面上甚至在已干燥的涂层表面上的尘粒，它们的影响是相同的。解像力（可分辨率）是指胶片每毫米宽度上能够记录下可分辨的平行线条数。胶片的解像力越高，斑点放大倍数越大，影响就越严重。例如电影胶片在放映时要放大 300 倍，它的要求就要高于一般民用胶片。当解像力为 2000 条线时，线条间距仅约为 $0.3\mu m$，所有粒径大于 $0.3\mu m$ 的尘粒在胶片冲洗后都表现为斑点。所以高解像力产品对于控制环境中尘粒的直径要求极为严格。

活性尘埃粒径小于 $1\mu m$，粒径虽小，但容易与周围物质发生化学反应或者凝聚成大颗粒。大气中 90% 以上的放射性粒子附着在这样的尘埃上。胶片受这种尘埃污染后，可能使乳化剂发生变化，例如乳剂被氧化、活性减弱、pH 值变化等等，从而影响胶片的感光性能。

某些有害气体在一定条件下也会给胶片造成严重危害。例如硫化氢气体，即使它的浓度很低，甚至嗅觉感觉不到时，一旦与潮湿的乳胶剂接触，几秒钟内可以对乳胶剂产生黄色灰雾而报废。挥发性酸蒸汽能使潮湿的乳胶剂 pH 值发生变化，从而使胶片在保存期间改变感光度。含有松节油的染料、油漆、地板蜡以及含树脂丰富的木材，也会放出过氧化氢危害胶片。

四、制药工业

药是直接关系生命的制品，生产中必须确保卫生与安全。世界卫生组织（WHO）早在 1969 年就制订了"医药品的制造与品质管理经验"（Good Practice in Manufacture and Quality Control of Drugs），并作出决议向各参与国推荐，一般称之为 GMP。GMP 包括制造与质量的管理，制造场所的构造与设备，对于质量问题的处理这三部分。

药品的种类很多，有净化要求的至少包括：抗生素的制造、注射药的制造、锭剂制造、点眼药制造以及医疗器械制造等几方面。其中注射剂和口服剂的生物洁净要求很高。

1. 注射剂

现代医学表明，注射或静脉输液的热源反应是由细菌所产生的多酶物质引起的。一定数量及粒径的微粒子进入动物血液循环系统中，将会引起各种有害症状。例如静脉血液中如果含有 $7\sim12\mu m$ 的细微颗粒，会引起热源反应、抗原性或致癌反应，引起肺动脉炎，血管栓塞，异物肉芽肿及动脉高血压症。粒子进入血管系统将引起生物学上的影响，它与进入血管系统的粒子数量、粒径、化学和物理性质有关。因此，无论注射液中所含微粒杂质是活菌体、菌尸还是尘粒，它们对人体都有极严重的危害。在制药工艺过程中，粒子来源很多，如空气无菌过滤器，清洗、吹干以及溶液所用介质金属设备、容器、胶塞、胶管等均可产生不同粒径及数量的粒子。此外，粒子物质常悬浮于空气中，一遇机会也会沉降到药品。

粉针剂抗菌素的制作过程中，细菌培养罐内的空气与培养物质均需无杂菌，细菌的接种与选种工作仍旧接触空气，不得受微生物的污染。从反复过滤提纯菌体溶液开始到提取结晶、真空烘干以及粉剂研磨，相互间如果不是密封流水线时都将直接接触空气，需要室内环境的净化。

水针剂于灌封后还有灭菌检漏工序，比粉针剂较容易保证无菌。但从防微粒子无尘的角度，则要求从配药过滤、洗瓶、干燥到灌封都需要保持洁净。

2. 口服剂

为了保证口服药品的质量，我国曾于 1978 年制订了药品卫生标准。除不允许存在致病菌与活螨外，对于杂菌与霉菌的总数也作了规定：西药片剂、粉剂、胶丸、冲剂等，杂菌每克不得超过 1000 个，霉菌总数每克不得超过 100 个。糖浆合剂、水剂等液体制剂霉菌与杂菌每升不得超过 100 个等等。

五、医学应用

"微生物污染"是指在预定的环境或物质中存在着不希望存在的微生物。"微生物污染"控制是为达到必要的无菌条件所采取的手段。其控制主要对象是细菌与真菌。它们的粒径尺寸大约在 $0.2\mu m$ 以上，常见的细菌都在 $0.5\mu m$ 以上。而且一般认为多依附于其他物质或浮游微粒之上，因此对于空气中的浮游细菌可以使用高效过滤方法给予控制。但微生物污染渠道不只是空气，还与人体以及操作人员的服装有关。"生物洁净室"就是控制微生物污染的重要手段之一。

微生物洁净室在医院的手术与医疗工作中非常普及。主要应用在心、脑外科和髋关节置换或脏器移植等要求高洁净度的特殊手术室；急性白血病、烧伤等对外部感染缺乏抵抗力的患者需要的特殊病房；变态反应呼吸性疾病患者、早产婴儿的护理；细菌培养和临床检查等用室。总之，医院内使用微生物洁净室的主要目的是防止感染。患者在手术室期间因医院的环境因素而引起的术后感染是外科医生最感烦恼的问题之一。据统计在未采用微生物洁净室之前，世界各国的术后感染率平均为 7%，在这些感染者中还有 1.6% 的死亡率。引起术后感染的一个主要原因是空气污染。在手术时间长、难度大、术者多的情况下，空气污染因素尤其明显。表 9-1 给出了空气中的细菌与术后感染率的关系的调查结果。从表中可以看出，随着空气中细菌个数的增加，术后感染率也随之提高。

空气中的细菌与术后感染率　　　　　　　　　　表 9-1

细菌个数/ft³ 空气	手术后感染率（%）	项目调查数	细菌个数/ft³ 空气	手术后感染率（%）	项目调查数
0.10	0.00	17	1.6	1.52	2
0.10	1.25	2	2.50	3.70	11
0.10	1.40	12	2.50	6.30	10
0.20	3.10	12	3.50	2.90	8
0.48	0.6	1	3.50	0.00	17
0.60	2.40	1	6.50	8.90	8
0.88	0.7	18	8.10	7.70	8
1.46	2.5	1	12.40	10.70	8

在医学研究领域中，生物实验室、无菌实验室以及供生物、化学、医学实验用的"特殊饲育动物"饲养室也都十分需要控制微生物污染。生物实验室在培育疫苗时必须使用洁净的空气来防止组织培养物受外来微生物的污染，同时也避免工作人员在室内吸入粘附疫苗病毒的尘粒。无菌实验室要求可靠地防止异种产品混入纯种产品中，并且防止工作人员受害。在"特殊饲育动物"饲养室中为了使动物体内不存在非指定的细菌，必须使它的生活环境成为一个严格的微生物隔离室。

六、宇航工业

在 20 世纪，美国国家航空和宇宙航行局（NASA）在往月球发射卫星的计划中，就要求在制造宇航飞行器时对微生物的污染进行严格的控制，并且制订了标准（NASA—NHB5340）。这个标准除了要求对空气中的浮游尘粒严格控制以外，对于在空气中浮游生物粒子及其沉降量分别作出了规定。制造完全无菌的宇航飞行器，目的就是为了防止把地球上任何微生物带入宇宙或者其他任何一个别的星球，造成交叉污染。否则就会破坏今后对有机物起源的研究，或者使宇宙空间的生态平衡发生不利的变化。实际上，装配这种无菌的宇航飞行器的环境也就是微生物洁净室。

第二节 典型工业建筑的室内环境设计指标

内部空间根据生产要求和人们工作生活的要求，通常将空气净化分为三类，即一般净化、中等净化和超净净化。一般净化只要求一般净化处理，无确定的控制指标要求。中等净化是对空气中悬浮微粒的质量浓度有一定要求，例如在大型公共建筑物内，空气中悬浮微粒的质量浓度不大于 $0.15mg/m^3$ 等。超净净化对空气中悬浮微粒的大小和浓度都有严格的要求。

对于洁净室的洁净度等级，许多国家都制订了相应的标准或规范。在多数洁净室标准中，都相似地将洁净室看成一个对其空气中的微粒子（生物的或非生物的）、温度、湿度和压力等根据需要进行控制的空间。

洁净室级别主要以室内空气洁净度指标的高低来划分。目前我国洁净厂房设计规范对洁净度等级、温湿度、正压值和新风量等参数指标都做了规定。

我国现行的洁净度分为四个等级，见表9-2，它是以洁净室内工作人员进行正常操作状态下，在工作区或第一工作区内测得的单位体积空气中所含有的尘粒数即含尘浓度，作为洁净室的洁净度指标。

中国空气洁净度等级　　　　　　　　　　　　表 9-2

等　级	每立方米(每升)空气中≥$0.5\mu m$尘粒数	每立方米(每升)空气中≥$5\mu m$尘粒数	等　级	每立方米(每升)空气中≥$0.5\mu m$尘粒数	每立方米(每升)空气中≥$5\mu m$尘粒数
100 级	≤35×100（3.5）		10000 级	≤35×10000（350）	≤2500（2.5）
1000 级	≤35×1000（35）	≤250（0.25）	100000 级	≤35×100000（3500）	≤25000（25）

温湿度：首先应满足生产工艺要求；当生产工艺对温湿度没有要求时，洁净室的温度为 20～26℃，相对湿度小于 70%；人员净化用房和生活间温度为 16～28℃。

正压值：指门关闭状态下，室内静压大于室外的数值。有门、窗可以相通的不同级别的相邻房间，其洁净度高的静压值应大于洁净度低的静压值；高洁净度的静压值应比非洁净区的静压值高。其静压差不应小于 5Pa。

新风量：洁净室内应保证一定量的新风量。其数值应取下列风量的最大值：

（1）乱流洁净室总风量的 10%～30%；单向流洁净室总送风量的 2%～4%。

（2）补偿室内排风和保持室内正压值所需的新鲜空气量。

（3）保证室内每人每小时的新鲜空气量不小于 40m^3。

美国联邦标准 209 是 20 世纪 60 年代美国提出的标准，它首次正式宣布了以 $0.5\mu m$

和 $5\mu m$ 粒径尘粒每 ft^3 粒数计数的三级（100、1 万、10 万级）洁净室分级标准，是一项极其重大的历史成就。该标准考虑了美国许多行业与机构之间的协调，具有相当牢固的技术基础。目前美国现行的 209E 是以某种状态（空态、静态、动态）下的含尘浓度作为该状态下的空气洁净度指标。详见表 9-3。

美国联邦 209E 空气洁净等级 表 9-3

等级名称		等级限值										
		$0.1\mu m$		$0.2\mu m$		$0.3\mu m$		$0.5\mu m$		$5\mu m$	
		容积单位		容积单位		容积单位		容积单位		容积单位	
国际标准	英制单位	m^3	ft^3	m^3	ft^3	m^3	ft^3	m^3	ft^3	m^3	ft^3
M1		350	9.91	75.7	2.14	30.9	0.875	10.0	0.283	—	—
M1.5	1	1240	35.0	265	7.50	106	3.00	35.3	1.00	—	—
M2		3500	99.1	757	21.4	309	8.75	100	2.83	—	—
M2.5	10	12400	350	2650	75.0	1060	30.0	353	10.0	—	—
M3		35000	991	7570	214	3090	87.5	1000	28.3	—	—
M3.5	100	—	—	26500	750	10600	300	3530	100	—	—
M4		—	—	75700	2140	30900	875	10000	283	—	—
M4.5	1000	—	—	—	—	—	—	35300	1000	247	7.00
M5		—	—	—	—	—	—	100000	2830	618	17.5
M5.5	10000	—	—	—	—	—	—	353000	10000	2470	70.0
M6		—	—	—	—	—	—	1000000	28300	6180	175
M6.5	100000	—	—	—	—	—	—	3530000	100000	24700	700
M7		—	—	—	—	—	—	10000000	283000	61800	1750

中间等级的粒子浓度限值可近似用式（9-1）、式（9-2）来表示：

$$粒子数/m^3 = 10^M (0.5/d)^{2.2} \tag{9-1}$$

或者

$$粒子数/ft^3 = Nc (0.5/d)^{2.2} \tag{9-2}$$

式中 M——国际单位（SI）制洁净等级的表示值，如 M2 级别则 $M=2$；

d——粒径，μm；

Nc——英制单位洁净等级的表示值。

由式（9-1）可见，表 9-3 中所列各级别界限均与 $0.5\mu m$ 的分级粒子数有关。也就是说，在相关的级别之间有等效性，如 M2.5 级，对于粒径 $d \geqslant 0.1\mu m$ 的粒子每 m^3 空气中为 12400 粒，而对于粒径 $d \geqslant 0.3\mu m$ 则相应的为 1060 粒$/m^3$，$d \geqslant 0.5\mu m$ 时则为 353 粒$/m^3$。因此只要测得等于和大于某一粒径的粒子数符合既定级别的界限要求，那么就可以确定该洁净环境的洁净度等级。

在实际应用中，各个国家所采用的量纲体制有英制、公制和国际单位三种，见表9-4，在这几种量纲体制中，以国际单位制最具有通用性，也是大势所趋。但在计量检测仪器方面有时还需要用英制进行换算。

各国标准采用的量纲体制　　　　　　　　　表 9-4

制 别	量 纲	采用的国家	制 别	量 纲	采用的国家
英制	粒/ft³	美国	国际单位	粒/m³	中国、英国、法国、德国
公制	粒/L	澳大利亚、苏联			

生物洁净室的标准及其参数在不同领域内各不相同，主要在于对尘粒和细菌浓度控制要求不相同。首先涉及生物洁净室标准是美国国家航空及宇宙航行局 NASA 的标准 NHB5340.2（见表 9-5），它是为了防止在空间探索过程中地球上的微生物污染其他星球，从而破坏对地球外生命形态的研究，它对洁净室内的菌和尘粒要求非常严格。自该标准公布以来，相继被各国宇航工业所采用。

美国国家航空及宇宙航行局 NASANHB5340.2　　　　　　　　　表 9-5

级 别	微 粒 粒径 (μm)	最 大 数 量 (粒/ft³)	(粒/L)	生 物 微 粒 悬浮最大数量 (粒/ft³)	(粒/L)	沉 降 量 (粒/m²)(周)	(粒/m²)(周)
100	≥0.5	100	3.5	0.1	0.0035	1200	12900
10000	≥0.5	10000	350	0.5	0.0175	6000	64600
	≥5.0	65	2.3	—	—	—	—
100000	≥0.5	100000	3500	2.5	0.0884	30000	323000
	≥5.0	700	25	—	—	—	—

医学领域中生物洁净室主要在于手术室、病房和医学实验三个方面。洁净手术室对提高手术成功率和避免术后遗症起了重要的保证作用。美国外科学会手术环境委员会和国家研究总署对近代医院手术室的悬浮菌作了规定。参见表 9-6。表 9-7 给出了我国军队医院洁净手术部建筑提出的军内标准（YFB001—95）。

美国外科学会提出的手术室容许菌浓度　　　　　　　　　表 9-6

级别	空气中浮游细菌数 (个/m³)	使用场合	级别	空气中浮游细菌数 (个/m³)	使用场合
I	35 以下 (1 个/ft³)	洁净手术 （人工脏器移植）	III	700 以下 (20 个/ft³)	一般洁净手术
II	175 以下 (5 个/ft³)	准洁净手术			

药品生产直接关系到人们的身体健康和生命安危，世界卫生组织在 1977 年颁发了"药品优质生产的实施细则（GMP）"后，世界上已经有 100 多个国家实施了 GMP，中国卫生部门参照 GMP 后，修改了我国的"药品生产质量规范"，医药工业公司也颁布了 1992 年版的"药品生产质量规范实施指南"，详见表 9-8。GMP 基本出发点是为了防止生产中药品的混批、混杂、污染及交叉污染，以保证药品的质量。

中国 YFB001—95 标准   表 9-7

等级	静态空气洁净等级		浮菌量	落菌量	自净	截面风速	温度	湿度
	级别	≥0.5μm (微粒数/m³)	(菌落数/m³)	[菌落数/(φ90皿·0.5h)]	(换气次数/h)	(m/s)	(℃)	(%)
Ⅰ	100	≤3500	≤5	≤1		水平单向流0.4～0.5 垂直流0.3～0.35	22～25	50～60
Ⅱ	1000	≤35000	≤75	≤2	≥55		22～25	50～60
Ⅲ	10000	≤350000	≤150	≤5	≥30		22～25	45～65
Ⅳ	100000	≤3500000	≤400	≤10	≥20		21～27	45～65

药品生产质量规范实施指南   表 9-8

洁净度级别	尘埃（个/L）		菌落数	浮游菌	"医药工业公司"医药生产质量管理规范实施指南要求			国际GMP（我国卫生部GMP）
	≥0.5μm	≥5μm	φ90皿·0.5h	(个/m³)	注射剂（包括大输液）	口服剂（固体与液体）	原料业（重点精干包）	
>10000	≤3500	≤200	暂缺	暂缺	能热压灭菌的注射剂调配室，分针剂扎盖工序等	敞口生产工序	非无菌原料药精、干、包生产工艺	
10000	≤350	≤20	≤10	≤500	能热压灭菌的注射剂生产的瓶子清洗烘干、储存及大输液、水针剂的灌封，不能热压灭菌的注射剂调配室等	部分有特殊要求品种的敞口生产工序		1. 口服固体制剂生产 2. 口服及一般制剂用原料精、干、包等生产工序
10000（局部100级）	≤35	≤2	≤3	≤100	不能热压灭菌的注射剂生产的瓶子清洗烘干、储存及粉针剂的原料药过筛、混粉分装加塞、管装、冻干等		无菌原料药精、干、包生产工序	1. 能热压灭菌的注射剂生产 2. 能热压灭菌的注射剂用原料精、干、包生产工序
100级	≤3.5	0	≤1	≤5				1. 不能热压灭菌的注射剂生产 2. 不能热压灭菌的注射剂用原料精、干、包生产工序

参 考 文 献

[1] 符济湘，俞渭雄著. 洁净技术与建筑设计. 北京：中国建筑工业出版社，1986.

[2] 空调设计手册（第二版）. 北京：中国建筑工业出版社，1995.

附　　录

附录 2-1　我国夏季空气调节大气透明度分布图

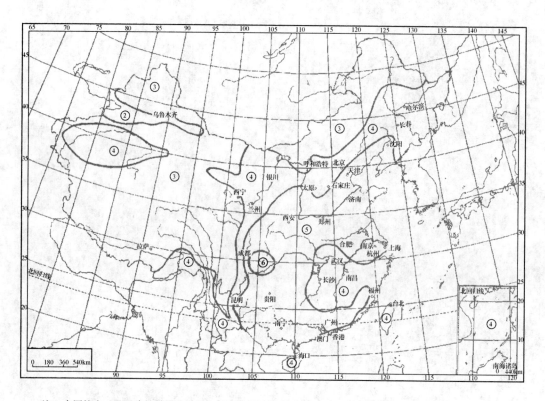

注：本图摘自《民用建筑供暖通风与空气调节设计规范》GB 50736—2012。

附录 2-2　全国建筑热工设计分区图

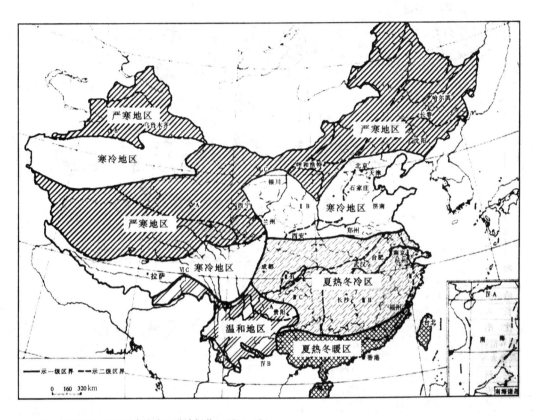

注：本图摘自《民用建筑热工设计规范》GB 50176。

附录 2-3　建筑气候区划

注：本图摘自《建筑气候区划标准》GB 50178。

附录 2-4　我国主要城市地面温度及温度波幅

地　名	纬　度	海拔高度 （m）	土壤表面年平均 温度 t_d（℃）	地面温度波幅 A_d（℃）	室外空气年平均 温度（℃）
哈尔滨	45°41′	171.7	4.6	22.7	3.6
长　春	43°54′	236.8	5.8	20.15	4.9
沈　阳	41°46′	41.6	8.5	18.8	7.8
呼和浩特	40°49′	1063.0	7.9	18	5.8
乌鲁木齐	43°54′	653.5	6.6	19.6	5.7
兰　州	36°03′	1517.2	11.6	14.7	9.1
西　安	34°18′	396.9	15.7	14.3	13.3
石家庄	38°04′	81.8	14.6	15.2	12.9
北　京	39°48′	31.3	13.1	15.4	11.4
天　津	39°06′	3.0	13.5	15.35	12.2
太　原	37°47′	777.9	11.3	15.75	9.5
济　南	36°41′	51.6	15.7	15.25	14.2
南　京	32°00′	8.9	17.2	13.1	15.3
上　海	31°10′	4.5	17.0	11.9	15.7
杭　州	30°19′	7.2	18.1	9.9	16.2
洛　阳	34°41′	138	16.5	13.95	14.6
长　沙	28°12′	44.9	19.3	12.5	17.2
南　昌	28°40′	46.7	19.8	12.1	17.5

地　名	纬　　度	海拔高度 （m）	土壤表面年平均 温度 t_d（℃）	地面温度波幅 A_d（℃）	室外空气年平均 温度（℃）
南　宁	22°49′	72.2	24.1	7.75	21.6
广　州	23°08′	9.3	24.6	7.3	21.8
海　口	20°02′	14.1	27.0	5.7	23.8
成　都	30°40′	505.9	18.6	10	16.2
重　庆	29°35′	260.6	19.9	10.15	18.3
昆　明	25°01′	1891.4	18.0	5.9	14.7
贵　阳	26°35′	1071.2	16.5	9.8	15.3

附录 2-5　简要标准大气表

高度（m）	气压（kPa）	气温（℃）	高度（m）	气压（kPa）	气温（℃）
−500	107.5	18.25	13000	16.5	−56.50
0	101.3	15.00	13500	15.2	−56.50
500	95.4	11.75	14000	14.1	−56.50
1000	89.9	8.50	14500	13.0	−56.50
1500	84.5	5.25	15000	12.1	−56.50
2000	79.5	2.00	15500	11.1	−56.50
2500	74.7	−1.25	16000	10.3	−56.50
3000	70.1	−4.50	16500	9.5	−56.50
3500	65.7	−7.75	17000	8.8	−56.50
4000	61.6	−11.00	17500	8.1	−56.50
4500	57.7	−14.25	18000	7.5	−56.50
5000	54.0	−17.50	18500	6.9	−56.50
5500	50.5	−20.75	19000	6.4	−56.50
6000	47.2	−24.00	19500	5.9	−56.50
6500	44.0	−27.25	20000	5.5	−56.50
7000	41.0	−30.50	21000	4.7	−56.50
7500	38.2	−33.75	22000	4.0	−56.50
8000	35.6	−37.00	23000	3.4	−56.50
8500	33.1	−40.25	24000	2.9	−56.50
9000	30.7	−43.50	25000	2.5	−56.50
9500	28.5	−46.75	26000	2.1	−53.50
10000	26.4	−50.00	27000	1.8	−50.60
10500	24.5	−53.25	28000	1.6	−47.60
11000	22.6	−56.50	29000	1.4	−44.60
11500	20.9	−56.50	30000	1.2	−41.60
12000	19.3	−56.50	31000	1.0	−38.70
12500	19.1	−56.50	32000	0.9	−35.70

附录4-1　一些成套服装的热阻

服　装　类　型	I_{cl}（clo）	I_t（clo）	f_{cl}	i_{cl}	i_m
裸　　体	0	0.72	1	0	0.48
短袖衬衣，短裤	0.36	1.02	1.1	0.34	0.42
长裤，短袖衬衫	0.57	1.2	1.15	0.36	0.43
长裤，长袖衬衫	0.61	1.21	1.2	0.41	0.45
长裤，长袖衬衫加短外衣	0.96	1.54	1.23		
长裤，长袖衬衫，内加背心和圆领T恤	1.14	1.69	1.32	0.32	0.37
长裤，长袖衬衫，长袖毛衣和圆领T恤	1.01	1.56	1.28		
长裤，长袖衬衫，长袖毛衣和圆领T恤， 外加短外衣和长内裤	1.3	1.83	1.33		
长运动衣裤	0.74	1.35	1.19	0.41	0.45
长袖睡衣和长睡裤，3/4袖短罩衣，拖鞋	0.96	1.5	1.32	0.37	0.41
及膝裙，短袖衬衫，连裤袜，凉鞋	0.54	1.1	1.26		
及膝裙，长袖衬衫，连裤袜，长衬裙	0.67	1.22	1.29		
及膝裙，长袖衬衫，连裤袜，长袖毛衣，半衬裙	1.1	1.59	1.46		
及膝裙，长袖衬衫，连裤袜，短外衣	1.04	1.6	1.3	0.35	0.4
长裙，长袖衬衫，连裤袜，短外衣	1.1	1.59	1.46		
长袖连裤罩衫，圆领T恤	0.72	1.3	1.23		
工装裤，长袖衬衫，圆领T恤	0.89	1.46	1.27	0.35	0.4
厚连裤罩衫，长袖衬衫，保暖内衣，长内裤	1.37	1.94	1.26	0.35	0.39

注：1. 所有套装均含有鞋子、短内裤，但不含各种袜子，除非特别注明。

　　2. 应用条件是平均辐射温度与环境空气温度相同，风速低于0.2m/s。

附录4-2　常见单件服装的热阻

服装类型	$I_{clu,i}$（clo）	服装类型	$I_{clu,i}$（clo）
短内裤	0.03	短袖薄睡衣睡裤	0.42
圆领T恤	0.08	无袖低圆领衫	0.12
半衬裙	0.14	短袖衬衫	0.19
长衬裙	0.16	长袖衬衫	0.25
长内衣	0.20	长袖法兰绒衬衫	0.34
长内裤	0.15	短袖针织运动衫	0.17
短运动袜	0.02	长袖运动衫	0.34
半长袜	0.03	薄西装坎肩	0.10
及膝厚袜	0.06	厚西装坎肩	0.17
连裤袜	0.02	薄毛背心	0.13
凉鞋或皮带	0.02	厚毛背心	0.22
拖鞋（棉制）	0.03	长袖薄毛衣	0.25
靴子	0.10	长袖厚毛衣	0.36
短裤	0.08	薄裙子	0.14
薄长裤	0.15	厚裙子	0.23
厚长裤	0.24	长袖薄连衣裙	0.33
运动裤	0.28	长袖厚连衣裙	0.47
工装裤	0.30	短袖薄连衣裙	0.29
连衣裤工作服	0.49	无袖薄低领连衣裙	0.23
长袖厚长睡袍	0.46	无袖厚低领连衣裙	0.27
长袖外长袍	0.69	单排扣薄上衣	0.36
无袖薄短睡袍	0.18	单排扣厚上衣	0.44
无袖薄长睡袍	0.20	双排扣薄上衣	0.42
短袖病人睡袍	0.31	双排扣厚上衣	0.48

附录4-3　不同活动强度下人体的耗氧量和心律

活动强度	耗氧量V_{O_2}（mL/s）	心律（次/min）
轻劳动	<8	<90
中等劳动	8～16	90～110
重劳动	16～24	110～130
很重劳动	24～32	130～150
极重劳动	>32	150～170

附录5-1　香烟散发的气体污染物种类及发生量（μg/支）

污染物	发生量	污染物	发生量	污染物	发生量
CO_2	10～60	丙烷	0.05～0.3	氨	0.01～0.15
CO	1.8～17	甲苯	0.02～0.2	焦油	0.5～35
NO_x	0.01～0.6	苯	0.015～0.1	尼古丁	0.05～2.5
甲烷	0.2～1	甲醛	0.015～0.05	乙醛	0.01～0.05
乙烷	0.2～0.6	丙烯醛	0.02～0.15		

附录5-2　人体散发的气体污染物种类

污染物	污染物	污染物	污染物	污染物
乙醛	一氧化碳	三氯化烯	丁酮	三氯乙烷
丙酮	二氧乙烷	四氯乙烷	二氧化碳	甲醇
氨	三氯甲烷	甲苯	氯代甲基蓝	丙烷
苯	硫化氢	氯乙烯	甲烷	二甲苯

附录5-3　病态建筑综合征及其可能的相关因素

测量因素	结果	建筑因素	结果
低通风率	＋＋	没有空调的机械通风	？
CO_2	O	新的建筑	？
TVOCs	O	通风维护不好	？
甲醛	O	**工作空间因素**	**结果**
各种颗粒	O	离子化	？
可吸入颗粒物	？	办公室干净	？
地板上的灰尘	？	有地毯	＋
各种细菌	O	有羊毛材料	？
各种霉菌	O	在办公室里或者附近有影印机	？
内毒素	？	有人吸烟	？
β－1，3-glucan	？	办公室人比较多	＋
低的负离子	？	**工作类型和个人的因素**	**结果**
高的室温	？	书记员类型的工作	？
低的湿度	？	无碳复印	？
风速	O	使用影印机	？
灯光强度	？	使用显示器	＋
噪声	O	工作有压力或者对工作不满意	＋＋
建筑因素	**结果**	女性	＋
空调	＋＋	吸烟者	？
加湿	？	过敏或者哮喘患者	＋＋

注：其中"＋＋"表示总是有比较高的综合征；"＋"表示大多数情况下有比较高的综合征；"O"表示通常没有综合征发生；"？"表示有不一致的发现。

附录5-4 部分国家地区和世界卫生组织室内空气质量标准指导汇总

污染物	澳大利亚[1]	加拿大[2]	美国[3]	日本	韩国	新加坡	瑞典	WHO
CO(ppm)	9	9	10	10	10		2	$100mg/m^3$，15min $35mg/m^3$，1h $10mg/m^3$，8h $7mg/m^3$，24h
CO_2(ppm)	1000	1000	2000	1000	1000	1000	1000	未专门提及
RSP(ug/m^3)			150					未专门提及
TSP(ug/m^3)	90				150			未专门提及
Radon(Bq/m^3)	200		200					专门提及但未设阈值
甲醛(ppm)	0.1	0.1				0.01	2	$0.1mg/m^3$，30min 平均
NO_x(ppm)				0.06				$200\mu g/m^3$，1h 平均 $40\mu g/m^3$，年平均
O_3(ppm)	0.12			0.05		0.05		
TVOC(mg/m^3)	500	5	5	300				
多环芳烃即 PAH（ng/m^3）								以 P(α)B 作为 PAH 混合物的标志物； 肺癌单位风险估计值为 8.7×10^{-5}； 对应于超额癌症风险（excess lifetime cancer risk）值 1/10000，1/100000，1/1000000 的浓度分别约为 1.2，0.12，0.012ng/m^3。
萘								$0.01\ mg/m^3$，年平均
三氯乙烯								单位风险估计值为 4.3×$10^{-7}\ \mu g/m^3$； 对应于超额癌症风险（excess lifetime cancer risk）值 1/10000，1/100000，1/1000000 的浓度分别约为 230，23，2.3$\mu g/m^3$
四氯乙烯								$0.25\ mg/m^3$，年平均
温度(℃)				17~28	17~28	24		
相对湿度(%)			65	40~70	40~70	70		
空气流速(m/s)		≤0.2		0.5	0.5	0.25		

注：1. NGMRC（英国国家医疗健康研究委员会）关于室内空气质量标准建议值；

    2. 参考 ASHRAE（美国制冷与空调工程师协会）等关于办公楼空气质量标准（1995）值；

    3. ASHRAE 建议值。

附录5-5　公共场所室内卫生标准国标一览

标　准　号	标　准　名　称	标　准　号	标　准　名　称
GB 9663—1996	旅店业卫生标准	GB 9669—1996	图书馆、博物馆、美术馆、展览馆卫生标准
GB 9664—1996	文化娱乐场所卫生标准	GB 9670—1996	商场（店）、书店卫生标准
GB 9665—1996	公共浴室卫生标准	GB 9671—1996	医院候诊室卫生标准
GB 9666—1996	理发店、美容店卫生标准	GB 9672—1996	公共交通等候室卫生标准
GB 9667—1996	游泳场所卫生标准	GB 9673—1996	公共交通工具卫生标准
GB 9668—1996	体育馆卫生标准	GB 16153—1996	饭馆（餐厅）卫生标准

附录7-1　民用建筑室内允许噪声级

建筑类型	房间名称	允许噪声级（A声级，dB）	
		低限要求	高标准要求
住宅建筑	卧室	≤45（昼）/≤37（夜）	≤40（昼）/≤30（夜）
	起居室（厅）	≤45	≤40
学校建筑	语音教室、阅览室	≤40	≤35
	普通教室、实验室、计算机房	≤45	≤40
	音乐教室、琴房	≤45	≤40
	舞蹈教室	≤50	≤45
	教师办公室、休息室、会议室	≤45	≤40
	健身房	≤50	—
	教学楼中封闭的走廊、楼梯间	≤50	—
医院建筑	病房、医护人员休息室	≤45（昼）/≤40（夜）	≤40（昼）/≤35（夜）[1]
	各类重症监护室	≤45（昼）/≤40（夜）	≤40（昼）/≤35（夜）
	诊室	≤45	≤40
	手术室、分娩室	≤45	≤40
	洁净手术室	≤50	—
	人工生殖中心净化区	≤40	—
	听力测听室	≤25[2]	—
	化验室、分析实验室	≤40	—
	入口大厅、候诊厅	≤55	≤50
旅馆建筑	客房	≤45（昼）/≤40（夜）	≤35（昼）/≤30（夜）
	办公室、会议室	≤45	≤40
	多用途厅	≤50	≤40
	餐厅、宴会厅	≤55	≤45

续表

建筑类型	房间名称	允许噪声级（A声级，dB）	
		低限要求	高标准要求
办公建筑	单人办公室	≤40	≤35
	多人办公室	≤45	≤40
	电视电话会议室	≤40	≤35
	普通会议室	≤45	≤40
商业建筑	商店、商店、购物中心、会展中心	≤55	≤50
	餐厅	≤55	≤45
	员工休息室	≤45	≤40
	走廊	≤60	≤50

注：1. 对特殊要求的病房，室内允许噪声级应小于或等于30dB；

2. 适用于采用纯音气导和骨导阈听测听法的听力测听室，采用声场测听法的听力测听室另有规定。

3. 摘自《民用建筑隔声设计规范》GBJ 118—2010. 北京：中国建筑工业出版社，2010.

附录7-2　室内噪声级测量方法●

一、室内噪声级的测量应符合的规定

1. 室内噪声级的测量应在昼间、夜间两个不同时段内，各选择较不利的时间进行。昼间为06：00～22：00时段，夜间为22：00～06：00时段。因地区不同，昼、夜时段也可按当地人民及地区习惯、季节变化而划定。

2. 室内噪声级的测量值为等效［连续A］声级。

3. 对不同特性噪声的测量值，应按表A.0.4的规定进行修正。

二、测量仪器应符合的规定

1. 测量仪器应采用符合国家标准《声级计电、声性能及测量方法》GB 3785 和《积分平均声级计》GB/T 17181 中规定的 1 型或性能优于 1 型的积分声级计。滤波器应符合国家标准《倍频程和分数倍频程滤波器》GB/T 3241 的规定。也可使用性能相当的其他声学测量仪器。

2. 校准器应符合国家标准《声校准器》GB/T 15173 规定的 1 级要求，校准器应每年送法定计量部门检定一次。

3 每次测量前后，应用校准器对测量系统进行校准，测量前、后校准示值偏差不得大于 0.5dB。

三、测量条件应符合的规定

1. 对于住宅、学校、医院、旅馆、办公建筑及商业建筑中面积小于 $30m^2$ 的房间，在被测房间内选取 1 个测点，测点位于房间中央；对于面积大于等于 $30m^2$、小于 $100m^2$ 的房间，选取 3 个测点，测点均匀分布在房间长方向的中心线上，房间平面为正方形时，测点均匀分布在与最大窗平面平行的中心线上；对于面积大于等于 $100m^2$ 的房间（例如，开敞式办公室、商场等），可根据具体情况，优化选取能代表该区域室内噪声水平的测点及测点数量。

● 摘自《民用建筑隔声设计规范》GBJ 118—2010。

2. 测点分布应均匀且具代表性，测点应分布在人的活动区域内。对于开敞式办公室，测点应布置在办公区域；对于商场，测点应布置在购物区域。

测点的布置应满足下列条件：

（1）测点距地面的高度应为 1.2～1.6m；

（2）测点距房间内各反射面的距离应大于等于 1.0m；

（3）各测点之间的距离应大于等于 1.5m；

（4）测点距房间内噪声源的距离应大于等于 1.5m。

注：对于较拥挤的房间，上述测点条件无法满足的情况下，测点距房间内各反射面（不包括窗等重要的传声单元）的距离应大于等于 0.7m，各测点之间的距离应大于等于 0.7m。

3. 对于间歇性非稳态噪声的测量，测点数可为一个，测点应设在房间中央。

4. 测量住宅、学校、旅馆、办公建筑及商业建筑的室内噪声应在关闭门窗的情况下进行。测量医院的室内噪声时，应关闭房间门并根据房间实际使用状态决定房间窗的开或关。

四、测量方法及数据处理应符合的规定

1. 对于稳态噪声，在各测点处测量 5～10s 的等效［连续 A］声级，每个测点测量 3 次，并将各测点的所有测量值进行能量平均，计算结果修约到个数位。

2. 对于声级随时间变化较复杂的持续的非稳态噪声，在各测点处测量 10min 的等效［连续 A］声级。将各测点的所有测量值进行能量平均，计算结果修约到个数位。

3. 对于间歇性非稳态噪声，测量噪声源密集发声时 20min 的等效［连续 A］声级。

4. 当建筑物内部的水泵是影响室内噪声级的主要噪声源时，室内噪声级的测量应在水泵正常运行时，按稳态噪声的测量方法进行。

5. 当建筑物内部的电梯是影响室内噪声级的主要噪声源时，室内噪声级的测量应在电梯正常运行时进行，测量电梯完成一个运行过程的等效［连续 A］声级，被测运行过程是电梯噪声在室内产生较不利影响的运行过程。

运行过程应为：电梯轿厢内载 1～2 人，打开并关闭电梯门—— 立即启动——运行——停止——立即打开并关闭电梯门。

测量方法：测量从运行过程开始时起到运行过程结束时止这个时段的等效［连续 A］声级。每个测点测量 5 个向上运行过程和 5 个向下的运行过程，并将各测点的所有测量值进行能量平均，计算结果修约到个数位。

6. 在进行室内噪声级测量时，若主观判断噪声中含有有调声（可听纯音或窄带噪声），应在测量等效［连续 A］声级的同时测量等效［连续 A］声级所对应的线性 1/3 倍频带频谱，按下列规定进行判定，并按规定对测量值进行修正。

稳态噪声、持续的非稳态噪声是否含有有调声的判定依据是：

（1）在测量过程中有调声被清楚的听到；

（2）在测量结果的 1/3 倍频带频谱中，某一个 1/3 倍频带声压级应超过相邻的两个频带声压级某个恒定的声压级差，声压级差随频率而变，声压级差至少为：

——低频段（25～125Hz）15dB；

——中频段（160～400Hz）8dB；

——高频段（500～10000Hz）5dB。

附录 7-3　各种材料和构造的吸声系数

材料构造及其安装情况	吸声系数 α					
	125Hz	250Hz	500Hz	1000Hz	2000Hz	4000Hz
平板玻璃	0.18	0.06	0.04	0.03	0.02	0.02
混凝土（水泥抹面）	0.01	0.01	0.02	0.02	0.02	0.03
磨光石材（大理石等）瓷砖	0.01	0.01	0.02	0.02	0.02	0.03
毛地毯（10厚）	0.10	0.10	0.20	0.25	0.30	0.35
木地板（有龙骨架空）	0.15	0.12	0.10	0.08	0.08	0.08
石膏板（9～12厚，后空45）	0.26	0.13	0.08	0.06	0.06	0.06
木夹板（厚6，后空45）	0.18	0.33	0.16	0.07	0.07	0.08
木夹板（厚6，后空90）	0.25	0.20	0.07	0.07	0.07	0.08
木夹板（厚9，后空45）	0.11	0.23	0.09	0.07	0.07	0.08
木夹板（厚9，后空90）	0.24	0.15	0.08	0.07	0.07	0.08
玻璃棉毡（容重16～24kg/m³，25厚，无后空）	0.12	0.30	0.65	0.80	0.80	0.85
玻璃棉毡（容重16～24kg/m³，25厚，后空100）	0.25	0.65	0.85	0.80	0.80	0.85
玻璃棉毡（容重16～24kg/m³，50厚，无后空）	0.20	0.65	0.90	0.85	0.80	0.85
玻璃棉毡（容重16～24kg/m³，50厚，后空100）	0.40	0.90	0.95	0.85	0.85	0.85
岩棉（板状）（40～180kg/m³，25厚，无后空）	0.10	0.35	0.75	0.85	0.85	0.85
岩棉（板状）（40～180kg/m³，25厚，后空100）	0.35	0.65	0.90	0.85	0.80	0.80
岩棉（板状）（40～180kg/m³，50厚，无后空）	0.20	0.75	0.95	0.90	0.85	0.90
岩棉（板状）（40～180kg/m³，50厚，后空100）	0.55	0.90	0.95	0.90	0.85	0.85
岩棉装饰吸声板，12厚（浮雕花纹表面，无后空）	0.14	0.22	0.36	0.32	0.28	0.22
岩棉装饰吸声板，12厚（浮雕花纹表面，后贴石膏板后空200）	0.78	0.21	0.45	0.36	0.25	0.21
木条吸声结构(木条宽30,厚90,空隙10,后衬玻璃布,玻璃棉厚50,空气层40)	0.69	0.70	0.68	0.62	0.50	0.50
聚碳酸酯吸声板20mm厚	0.10	0.25	0.39	0.72	0.87	0.90
聚碳酸酯吸声板15mm厚	0.10	0.13	0.26	0.50	0.82	0.98
软质木纤维半穿孔装饰吸声板（13mm厚，半穿孔，穿孔率4.6%）	0.10	0.15	0.21	0.32	0.48	0.54
穿孔石膏板吸声结构						
石膏板9.5mm厚，穿孔率8%，后贴桑皮纸，空腔5cm	0.17	0.48	0.92	0.75	0.31	0.13
石膏板9.5mm厚，穿孔率8%，后贴桑皮纸，空腔36cm	0.58	0.91	0.75	0.64	0.52	0.46
12mm厚穿孔石膏板，穿孔率8%，板后贴无纺布，空腔5cm	0.14	0.39	0.79	0.60	0.40	0.25
12mm厚厚穿孔石膏板，穿孔率8%，板后贴无纺布，空腔36cm	0.56	0.85	0.58	0.56	0.43	0.33

附录 8-1　照明工程常用材料的 ρ 和 τ 值

材料名称	颜色	厚度（mm）	ρ	τ
1　透光材料				
普通玻璃	无	3	0.08	0.82
普通玻璃	无	5～6	0.08	0.78
磨砂玻璃	无	3～6	—	0.55～0.60
乳白玻璃	白	1	—	0.60
有机玻璃	无	2～6	—	0.85
聚苯乙烯板	无	3	—	0.78
聚碳酸酯板	无	3	—	0.74
铁窗纱	绿	—	—	0.70
2　建筑饰面材料				
大白粉刷	白	—	0.75	—
乳胶漆	白	—	0.84	—
调和漆	白、米黄	—	0.70	—
调和漆	中黄	—	0.57	—
普通砖	红	—	0.33	—
水泥砂浆抹面	灰	—	0.32	—
混凝土地面	深灰	—	0.20	—
水磨石地面	白间绿	—	0.66	—
胶合板	本色	—	0.58	—
3　金属材料及饰面				
光学镀膜的镜面玻璃	—	—	0.88～0.99	
阳极氧化光学镀膜的铝	—	—	0.75～0.97	
普通铝板抛光	—	—	0.60～0.70	
酸洗或加工成毛面的铝板	—	—	0.70～0.85	
铬	—	—	0.60～0.65	
不锈钢	—	—	0.55～0.65	
搪瓷	白	—	0.65～0.80	

注：材料来源—金属材料引自"IES Lighting Hand book 1981"，其余摘自詹庆旋编的《建筑光环境》一书后附录。

附录 8-2　民用建筑照度标准值

类　别	参考平面及其高度	照度标准值（lx）	显色指数 R_a
普通办公室、会议室、一般阅览室、教室	0.75m 水平面	300	80
高档办公室	0.75m 水平面	500	80
国家、省市及其他重要图书馆的阅览室	0.75m 水平面	500	80
设计室	实际工作面	500	80
一般商店营业厅	0.75m 水平面	300	80
高档商店营业厅	0.75m 水平面	500	80
宾馆中餐厅	0.75m 水平面	200	80

续表

类　　别		参考平面及其高度	照度标准值（lx）	显色指数 R_a
西餐厅、酒吧间、咖啡厅		0.75m 水平面	100	80
宾馆门厅、总服务台		地　面	300	80
客　房	一般活动区	0.75m 水平面	80	80
	床　头	0.75m 水平面	80	80
	写字台	台　面	80	80
	卫生间	0.75m 水平面	150	80
起居室	一般活动	0.75m 水平面	100	80
	书写、阅读	0.75m 水平面	300	80
卧　室	一般活动	0.75m 水平面	75	80
	床头、阅读	0.75m 水平面	150	80
诊　室		0.75m 水平面	300	80
手术室		0.75m 水平面	750	80
展览馆一般展厅		0.75m 水平面	200	80
展览馆高档展厅		0.75m 水平面	300	80
普通候车室		地　面	150	80
高档候车室		地　面	200	80
篮球、排球、羽毛球、网球、手球、田径（室内）、体操、武术比赛		地　面	750	
篮球、排球、羽毛球、网球、手球、田径（室内）、体操、武术训练		地　面	300	

附录 8-3　天然和人工光源的色温（或相关色温）

光　源	色温（或相关色温）（K）	光　源	色温（或相关色温）（K）
蜡　烛	1900～1950	日　光	5300～5800
高压钠灯	2000	昼光（日光＋晴天天空）	5800～6500
白炽灯 40W	2700	全阴天空	6400～6900
白炽灯 150～500W	2800～2900	晴天蓝色天空	10000～26000
碳弧灯	3700～3800	荧光灯	3000～7500
月　光	4100		

附录8-4　窗子总透光系数 K_τ

房间污染情况	窗玻璃安装角度	木　窗		钢　窗	
		单　层	双　层	单　层	双　层
清　洁	垂　直	0.50	0.30	0.60	0.40
	倾　斜	0.45	0.25	0.50	0.30
	水　平	0.35	0.20	0.40	0.25
一　般	垂　直	0.45	0.25	0.50	0.30
	倾　斜	0.35	0.20	0.40	0.25
	水　平	0.25	0.15	0.30	0.20
污染严重	垂　直	0.33	0.20	0.40	0.25
	倾　斜	0.25	0.15	0.30	0.20
	水　平	0.15	0.10	0.20	0.15

注：本表窗玻璃为3mm厚普通透明玻璃，$\tau=0.82$。采用其他材料时要根据所用材料的透光比换算 K_τ 值。

附录8-5　侧窗采光的室内反射光增量系数 K'_ρ

B/h_c ＼ $\overline{\rho}$	采光形式							
	单　侧　采　光				双　侧　采　光			
	0.2	0.3	0.4	0.5	0.2	0.3	0.4	0.5
1	1.10	1.25	1.45	1.70	1.00	1.00	1.00	1.05
2	1.30	1.65	2.05	2.65	1.10	1.20	1.40	1.65
3	1.40	1.90	2.45	3.40	1.15	1.40	1.70	2.10
4	1.45	2.00	2.75	3.80	1.20	1.45	1.90	2.40
5	1.45	2.00	2.80	3.90	1.20	1.45	1.95	2.45

附录8-6　侧窗采光的室外遮挡物挡光折减系数 K_ω

B/h_c ＼ D_d/H_d	1.0	1.5	2.0	3.0	5.0	>5.0
2	0.45	0.50	0.61	0.85	0.97	1
3	0.44	0.49	0.58	0.80	0.95	1
4	0.42	0.47	0.54	0.70	0.93	1
5	0.40	0.45	0.51	0.65	0.90	1

注：H_d 是对面遮挡物的平均高度，D_d 是遮挡物至窗口的距离。

高校建筑环境与能源应用工程学科专业指导委员会规划推荐教材

征订号	书　名	作　者	定价（元）	备　注
23163	高等学校建筑环境与能源应用工程本科指导性专业规范（2013年版）	本专业指导委员会	10.00	2013年3月出版
25633	建筑环境与能源应用工程专业概论	本专业指导委员会	20.00	2014年7月出版
28100	工程热力学（第六版）	谭羽非　等	38.00	国家级"十二五"规划教材可免费索取电子素材
25400	传热学（第六版）	章熙民　等	42.00	国家级"十二五"规划教材（可免费索取电子素材）
22813	流体力学（第二版）	龙天渝　等	36.00	国家级"十二五"规划教材（附网络下载）
27987	建筑环境学（第四版）	朱颖心　等	43.00	国家级"十二五"规划教材（可免费索取电子素材）
18803	流体输配管网（第三版）（含光盘）	付祥钊　等	45.00	国家级"十二五"规划教材
20625	热质交换原理与设备（第三版）	连之伟　等	35.00	国家级"十二五"规划教材（可免费索取电子素材）
28802	建筑环境测试技术（第三版）	方修睦　等	48.00	国家级"十二五"规划教材（可免费索取电子素材）
21927	自动控制原理	任庆昌　等	32.00	土建学科"十一五"规划教材（可免费索取电子素材）
29972	建筑设备自动化（第二版）	江亿　等	29.00	国家级"十二五"规划教材（附网络下载）
18271	暖通空调系统自动化	安大伟　等	30.00	国家级"十二五"规划教材（可免费索取电子素材）
27729	暖通空调（第三版）	陆亚俊　等	49.00	国家级"十二五"规划教材（可免费索取电子素材）
27815	建筑冷热源（第二版）	陆亚俊　等	47.00	国家级"十二五"规划教材（可免费索取电子素材）
27640	燃气输配（第五版）	段常贵　等	38.00	国家级"十二五"规划教材（可免费索取教材）
28101	空气调节用制冷技术（第五版）	石文星　等	35.00	国家级"十二五"规划教材（可免费索取电子素材）
12168	供热工程	李德英　等	27.00	国家级"十二五"规划教材
29954	人工环境学（第二版）	李先庭　等	39.00	国家级"十二五"规划教材（可免费索取电子素材）
21022	暖通空调工程设计方法与系统分析	杨昌智　等	18.00	国家级"十二五"规划教材
21245	燃气供应（第二版）	詹淑慧　等	36.00	国家级"十二五"规划教材
20424	建筑设备安装工程经济与管理（第二版）	王智伟　等	35.00	国家级"十二五"规划教材
24287	建筑设备工程施工技术与管理（第二版）	丁云飞　等	48.00	国家级"十二五"规划教材（可免费索取电子素材）
20660	燃气燃烧与应用（第四版）	同济大学　等	49.00	土建学科"十一五"规划教材（可免费索取电子素材）
20678	锅炉与锅炉房工艺	同济大学　等	46.00	土建学科"十一五"规划教材

欲了解更多信息，请登录中国建筑工业出版社网站：www.cabp.com.cn查询。

在使用本套教材的过程中，若有何意见或建议以及免费索取备注中提到的电子素材，可发 Email 至：jiangongshe@163.com。